Anatomia Vegetal

Originalmente esta obra é acompanhada de CD-ROM. Nesta reimpressão, optamos por disponibilizar o conteúdo contido no CD-ROM em nosso site. Acesse **www.grupoa.com.br** e pesquise pelo título do livro. Na página do livro, procure por Material Complementar.

C989a Cutler, David F.
      Anatomia vegetal : uma abordagem aplicada / David F. Cutler, Ted Botha, Dennis Wm. Stevenson ; tradução: Marcelo Gravina de Moraes ; revisão técnica: Rinaldo Pires dos Santos. – Porto Alegre : Artmed, 2011.
      304 p. ; 25 cm + 1 CD-ROM

      ISBN 978-85-363-2496-8

      1. Botânica. 2. Anatomia vegetal. I. Botha, Ted. II. Stevenson, Dennis Wm. III. Título.

CDU 581.4

Catalogação na publicação: Ana Paula M. Magnus – CRB 10/2052

Anatomia Vegetal

Uma abordagem aplicada

David F. Cutler
Honorary Research Fellow
Jodrell Laboratory
Royal Botanic Gardens, Kew
Richmond, Surrey, UK

Ted Botha
Rhodes University
Department of Botany,
Grahamstown
Eastern Cape Province,
South Africa

Dennis Wm. Stevenson
Vice President and
Rupert Barneby
Curator for Botanical Science
The New York
Botanical Garden
Bronx, New York, USA

Tradução:
Marcelo Gravina de Moraes

Revisão técnica desta edição:
Rinaldo Pires dos Santos
*Biólogo. Mestre em Botânica e Doutor em Ciências pela
Universidade Federal do Rio Grande do Sul (UFRGS). Professor do
Departamento de Botânica, Instituto de Biociências, UFRGS. Editor-chefe da
Revista Brasileira de Biociências.*

Reimpressão 2019

2011

Obra originalmente publicada sob o título
Plant anatomy: an applied approach
ISBN 978-1-4051-2679-3
© Blackwell Publishing, 2008

Capa:
Mário Röhnelt/VS Digital – arte sobre capa original

Preparação de originais:
Clélia Maria Nóbrega de Moraes

Leitura final:
Henrique de Oliveira Guerra

Editora sênior – Biociências:
Letícia Bispo de Lima

Projeto e editoração:
Armazém Digital® Editoração Eletrônica – Roberto Carlos Moreira Vieira

Reservados todos os direitos de publicação, em língua portuguesa, à
ARTMED® EDITORA S.A.
Av. Jerônimo de Ornelas, 670 – Santana
90040-340 Porto Alegre RS
Fone: (51) 3027-7000 Fax: (51) 3027-7070

É proibida a duplicação ou reprodução deste volume, no todo ou em parte, sob quaisquer formas ou por quaisquer meios (eletrônico, mecânico, gravação, fotocópia, distribuição na Web e outros), sem permissão expressa da Editora.

SÃO PAULO
Av. Embaixador Macedo Soares, 10.735 – Pavilhão 5 –
Cond. Espace Center – Vila Anastácio
05095-035 – São Paulo – SP
Fone: (11) 3665-1100 Fax: (11) 3667-1333

SAC 0800 703-3444 – www.grupoa.com.br

IMPRESSO NO BRASIL
PRINTED IN BRAZIL
Impresso sob demanda na Meta Brasil a pedido de Grupo A Educação.

Ao falecido Dr. C. Russel Metcalfe,
pelos ensinamentos e inspiração. (DFC)

Aos professores Chris H. Bornman e Ray F. Evert, que, na condição
de professores, mentores e colegas, encorajaram a desenvolver minha
fascinação e paixão pelo estudo da anatomia vegetal funcional. (TB)

Ao falecido Richard A. Popham, primeira pessoa a estimular
e encorajar meu interesse por anatomia vegetal. (DWS)

AGRADECIMENTOS

Agradecemos ao diretor e aos administradores do Royal Botanic Gardens, Kew, por permitirem a utilização de fotomicrografias da obra *Applied plant anatomy*: Fig. 3.1, 3.6, 3.7, 3.8, 3.12, 3.13, 3.14, 3.15, 4.2, 6.4, 6.5, 6.6, 6.25, 7.2, 7.3, 8.5, 9.2, 9.3, 9.4, 9.5, 9.6 e 9.7. Também agradecemos ao Dr. Peter Gasson a Figura 3.9.

PREFÁCIO

A anatomia vegetal – o estudo das células e tecidos vegetais – tem evoluído muito desde os primeiros relatos descritivos, que consistiam principalmente em catalogar o que "estava lá fora". Dados anatômicos têm sido utilizados, oferecendo um melhor entendimento das inter-relações de plantas e, na era molecular, trazendo evidências comprovadoras de relações naturais de famílias de plantas em análises combinadas. Esses avanços possibilitam aos fisiologistas vegetais saber o local onde certos processos são conduzidos pelas plantas – existem, por exemplo, estudos especialmente interessantes sobre o carregamento do floema e o transporte de materiais sintetizados. (Essa ampla lista de aplicações será detalhada no Capítulo 1.) Os aspectos antes apontados servem para contextualizar o ano de 1978, ano em que Cutler escreveu a obra *Applied plant anatomy* com o objetivo de atender estudantes que precisavam obter conhecimento sobre anatomia de plantas, mas consideravam desencorajadores os volumes enciclopédicos. Esse livro cumpriu seu objetivo plenamente, mas agora está ultrapassado e há tempos fora de catálogo.

Com o passar dos anos, várias novas disciplinas foram criadas e outras mais antigas se expandiram, de modo que um livro bem revisado e atualizado tornou-se necessário. Em consequência disso, esta obra foi desenvolvida e, junto com o CD-ROM que leva o estudo prático de anatomia vegetal a novos níveis, será útil para não especialistas aprenderem e apreciarem o assunto, no seu próprio ritmo e em vários lugares, indo além das barreiras formais do laboratório.

Os autores

SUMÁRIO

1 Morfologia e sistema de tecidos: o corpo vegetal integrado 19
  Fundamentos gerais 19
  Adaptação ao crescimento aéreo 21
  Os sistemas em detalhe 24

2 Meristemas e crescimento meristemático 30
  Introdução 30
  Meristemas apicais 31
  Meristemas laterais 35
  Aplicações práticas e usos dos meristemas 37
  Gemas adventícias 42

3 A estrutura do xilema e do floema 44
  Introdução 44
  O xilema 44
  O floema 56
  Relações entre estrutura e função em
  tecidos vasculares primários e secundários 61

4 A raiz 63
  Introdução 63
  Epiderme 63
  Córtex 64
  Endoderme 66
  Periciclo 67
  Sistema vascular 68
  Raízes laterais 69

5 O caule 72
  Introdução 72
  Caules: aparência da secção transversal 74
  O floema de transporte dentro do sistema axial 80
  Tecido de transporte: componentes estruturais 81
  Considerações finais 83

6 A folha 85
Introdução 85
Estrutura da folha 88
A epiderme 90
O mesofilo 107
Esclereídes 109
Sistemas de sustentação foliares 117
O sistema vascular 117
O floema 122
Especificidades das folhas de monocotiledôneas 126
Estruturas secretoras 132
Considerações finais 133

7 Flores, frutos e sementes 135
Introdução 135
Vascularização 135
Estudos em microscopia eletrônica de varredura 137
Palinologia 137
Embriologia 141
Histologia da semente e do fruto 141

8 Características adaptativas 148
Introdução 148
Adaptações mecânicas 148
Adaptações ao hábitat 150
Xerófitas 151
Mesófitas 160
Hidrófitas 163
Aplicações 165

9 Aspectos econômicos da anatomia vegetal aplicada 166
Introdução 166
Identificação e classificação 166
Aplicação taxonômica 167
Plantas medicinais 169
Adulterantes e contaminantes de alimentos 170
Hábitos alimentares de animais 174
Madeira: dias atuais 174
Madeira: na arqueologia 176
Aplicações em investigações forenses 180
Paleobotânica 180
Informação extra 181

10 Microtécnica vegetal prática..**182**
   Considerações de segurança..182
   Materiais e métodos...182
   Microscopia..202

Apêndice 1 Conteúdo selecionado para estudo 206
Apêndice 2 Exercícios práticos..214
Glossário..251
Referências...287
Leitura sugerida..288
Índice..292

INTRODUÇÃO

A anatomia vegetal tem uso diário e continua a ser uma ferramenta poderosa que pode ser utilizada para ajudar a resolver problemas desconcertantes, seja na sala de aula ou na pesquisa botânica. Muitos resultados podem ter valor econômico e uma boa parcela apresenta crescente interesse científico. Assim, a anatomia vegetal permanece viva, fascinante e crucial para encontrar respostas para vários problemas estruturais e fisiológicos cotidianos. Também aplicamos a anatomia na solução de problemas bem mais acadêmicos envolvendo as prováveis relações entre famílias, gêneros e espécies. A incorporação de dados anatômicos aos achados de estudos sobre morfologia bruta, pólen, citologia, fisiologia, química, biologia molecular e disciplinas similares permite aos responsáveis pelas revisões da classificação das plantas produzirem sistemas mais naturais. Vale destacar, aqui, que o significado econômico de uma classificação precisa e, por consequência, de uma identificação também precisa de plantas é frequentemente subestimado, apesar de sua evidente importância: melhoristas de plantas, cultivadores de alimentos, ecólogos e conservacionistas necessitam de uma nomenclatura precisa para os objetos de seus estudos; químicos e farmacognosistas, procurando por novas substâncias químicas, precisam saber com precisão qual espécie ou até mesmo quais variedades produzem substâncias valiosas, e a anatomia também se faz importante quando examinamos as relações que utilizam técnicas moleculares; sem nome e descrição precisos para uma planta, experimentos não podem ser repetidos; torna-se impossível afirmar se as plantas escolhidas para a repetição de um experimento pertencem à mesma espécie originariamente utilizada se a identidade do material for incerta. Ou seja, a anatomia vegetal continua a ser um requisito fundamental na condução de experimentos com plantas: um bom conhecimento em anatomia é essencial, embora em geral seja negligenciado por muitos pesquisadores ao relatarem seus resultados experimentais. A identificação incorreta de tipos de células e até de tecidos é comum e difícil de corrigir.

Assim, nosso objetivo é apresentar os princípios da anatomia vegetal de maneira a enfatizar a aplicação e a relevância desses princípios para a pesquisa botânica moderna. Este livro tem como objetivo principal ser uma referência para estudantes intermediários de graduação, mas esperamos que pós-graduandos também o considerem útil, uma vez que fornecemos o que acreditamos ser um relato inteligível de estrutura vegetal aplicada.

Anatomia aplicada é a expressão-chave neste livro. A anatomia vegetal é um tema fascinante, mas, devido à tradição de ensiná-la como um catálogo de tipos de células e tecidos, com meras referências sutis a função e desenvolvimento e sem menção ao uso diário deste conhecimento em vários laboratórios ao redor do mundo, alguns estudantes podem descartá-la antes de se darem conta de seu interesse. Livros-texto têm sido escritos para se adaptarem a esse estilo mais usual de ensino. Esses textos avançados são de grande valor para o especialista, mas podem ser desestimulantes para o iniciante. Complementares a esses livros existem também os que apresentam basicamente ilustrações. Tais livros são de grande utilidade para alunos que se esforçam para identificar o que estão vendo sob o microscópio, mas também têm suas deficiências, uma vez que basicamente servem para ensinar uma série de termos descritivos, em vez da aplicação do que está sendo visto. Este livro e o CD-ROM anexo, *A Planta Virtual*, concentram-se na anatomia vegetal. Acreditamos que: *Anatomia vegetal: uma abordagem aplicada* preencherá o nicho entre textos avançados e livros de ilustrações, pela combinação de conteúdo de referência essencial com sólida anatomia aplicada e sistemática, sempre que relevante.

Certa quantidade de terminologia deve ser aprendida quando nos dedicamos a algum assunto, e aqui não nos esquivamos de utilizar termos de significados especializados. O uso correto de termos técnicos ajuda o pensamento claro e colabora para tornar a anatomia vegetal o mais exata possível. Definimos essas palavras na primeira vez em que aparecem e colocamos as que consideramos mais úteis em um glossário ilustrado.

Uma vasta quantidade de livros-texto negligencia a rica flora tropical, motivo pelo qual foram escolhidos exemplos de uma grande variedade de plantas de ambientes temperados a tropicais. Se você estiver particularmente interessado nos exemplos de plantas utilizados no ensino tradicional, encontrará vários deles no CD-ROM. O leitor encontrará no livro e no CD-ROM plantas mencionadas que lhe estão prontamente disponíveis para ilustrar células ou tecidos específicos. Esperamos que leitores de países tropicais aproveitem a oportunidade de apreciar plantas crescendo em seus próprios quintais, em vez de serem remetidos a países temperados do Hemisfério Norte por meio de lâminas microscópicas de plantas desconhecidas! Para essa finalidade, no Capítulo 10, fornecemos técnicas e procedimentos simples para a preparação de lâminas permanentes e não permanentes, bem como alguns exemplos de plantas que podem ser estudadas, no Apêndice 1, e exercícios práticos, no Apêndice 2. As informações práticas mostradas aqui são ampliadas no CD-ROM, companhia indispensável para este livro.

Muitos de nós já enfrentaram situações em que as limitações de orçamento não permitiam o investimento dos escassos recursos em microscópios caros. Vários laboratórios no mundo inteiro são precariamente equipados para ensinar anatomia vegetal, já que a alocação das verbas torna-se cada vez mais competitiva e fica difícil justificar o gasto de dinheiro com microscópios quando outros equipamentos "essenciais" também precisam ser adquiridos. Esse desafio nos encorajou a apresentar uma série de tarefas práticas de anatomia vegetal no ambiente virtual, e o CD-ROM incluído consegue fazer várias coisas: primeiro, permite o estudo em ritmo personalizado e a exploração da estrutura vegetal; em segundo lugar, reúne informações ilustradas sobre o uso do microscópio óptico; em terceiro lugar, chama atenção para assuntos encontrados no ambiente do laboratório e, acreditamos, responde mais perguntas do que gera; quarto, contém uma fonte de imagens de referência para instrutores que necessitam de ilustrações que os capacitem a demonstrar aspectos de estrutura vegetal que de outra forma não conseguiriam demonstrar. Finalmente, no seu formato experimental, mostrou-se uma bem-sucedida ferramenta de referência. Nesse sentido, preenche a maioria dos objetivos que levaram à sua criação.

Desse modo, o livro conduz o leitor pela morfologia vegetal básica no Capítulo 1, para auxiliar aqueles que têm pouco embasamento em estudos da "planta inteira"; analisa a importância da micromorfologia nas plantas ao nosso redor e aborda os desafios aos quais as plantas terrestres são expostas. A seguir, há um breve relato sobre os meristemas (Capítulo 2). Em vez de considerar os tipos de célula e tecido em um capítulo separado, esses tipos são descritos junto com os órgãos onde eles ocorrem e também são ilustrados no glossário. Exceção é feita para o xilema e o floema (Capítulo 3), por causa de sua complexidade e particular interesse de fisiologistas. A seguir, há capítulos sobre raiz, caule e folha. Capítulos sobre adaptações, tópicos econômicos e técnicas aparecem na sequência, trazendo como apêndices uma seleção de conteúdos para estudo e exemplos práticos. O glossário é a parte final. Um apêndice com leituras sugeridas completa o livro.

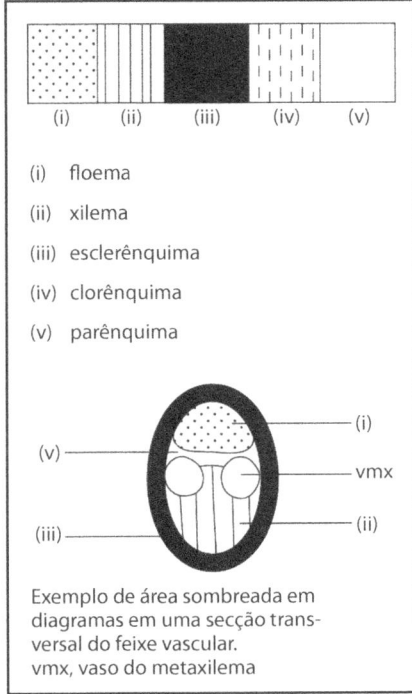

Diagramas
Legenda para as áreas sombreadas utilizadas em todos os diagramas do livro

(i) floema
(ii) xilema
(iii) esclerênquima
(iv) clorênquima
(v) parênquima

Exemplo de área sombreada em diagramas em uma secção transversal do feixe vascular.
vmx, vaso do metaxilema

MORFOLOGIA E SISTEMA DE TECIDOS: O CORPO VEGETAL INTEGRADO

FUNDAMENTOS GERAIS

Cada órgão da planta será discutido em detalhe nos capítulos posteriores. Portanto, essa seção tem o objetivo de ser apenas uma revisão sobre as estruturas vegetais básicas e a organização de sistemas teciduais; não tem o intuito de ser abrangente e, por sua natureza, simplifica a vasta variedade de formas e organizações existentes nas plantas superiores. Quando utilizados pela primeira vez, termos especializados são normalmente definidos. O glossário é parte essencial do livro e deve ser consultado se o significado de um termo não estiver claro.

Este livro focaliza a anatomia vegetal de plantas terrestres, em especial monocotiledôneas e dicotiledôneas (plantas com flores, angiospermas – com as sementes incluídas em carpelos). Algumas características anatômicas de coníferas (gimnospermas – plantas com sementes, mas sem carpelos envolvendo a semente) também são descritas. Monocotiledôneas (Fig. 1.1) são plantas com flores que, quando a semente germina, começam a vida com um único cotilédone; não possuem tecidos que formam um novo crescimento em espessura (crescimento secundário); também não possuem um câmbio vascular e uma raiz primária de longa duração.* Exemplos incluem gramíneas, orquídeas, palmeiras e lírios. Dicotiledôneas (Fig. 1.2) também são plantas com flores, mas têm dois cotilédones e, como as coníferas, caules com a habilidade de crescer em espessura por meio de um câmbio vascular formal e uma raiz primária de vida longa. Exemplos de dicotiledôneas incluem as famílias dos feijões, da rosa e da batata, enquanto que as coníferas incluem plantas como pinheiros, lariços e araucárias. Obviamente outras características distinguem as angiospermas das gimnospermas (por exemplo, estruturas reprodutivas e ciclo reprodutivo).

Os órgãos de plantas são mostrados nas Figuras 1.1 e 1.2. A maioria das plantas terrestres tem raízes que as ancoram ao solo ou as aderem a outras plantas (como nas epífitas). As raízes também absorvem água e minerais. As raízes aparecem primeiro no embrião (radícula ou raiz embrionária) e se unem ao caule por meio de uma região especializada chamada de hipocótilo.

---

* N. de R.T. Em algumas gramíneas (Poaceae), por exemplo, a raiz primária (radícula) é abortiva (é a coleorriza) e as raízes que emergem são todas adventícias. É o que acontece no milho.

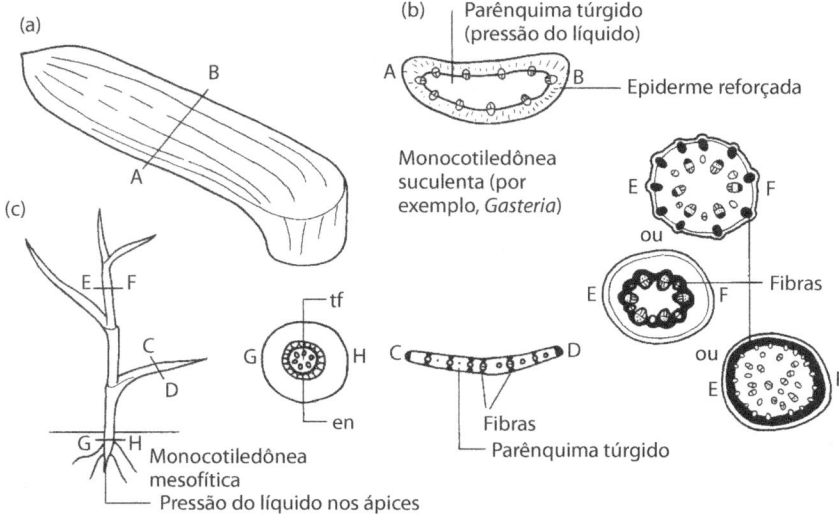

FIGURA 1.1
Alguns sistemas mecânicos em monocotiledôneas. (a) Folha suculenta de *Gasteria*; observe a falta de esclerênquima na secção transversal (b). (c) Monocotiledônea mesofítica, C-D mostra um tipo de disposição de esclerênquima em secção transversal da folha; E-F mostra três dos principais tipos de disposição do esclerênquima no caule em secção transversal; G -H mostra uma típica seção de raiz na qual a maior parte da dureza (ou reforço) ou resistência se concentra no centro. en, endoderme; tf, tecido fundamental, o qual pode ser lignificado.

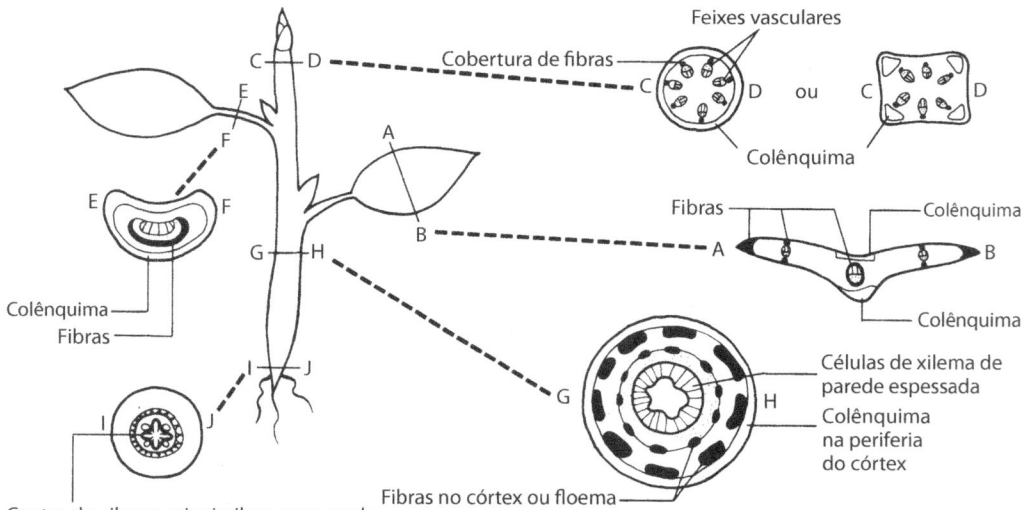

FIGURA 1.2
Alguns sistemas mecânicos em dicotiledôneas. Uma planta esquemática com a posição das secções indicadas. A pressão do líquido ocorre em células túrgidas pela planta. Colênquima é geralmente visível em regiões em crescimento e pecíolos. Fibras de esclerênquima são mais abundantes em partes que cessaram o crescimento principal. Elementos de xilema com paredes espessas têm alguma função mecânica em plantas jovens e fornecem grande quantidade de suporte na maioria das plantas com espessamento secundário.

Mais tarde no desenvolvimento, se a planta crescer em espessura, o hipocótilo se torna pouco perceptível. Várias espécies produzem raízes adicionais, chamadas de raízes adventícias, pois crescem a partir de outras partes da planta (embora algumas raízes também possam originar raízes adventícias, mas que não se desenvolvem dos locais normais para raízes secundárias).* Quando folhas estão presentes, elas se desenvolvem a partir do caule, seja do meristema apical (ver próximo capítulo) ou de meristemas de gemas axilares. Em geral, sua organização específica (filotaxia) é reconhecível, por exemplo: oposta, alternada ou helicoidal. Pode existir a presença de gemas nas axilas das folhas, ou seja, perto do local onde a folha e o caule se unem. Algumas vezes, gemas se desenvolvem de outras partes das plantas; são as chamados gemas adventícias.

ADAPTAÇÃO AO CRESCIMENTO AÉREO

Para entendermos a estrutura – morfologia e anatomia – das plantas terrestres, devemos lembrar que a vida vegetal começou com organismos unicelulares em ambiente aquático. Ainda existem vários milhares de espécies diferentes de algas unicelulares tanto na água quanto expostas – em troncos de árvores, folhas, solo e superfícies de pedras, por exemplo, em locais com umidade adequada. A evolução das algas na água produziu algumas formas multicelulares bastante grandes, por exemplo, espécies do gênero *Laminaria* (um tipo de alga marinha marrom cuja denominação genérica é *kelp*). Essas plantas ficam bem na água, mas não possuem as adaptações necessárias para vida terrestre. Elas precisam ser banhadas pela água, a qual é uma fonte de nutrientes dissolvidos. Já que conseguem absorver nutrientes na maior parte de sua área superficial, não há necessidade de um sistema de canalização interno complexo, como o xilema (tecido lenhoso) e o floema (células adaptadas para conduzir materiais sintetizados na planta) em feixes vasculares das plantas terrestres. Elas não possuem raízes, mas sim rizoides, estruturas adaptadas a ancorá-las a um substrato firme, mas que absorvem minerais e água, como em geral as raízes fazem. Elas não apresentam cobertura à prova d'água (a camada exterior modificada de células epidérmicas das plantas terrestres) e dessecam rapidamente em caso de exposição ao ar. Seu apoio mecânico provém da água ao redor, de forma que elas não precisam do tecido lenhoso (xilema) nem das fibras (células alongadas, de parede espessa com terminações estreitadas cujas paredes celulares se fortalecem com lignina, um material duro, na maturidade; formam parte do esclerênquima) das plantas terrestres. Na verdade, essas plantas são resistentes e bastante flexíveis, e a maioria consegue sobreviver à ação violenta das ondas. Até mesmo sua reprodução depende da liberação de gametas masculinos e femininos na água circundante.

---

* N. de R.T. Não confundir raízes secundárias (ou laterais) com raízes com crescimento secundário, derivada da atividade do câmbio vascular.

Alguns tipos de plantas terrestres ainda dependem de uma película de água para que seus gametas masculinos possam nadar, alcançar os gametas femininos e efetuar a fecundação, como por exemplo, os musgos e as samambaias. Porém, as plantas superiores, como gimnospermas e angiospermas, enviam seus gametas masculinos protegidos por um invólucro, o grão de pólen, para uma parte feminina receptiva do cone ou flor.*

Existe uma imensa variedade de hábitats terrestres, e plantas terrestres apresentam uma expressiva diversidade de formas e tamanhos. Este livro trata principalmente de plantas com flores (angiospermas), cuja vasta maioria compartilha de órgãos vegetativos distintos prontamente reconhecidos: folha, raiz e caule (Figuras 1.1 e 1.2). Esses órgãos lidam com a necessidade de obter, transportar e reter água suficiente para ajudar a prevenir a murcha, carregam minerais dissolvidos e resfriam as plantas quando necessário. A maioria das plantas terrestres contém células e tecidos especializados para suporte mecânico e outros para o transporte dentro da planta dos materiais que elas sintetizam. A "pele" resistente (epiderme, em conjunto com a cutícula e, às vezes, materiais serosos) evita a perda de água, mas permite a troca gasosa. Pequenos poros na epiderme da maioria das folhas e caules jovens podem se abrir e fechar e serem regulados em tamanho (ver Capítulo 6 para detalhes). Esses poros, chamados de estômatos, regulam a taxa de movimento de água e minerais dissolvidos através e para fora da planta. Às vezes, também, a epiderme é a parte mais importante do sistema mecânico e mantém os materiais no interior da folha ou caule por meio de pressão hidráulica.

Em muitas plantas, a rigidez da epiderme é suplementada por células mecânicas fortificadas, organizadas em áreas mecanicamente apropriadas. Essas células esclerenquimáticas, com paredes lignificadas, podem ser: fibras (células alongadas) e esclereídes (relativamente curtas); existe uma variedade de tipos (ver Glossário). O colênquima também é um tecido de sustentação ou mecânico que ocorre em órgãos jovens e em certas folhas; as paredes são principalmente celulósicas. Aqui, as paredes podem ser mais espessas nos ângulos das células; no colênquima lamelar, por exemplo, observa-se espessamento principalmente nas paredes celulares anticlinais (ver detalhes a seguir).

As plantas submersas em água recebem alguma proteção contra danos da luz ultravioleta (UV). Já as plantas terrestres precisam de outros mecanismos de prevenção contra dano dos raios UV. O pigmento verde (clorofila) é prontamente danificado por raios UV. Uma vez que esse pigmento e seu grupo de enzimas especializadas é responsável pela transformação da energia da luz do sol em açúcares por meio de sua ação sobre CO_2 e H_2O, ponto de partida para quase toda energia orgânica estocada na Terra, é crucial que os métodos de proteção de UV sejam eficazes.

---

* N. de R.T. Cones de gimnospermas e flores de angiospermas não contêm, de fato, partes femininas receptivas. Na verdade, o que é feminino é somente o gametófito, no interior do nucelo (megasporângio), microscópico. As estruturas receptivas fazem parte do esporófito (ou planta adulta, como a vemos). Um exemplo é o estigma presente no gineceu das Angiospermas.

Todas as plantas verdes necessitam de luz para a fotossíntese. As plantas desenvolveram diferentes estratégias que colocam as folhas em boa posição para a obtenção da luz do sol. Algumas delas (anuais, efêmeras) emitem suas folhas antes das outras plantas vizinhas, completam seu ciclo anual ou mais curto e formam sementes para a próxima geração. Outras se recolhem em uma forma dormente (algumas perenes e bianuais) num momento em que podem estar sombreadas por vegetação mais alta. Muitas espécies desenvolvem caules ou troncos longos e expõem suas folhas acima da competição (algumas são anuais ou bienais, mas a maioria é perene). Algumas espécies não têm caules mecanicamente fortes, mas utilizam o suporte fornecido por aquelas que o têm, subindo ou escalando (podem ser anuais ou perenes). As bienais são as plantas com ciclo de vida de dois anos. Elas constroem um corpo vegetal e reservas alimentares no primeiro ano, para depois produzirem flor e fruto no segundo ano.

Em resumo, os fatores principais que todas as plantas terrestres, com caules aéreos (acima do solo) e suas folhas associadas, têm que superar são:

1. Mecânicos, ou seja, suporte deve ser fornecido de alguma maneira, de forma que área superficial adequada com células contendo cloroplastos possa ser exposta à luz do sol para interceptar e fixar energia solar. Essas células do clorênquima podem estar na superfície ou logo abaixo das camadas translúcidas de células. Veja a seguir mais detalhes sobre os tipos de células que fornecem resistência mecânica. O crescimento secundário em espessura pode ser relativamente limitado em plantas anuais, mas em plantas perenes pode ser extenso e necessitar de grandes quantidades de energia para sua produção. Quando presente, o crescimento secundário ocorre de modo diferente em monocotiledôneas e dicotiledôneas.

2. Risco de perda excessiva de água, isto é, elas devem ser protegidas contra perda excessiva de água através das superfícies expostas. Em geral, isso é alcançado por uma combinação de uma camada externa serosa e uma cutícula gordurosa acima da epiderme. Uma vez que a água tem que evaporar de algumas superfícies para que o movimento da água e minerais dissolvidos possa ocorrer através da planta (transpiração), a maioria das folhas, bem como caules que retêm a epiderme, possui poros reguladores, os estômatos, que podem se abrir ou fechar em resposta às condições prevalecentes.

3. A habilidade em mover água e minerais do solo (transpiração) desde as raízes até regiões onde possam ser combinados com outros materiais para construir o corpo da planta. Da mesma forma, a habilidade de realizar o movimento de material alimentar sintetizado desde o local de síntese até locais de crescimento ou estocagem e dos estoques para células em crescimento (translocação). O nível de controle estrutural e fisiológico do processo de carregamento do floema é de especial interesse. Epífitas se "unem" a outras plantas por suas raízes e obtêm sua água e minerais de maneiras diferentes.

4. Reprodução, posicionamento dos órgãos reprodutivos de modo a possibilitar o pólen ou o mecanismo receptor de gametas operar com sucesso e, após a fecundação e produção de esporo/semente, garantir a dispersão dos diásporos. Os três primeiros pontos supracitados envolvem sistemas bem organizados

(ou até mesmo complexos) nas plantas superiores e serão resumidos aqui. O quarto, a reprodução, está fora do escopo deste livro. O crescimento secundário será discutido no Capítulo 2, junto com meristemas laterais.

OS SISTEMAS EM DETALHE

Sistemas mecânicos de sustentação

1. Células infladas ou túrgidas, de paredes finas (parênquima), estão presentes em zonas de crescimento, no córtex e na medula parenquimática de várias plantas. Elas constituem a essência de várias plantas suculentas, por exemplo, *Aloe,* folhas de *Gasteria, Salicornia* de pântanos salgados e *Lithops* de regiões desérticas. A parede celular funciona como um recipiente ligeiramente elástico; a pressão do líquido interno infla a célula de forma que ela dê suporte, como o ar em um pneu inflado. Suas propriedades de suporte dependem da pressão da água. Logo, a falta de água pode levar à perda de sustentação e murcha. Alguns órgãos de tamanho razoável podem ser apoiados por esse sistema, mas eles geralmente contam com a ajuda adicional de estratégias que reduzam a perda de água, como uma cutícula espessa e talvez também paredes externas espessadas, para as células epidérmicas, e estômatos especialmente modificados. Uma epiderme reforçada é especialmente importante porque atua como a barreira mais externa entre as células vegetais e o ar. Uma rachadura na "pele" de um tomate, por exemplo, rapidamente leva à deformação do fruto, assim como um corte na folha suculenta de *Crassula* ou *Senecio* rapidamente se abre. Na verdade, poucas plantas dependem apenas do princípio da célula túrgida e epiderme reforçada.
2. Monocotiledôneas e dicotiledôneas têm fibras de paredes espessas especialmente desenvolvidas e alongadas, em locais definidos, que auxiliam na sustentação mecânica. De maneira alternativa, podem haver células parenquimáticas de parede particularmente espessa, em geral alongadas (algumas vezes chamadas de prosênquima);[*] células de colênquima podem estar presentes no caule primário onde o crescimento em comprimento ainda existe. Apesar de existirem apenas poucos modos de organização de células especializadas de suporte mecânico no caule, na folha ou na raiz, essas variações apresentam interesse particular para quem precisa identificar pequenos fragmentos de plantas ou realizar estudos taxonômicos comparativos. As variações serão tratadas em detalhe nos capítulos sobre cada órgão. Claro, para ser eficiente, o sistema mecânico deve economizar materiais, e as células não devem se organizar de maneira a atrapalhar ou impedir as funções fisiológicas essenciais dos órgãos.

---

[*] N. de R.T. O termo prosênquima tem desaparecido progressivamente da terminologia em anatomia vegetal. Contudo, ele compreende todos os elementos mecânicos e espessados da madeira (elementos traqueais, como traqueídes e elementos de vaso, e esclerênquima), enquanto parênquima é usado para os tecidos de paredes delgadas ou macias, no xilema ou fora dele.

Os sistemas mecânicos se desenvolvem com o crescimento inicial da plântula. Enquanto, no início, as células túrgidas são os únicos recursos de sustentação, o colênquima pode ser estabelecido com rapidez, em especial nas dicotiledôneas. Esse tecido aparece concentrado na parte externa do córtex, e é frequentemente associado com a nervura mediana da lâmina foliar e o pecíolo.

O colênquima é essencialmente o tecido de sustentação dos órgãos primários ou daqueles passando pela fase de crescimento em comprimento. As células que constituem esse tecido possuem paredes celulósicas engrossadas nos seus ângulos,* são ricas em pectinas e encontradas geralmente com cloroplastos em seus protoplastos vivos.

Algumas vezes, o único suporte mecânico adicional é fornecido pela madeira (xilema), composta de traqueídes (elementos traqueais não perfurados, isto é, células com a membrana de pontoação intacta, entre elas e elementos adjacentes do sistema vascular), como na maioria das gimnospermas, ou pelas traqueídes, vasos (série de elementos de vaso com formato de tubo, com paredes terminais com perfurações compartilhadas; elementos dos vasos são os componentes celulares individuais de um vaso, com paredes terminais perfuradas) e fibras do xilema, nas angiospermas. Contudo, é muito mais comum que também existam fibras fora do xilema (fibras extraxilemáticas), organizadas em feixes ou na forma de cilindro completo, como em *Perlagonium*, o que pode dar considerável resistência a plantas herbáceas, em particular aos caules e às folhas de monocotiledôneas herbáceas. As fibras bastante alongadas, com suas paredes celulósicas e lignificadas, são menos flexíveis e não se alongam tão prontamente quanto os colênquimas; por consequência, elas costumam ser encontradas mais completamente desenvolvidas nas partes de órgãos que pararam de crescer em comprimento.

A Figura 1.1 mostra algumas organizações das fibras em caules e folhas de dicotiledôneas. Na folha, em geral, as fibras reforçam as bordas (por exemplo, em *Agave*) e são encontradas como estruturas de sustentação ou bainhas associadas com os feixes vasculares. No caule, feixes junto à epiderme podem agir como vergalhões de ferro ou aço, reforçando o concreto armado. Junto com o contorno reforçado que em geral elas conferem ao caule, elas produzem um sistema ao mesmo tempo rígido e flexível, com economia no uso de material de fortalecimento.

Sabe-se que tubos resistem mais efetivamente a dobras do que vergalhões sólidos de diâmetro similar; também utilizam bem menos material. Logo, não é de se surpreender que tubos ou cilindros de fibras tenham ocorrência comum em caules. Eles podem ocorrer próximos à superfície, mais internamente no córtex ou na forma de algumas camadas de células unindo um anel externo de feixes vasculares (Figura 1.1).

As várias disposições dentro de folhas, caules e raízes serão discutidas com mais detalhe nos Capítulos 4-6. Devemos mencionar aqui que, em al-

---

* N. de R.T. O colênquima não apresenta espessamento unicamente nos ângulos (colênquima angular). O espessamento pode estar nas paredes tangenciais, paralelas à superfície (colênquima lamelar), junto aos espaços intercelulares (colênquima lacular) ou uniformemente por toda a célula (colênquima anelar).

guns caules de monocotiledôneas, feixes vasculares individuais espalhados através do caule podem estar incluídos em um forte cilindro de fibras, formando a bainha do feixe. Cada feixe, em conjunto com sua bainha, então age como um vergalhão de reforço disposto em uma matriz de células parenquimáticas e com um centro de células crivadas, de modo que a unidade como um todo aja como um cilindro oco com máxima eficiência de transporte e resistência.

Em geral, as fibras ou esclereídes em folhas de dicotiledôneas também são relacionadas com a organização das nervuras na lâmina e com os traços vasculares do pecíolo. Estes são apresentados na Figura 1.2. A concentração da resistência em um cilindro ou feixe aproximadamente centralizado no pecíolo permite considerável torção ou giro quando a lâmina foliar é movida pelo vento, sem haver dano aos delicados tecidos de condução. Caules primários de dicotiledôneas podem ter fibras no córtex e no floema. As raízes subterrâneas, tanto de monocotiledôneas quanto de dicotiledôneas, têm que resistir a forças e estresses diferentes daqueles impostos aos caules aéreos – forças de tensão ou tração em oposição às forças de dobramento. A concentração de células de sustentação próximas ao centro da raiz dá a elas propriedades parecidas com a de uma corda. Veja o Capítulo 4 para maior desenvolvimento desses temas.

Os sistemas de transporte

Não é possível apresentar um modelo simples e abrangente para demonstrar a grande variedade de combinações de sistemas vasculares que ocorre nas plantas vasculares, ou mesmo em dicotiledôneas ou monocotiledôneas. Dicotiledôneas compostas inteiramente por tecidos primários tendem a ser um pouco mais estereotipadas do que as monocotiledôneas, mas mesmo assim existe uma ampla variedade de combinações.

Os elementos essenciais dos dois sistemas são o xilema, relacionado com o transporte de água e sais dissolvidos, e o floema, que transloca materiais solúveis, porém sintetizados, ao longo da planta para locais de crescimento ativo ou regiões de uso ou armazenamento. Feixes de xilema e de floema em geral encontram-se associados; juntos, formam os feixes vasculares e com frequência estão envoltos por uma bainha de fibras. Além disso, em alguns casos, também são envolvidos por uma bainha externa de células parenquimáticas (a bainha do feixe). Feixes vasculares formam os "sistemas de tubulação" dos tecidos primários e órgãos sem crescimento secundário em espessura.

No ápice (ponta) da parte aérea e da raiz, onde o tecido vascular ainda não está desenvolvido, materiais solúveis e água se movem de célula para célula através de finos cordões especializados de protoplasma (chamados de plasmodesmos) nessas zonas relativamente não especializadas. Porém, não muito longe dessas zonas de crescimento, sistemas de condução mais formais são necessários para lidar com o fluxo de assimilados e água. Feixes procambiais, feixes de células de paredes finas e alongadas, precursoras dos feixes vasculares, são vistas primeiramente; depois, mais longe dos ápices, diferenciação do protofloema (floema primário formado inicialmente) é seguida do protoxilema (xilema primário formado inicialmente) e, em seguida, pelo metafloema e metaxilema (células de floema e xilema, respectivamente, formadas depois). Juntos, o protoxilema e o metaxilema, bem como o protofloema e o metafloema, constituem os tecidos vasculares primários. Na maioria das dicotiledôneas, os feixes recém-formados se unem aos feixes vasculares anteriormente formados no caule através de uma lacuna na folha ou no ramo, composta por células parenquimáticas que "rompem" os tecidos mais rígidos associados com os sistemas de condução do caule.

Na maioria das dicotiledôneas, a lâmina foliar (limbo) possui uma nervura central às quais se unem as laterais. Estas últimas formam uma rede composta de sistemas maiores e menores. A nervura central é diretamente conectada ao traço do pecíolo, o sistema vascular do pecíolo. Este então entra no caule e se une ao sistema de caule principal através de lacuna no traço da folha, conforme descrito acima. No caule primário, todos os feixes vasculares estão separados entre si, exceto nos nós – as partes dos caules onde uma ou mais folhas se conectam. Feixes vasculares no caule podem permanecer separados em várias trepadeiras, como por exemplo, em *Cucurbita* e *Ecballium*, mas na maioria das dicotiledôneas os feixes se unem dentro de um cilindro por meio do crescimento de xilema e floema secundários a partir do câmbio vascular (meristema lateral composto por células de parede fina a partir das quais os tecidos vasculares secundários se desenvolvem); ele é originado do câmbio fascicular, que se forma dentro do feixe vascular, e do câmbio interfascicular, entre os feixes vasculares.

Um rearranjo complexo de tecidos ocorre na planta com crescimento primário, onde os sistemas do caule e da raiz se encontram (hipocótilo). Nos feixes vasculares do caule, o floema se encontra normalmente no lado externo do xilema na maioria das plantas. Na raiz, como visto em secção transversal, o xilema é central e pode apresentar vários lobos ou polos, com o floema situado entre eles. Após a ocorrência do crescimento secundário, o hipocótilo é circundado pelo xilema e floema secundários, e a anatomia da parte aérea e da raiz se torna mais similar. O crescimento secundário será discutido no Capítulo 3.

Células de transferência são células parenquimáticas especializadas encontradas em várias partes da planta, mas em especial nas regiões onde existe demanda fisiológica por transporte e onde células de floema ou xilema típicos não são evidentes. Um bom exemplo é a junção entre cotilédones (primeiras folhas das plântulas) e o eixo caulinar em plântulas. Células de transferência também podem estar presentes perto das extremidades das nervuras ou próximas de gemas adventícias (gemas que se desenvolvem em posição incomum; por exemplo, sobre um caule em adição ou substituição àquelas em axilas foliares, ou gemas em segmentos de raízes ou de folhas).

Secções finas das paredes de células de transferência mostram várias pequenas projeções direcionadas para o lume celular (a parte da célula vegetal delimitada pelas paredes celulares). Essas projeções aumentam bastante a superfície da interface plasmalema-parede celular, local de atividade metabólica relacionado com o movimento rápido, mediado por energia, dos materiais entre células adjacentes. As projeções são tão finas que secções convencionais

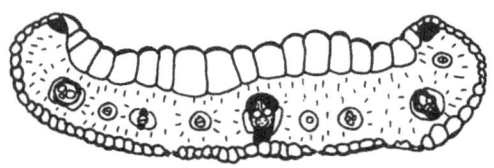

FIGURA 1.3
Folha de *Juncus bufonius* (em secção transversal, x48), mostrando uma fileira de feixes vasculares com os polos do xilema direcionados para a superfície adaxial. Observe feixes de esclerênquima (fibras) marginais e a diferença em tamanho entre células epidérmicas adaxiais e abaxiais. Cada pequeno feixe vascular tem uma bainha parenquimática; em feixes maiores, calotas de esclerênquima interrompem a bainha parenquimática.

obtidas com um micrótomo de rotação são muito espessas para que sejam vistas.*

Monocotiledôneas são bastante diferentes das dicotiledôneas em sua vascularização. Em geral, folhas e caules são bem menos prontamente separáveis como órgãos distintos. Não há crescimento secundário derivado um câmbio vascular verdadeiro, então um cilindro de tecido vascular não se forma. Quando ocorre crescimento secundário, como em *Dracaena* e *Cordyline*, é por meio de tecido especializado, situado próximo à superfície do caule, que forma feixes vasculares completos e individuais e tecido fundamental adicional.

Feixes vasculares são geralmente organizados no caule com o polo do xilema** voltado na direção do centro do caule (mas nem sempre é dessa maneira). A disposição dos feixes vasculares foliares é muito variável. Gramíneas e algumas espécies de *Juncus*, por exemplo, com frequência possuem feixes em fileira como na Figura 1.3. Alguns outros tipos de organização são discutidos no Capítulo 6.

Já que não há cilindro vascular nas monocotiledôneas, onde os traços foliares (feixes) penetram o caule, eles não formam lacunas. Eles podem se unir na região dos nós, onde todos os feixes neste nível específico do caule formam um tipo de plexo, como nos aloés. Às vezes, em caules com nós, os traços foliares podem continuar para baixo a partir de seus pontos de entrada para dentro do caule por um entrenó completo antes de se unir ao plexo nodal abaixo (por exemplo, *Restio*, *Leptocarpus*, Restionaceae). Em outras plantas sem nós (por exemplo, as palmeiras), os traços foliares seguem um caminho simples, se curvando para dentro na direção do centro do caule, e então gradualmente se "movendo" na direção da região externa do caule mais abaixo. Esses traços foliares se unem aos feixes principais por meio de feixes de ligação pequenos e imperceptíveis. Esse sistema é belo em sua simplicidade, mas é muito difícil

---

* N. de R.T. Micrótomos são instrumentos destinados à obtenção de secções finas de órgãos de plantas ou animais. Podem ser obtidas secções de algumas dezenas de micrômetros (30 μm, por exemplo) até tão finas como 1 μm. Contudo, as dimensões das projeções ou invaginações de parede celular nas células de transferência são tão pequenas que dificilmente podem ser distinguidas em secções de vários micrômetros.
** N. de R.T. No polo encontra-se o protoxilema.

de ser analisado, por haver tantos (várias centenas) feixes vasculares, mesmo na porção estreita de um caule de uma pequena palmeira como *Raphis*. Ao seguirmos o curso dos feixes dentro de uma palmeira, percebemos que eles começam a seguir um curso helicoidal para baixo no caule.

A raiz primária não se desenvolve na maioria das monocotiledôneas. Sua função é geralmente assumida por numerosas raízes adventícias que aparecem em um estágio inicial, em geral nos nós e se unem ao sistema vascular no que com frequência se parece com uma massa desordenada de tecido vascular com elementos bastante curtos tanto no floema quanto no xilema.

2
MERISTEMAS E CRESCIMENTO MERISTEMÁTICO

INTRODUÇÃO

O crescimento ocorre em dois estágios nas plantas: primeiramente ocorre a divisão das células de um tipo não diferenciado (parênquima simples, de paredes finas) aumentando o número de células; depois algumas das células produzidas por essas divisões crescem em tamanho.

Células em divisão, do tipo não diferenciado, não ocorrem em toda a planta, mas se concentram em locais específicos. Além disso, certas células na maioria dos órgãos permanecem relativamente não diferenciadas e podem começar a se dividir na presença de condições apropriadas, após terem sido submetidas a um processo conhecido como desdiferenciação. Essas células originam raízes e gemas adventícias ou tecido caloso que se forma durante a cicatrização de ferimentos. Elas são de grande importância para horticultores. A habilidade dessas células se dividirem é um requisito básico para o sucesso de inúmeras formas de propagação vegetativa e enxertos.

Células que se dividem ativamente para produzir o corpo (primário) da planta se associam em meristemas. Estes incluem os meristemas apicais nas extremidades dos caules e raízes, bem como os meristemas apicais e nas extremidades de ramos e raízes laterais. Certas plantas possuem meristemas ativos logo acima e próximos à maioria dos nós: são os meristemas intercalares.

Quando crescimento secundário ocorre, ou seja, crescimento em espessura, os meristemas laterais estão envolvidos. O câmbio vascular, que ocorre em dicotiledôneas e gimnospermas, é o meristema lateral mais bem conhecido. O crescimento em espessura no caule e na raiz provoca o rompimento da camada de revestimento primário da planta, a epiderme. Uma barreira protetora secundária entre tecidos delicados e o mundo externo se desenvolve para substituir a epiderme. Essa barreira consiste em camadas de células de cortiça, derivadas do câmbio da casca especializado ou felogênio, também um meristema lateral.

Na folha de dicotiledôneas, as células continuam a se dividir em várias áreas da lâmina em expansão, algumas até que o tamanho maduro tenha sido quase alcançado, quando elas param de se dividir e os produtos se expandem. As folhas nas monocotiledôneas são diferentes por possuírem uma zona basal adicional de tecido meristemático que continua a crescer por longos períodos, até que o tamanho maduro da folhas tenha sido alcançado.

Certas monocotiledôneas apresentam crescimento secundário em espessura de caule (meristema de espessamento secundário) embora muitas das maiores não o possuírem, como as palmeiras. *Dracaena* (Ruscaceae) e *Cordyline*

(Laxmanniaceae), *Klattia*, *Pattersonia*, *Nivenia* e *Witsenia* (Iridaceae) servem como exemplos onde há uma zona especial de células meristemáticas na parte periférica do córtex (a parte do caule do lado externo da região contendo feixes vasculares primários). Feixes vasculares inteiros se formam no córtex, com novo tecido fundamental secundário entre eles.

Claramente, a planta em crescimento é extremamente complexa, contendo áreas jovens que se dividem ativamente próximas a outros tecidos completamente formados e maduros.

MERISTEMAS APICAIS

Existem diferenças detalhadas entre os meristemas nos ápices caulinares e de raízes de monocotiledôneas, dicotiledôneas e gimnospermas. Três ápices caulinares são mostrados na Figura 2.1.

Desde as primeiras observações, autores têm tentado classificar as várias camadas de células em ápices visíveis em secções longitudinais. A classificação dessas camadas baseia-se no destino das células derivadas das camadas distintas ou nos planos dominantes de divisão celular aparente nas camadas. Por exemplo, na teoria da túnica-corpo, as camadas da túnica (externas) distinguem-se das camadas internas do corpo, porque suas divisões celulares normalmente ocorrem apenas no plano anticlinal (ou seja, em ângulos reto à superfície da planta). No corpo, as divisões são anticlinais e periclinais. Divisões periclinais são paralelas à superfície externa da planta. Se uma denominação formal de camadas deve ser feita, o sistema túnica-corpo é mais

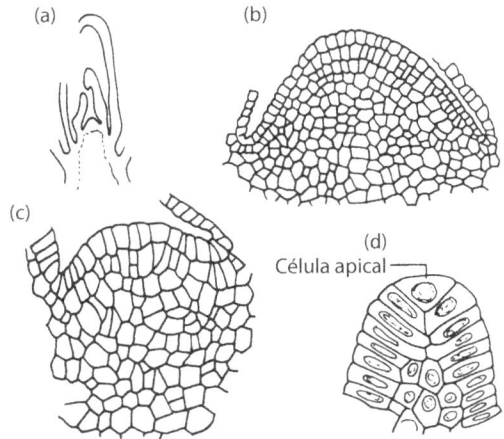

FIGURA 2.1
Meristemas vegetativos. (a) Esquema em pequeno aumento de uma secção longitudinal do ápice de *Rhododendron*, x15. (b) Detalhe de (a), x218. A segunda camada pode ser a "túnica", mas tem uma certa divisão periclinal, assim como em (c), *Syringa*, x218. (d) *Equisetum* (x218) possui uma célula apical e não um grupo de células meristemáticas.

confiável do que o sistema dermatógeno-periblema-pleroma de Hanstein. No sistema de Hanstein, as camadas são definidas em relação aos sistemas teciduais aos quais elas parecem dar origem. Tem sido demonstrado, com a ajuda de experimentos, que camadas específicas não produzem consistentemente o mesmo sistema tecidual na mesma espécie. Sendo assim, talvez seja melhor utilizar um sistema topográfico e rotular as camadas como L1, L2, L3, etc., e definir descritivamente várias zonas.

No ápice caulinar, as folhas em geral aparecem normalmente a partir das camadas de túnica (L1, ou L1 e L2) e as gemas a partir da túnica e algumas camadas do corpo. A túnica produz a epiderme e geralmente a maior parte, quando não todo, o córtex. Muitas vezes a epiderme madura é composta de uma camada de células, mas em algumas espécies divisões celulares ocorrem bem cedo na epiderme durante o desenvolvimento das folhas, levando à produção de uma epiderme múltipla. Esse fato pode ser visto na Figura 2.2, que mostra parte do ápice de *Codonanthe* sp. (Gesneriaceae). Parte da epiderme múltipla madura dessa planta é mostrada na Figura 2.2. O corpo produz o sistema vascular do caule e o tecido fundamental central. De modo esporádico, as células abaixo

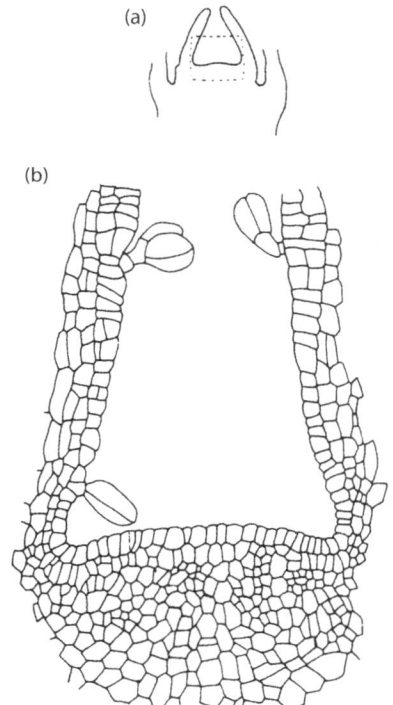

FIGURA 2.2
Codonanthe: (a) Esquema de baixa magnificação de detalhe do ápice caulinar mostrado em (b). Observe a divisão precoce de células na epiderme da face adaxial das folhas, levando à formação de uma epiderme múltipla. (b) x248.

do meristema apical apropriado podem parecer uma zona relativamente inativa, com pouca ou nenhuma divisão; essa região é chamada de centro ou zona quiescente; porém, seu estado inativo não é amplamente aceito. Experimentos utilizando marcadores radioativos indicam que há alguma divisão celular nessas regiões, apesar de significantivamente menor do que nas regiões ao seu redor. Uma disposição celular tipo costela também pode ser detectada em alguns ápices abaixo da túnica e corpo. As células do meristema possuem citoplasma denso, com ausência de vacúolos grandes (compartimentos preenchidos com líquido dentro do citoplasma). Abaixo das áreas apicais de divisão celular ativa, as células começam a aumentar em tamanho e vacuolar.

Existem tentativas para definir os diferentes tipos de organização das zonas celulares tanto em gimnospermas quanto em angiospermas, e esses tipos podem ter alguma significância para indicar inter-relações. Essas tentativas extrapolam o escopo deste livro, mas o leitor interessado pode conferir referências na seção de leituras adicionais no fim do livro.

À medida que primórdios foliares aparecem em sequência no ápice caulinar, na de filotaxia (disposição foliar no caule), característica da espécie em particular, os feixes procambiais se tornam aparentes, e o primeiro floema formado se deriva a partir deles e depois o xilema dos feixes primários. A Figura 2.3 mostra primórdios foliares (seta) em secção longitudinal de *Coleus*. Muitos

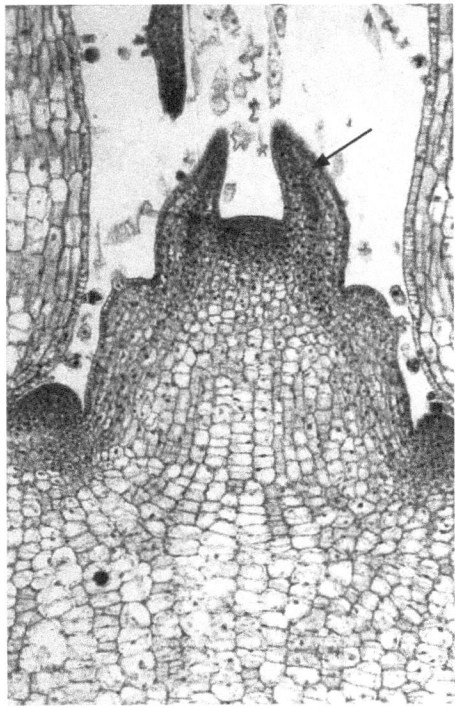

FIGURA 2.3
Ápice caulinar de *Coleus*, secção longitudinal. Seta = primórdio foliar. x100.

experimentos foram conduzidos na tentativa de desvendar os mecanismos que regulam o desenvolvimento ordenado desses ápices dinâmicos em crescimento. O controle do espaçamento dos primórdios foliares não é completamente entendido. Numerosos experimentos envolvendo o uso de recursos mecânicos para tentar isolar uma parte do ápice do resto têm sido desenvolvidos e, apesar desses meticulosos experimentos com hormônios do crescimento, há ainda muito que se aprender. É muito difícil conduzir experimentos nos quais apenas uma variável é estudada de cada vez. Além disso, os ápices se desenvolvem no ambiente protegido e bem abrigado das bases da folha, que precisa ser substancialmente perturbado para que observações possam ser feitas.

O ápice da raiz se parece em vários aspectos com o ápice do caule e também pode apresentar um centro quiescente, mas tem uma diferença conspícua importante. Ele possui uma coifa radicular, ou caliptra, frequentemente produzida por uma zona meristemática chamada de caliptrogênio (Figura 2.4a). A coifa age como um tampão entre o meristema apical macio e partículas do solo, duras. Ela desaparece com o progresso do crescimento, mas é constan-

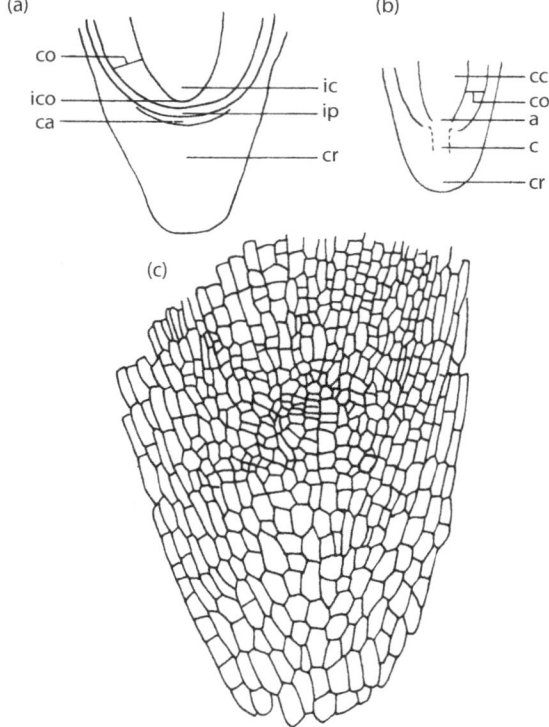

FIGURA 2.4
(a) Raiz de monocotiledônea generalizada em esquema para mostrar a localização de várias zonas. Ápice da raiz, secção longitudinal, em *Allium* sp.; (b) diagrama de baixa magnificação para mostrar a localização de várias zonas celulares em (c) (x109). a, meristema apical; c, coluna; ca, caliptrogênio; cc, cilindro central; ic, iniciais do cilindro central; co, córtex; ico, iniciais do córtex; ip, iniciais da protoderme; cr, coifa da raiz.

temente renovada. Acredita-se que ela seja a fonte de substâncias reguladoras de crescimento envolvidas na resposta geotrópica positiva da maioria das raízes. Coifas radiculares podem ser facilmente encontradas em raízes aéreas de *Pandanus* e em muitas orquídeas epifíticas e raízes submersas de raízes aquáticas (*Pistia*). Além do caliptrogênio, as camadas celulares envolvidas na produção de epiderme, córtex radicular e sistema vascular primário podem ser prontamente definidas em secções transversais finas e adequadamente coradas. Em algumas raízes, um caliptrogênio específico não é produzido. Em *Allium* (Figura 2.4b,c), uma coluna de células se desenvolve.

Enquanto o ápice caulinar logo produz folhas e gemas de forma exógena (nas camadas celulares mais externas), a organização radicular é bastante diferente. Raízes laterais aparecem de forma endógena, a partir das células do periciclo (camada simples ou múltipla de células parenquimáticas delimitando o sistema vascular e sob o cilindro celular com paredes caracteristicamente espessadas, a endoderme), a alguma distância do ápice (Figura 2.5). Essa origem já estabelecida requer que as raízes laterais cresçam forçosamente através da endoderme e córtex para alcançar o exterior. A distância a ser percorrida entre o sistema vascular radicular lateral e a raiz a partir da qual ela surge é pequena. O sistema vascular de uma gema apical deve se desenvolver na direção do sistema do caule principal e por fim se unir a ele.

Numerosos artigos foram publicados sobre a organização apical caulinar e radical em várias famílias de plantas. Alguns são comparativos e têm como objetivo conclusões de importância taxonômica, mas outros (e provavelmente os mais úteis) dizem respeito ao desenvolvimento das plantas específicas sob estudo. Como mencionado anteriormente, estudos de desenvolvimento apropriados exigem um alto nível de competência e são vitais para o entendimento das formas maduras de plantas.

MERISTEMAS LATERAIS

Os meristemas laterais mais importantes são o câmbio vascular e o câmbio da casca (felogênio). O câmbio vascular, característica das dicotile-

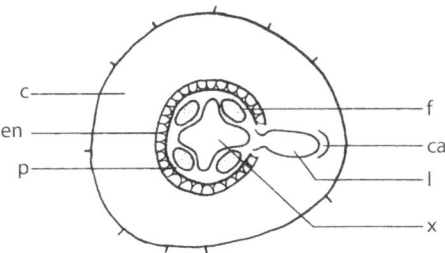

FIGURA 2.5
Desenvolvimento endógeno de uma raiz lateral, em secção transversal. c, córtex; ca, pequena cavidade a frente do desenvolvimento da raiz lateral, formada pela lise de células corticais; en, endoderme; l, raiz lateral; p, periciclo; f, floema; x, xilema.

dôneas e gimnospermas e outras plantas superiores, é descrito com brevidade a seguir. Consiste em uma até várias camadas de células de paredes finas, organizadas em um cilindro; sua espessura real é difícil de ser definida, uma vez que essas células para o lado externo desenvolvem o floema e aquelas no lado interno o xilema. Além disso, seu desenvolvimento é gradual, ou seja, os estágios iniciais de qualquer um dos tecidos podem se parecer com iniciais cambiais. Normalmente, uma proporção bem maior dos produtos das divisões das iniciais cambiais são as células de xilema do que de floema. A formação de novas camadas de xilema afeta o deslocamento do câmbio para longe do centro. Algumas das iniciais cambiais se dividem anticlinalmente para permitir o crescimento necessário em circunferência, a qual aumenta em aproximadamente seis vezes o raio (isto é, $2\pi r$). As iniciais cambiais que se formam primeiro são alongados axialmente (iniciais fusiformes). As células alongadas do xilema se desenvolvem a partir dessas iniciais. Algumas delas se subdividem, por uma, duas ou mais divisões celulares, para formar uma linha axialmente orientada de células mais curtas, as iniciais radiais. Os raios se desenvolvem a partir dessas iniciais (Figura 2.6). Ver Capítulo 3 para mais informações.

O felogênio pode surgir próximo à epiderme ou mais profundamente no córtex, na forma de um cilindro de células. Ele se divide para formar várias camadas de células de parede fina e radialmente achatadas para o lado interno, a feloderme, e para o lado externo, o felema, células radialmente achatadas que podem adquirir paredes mais espessas; adicionalmente, uma substância graxa chamada suberina é incorporada às paredes. Em algumas espécies, várias camadas de células suberizadas são separadas por camadas de células parenquimáticas de parede fina, de forma que bandas alternadas são produzidas (ver Capítulo 5 para mais detalhes). Com frequência, para o lado interno dos estômatos da epiderme original, as células suberizadas não são achatadas, mas sim arredondadas, e existem espaços de ar entre elas. São as lenticelas.

Em monocotiledôneas com espessamento secundário, os meristemas laterais se formam no córtex e produzem tanto feixes vasculares quanto tecido fundamental, como descrito acima.

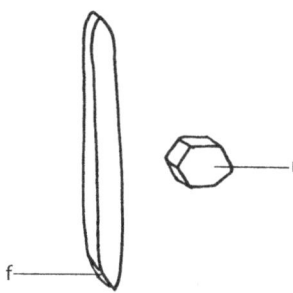

FIGURA 2.6
Esquema das células iniciais cambiais fusiformes (f) e iniciais radiais (r).

APLICAÇÕES PRÁTICAS E USOS DOS MERISTEMAS

As propriedades especiais das células meristemáticas de parede fina, simples, cuja anatomia e localização na planta recém foram descritas, possibilitam uma série de técnicas hortícolas. Para quem deseja cultivar plantas por propagação vegetativa, aumentar o número de ramificações em uma planta, fazer enxertos e melhorar as chances de boa cicatrização de ferimentos, é importante entender a posição dos meristemas na planta, assim como a delicada natureza das células meristemáticas.

Meristemas apicais

O uso prático principal dos meristemas apicais, em especial os meristemas caulinares, é a cultura de meristemas, que possibilita a produção de novas plantas vegetativamente. As células dos meristemas são parênquima não diferenciado em estado ideal para que a divisão celular ocorra. Assim que os meristemas são removidos da planta, sua organização formal parece se romper, deixando-os vulneráveis à dissecação. Eles devem ser removidos com cuidado e imediatamente transferidos para um meio nutritivo. Todos os estágios dessa técnica devem ser assépticos para evitar a introdução de patógenos. No caso do processo ser bem-sucedido, o ápice primeiramente formará uma massa de tecido similar a um calo, semelhante ao protocormo das orquídeas. Posteriormente, pequenos ramos e raízes embrionárias se formam. Se a massa de tecido se subdivide, várias pequenas plântulas podem ser produzidas. É importante dispor de um meio de crescimento corretamente formulado, com frequência específico à planta sob cultura; caso contrário, a massa tecidual pode produzir apenas ramos ou raízes!

Existem várias circunstâncias onde é desejável reproduzir plantas por cultura de meristemas. Por exemplo, a planta desejada pode ser infértil, como no caso de uma triploide, ou ela pode ser um híbrido de F1 sem sucesso reprodutivo. Esse método também é útil para o rápido crescimento de mudas em viveiros para objetivos comerciais. Outros métodos vegetativos de propagação podem levar vários anos antes que um número semelhante de plantas possa ser produzido. Doenças virais raramente afetam os ápices; além disso, a cultura de meristema pode ser utilizada para produzir materiais livre de vírus a partir de plantas que de outra maneira seriam infectadas, como framboesa ou batata. Espécies beirando a extinção podem ser resgatadas e multiplicadas por cultura de meristemas. Esse pode ser o único enfoque prático se a população cultivada for muito pequena, ou se essas plantas restantes forem autoincompatíveis. Infelizmente, todos os produtos de uma cultura de meristemas individual terão o mesmo genótipo; assim, a diversidade genética não pode ser aumentada por esse método de multiplicação.

Como método de propagação, a cultura de meristemas poderia ter um futuro brilhante. Ela provavelmente possui mais potencial do que o método tradicional de cultura de calos, onde pequenas porções de tecido extraído (em geral, parênquima) de várias partes da planta são cultivadas em, ou sobre, meio nutritivo. Pode levar um bom tempo para induzir plantas embrionárias a se diferenciarem a partir desses calos.

As plantas embrionárias, quando grandes o suficiente para serem manuseadas, são removidas e cultivadas em meio esterilizado até um tamanho que possam ser envasadas em composto orgânico normal.

Meristemas intercalares

Meristemas intercalares são também utilizados em horticultura para propagação. Na planta, uma de suas funções é retornar um caule caído à posição ereta; por exemplo, em *Triticum* e em cravo (*Dianthus*). Os cravos servirão como exemplo prático de como um meristema intercalar é capaz de produzir raízes adventícias. Na Figura 2.7, um caule de cravo é mostrado cortado da planta logo acima de um nó. Ele foi bifurcado longitudinalmente através do nó, para dentro da zona de meristema intercalar. Na prática de horticultura, a fenda é mantida aberta com um pequeno pedaço de palito até que raízes adventícias se desenvolvam a partir dos lados divididos.

Uma grande quantidade de plantas forma com rapidez raízes adventícias a partir dos nós, sejam segmentadas ou não. Um uso considerável dessa propriedade é feita em horticultura para propagação.

Meristemas laterais

Meristemas laterais também são utilizados em técnicas desenvolvidas para propagar plantas por estaquia e em enxertos ou na promoção de cicatrização de ferimentos.

O câmbio da casca é tão especializado a ponto de ter pouca valia em propagação de plantas. Em geral, ele exerce uma função na cicatrização de ferimentos, e, claro, é comercialmente empregado na produção de "cortiça" de *Quercus suber*, o carvalho da cortiça, em que as camadas de cortiça são cultivadas em intervalos aproximados de dez anos. O câmbio da casca ou felogênio se refaz depois que a cortiça é cuidadosamente removida. A Figura 2.8 ilustra um câmbio da casca em *Ribes nigrum*.

FIGURA 2.7
Estaca de *Dianthus* (cravo). Raízes adventícias se desenvolverão a partir dos lados partidos. n, nó.

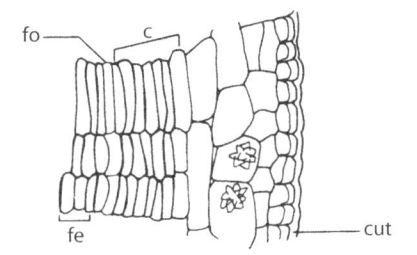

FIGURA 2.8
Ribes nigrum, secção transversal de um setor da parte externa do caule para mostrar o câmbio da casca bem estabelecido, x218. c, cortiça; cut, cutícula; fo, felogênio; fe, feloderme. Observe aglomerados de cristais nas células corticais.

Dentre os meristemas laterais, o câmbio vascular entre o floema e o xilema é o mais utilizado por horticultores. Sua função normal no lenho saudável ou dicotiledônea herbácea é produzir novas células de floema e xilema (ver Capítulo 3).

Se um câmbio estiver lesado, ele se regenerará normalmente e influenciando as rotas de desenvolvimento de células de calos adjacentes, auxiliará no processo de regeneração. Assim, a continuidade do câmbio é recuperada e novos cilindros de floema e xilema são estabelecidos.

A prática de silvicultura de remover galhos mais baixos em coníferas em estágio inicial permite que a ferida se cicatrize (Figura 2.9) e círculos inteiros de madeira nova se estabeleçam. Se "saliências" ou pontas quebradas dos galhos restarem, demora algum tempo para que o material cresça por cima, e nós ruins de tecido morto e, em consequência, locais enfraquecidos na madeira colhida inevitavelmente aparecerão.

A habilidade intrínseca dos ferimentos cicatrizarem é amplamente utilizada em técnicas de enxertos. Para se obter um enxerto, as partes das duas plantas a serem unidas são "lesionadas". Isso se faz por meio do corte do porta-enxerto e o enxerto (pequeno segmento do caule, com gemas, ou apenas a gema). Os dois são unidos de maneira que os câmbios do porta-enxerto e do enxerto fiquem o mais possivelmente alinhados. Quando novo crescimento se formar pelas células do calo, os dois câmbios podem então rapidamente estabelecer continuidade por meio de diferenciação especializada de algumas das células do calo e uma ligação firme e uniforme é produzida. Nenhuma fusão

FIGURA 2.9
Esquema em secção transversal de um pedaço de tora de conífera mostrando a retomada da continuidade dos anéis de crescimento após o galho lateral ter sido cortado.

celular acontece, mas no fim os produtos do xilema dos dois câmbios (unidos) unem firmemente o porta-enxerto ao enxerto. É essencial que o porta-enxerto e o enxerto não sejam capazes de se mover um em relação ao outro durante os estágios iniciais, e nesses estágios fitas para enxerto são utilizadas para dar uma união firme e permitir difusão de oxigênio essencial ao crescimento celular. A fita deve se desmanchar espontaneamente com o tempo ou ser removida quando o enxerto estiver seguro. Cuidados adicionais são bastante onerosos para os horticultores, por isso quanto mais simples o método e menor o manuseio, melhor. Bolsas de ar entre o porta-enxerto e o enxerto devem ser evitadas; elas podem hospedar patógenos ou permitir a entrada de água e patógenos.

Enxertia de gemas funciona de modo similar, e o enxerto de fragmentos de gema (Figura 2.10) está se tornando bastante popular e substituindo o antigo método de corte em T. O câmbio da gema pode ser alinhado com mais precisão por esse novo método. Um fragmento de gema é removido e inserido atrás de uma pequena aba interior no lenho da muda na profundidade do câmbio e o broto é seguro pela fita para enxerto.

As vantagens da enxertia são diversas. Por exemplo, as raízes de algumas espécies desejáveis podem ser muito fracas; assim, raízes fortes podem ser enxertadas em seu lugar, como em *Juniperus virginiana* onde uma linhagem de *J. glauca* é empregada. Melancias com raízes com tendência à murcha podem ser enxertadas em um porta-enxerto de raiz de abóbora, resistente à murcha por *Verticillicum*. Os tamanhos das árvores frutíferas, em especial maçãs e peras, podem ser regulados pela cuidadosa seleção do vigor dos porta-enxertos. Árvores de tamanho maduro relativamente fixo podem ser produzidas, além de indução de frutificação mais precoce. No Reino Unido, o sistema Malling Merton fornece árvores com porta-enxertos numerados, garantindo assim uma árvore madura com características específicas. Uniformidade de tamanho é essencial para bom cultivo. Porta-enxertos com nanismo possuem elementos vasculares de xilema bem mais estreitos em diâmetro do que os porta-enxertos que produzem árvores grandes.

Enxertia de ponte pode ser utilizada para reparar árvores que tenham sido submetidas ao anelamento[*] (Figura 2.11). É importante utilizar ramos da mesma espécie, pois é essencial haver compatibilidade entre porta-enxerto e enxerto. Os ramos devem ser inseridos de modo a suas pontas distais apontarem para fora das raízes, para reter a polaridade correta. Na verdade, a inter-relação entre plantas pode ser testada até certo limite de sua habilidade de se interenxertarem. Em geral, espécies do mesmo gênero se unirão, como as espécies de *Prunus*. As espécies de *Solanum* também podem ser unidas por enxerto. Híbridos por enxertos entre gêneros são bem menos comuns, por exemplo, *Laburnum/Cytisus*. Enxertos entre plantas de famílias diferen-

---

[*] N. de R.T. O anelamento consiste na remoção de um anel da casca do caule (ou periderme). Sendo profundo, o anelamento secciona, também, o floema secundário e interrompe o movimento de carboidratos para as raízes, com acúmulo de fotossimilados e reguladores de crescimento na parte do caule acima da incisão.

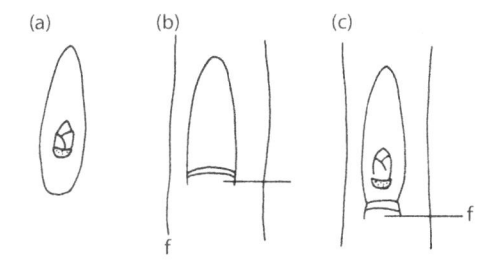

FIGURA 2.10
Enxertia de um fragmento de gema. (a) Fragmento com gema; (b) muda preparada; (c) fragmento inserido por trás de uma pequena aba da casca (f), pronto para ser imobilizada.

tes raramente acontecem. Contudo, tem sido possível demonstrar a relação entre Cactaceae e a família Didieraceae, endêmica de Madagascar, a partir da produção de enxertos interfamiliares com sucesso. Na natureza, é bastante comum que raízes de árvores individuais da mesma espécie crescendo bem próximas acabem se unindo por enxerto. Raízes abrasadas pelo solo ou danificadas por outros organismos formam calos, tornando-se assim "preparadas" para o enxerto. Acredita-se que a rápida disseminação da doença do olmo holandês entre árvores plantadas enfileiradas tenha sido em parte causada por enxerto de raiz entre indivíduos.

Enxertos de gemas são utilizados para propagar material celeremente, por exemplo, para introduzir com rapidez uma nova rosa no mercado. As rosas, principalmente as híbridas rosas-chá e as floribundas, em geral são produtoras ruins com suas próprias raízes e, logicamente, não evoluem a partir de sementes. Nesses casos, enxertos sobre um porta-enxerto radicular saudável e robusto exercem a dupla função de fornecer uma raiz forte e auxiliar na rápida propagação.

Se o vigor do enxerto exceder muito o do porta-enxerto, um crescimento exagerado e desordenado pode ocorrer; onde não houver desejo de regular o vigor do enxerto, um porta-enxerto de vigor adequado deverá ser selecionado.

FIGURA 2.11
Ramos enxertados ao longo de uma área danificada da casca em um tronco de árvore.

As células de calos produzidas pelo ferimento de duas (ou mais) plantas podem às vezes ser cultivadas em meio de cultura, bem como grupos de células unidas por centrifugação. O complexo de células resultante pode ser cultivado, produzindo plantas cito-híbridas, do tipo mais complexo de enxerto que se possa imaginar, isto é, exceto pela fusão de protoplastos de dois organismos diferentes, que representa a forma extrema de enxerto! Esse segundo processo envolve a remoção enzimática das paredes celulares, deixando protoplastos desnudos que se fundem mais prontamente.

Monocotiledôneas são praticamente impossíveis de serem enxertadas, apesar de existirem alguns relatos questionáveis sobre esse tipo de enxerto na literatura. A maioria das monocotiledôneas não tem crescimento secundário em espessura. Os feixes vasculares estão "fechados" e não produzem câmbio. Alguns parecem ter divisão cambial, mas isso pode ser apenas as divisões tardias e bastante regulares de camadas celulares que acontecem nas regiões centrais do feixe, quando ele se aproxima da maturidade. Contudo, ainda não se sabe o suficiente sobre esse fenômeno e permanece questionável se enxertos podem se estabelecer em monocotiledôneas.

Em geral, o feixe de monocotiledôneas é firmemente constituído por esclerênquima, bainha de esclerênquima ou ambos; é denominado de feixe "fechado" por essa razão. Assim, o feixe das monocotiledôneas não possui as células meristemáticas necessárias para efetuar fusão. Além disso, o posicionamento preciso de feixes em um enxerto seria praticamente impossível.

Como mencionado antes, o crescimento secundário em espessura ocorre em algumas monocotiledôneas; tecidos especiais na periferia do caule são responsáveis por ele. Trata-se na verdade, de um meristema lateral que produz feixes vasculares novos e inteiros por divisão celular e novo tecido fundamental entre os feixes. *Cordyline* possui o tipo de espessamento secundário comum a uma série de monocotiledôneas. Mais uma vez fica fácil de se observar que os enxertos não obteriam sucesso, pois é impossível alinhar feixes suficientes e pouca ou nenhuma continuidade vascular pode ser alcançada.

GEMAS ADVENTÍCIAS

Algumas plantas possuem a habilidade de produzir novas gemas adventícias a partir de vários órgãos, quando a planta ou parte dela é submetida a algum estresse fisiológico diferente. O estresse pode ser causado por uma injúria ou mesmo pela separação de um órgão do resto da planta. Em geral, acredita-se que o desenvolvimento de gemas dessa maneira esteja relacionado à perda de um constritor, por exemplo, a perda de algum hormônio inibitório ou substância química parecida. Quando a dominância apical de um sistema de parte aérea é removida, novas gemas adventícias (não relacionados ao eixo da folha) podem se desenvolver. Isso nos permite podar algumas espécies de árvores maduras e obter novo crescimento. Por exemplo, em *Salix* e *Platanus*, novos galhos crescerão a partir de gemas adventícias. A prática de poda radical do tronco e a colheita dos novos galhos como estacas não seria possível se esse tipo de recuperação não ocorresse. Alguns cultivos como a casca de *Quillaja* e

Cinchona são obtidos a partir de árvores podadas por decote; extratos a partir delas são utilizados na preparação de medicamentos. Muita da produção de madeira como combustível resulta de árvores podadas radicalmente ou árvores decotadas. Por exemplo, a poda radical de tronco de avelã (*Corylus*) tem sido uma forma tradicional de agricultura durante séculos para formação de caules novos para a produção de carvão.

3
A ESTRUTURA DO XILEMA E DO FLOEMA

INTRODUÇÃO

O xilema e o floema são os principais tecidos envolvidos com o movimento de substâncias através da planta. O xilema transporta principalmente água e solutos dissolvidos, em geral sob a forma de minerais, enquanto o floema transloca substâncias sintetizadas pela planta. O xilema e o floema costumam ser encontrados juntos, e suas funções são coordenadas. Relações entre estrutura e função são consideradas ao final deste capítulo. Em linhas gerais, o xilema conduz água e minerais dissolvidos das raízes para as partes aéreas, enquanto o floema conduz assimilados das folhas para os caules e raízes.

O XILEMA

A estrutura de xilema primário é abordada nos Capítulos 3, 4, 5 e 6 e não será repetida nem expandida aqui. Em vez disso, nos concentraremos apenas no xilema secundário, no que tange ao uso e à capacidade de ajudar na classificação e identificação. O CD-ROM contém diversas imagens adicionais.

Construção do xilema secundário

Enquanto o xilema primário consiste somente no sistema celular axial, ou seja, células de xilema alongadas paralelamente ao eixo longo do órgão ou traço vascular no qual ele ocorre, o xilema secundário, um dos produtos do câmbio vascular, é mais complexo. Conforme visto no Capítulo 2, o câmbio é composto por dois tipos de células, as iniciais fusiformes, alongadas axialmente, que dão origem ao sistema axial de células, e as iniciais radiais, curtas e mais ou menos isodiamétricas, que dão origem ao sistema radial ou raios. A Figura 3.1 mostra os sistemas axial e radial na madeira de *Alnus glutinosa*.

Devido à presença tanto do sistema axial quanto do radial, o estudo do xilema secundário é viável apenas por meio da observação de três planos de secção específicos a partir de um bloco de madeira. Esses planos são o transversal (T), o longitudinal radial (LR) e o longitudinal tangencial (LT). Esses planos expõem detalhes de ambos sistemas celulares. As Figuras 3.2 e 3.3 mostram esses planos de corte.

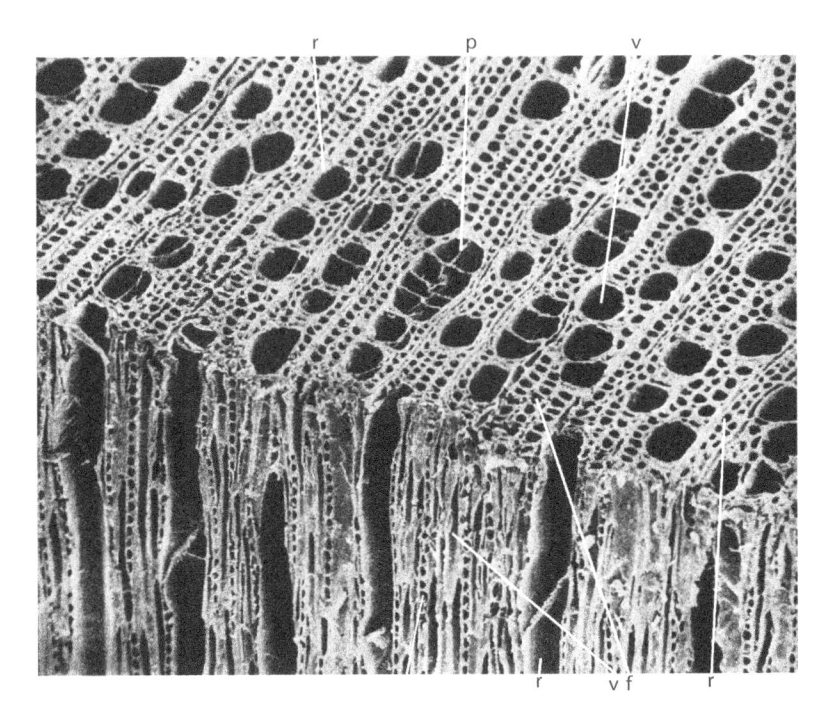

FIGURA 3.1
Alnus glutinosa: imagem de microscopia eletrônica de varredura do xilema secundário mostrando as faces transversal e longitudinal tangencial. f, fibras no sistema axial de células; v, vaso do sistema axial; p, placa de perfuração (escalariforme); r, raio unisseriado do sistema radial. x100.

A natureza complexa do xilema secundário será abordada considerando, em primeiro lugar, a madeira menos complexa das gimnospermas e depois a madeira bem mais variada das angiospermas.

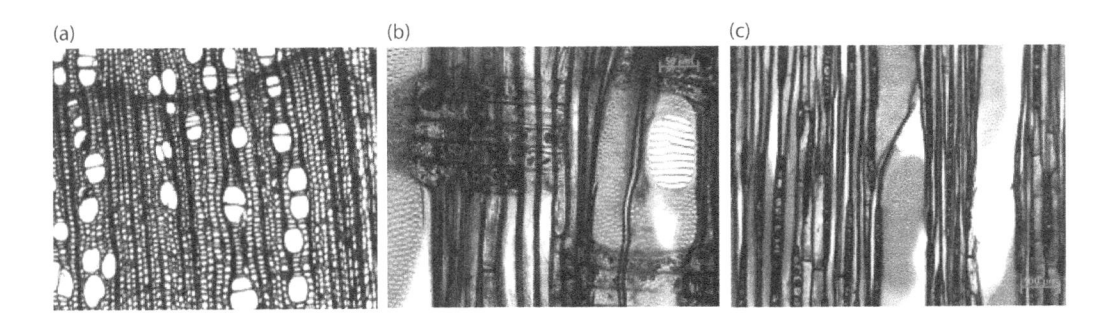

FIGURA 3.2
(a) Visualização transversal, (b) longitudinal radial e (c) tangencial do lenho de *Alnus nepalensis*. Observe os vasos de diâmetro estreito. Estes vasos possuem placas de perfuração compostas escalariforme-reticuladas inclinadas. Os vasos são intercalados com traqueídes estreitas e elementos parenquimáticos. Os raios são de comprimento variável e unisseriados. a, x70; b e c, x250.

Madeira de gimnospermas (madeira de coníferas e de ginkgo)

Em madeiras de coníferas (e geralmente gimnospermas), o sistema axial de condução de água é amplamente composto de traqueídes (célula não perfurada envolvida com o transporte de água, isto é, com membrana de pontoação intacta entre células adjacentes). As traqueídes são como caixas alongadas com secção transversal retangular e terminações superiores e inferiores afuniladas. Suas paredes são espessas. A parede primária é fina e estende-se ao lado adjacente ao lúmen perto da parede secundária. A parede secundária é geralmente constituída de uma série de camadas, nas quais as microfibrilas – componentes submicroscópicos, filamentosos e em geral celulósicos – estão depositadas. Com frequência, as microfibrilas são organizadas em uma helicóide, se enrolando ao longo do eixo da célula. A orientação das microfibrilas varia nas camadas sucessivas; cada camada muitas vezes reverte a direção do enrolamento em relação às camadas adjacentes. A matriz da parede é lignificada. As traqueídes se comunicam entre si principalmente através de pontoações nas paredes laterais (radiais). O tamanho, número de fileiras e detalhes da estrutura das pontoações são geralmente características compartilhadas por algumas espécies ou gêneros. A Figura 3.3 ilustra secções de madeira de *Pinus* e o glossário (ver Pontoação, areolada) fornece uma reconstrução do par de pontoações areoladas entre as traqueídes adjacentes. As traqueídes formadas durante o fluxo de crescimento da primavera são em geral mais alargadas radialmente do que aquelas formadas mais tardiamente na estação de crescimento. Por essa razão, costuma ser fácil de ver a extensão de espessura de um incremento de crescimento. Note o toro, um espessamento central na membrana da pontoação, o qual é característico da pontoação de traqueídes em coníferas. Ele age como uma tampa, fechando o orifício da pontoação caso existam alterações com potencial de dano na pressão entre as traqueídes adjacentes. Dessa forma, a disseminação de embolias de ar pode ser controlada e reduzida. As áreas espessadas entre as pontoações são chamadas de barras de Sanio, típicas da madeira de coníferas.

Às vezes uma banda de espessamento helicoidal ocorre dentro da parede secundária da traqueíde. Essa é uma característica de *Pseudotsuga* e *Taxus* e algumas *Picea* spp., *Cephalotaxus* e *Torreya*, na madeira madura do tronco. Contudo, muitas coníferas apresentam espessamento terciário helicoidal nas paredes das traqueídes em madeira de ramos; sendo assim, se espécimes de diâmetro estreito devem ser identificadas, devemos ter isso em mente. Em madeira mal decomposta, fendas helicoidais podem aparecer em paredes traqueais, seguindo o alinhamento das microfibrilas de celulose em uma das camadas da parede; esses podem ser confundidos com verdadeiros espessamentos helicoidais.

Não existem elementos de vaso.

Normalmente não se encontram fibras em madeira de coníferas; se estiverem presentes, elas correm axialmente ao longo das traqueídes. Células parenquimáticas axiais são raras; as células estreitas, alongadas axialmente, estão localizadas ao longo das traqueídes e têm paredes com terminações quadradas. Membros de Pinaceae (exceto *Pseudolarix*) e *Sequoia* spp. de

(a) (b) (c)

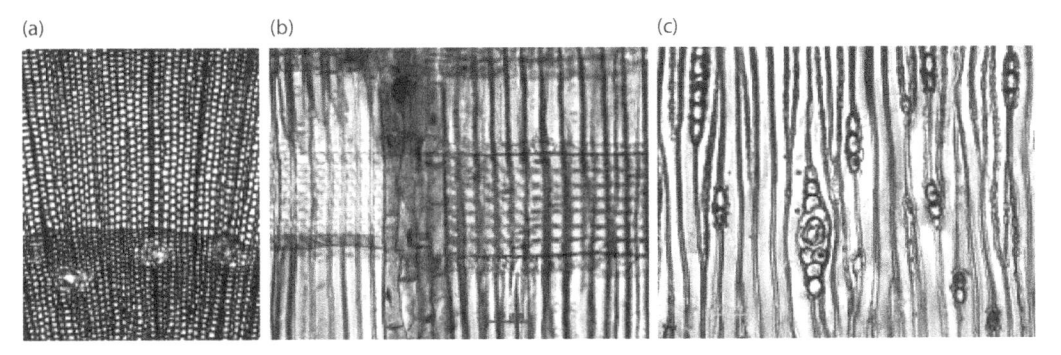

FIGURA 3.3
(a) Visualização transversal, (b) longitudinal radial e (c) longitudinal tangencial do lenho de *Pinus sylvestris*. Os raios possuem alturas variáveis de uma a várias células e largura variável. Raios mais largos podem ser associados a canais de resina. A, x75; b e c, x250.

Cupressaceae possuem dutos de resina axiais. Esses dutos são alinhados por uma camada epitelial secretora de células que permanece com parede fina nas espécies de *Pinus*, mas se torna lignificada nos outros gêneros. A presença de dutos de resina é então de importância taxonômica nas coníferas. Muitos gêneros, como *Cedrus*, podem ter dutos traumáticos (dutos originados de dano) que não devem ser confundidos com os dutos de resina usuais das Pinaceae.

O sistema radial (raio) em gimnospermas consiste de células parenquimáticas, as quais são, no geral, procumbentes. Alguns gêneros também possuem traqueídes radiais (traqueídes de raio) e alguns Pinaceae possuem dutos de resina radiais. (Figura 3.3c). O trecho da parede da célula de raio adjacente à traqueíde em geral possui pontoações. Esse trecho é chamado de área de campo de cruzamento, e as pontoações aqui são comumente características para o gênero ou para um grupo de gêneros e podem ser utilizadas para fins de diagnóstico. A Figura 3.4 mostra esses tipos de pontoações. As pontoações e os espessamentos das paredes das traqueídes também podem apresentar uma forma característica; por exemplo, as traqueídes de raio "dentadas" do gênero *Pinus*. Os raios normalmente têm a largura de uma ou duas células e altura de diversas a várias células.

Variações detalhadas entre gêneros são muito numerosas para serem mencionadas neste texto, mas referências úteis são fornecidas ao fim do livro como leitura complementar. Existe um glossário bem ilustrado sobre lenho de gimnospermas publicado pela Associação Internacional de Anatomistas da Madeira.

Madeira de angiospermas

Em madeiras de lei de dicotiledôneas, existem mais exemplos de células a serem considerados, e sua aparência e distribuição na madeira dão origem a uma grande quantidade de tipos de madeira. Apesar de detalhes da pontoação

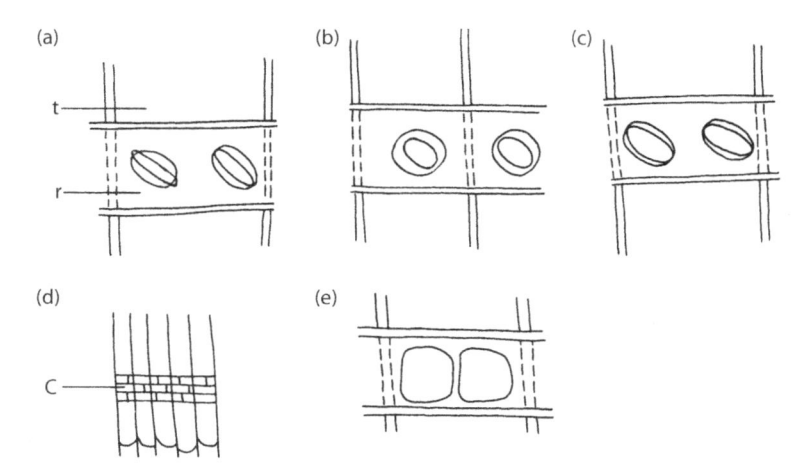

FIGURA 3.4
Alguns tipos de pontoações de campo de cruzamento em coníferas. (a) Piceoide, por exemplo *Picea, Larix*. (b) Cupressoide, encontrado na maioria de Cupressácea e *Taxus*. (c) Taxidioide, por exemplo Taxodiaceae, *Abies, Cedrus,* alguns *Pinus*. (d) Diagrama mostrando a localização de pontoações de campo de cruzamento (c) onde paredes de raio e traqueídes são adjacentes. (e) Alguns Pinus spp. têm grandes pontoações de "janela". r, raio; t, traqueíde.

da parede ainda permanecerem importantes no processo de identificação de espécimes, assim como para gimnospermas, existem bem mais características de pronta observação em madeiras de dicotiledôneas do que em madeiras de coníferas. Com frequência, famílias ou grupos de famílias exibem traços bastante característicos para estudo e comparação.

No sistema axial de dicotiledôneas, as traqueídes são relativamente esparsas, com a maioria das células sendo elementos de vaso (as células integrantes dos vasos; elementos de vaso são organizados axialmente, com os elementos terminais não-perfurados nas suas terminações externas, mas com todas as junções de elemento a elemento com perfurações [placas de perfuração] em suas paredes terminais) e fibras ou fibro-traqueíde (células intermediárias em aparência entre fibras e traqueídes; as pontoações geralmente intermediárias em tamanho) com quantidades variadas de parênquima axial. Esses itens são todos derivados das iniciais cambiais fusiformes. As fibras podem ser mais longas do que as iniciais das quais elas se derivaram. Muitas fibras são capazes de se alongar por crescimento apical intrusivo. Células parenquimáticas axiais são geralmente mais curtas do que as iniciais que as originaram, porque as células derivativas se dividem duas ou três vezes para formar uma cadeia de quatro ou oito células, sem aumento significativo. Células parenquimáticas de xilema normalmente possuem paredes lignificadas, ligeiramente espessas. Elementos de vaso são extremamente variados em sua forma madura, mas algumas formas têm presença consistente em dada espécie. Detalhes da pontoação de paredes e placas de perfuração estão ilustrados na Figura 3.5. Cada uma dessas características pode ser utilizada como diagnóstico. Espessamentos helicoidais terciários podem ocorrer; um exemplo é mostrado em *Tilia*, na Figura 3.6.

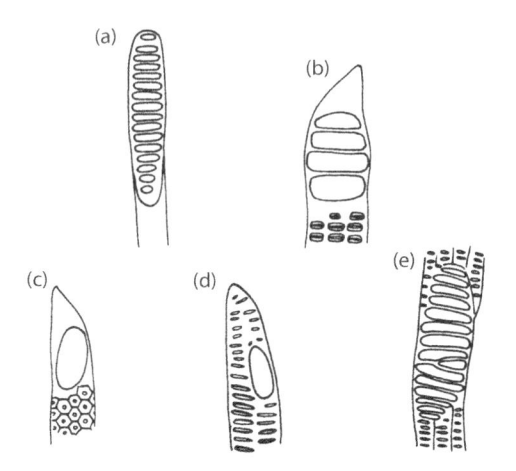

FIGURA 3.5
Uma variedade de placas de perfuração de elementos de vaso e pontoações. (a) escalariforme de *Camellia sinensis*. (b) *Liriodendron tulipfera*, escalariforme; pontoações opostas. (c) *Sambucus nigra*, placa simples, pontoações alternadas.(d) *Euphorbia splendens*, placa simples, pontoações alternadas. (e) *Scirpodendron chaeri*, placa escalariforme, pontoações opostas (de xilema primário). Todas x218.

Assim, os principais tipos celulares no sistema axial da maioria das angiospermas são vasos, fibras, traqueídes e parênquima. Algumas espécies possuem canais secretores, delimitados por células epiteliais. Vasos, fibras e parênquima axial podem ser organizados de modo que anéis de crescimento nítidos possam ser distinguidos em secção transversal, como em espécies temperadas do norte e do sul, bem como espécies montanhosas e aquelas de outras regiões fortemente sazonais. Espécies tropicais de vales e terras baixas, em geral não apresentam delimitações de anéis de crescimento. Como um todo, a densidade de uma madeira é governada não só pelos tamanhos e proporções dos tipos de células presentes, mas também pela espessura das paredes celulares. A espessura de parede também exerce um papel na dureza de uma madeira. Por exemplo, a madeira de balsa (*Ochroma lagopus*) é mais leve do que a cortiça (a Figura 3.7 mostra a madeira de *Ochroma pyramidalis* em secção transversal; observe as fibras de paredes finas); a árvore ou madeira da vida, *Guaiacum officinale,* extremamente densa e pesada (Figura 3.8; observe as fibras de parede espessa), é utilizada para confeccionar vasilhas, bastões e roldanas, além de outras coisas; o pau-ferro, ou *black ironwood* (*Krugiodendron ferreum*), é ainda mais denso.

Onde os anéis de crescimento são aparentes, os vasos podem ser graduados em tamanho, desde mais largos, no início do crescimento, até mais estreitos, no fim da época de crescimento. Esse fato produz uma madeira porosa e difusa. Em anéis de madeira porosos, vasos formados no início de um anel de crescimento são bem mais largos do que os formados logo após. Os vasos assim como vistos em secção transversal podem ser solitários, em pares ou em pequenos grupos. A organização desses grupos ou pares varia bastante. Por exemplo, pode haver cadeias radiais, cadeias oblíquas, grupos tangenciais

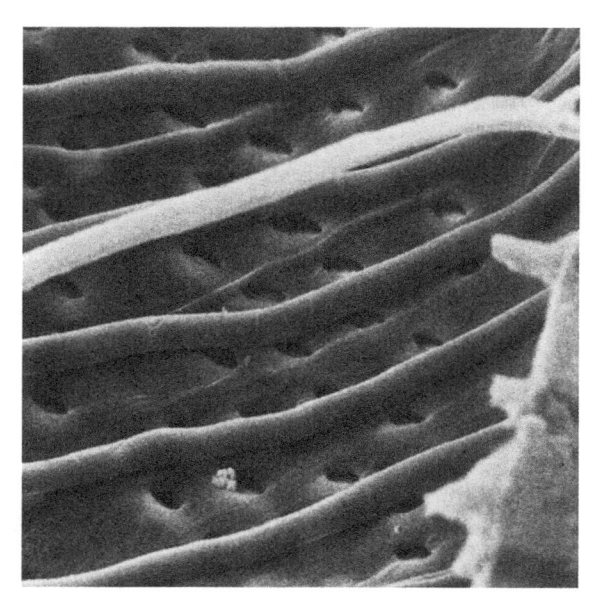

FIGURA 3.6
Tilia europaea, secção longitudinal, espessamentos helicoidais terciários em parede de elemento vascular. MEV, x3000.

e assim por diante. São as variações na distribuição de vascular, como visto em secção transversal, que dão à madeira sua aparência característica. Esse fato é geralmente potencializado pela distribuição do parênquima axial, quando esse parênquima estiver presente. Se as faixas forem solitárias e espalhadas, talvez não tenham muito impacto na aparência da secção transversal. Se existir parênquima abundante nas faixas ou grupos intimamente associados

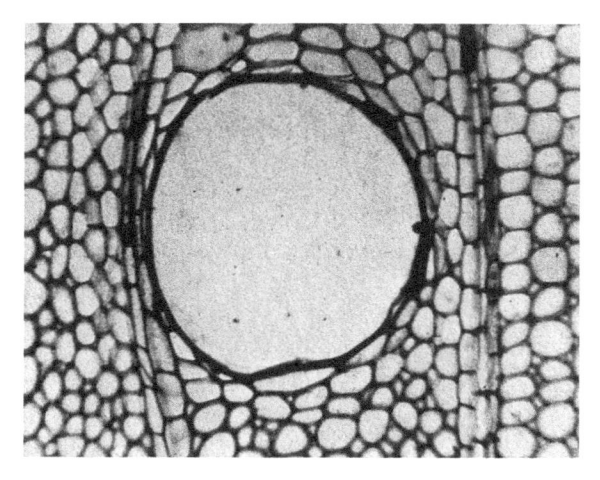

FIGURA 3.7
Ockroma pyramidali, secção transversal da madeira; observe o vaso, as fibras de paredes finas e o parênquima abundante. x200.

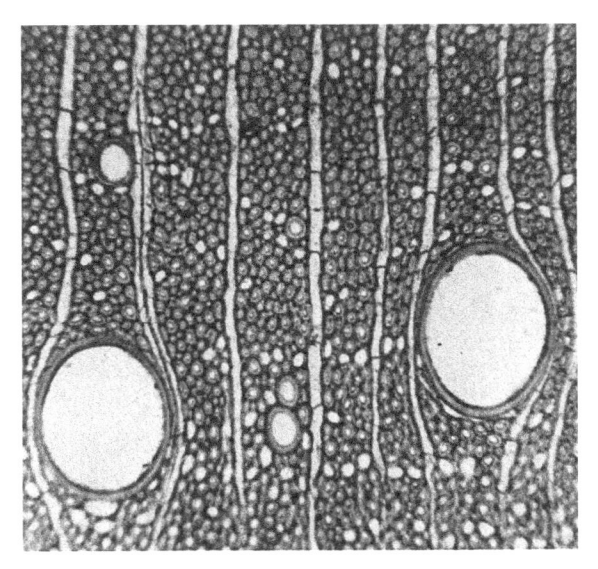

FIGURA 3.8
Guaiacum officinale, secção transversal da madeira; observe as várias fibras de parede espessa e o parênquima difuso. x200.

com os vasos, ou claramente separadas destes, uma variedade completamente nova é estabelecida.

Os raios são bem mais complexos e apresentam variedade maior em dicotiledôneas do que em gimnospermas. Em geral, raios não possuem traqueídes e às vezes podem apenas conter vasos ou células parenquimáticas perfuradas. As células parenquimáticas que os compõem podem exibir uma variedade de formatos e tamanhos.

As células que compõem os raios são evidentes em todos os três planos de corte. No transversal, tanto a frequência quanto a largura (unisseriada, com largura de uma célula a multisseriadas, com largura de várias células) contribuem fortemente para a aparência da madeira. Onde houver anéis de crescimento, raios em algumas espécies podem apresentar alargamento das células nos anéis. Os raios podem ser todos unisseriados ou ser uma mistura de unisseriados e multisseriados largos, ou ainda pode haver uma gradação de unisseriado a multisseriado largo, sem grande espaço em largura. Em *Castanea* e *Lithocarpus,* por exemplo, os raios são todos unisseriados. *Ulmus* e *Fagus* são exemplos de gêneros onde os raios podem ter a largura de uma a várias células. *Quercus* possui raios de dois tamanhos distintos, alguns unisseriados e outros largos e multisseriados, sem intermediários. A Figura 3.9 apresenta raios unisseriados.

Os raios podem parecer possuir distribuição aleatória, como visto em secção LT, ou, em algumas espécies, podem ser compartimentalizados e organizados em bandas horizontais claras (relativas ao longo eixo da madeira). Essa diferença pode ser utilizada diagnosticamente, porque raios compartimentalizados são característicos de algumas famílias, como Leguminosae (Fabaceae) ou de alguns gêneros, como, *Hippophae* (Elaeagnaceae).

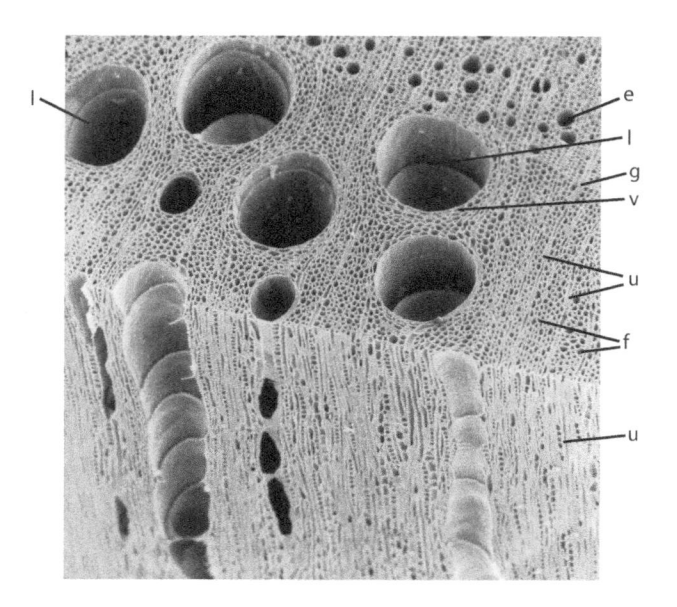

FIGURA 3.9
Quercus robur, secção transversal e longitudinal tangencial da madeira, MEV. Observe os vasos largos no lenho primaveril (l) e os vasos estreitos formados no lenho tardio (e). Vários raios unisseriados podem ser vistos (u). Pequenas células parenquimáticas do sistema axial ocorrem em bandas mais ou menos tangenciais entre as fibras (f). Um anel de crescimento (g) é mostrado, como no parênquima vasicêntrico (v). x60.

Na visão radial (LR), as células de raio parecem como filas de tijolos em uma parede. Em algumas espécies, todas as células são de tamanho e proporções parecidos (homocelular); em outras, diferenças distintivamente reconhecíveis em tamanho celular podem ocorrer (heterocelular). Células de qualquer tamanho ou formato específico são geralmente organizadas em "filas" regulares ou podem aparecer em posições especiais, por exemplo, na parte de cima ou de baixo de um raio. Uma gama de diferentes tipos de raio é mostrada na Figura 3.10 e inclui os tipos procumbentes e vertical.

Fica fácil de observar o quão diferente as madeiras específicas podem ser uma das outras levando em conta as possíveis combinações de células e raios.

Xilema secundário: propriedades e usos

O xilema secundário, ou lenho, possui uma grande variedade de usos. A extensa quantidade de espécies das gimnospermas e angiospermas utilizadas como fonte de madeira se reflete nas diferentes propriedades dos vários tipos de madeira.

Existe evidência arqueológica de que nossos primeiros ancestrais conheciam bem as melhores madeiras a serem queimadas para aquecer ambientes ou fundir metais, assim como aquelas mais duras e resistentes para a confecção de barcos ou construções e aquelas mais adequadas como hastes para ferramentas ou armas. Eles até mesmo escolhiam com minúcia madeiras para

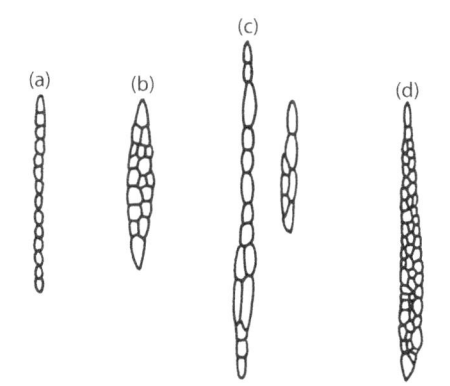

FIGURA 3.10
Alguns tipos de raios em secção longitudinal tangencial. (a) *Alnus glutinosa*, unisseriada, homocelular, todas as células de tipo procumbente. (b) *Swietenia mahagoni*, multisseriada, heterocelular com células verticais nas margens e células procumbentes no meio. (c) *Sambucus nigra*, bisseriada, com porções unisseriadas altas, heterocelular. (d) *Musanga cecropioides*, multisseriada, heterocelular, procumbente e células verticais juntas no corpo do raio, células verticais nas margens. Todas x72.

seus instrumentos musicais e estatuetas decorativas. Em nosso estágio mais avançado de tecnologia, utilizamos as diferentes características de resistência, maleabilidade, durabilidade, aparência, densidade e potencial de retirada de polpa em nossa seleção de madeiras para uma grande variedade de produtos primários e secundários.

Obviamente, essa grande variedade de propriedades resulta da variação na histologia e na boa estrutura das madeiras. Na verdade, o lenho pode variar em vários aspectos, mas nem sempre fica claro que efeitos eles exercem sobre as propriedades da madeira. É tanta a variação possível que o conjunto de características apresentada pela madeira de uma espécie particular pode fornecer sugestões para a identidade da madeira. Às vezes, o conjunto de características pode indicar apenas a família ou gênero, mas ocasionalmente ela fica restrita a uma espécie. Em outras palavras, seria de se esperar que indivíduos da mesma espécie compartilhassem características de madeira bastante semelhantes, mas outra espécie proximamente aparentada pode ser tão similar a ponto de não ser distinguida apenas pelas características da madeira.

Devemos explorar os tipos de diferenças que ocorrem na madeira e observar as maneiras que essas diferenças auxiliam na identificação e estabelecimento de relações entre as espécies e como elas afetam as propriedades da madeira.

Evolução do xilema secundário

É de aceitação geral que o xilema secundário passou por uma longa história evolutiva. As tendências principais podem ser observadas porque os vários estágios com frequência se relacionam com outras características "marcadoras" em flores, frutos, etc. das plantas envolvidas ou em marcadores moleculares. Em certas situações, o hábitat aparentemente reverteu algumas dessas tendências em várias espécies, mas, em linhas gerais, sua "direção" pode ser definida com alguma segurança.

As evidências disponíveis mais simples mostram que a traqueíde – célula de dupla função, combinando propriedades de suporte/sustentação mecânica e condução de água – em grupos de plantas em desenvolvimento deu origem a fibras com função mecânica simples e a células perfuradas, os elementos de vaso, relacionados com a condução de água e sais dissolvidos (Figura 3.11). Essa divisão de trabalho é vista como especialização ou avanço. A maioria das angiospermas ainda possui traqueídes, assim como fibras e elementos de vaso.

O elemento de vaso primitivo apresenta muito mais similaridades com a traqueíde: é alongado axialmente, com terminações de parede oblíquas em que perfurações são agrupadas, formando as placas de perfuração escalariformes e reticuladas ou então compostas. As paredes laterais incluem pontoações areoladas, muitas vezes em uma organização oposta. O elemento de vaso avançado é visto como uma célula curta e larga, com placas de perfuração simples e grandes, dispostas transversalmente nos dois lados e alternando pontoações areoladas nas paredes laterais. Existe uma variedade de formas entre esses extremos (Figura 3.5). Elementos de vaso são encontrados em arranjos axiais, e uma fileira deles constitui um vaso. Os elementos de vaso terminais em um vaso possuem uma parede sem perfurações nas extremidades, mas uma parede terminal perfurada quando em contato com o próximo elemento de vaso.

Nas monocotiledôneas, onde o xilema é completamente primário, o elemento de vaso provavelmente evoluiu primeiro nas raízes, depois nos caules e, finalmente, nas folhas. Encontramos evidências para esse fato em várias plantas. Não há registro de que uma espécie tenha apenas vasos nas folhas e não nas raízes.

Algumas plantas com flores, consideradas primitivas por causa das características florais, não apresentam vasos (p. ex., *Drimys*, Winteraceae/Magnoliales, entre as dicotiledôneas). Contudo, evidências recentes indicam que os vasos se perderam nessas espécies.

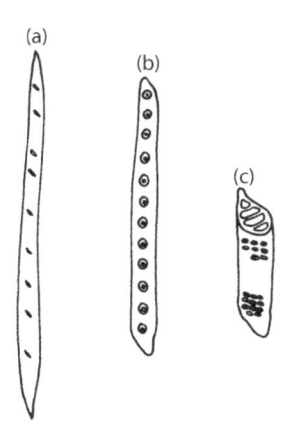

FIGURA 3.11
Comparação entre (a) fibra, (b) traqueíde e (c) vaso. Tipos celulares intermediários existem entre cada um deles.

A confiança na sequência evolucionária é tanta que características dos elementos de vaso têm geralmente sido utilizadas como indicador do avanço filogenético relativo das plantas. O comprimento e a largura dos elementos de vaso devem ser medidos com base estatisticamente sólida para essas comparações. Tem sido observado que uma relação entre comprimento dos elementos de vaso e sua largura tangencial produz um número útil para aplicação em índices de avanço. Existem vários problemas nesse método. Deve-se tomar bastante cuidado para garantir que sejam comparadas plantas crescendo em condições bem semelhantes, já que o hábitat pode influenciar o diâmetro vascular. Também pode existir um nível de variabilidade natural, que deve ser levado em conta para o tamanho amostral. Comparações entre as tendências em famílias ou gêneros são naturalmente mais confiáveis do que entre espécies. Tendências gerais em ordens também podem ser de maior significância. Assim, mesmo em medições detalhadas de fibras, traqueídes e elementos de vaso, observamos características que podem ser aplicadas em termos evolucionários ou utilizadas quando estamos tentando estabelecer a possível origem de um grupo de plantas. Por exemplo, seria improvável que monocotiledôneas com vasos na raiz, na folha e no caule fossem ancestrais daquelas com vasos apenas na raiz. Essas informações são de considerável interesse para a filogenética.

A aparência dos raios na secção longitudinal tangencial também é importante para a sistemática. A partir desse plano de corte é mais fácil observar como muitas células compõem a largura dos raios. O que parecia ser uma madeira com duas larguras de raio a partir da secção transversal pode ter raios com uma região central larga e multicelular e caudas unisseriadas alongadas. O corte desses raios em diferentes alturas em secção transversal daria uma aparência enganosa. A altura completa de um raio pode ser determinada com certeza apenas a partir da secção longitudinal transversal.

Algumas madeiras têm raios e fibras organizados em filas horizontais regulares, como visto em secção longitudinal tangencial ou secção LT. Esse tipo de madeira ornamentada em andares oferece um certo tipo de "padrões" para tábuas e com frequência possui valor decorativo. Diversas Leguminosae são assim.

Infelizmente, é raro podermos dizer quais características anatômicas da madeira em particular a tornam adequada para usos mecânicos específicos, embora a presença de tiloses torne a madeira particularmente útil para recipientes líquidos. Em madeiras porosas aneladas, por exemplo, parece que o número de anéis de crescimento por centímetro em geral tem maior importância relativa do que detalhes histológicos.

Uniformidade de textura ou retidão de textura são características que pertencem a certas madeiras. Tília (*Tilia* spp) e pera (*Pyrus* spp), por exemplo, possuem propriedades que as tornam boas para entalhar; a madeira corta bem em qualquer direção. Freixo (*Fraxinus*) e noz-pecã (*Carya*) possuem textura reta e são resistentes, sendo escolhidos para cabos de machados e ferramentas. Fibras ou traqueídes longas são uma das exigências para a confecção de certos tipos de papel. Madeiras macias (coníferas), sem canais de resina, são preferidas no lugar de madeira de lei para retirada da polpa por essa razão.

Madeiras leves (menos densas) com células de paredes moderadamente espessadas são muitas vezes mais resistentes e recuperam melhor sua for-

ma após sofrerem batidas do que madeiras mais densas. O salgueiro-taco-de-
-críquete (*Salix alba* var, *caerulea*) é uma madeira desse tipo. Várias madeiras
com boa resistência à podridão contêm óleos, gomas ou resinas. A teca (*Tectona
grandis*) é um bom exemplo; foi extensivamente utilizada na construção de
barcos. *Bulnesia sarmienti* tem gomas e resinas que produzem um incenso.
Cinnamomum camphora é a fonte da cânfora natural.

O abeto-vermelho (*Picea* sp) possui boas qualidades ressonantes e é larga-
mente utilizado nas câmaras ressonantes de instrumentos de corda. Carvalhos
(*Quercus* spp) foram amplamente utilizados na engenharia civil e naval desde
o tempo dos povos da Era do Ferro. Carvalhos podem ser partidos utilizando
fissuras ao longo das linhas de enfraquecimento formadas pelos raios largos;
tábuas ou postes podem ser confeccionados com ferramentas simples.

Uma variedade de tipos de madeira está ilustrada nas Figuras 3.12-3.15.
Esses tipos foram escolhidos para demonstrar variedades na distribuição de
vasos, fibra e parênquima e em tipo de raio. Existem vários tratados excelentes
sobre anatomia da madeira e vários volumes sobre madeiras de partes específicas do mundo. Alguns desses estão listados no fim deste livro. A Sociedade
Internacional de Anatomistas da Madeira publicou um glossário ilustrado sobre os tipos de células e suas organizações para madeiras de angiospermas.
Metcalfe e Chalk (Anatomia das Dicotiledôneas, Vol. II, 1983) listam a ocorrência de uma variedade de característica do xilema em vários táxons.

O FLOEMA

O floema primário de monocotiledôneas é descrito nos Capítulos 4-6. Assim
como o xilema secundário, o floema secundário possui tanto organizações celulares axiais quanto radiais. As mesmas iniciais no câmbio que se dividem para
formar xilema no seu lado interno também originam células de floema no seu
lado externo. Por vezes, anéis de crescimento podem ser observados.

Floema das gimnospermas

Nas gimnospermas, o floema axial consiste em células crivadas e células parenquimáticas, algumas das quais se tornam células albuminosas (ver
Figura 5.5); algumas gimnospermas também possuem fibras no floema. Os
raios homocelulares são na maioria das vezes unisseriados. Além disso, em
geral, há pouco espessamento de parede, mas esclerificação pode ocorrer. As
camadas de floema mais externas se tornam compactadas ou são incorporadas
à "casca" ou ritidoma.

Floema das angiospermas

As células de floema de dicotiledôneas mostram evidência de tendências
evolucionárias similares às do xilema. As áreas crivadas – áreas de densos

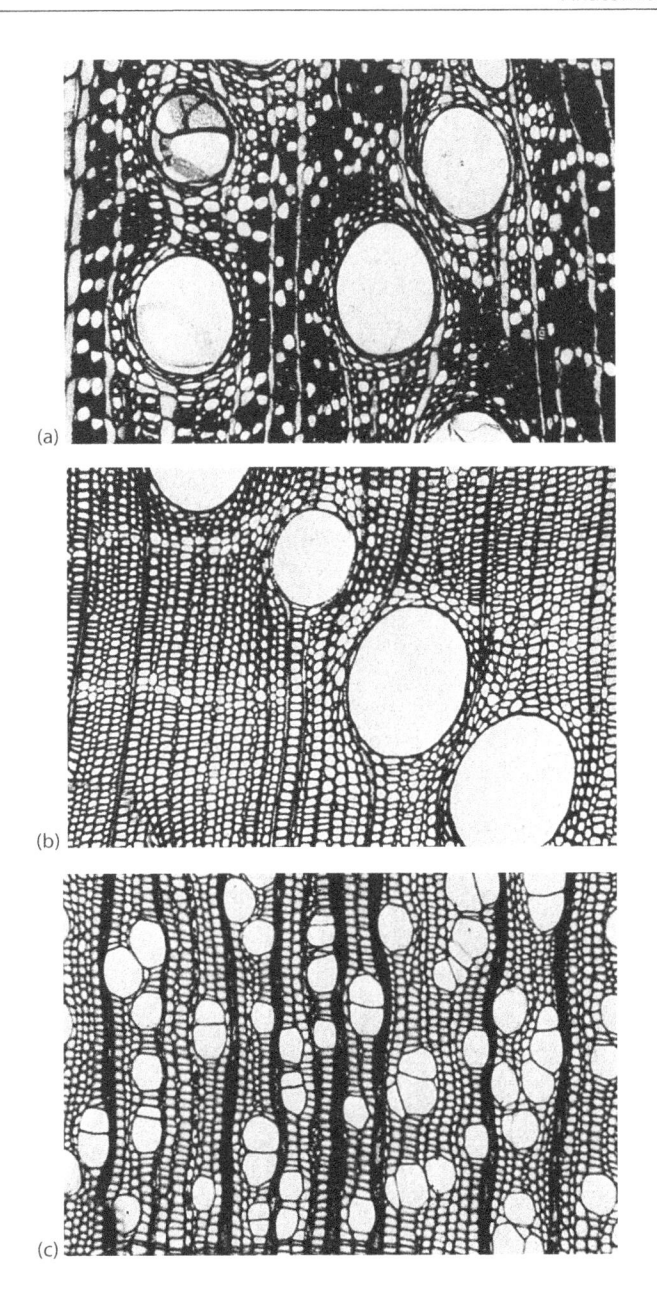

FIGURA 3.12
Lenho de membros de Fagaceae, secção transversal. (a) *Quercus brandisiana*; (b) *Lithocarpus conocarpa;* (c) *Nothofagus solandri*. (a) Como *Q. robur* (Fig. 3.9) possui raios unisseriados e multisseriados, apenas parte de um raio multisseriado possa ser visto à esquerda. (b) e (c) possuem apenas raios unisseriados. (a) e (b) possuem faixas tangenciais de parênquima axial. Tiloses estão presentes em (a) e traqueídes acompanham os vasos em (a) e (b). Fibras em (a) e (c) apresentam-se fortemente espessadas. (c) Possui elementos vasculares consistentemente mais estreitos do que (a) ou (b) e possui múltiplos vasos radiais curtos. Fagaceae constitui uma família bastante natural. Existem dois grupos anatômicos principais no que diz respeito ao lenho (madeira). (a) e (b) representam um grupo, (c) o outro. Todas x130.

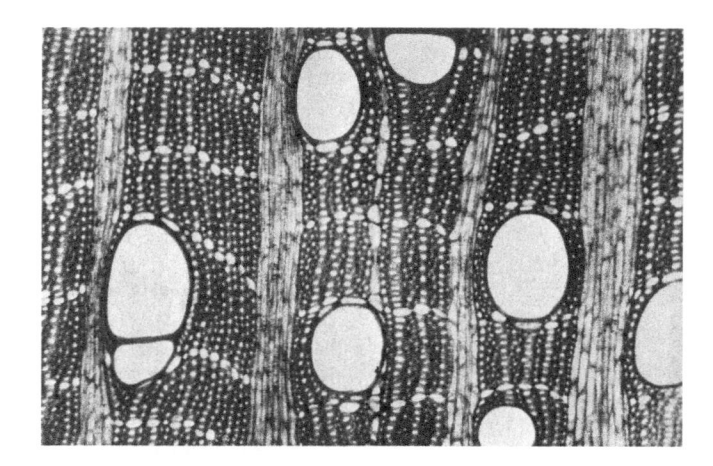

FIGURA 3.13
Platymitra siamensis, Annonaceae, secção transversal. Vasos difusos, porosos; raios unisseriados e multisseriados; parênquima axial em faixas tangenciais unisseriadas; fibras de parede espessa. x130.

campos de pontoação primário* nas paredes laterais das células crivadas – são uma característica das dicotiledôneas mais primitivas. Placas crivadas bem organizadas, simples e transversais, situadas em um dos lados dos elementos de tubo crivado são consideradas avançadas. Placas crivadas oblíquas e compostas também ocorrem (Figura 3.16); às vezes são encontradas em gêneros

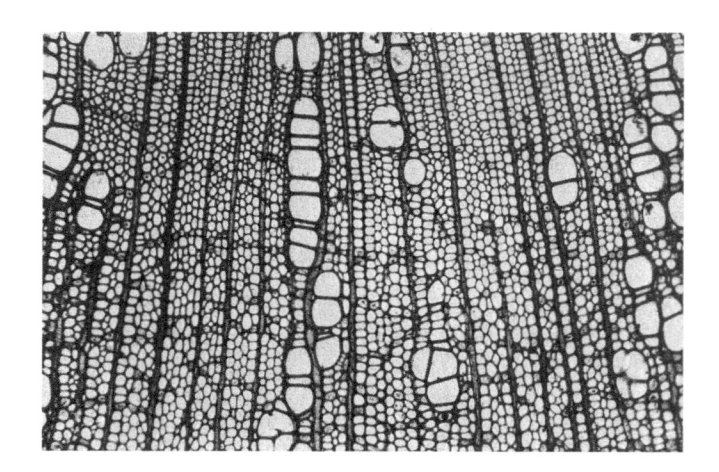

FIGURA 3.14
Carpinus betulus. Carpinaceae. Vasos difusos, porosos, em múltiplos radiais longos. Raios unisseriados (raios agregados também ocorrem, mas não aparecem aqui). Parênquima axial pode ser visto em faixas tangenciais interrompidas, pouco definido; as células possuem conteúdo escuro. x65.

---

* N. de R.T. Campos de pontoação primário são regiões de parede primária (não secundária) com grande quantidade de plasmodesmos. Pode-se dizer que a placa crivada é um campo de pontoação primário altamente especializado, presente nos elementos de tubo crivado de floema.

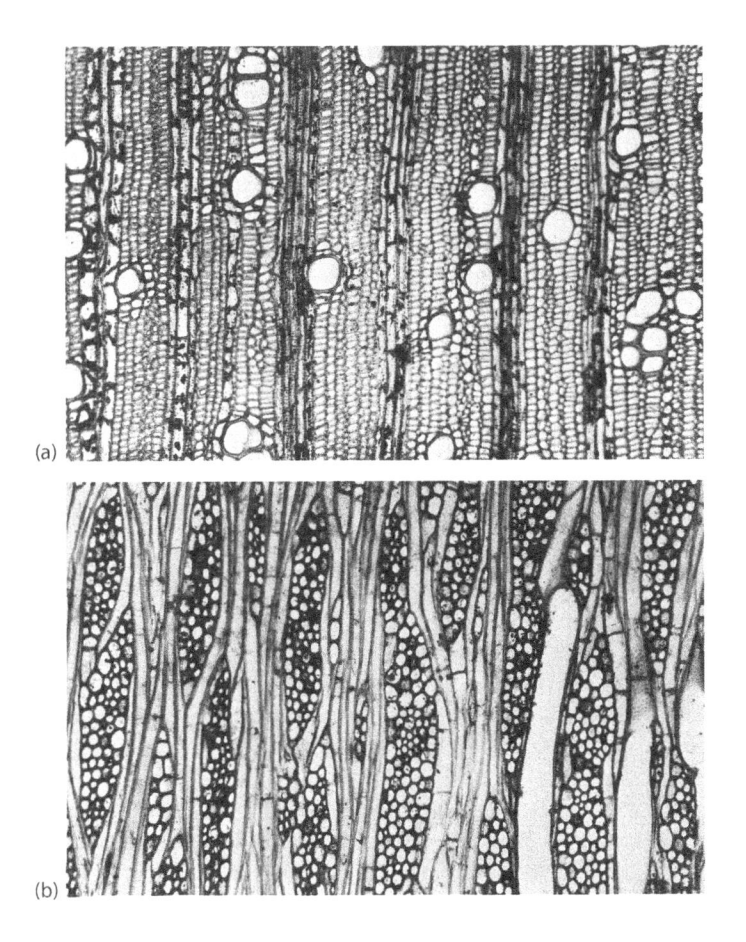

FIGURA 3.15
Laurus nobilis, Lauraceae. Vasos difusos e porosos, estreitos, solitários ou em pequenos grupos, placas de perfuração simples. Raios unisseriados e multisseriados, heterocelulares. Fibras septadas. (a) secção transversal; (b) secção longitudinal tangencial; ambas x65.

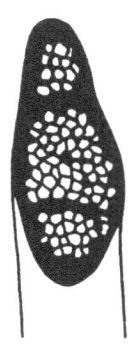

FIGURA 3.16
Aesculus pavia, placa crivada composta. x720.

avançados como *Quercus* e *Betula*, além de em lianas como *Vitis*, onde exigências fisiológicas podem reivindicar áreas grandes de placas crivadas necessárias para translocação rápida de materiais a longa distância. Talvez o melhor exemplo seja encontrado em *Cucurbita maxima* (melancia), onde são encontradas placas crivadas em quantidade no pedúnculo do fruto onde grandes volumes de assimilados estão sendo translocados. Mesmo em espécies onde placas crivadas são bem desenvolvidas, as paredes laterais dos elementos de tubo crivado com frequência possuem áreas distintas de campos de pontoação primários, chamadas de áreas crivadas.

Células companheiras, geralmente bem mais estreitas do que o elemento de tubo crivado ao qual elas são adjacentes, são uma característica do floema de dicotiledôneas. Acredita-se que seus correspondentes nas gimnospermas sejam as células albuminosas. Células companheiras são nucleadas, enquanto elementos de tubo crivado não. Parece que quando se mata uma célula companheira se previne que o elemento crivado adjacente se transloque. Assim, a função das células companheiras parece ser em parte a regulação das atividades fisiológicas dos elementos crivados. O sistema axial do floema secundário com frequência contém parênquima, células idioblásticas (idioblastos: células de um tipo distinto específico disperso em outro tecido), esclereídes e fibras. Em algumas espécies, esclereídes e fibras estão ausentes do floema em funcionamento, mas se diferenciam em um estágio mais tardio. As fibras costumam se alternar, em bandas, com células condutoras, por exemplo, em *Tilia* e vários Malvaceae (Figura 3.17). Fibras de floema primário de *Linum* (linhaça) são de importância econômica.

Os raios no interior do floema podem ser homocelulares ou heterocelulares. Em algumas espécies eles permanecem com largura homogênea, mas em outras podem se tornar mais largos na direção das bordas externas (por exemplo, *Tilia*). Os raios podem ser desde unisseriados até multisseriados. Assim, como no xilema secundário, o floema secundário pode ser disposto em "andares"; naturalmente, a organização em andares se origina a partir do câmbio em andares nessas plantas. Laticíferos (células contendo látex) e cavidades lisígenas de vários tipos podem ocorrer no floema.

A aplicação da anatomia do floema em taxonomia não tem sido disseminada com o interesse esperado. O tecido parcialmente esclerificado e altamente cristalífero é difícil de secionar. Isso tem afastado muitas pessoas! Quando formam parte do ritidoma, os tecidos do floema têm sido mais intensamente estudados do que quando são distintos do ritidoma; uma série de contribuições valiosas existe na anatomia da "casca". No trabalho de identificação de raízes, casca de raízes espessadas secundariamente fornece dados que complementam aquela do xilema.

A outra área de estudo aplicado diz respeito a doenças do floema. A estrutura normal de funcionamento do floema deve ser entendida antes da interpretação dos sintomas das doenças ou da definição dos efeitos de tratamentos químicos.

RELAÇÕES ENTRE ESTRUTURA E FUNÇÃO EM TECIDOS VASCULARES PRIMÁRIOS E SECUNDÁRIOS

A estrutura do xilema e floema em plantas superiores tem sido revisada em vários textos excelentes. Propomos aqui apenas enfatizar alguns aspectos que consideramos relevantes para o aluno em geral. Para um estudo com maior profundidade, sugerimos aos leitores que se refiram aos textos mencionados na seção de leituras suplementares.

A evolução do sistema de condução, junto com o desenvolvimento das rotas da síntese de lignina, deve estar entre os fatores importantes que contribuíram para a evolução das plantas vasculares.

Fisiologicamente, os elementos dentro do xilema e floema podem agir independentemente uns dos outros; mesmo assim, o floema depende da água fornecida pelo xilema para sustentar a força motriz necessária para translocação a longa distância do material assimilado, por isso os dois são quase invariavelmente encontrados juntos. Do ponto de vista estrutural, muitos dos elementos dentro do xilema (com exceção de elementos parenquimáticos e, às vezes, fibras) morrem na maturidade e modificam bastante a estrutura da parede. Em

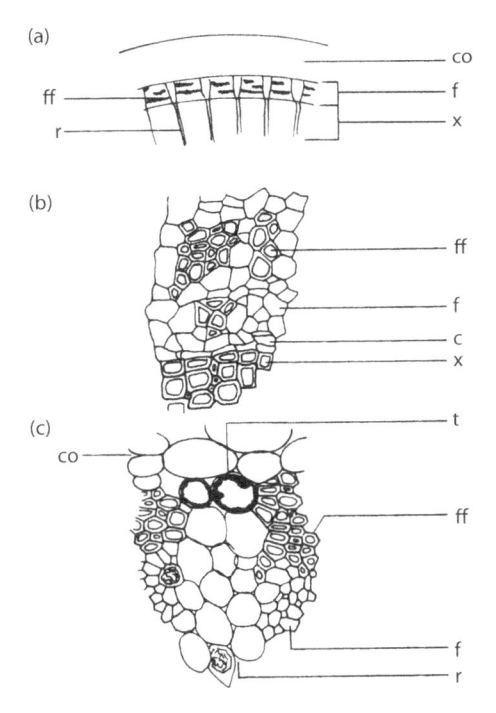

FIGURA 3.17
(a) Diagrama para mostrar localização de fibras do floema em uma secção transversal do caule de *Tilia*. (b) *Malvaviscus arboreus*, x218. (c) *Gossypium* sp., x218. c, câmbio; co, córtex; ff, fibras de floema; f, floema funcional; r, raio; t, tanino; x, xilema.

contraste, o floema (com a possível exceção de elementos esclerenquimáticos) consiste em células que contêm protoplastos na maturidade. Elementos de tubo crivado, incluindo as células crivadas mais primitivas que ocorrem nas gimnospermas, são singulares, no sentido de que não possuem núcleo ou contêm apenas resquícios do núcleo, com capacidade funcional e regulatória desconhecida.

Transporte pelo xilema é feito em parte por pressão na raiz e pelos processos evapotranspirativos que ocorrem em sua maioria através de estômatos, lenticelas e, possivelmente, através de rachaduras nas camadas cuticulares. Transporte no floema, por outro lado, depende do acúmulo de solutos (carregados nos tubos crivados nas fontes) e da atração subsequente de solvente para esta área. Pressão crescente e o resultante aumento do fluxo dentro dos tubos crivados, mas para longe da fonte, os move para regiões próximas ou distantes na planta (chamados de escoadouros) onde os solutos são descarregados e utilizados. Esse movimento é chamado de translocação.

No corpo primário da planta, em folhas e caules, o xilema e floema em geral ocorrem nos feixes vasculares; em raízes, eles são encontrados como faixas, com xilema e floema em raios alternados. Em plantas que sofreram espessamento secundário, o xilema e o floema em raízes e caules são penetrados por uma série de raios secundários, geralmente parenquimáticos. Embora as inter-relações sejam mais fáceis de serem acompanhadas nos tecidos vasculares primários, o desenvolvimento de tecidos radiais radialmente organizados é claramente de suma importância na regulação do transporte de soluto e solvente e no armazenamento de materiais metabolizados.

Alguém poderia perguntar: "por que esses sistemas tão díspares ocorrem com tanta proximidade?". Claramente, o xilema não necessita receber insumos diretos do floema, mas o floema exige ou obtém algo do xilema? O exame dos feixes da lâmina da folha em gimnospermas e angiospermas demonstra relações espaciais próximas entre os tecidos. Elementos de tubo crivados funcionais podem ocorrer adjacentes a elementos traqueais em várias monocotiledôneas, em especial gramíneas e ciperáceas. Se não estiverem em contato direto, eles são separados por algumas camadas apenas por células parenquimáticas estreitas. Em gramíneas e ciperáceas, esses elementos de tubo crivado são os últimos a se diferenciar e amadurecer e, curiosamente, têm paredes espessas que em algumas culturas (cevada e trigo), segundo relatos, sofreram lignificação. Mais curiosa ainda é a ausência do complexo entre a célula companheira identificável e o elemento de tubo crivado, encontrado no metafloema primário nessas plantas, bem como em todos os outros feixes vasculares em angiospermas.

Talvez a resposta para a proximidade espacial do xilema e do floema resida nas exigências fisiológicas para o sucesso do carregamento do floema na fonte, a manutenção do transporte de longa distância e o processo de descarregamento nos drenos locais e distantes em algum outro lugar da planta. A Figura 6.28 ilustra a diferença em tamanho entre elementos de tubo crivado de floema e células companheiras de carregamento, transporte e descarregamento em *Nymphoides*. Na raiz, o metafloema maduro tem cerca de 5-10 μm, em secção transversal; o aumento de tamanho das células companheiras reflete seu papel no processo de descarregamento no floema.

4

A RAIZ

INTRODUÇÃO

Raízes primárias não têm sido o foco de tantos estudos como é o caso de caules ou folhas. Contudo, elas apresentam uma grande faixa de variação, influenciada tanto pelo ambiente, em termos de adaptação ecológica, quanto pelo genótipo. Em comparação com caules e folhas, fragmentos de raiz podem ser de difícil identificação no estado primário. Raízes de monocotiledôneas apresentam certa variação, mas via de regra insuficiente para fornecer dados confiáveis para identificação de amostras desconhecidas. Isso não se deve exclusivamente a sua pouca descrição ou reduzida representação em coleções de lâminas microscópicas de referência, mas também porque existe, como um todo, menos variação.

No Capítulo 1, observamos que a raiz é um órgão que precisa sofrer forças de tensão ou de atração. Em raras oportunidades, a raiz precisa dobrar ou flexionar, uma vez que comumente se encontra em meio mais ou menos sólido. Em consequência disso, os principais tecidos de fortalecimento estão posicionados na região central da raiz e funcionam como uma corda.

A raiz primária típica é delimitada por uma epiderme. Sob ela fica o córtex, que tem de algumas a várias camadas e é delimitado internamente por uma endoderme. Em seguida temos o periciclo, com o sistema vascular na parte central. A seguir, cada uma dessas partes é descrita em detalhe e a terminologia é definida.

EPIDERME

Em todas as raízes, com exceção das aéreas e as não ancoradas de plantas aquáticas, verifica-se a presença comum de pelos radiculares a uma pequena distância do ápice de crescimento. Esses se desenvolvem a partir da rizoderme ou epiderme da raiz. Com frequência os pelos radiculares se desenvolvem centralmente a partir da parte basal da célula; às vezes, originam-se perto de uma extremidade – essa característica é útil para diagnósticos. Mais uma vez, enquanto muitas bases de pelos radiculares se nivelam com outras células na rizoderme, em outras plantas elas podem ser bulbosas e proeminentes; podem estar imersas nos tecidos corticais externos (por exemplo, *Stratiotes*).

A uma pequena distância do ápice, os pelos radiculares com frequência morrem e secam, mas em algumas plantas os pelos radiculares persistem por um longo tempo. Uma exoderme pode se desenvolver sob a rizoderme, em especial em monocotiledôneas. Essa exoderme tipicamente se compõe de células angulares com paredes lignificadas, um pouco espessas.

Uma epiderme múltipla ou velame é observada, por exemplo, nas raízes aéreas de epífitas (por exemplo, orquídeas; Figura 4.1) e aráceas. Frequentemente, células nessa situação possuem espessamentos helicoidais, reticulados ou irregulares, e são capazes de estocar água absorvida de atmosfera úmida, nevoeiro ou chuva.

CÓRTEX

O córtex é suficientemente variável para ser utilizado como auxiliar na identificação. Infelizmente, sob esse ponto de vista, os vários tipos de organização celular parecem ter maior importância ecológica do que sistemática.

Dois tipos básicos de córtex podem ser reconhecidos dentre outras variações menos frequentes: o córtex "sólido" e o "lacunoso" (Figura 4.1). O córtex "sólido" se compõe de células parenquimáticas relativamente compactas, com espaços intercelulares confinados aos ângulos entre as células. Comumente há aumento gradual no tamanho dessas células das camadas externas para as internas, mas as poucas camadas mais internas são de um tipo de células

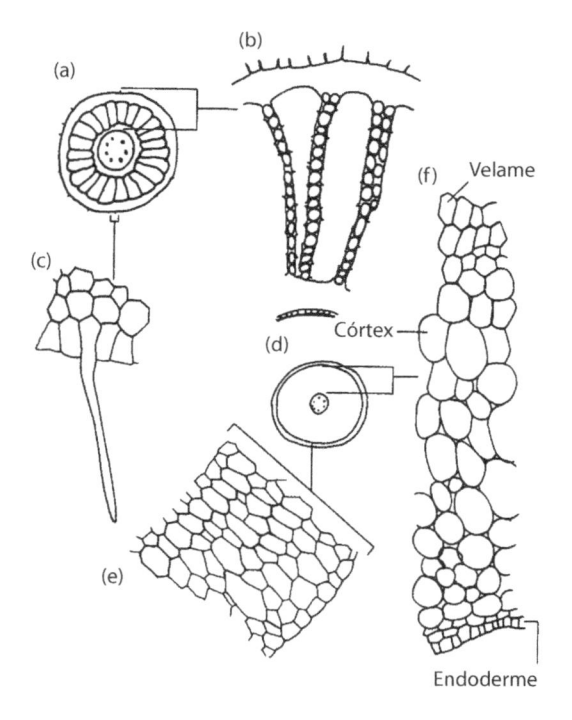

FIGURA 4.1
Raízes em secção transversal. (a-c) *Juncus acutiflorus*: (a) esquema; (b) córtex lacunoso, x54; (c) pelo radicular, x218. (d-f) *Cattleya granulosa*: (d) esquema; (e) velame, x68; (f) córtex "sólido", x68.

menor e mais compacto. Esse tipo de organização é comum tanto em raízes de monocotiledôneas quanto de dicotiledôneas, em plantas que crescem em tipos de solo bem drenados. O córtex "lacunoso" possui poucas camadas externas de células agrupadas compactamente, e as camadas mais internas podem ser similarmente compactas. Entre essas camadas, são visualizadas placas radiais de células em secção transversal, com grandes espaços de ar entre elas* (Figura 4.2). Em secção longitudinal tangencial, essas camadas podem ser observadas como placas longitudinais, mas são mais comumente organizadas em um padrão tipo rede, incluindo assim as cavidades de ar ou lacunas. Diafragmas com células estelares (literalmente células tipo estrela com protuberâncias radiais braciformes) e outros tipos podem atravessar as lacunas, como no caule. A maioria de plantas com esse tipo de córtex radicular possui raízes em solo periodicamente saturado em água ou mesmo imerso em água. A condição pode ser induzida em *Zea*, gênero que normalmente não apresenta lacunas, por meio do cultivo das plantas em solo saturado de água.

O número de camadas de células em um córtex pode variar em espécimes de uma determinada espécie, mas dentro de certos limites. Pode ser possível

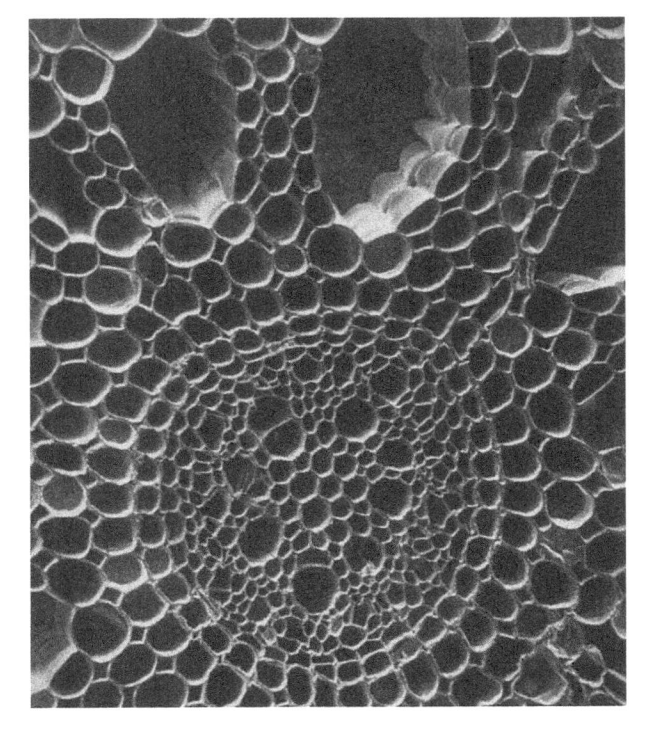

FIGURA 4.2
Stratiotes, secção transversal de parte da raiz, eletromicrografia de varredura; observe espaços de ar no córtex, x75.

---

* Este parênquima, repleto de espaços aéreos, é conhecido como aerênquima.

distinguir espécies em um gênero se algumas delas possuírem várias camadas e outras poucas, mas esse não é um exercício muito confiável.

Esclereídes, fibras, células de tanino, células de mucilagem e células contendo cristais podem ser encontradas espalhadas no tecido cortical parenquimático em uma grande variedade de famílias. Sua presença e distribuição podem ser de utilidade como ferramentas para auxiliar a identificação, mas são raramente de importância taxonômica.

ENDODERME

A porção interna do córtex está em contato com a endoderme. Esse tecido característico, fisiologicamente ativo, tem com frequência a espessura de uma camada, mas em algumas plantas pode ter duas ou mais camadas. A endoderme pode ser composta de células com paredes de espessura uniforme; no entanto, na maioria das plantas, as paredes internas e anticlinais são mais fortemente espessadas com ligninas e suberinas do que as paredes periclinais externas. Em decorrência disso, em secção transversal, elas são prontamente distinguidas de camadas celulares adjacentes, pelos seus espessamentos em forma de U, tornando-as visíveis (Figura 4.3).

Em intervalos, algumas células da endoderme têm parede delgada. Essas células, conhecidas como células de passagem, são geralmente opostas aos

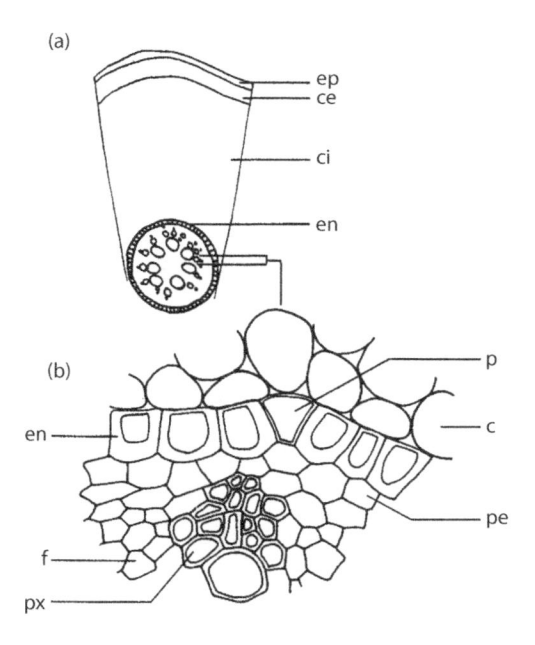

FIGURA 4.3
Endoderme de raiz de *Iris* sp. (a) Pequeno aumento de parte da raiz em secção transversal, x20. (b) Detalhe de (a), x290. c, córtex; en, endoderme; ep, epiderme; ci, córtex interno; ce, córtex externo; p, célula de passagem; pe, periciclo; f, floema; px, protoxilema.

polos do xilema*. Acredita-se que elas forneçam um caminho mais imediato para água e solutos dissolvidos desde os pelos radiculares, passando pelo o córtex até os elementos do protoxilema. As outras células na endoderme devem restringir o fluxo de água entre o córtex e o estelo.** As paredes anticlinais de todas as células endodérmicas são equipadas com impregnações especiais "à prova d'água", suberizadas, as estrias de Caspary, ou faixas com a membrana celular, o plasmalema, conectadas à estria de Caspary. Essas estrias são mais facilmente observadas em células não espessadas jovens, próximas ao ápice da raiz; elas coram rapidamente com sudão III ou IV. Quando as células são plasmolisadas, o citoplasma pode ser visto como uma banda ou faixa, pois a membrana celular é ligada à estria. Devido à diversidade de variação na altura e na largura celulares e às diferenças na forma e no nível de espessamento da parede de células endodérmicas em monocotiledôneas e dicotiledôneas, em geral é possível oferecer uma descrição detalhada de uma endoderme característica de uma espécie ou grupo de espécies. Pode haver várias espécies que se encaixem em uma dada descrição, mas se material autenticado estiver disponível para o propósito comparativo de realizar identificações, então se deve fazer uma comparação detalhada dos tipos de células de endoderme para uma identificação precisa. Assim como com todos os caracteres diminutos, a aparência da endoderme não poderia nunca ser utilizada separadamente para identificação de uma planta desconhecida, mas se for apenas o caso de escolha entre várias plantas possíveis, então uma semelhança detalhada da endoderme seria evidência bem confiável para embasar a identificação.

PERICICLO

As células das camadas internas seguintes costumam ser mais estreitas do que as da endoderme e com frequência possuem paredes relativamente delgadas (Figura 4.3b). Elas constituem o periciclo. Pouquíssimas espécies não apresentam o periciclo, dentre elas membros da família Centrolepidaceae, do Hemisfério Sul. As raízes não possuem nenhum nó, e raízes laterais aparecem endogenamente, ou seja, seus pontos de crescimento ou ápices aparecem primeiro no periciclo. A divisão das células nessa região produz uma raiz lateral que precisa crescer através dos tecidos da endoderme e córtex a fim de alcançar o exterior da raiz primária. Já que o periciclo envolve o sistema vascular da raiz,*** a continuidade vascular entre a nova raiz lateral e a raiz principal pode ser rapidamente estabelecida assim que comece o crescimento ativo. Algumas raízes podem ter raízes laterais potenciais e quiescentes no periciclo que exigem alguma estimulação hormonal ou a remoção de uma barreira hormonal antes de seu desenvolvimento. A natureza relativamente simples do periciclo e

---

* N. de R.T. O protoxilema.
** N. de R.T. Entenda-se por estelo o cilindro vascular delimitado pelo periciclo.
*** N. de R.T. Na verdade, o periciclo faz parte do sistema vascular, delimitando-o.

a comparativa ausência de variação de espécie para espécie a tornam de pouca utilidade como característica de diagnóstico.

SISTEMA VASCULAR

O sistema vascular pode assumir uma de várias formas (Figura 4.4). Na maioria das dicotiledôneas, existe de duas até por volta de seis faixas de protoxilema alternando com faixas de floema. Muitas espécies possuem organizações triarcas (com três faixas) ou faixas tetrarcas (com quatro) ou uma mistura das duas. Se houver mais do que seis faixas, as raízes são descritas como poliarcas. Traqueídes ou elementos de vaso do metaxilema são normalmente visíveis e ficam no mesmo eixo radial que os polos do protoxilema, no seu lado interno. Essa organização é típica de raízes e as diferencia dos caules. A anatomia das raízes é inicialmente exarca, com os polos de protoxilema para o lado de fora, e endarca nos caules, com o protoxilema para o lado interno do metaxilema. Em geral, a transição ocorre no hipocótilo ou no topo da raiz

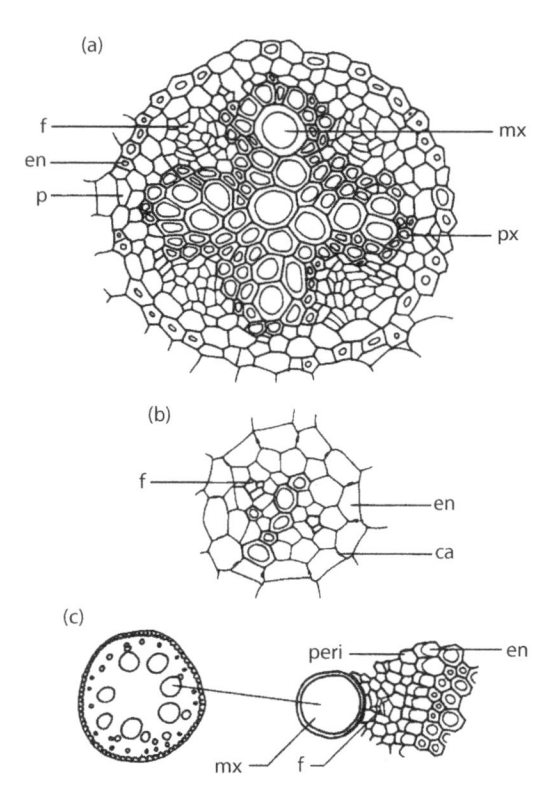

FIGURA 4.4
Alguns sistemas vasculares de raiz. (a) Raiz tetrarca de *Ranunculus acris*. (b) Raiz diarca de *Echinodorus cordifolius*. (c,d) Raiz poliarca de *Juncus acutiflorus*. ca, estria de Caspary; en, endoderme; mx, metaxilema; p, célula de passagem; peri, periciclo; f, floema; px, protoxilema. (a,b,d,e), x300; (c), x35.

primária. É comum existir apenas um anel em monocotiledôneas, mas podem existir elementos de metaxilema adicionais ou espalhados no centro da raiz. Na maioria das dicotiledôneas, vários elementos de metaxilema são agrupados em faixas.

Embora o floema esteja normalmente confinado ao anel externo, gêneros ocasionais (p. ex., *Cannomois* em Restionaceae) podem conter faixas adicionais associadas com os elementos de metaxilema dispersos.

Nas monocotiledôneas, acredita-se que o elemento de vaso tenha se originado nas raízes; nas plantas menos avançadas, se por acaso vasos se desenvolverem, são encontrados apenas na raiz – não no caule nem na folha. O próximo estágio de evolução é a ocorrência de vasos na raiz e no caule; nas plantas mais evoluídas, os vasos ocorrem na raiz, no caule e na folha. Várias plantas possuem elementos de vaso mais largos e mais curtos na raiz do que no caule ou na folha, corroborando a teoria de sequência evolucionária dos elementos primitivos longos e estreitos para os elementos mais avançados, mais curtos e largos. Em monocotiledôneas supostamente primitivas, então, se torna bastante interessante observar se há presença de vasos nas raízes. Os métodos utilizados são descritos nas páginas 66 e 67.

Pontoações e espessamentos de parede de vasos e traqueídes são similares aos do lenho do caule. As células de floema da raiz também possuem a mesma quantidade de formas encontradas no caule.

O centro da raiz pode ser constituído exclusivamente de xilema nas dicotiledôneas. De modo alternativo, em monocotiledôneas e certas dicotiledôneas, em especial na base da raiz primária, o centro da raiz pode conter um tecido fundamental composto de parênquima com paredes finas ou espessadas, às vezes chamado de medula (Figura 4.5-4.7). Esclereídes podem estar presentes.

Se desejamos identificar uma raiz, todos os seus tecidos devem ser comparados com precisão com material de referência autêntico. É raro que as descrições e os desenhos sejam suficientemente completos para que alguém tenha absoluta certeza de uma concordância. Examinamos raízes suspeitas de ser fonte de alimento para larvas subterrâneas de vários insetos. Só foi possível identificar os fragmentos mastigados a partir da obtenção de amostras de raízes de todas as plantas que cresciam na região onde as larvas foram encontradas. Determinar se as raízes pertencem a monocotiledôneas ou a dicotiledôneas é relativamente simples; é só depois disso que os problemas reais começam!

Felizmente, as raízes de dicotiledôneas com espessamento secundário (todas as raízes monocotiledôneas são primárias) são bem mais simples de serem identificadas. O espessamento secundário é descrito nos Capítulos 2 e 3.

RAÍZES LATERAIS

Em raízes primárias, as raízes laterais aparecem na direção oposta dos polos do protoxilema. Elas se desenvolvem a partir dos ápices de raiz que se formam no periciclo. Cada ápice possui uma coifa. As novas raízes têm que

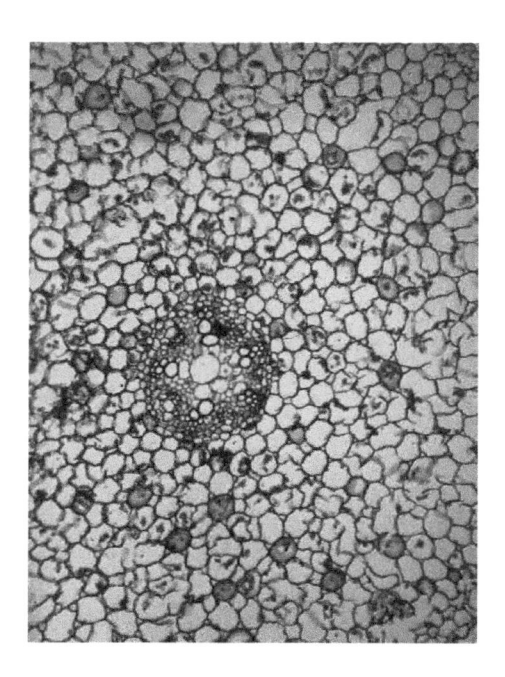

FIGURA 4.5
Secção transversal da raiz de *Ranunculus* (ranúnculo) ilustrando a estrutura relativamente simples de uma raiz de uma dicotiledônea jovem. O xilema é tetrarco e quatro faixas de floema se alternam com o protoxilema. Esta raiz está apenas começando a sofrer crescimento secundário limitado, com uma zona cambial. x100.

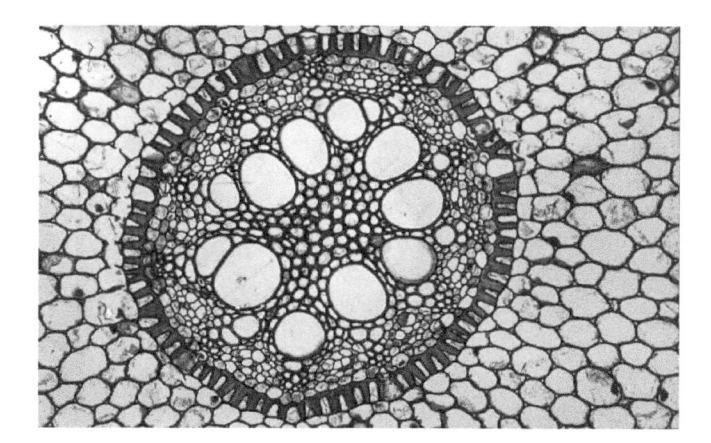

FIGURA 4.6
Secção transversal da raiz de *Iris*, mostrando endoderme bastante proeminente – vista aqui como a camada de células com marcante espessamento das paredes radiais e tangenciais internas. A endoderme é a camada mais interna do córtex. O espessamento da parede obriga água e outras moléculas a tomarem uma rota simplástica a partir do córtex para o estelo, e vice-versa, através das células de passagem não espessadas. x350.

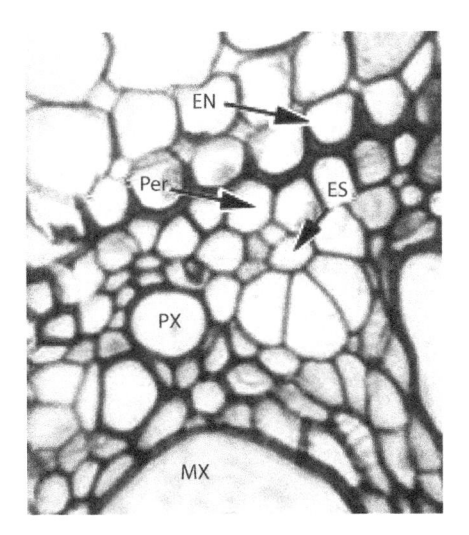

FIGURA 4.7
Parte da raiz de *Zea mays* nesta micrografia ilustra a organização da separação dos tecidos corticais dos tecidos estelares. *Zea*, como todas as raízes primárias, possui endoderme que forma a fronteira entre o córtex e o estelo, e uma camada imediatamente abaixo dela, o periciclo, que constitui a camada mais externa do estelo EN, endoderme; MX, metaxilema; Per, periciclo; PX, protoxilema; ES, estelo. x500.

crescer através do córtex para alcançar a parte externa, seja com enzimas dissolvendo o material que une células (lamela média) à frente do crescimento, seja forçando fisicamente através do córtex e da epiderme. Esse tipo de desenvolvimento é descrito como endógeno. Devido à origem das raízes laterais ocorrer perto do material vascular central, novas conexões vasculares podem ser feitas prontamente. Como as raízes laterais surgem no lado oposto dos polos do protoxilema, o número de fileiras de raízes laterais indica o número de polos de protoxilemas na raiz-mãe; assim, por exemplo, três fileiras de raízes laterais indicam uma estrutura primária triarca.

5
O CAULE

INTRODUÇÃO

O caule primário, junto com os tecidos que formam os primeiros estágios do espessamento secundário, é considerado aqui. O caule primário, assim como a raiz, tem epiderme e córtex, mas com frequência uma camada de separação distinta como a endoderme não é visível. A presença de exoderme é rara, mas a ocorrência de hipoderme é frequente. Às vezes, existe uma camada que se parece com a endoderme, mas essa camada normalmente não possui as estrias de Caspary e é chamada de bainha endodermoide ou bainha amilífera. O sistema vascular vem a seguir e começa como feixes vasculares individuais tanto em monocotiledôneas como em dicotiledôneas. Diferentemente da raiz, os polos do protoxilema estão direcionados para o centro e os polos do protofloema para o lado externo na maioria dos casos. Com frequência, o centro é tecido fundamental parenquimático, mas pode ser oco. Mais uma vez, ao contrário das raízes, a vasta maioria das espécies possui caules com nós, onde as folhas emergem e gemas axiais podem estar presentes; existem variações nas monocotiledôneas. Gemas e partes aéreas laterais aparecem nos tecidos externos (exógenos), ao contrário de raízes laterais endógenas. No relato a seguir, os termos são explicados, e parte da rica variedade da anatomia dos caules é discutida.

A maioria das plantas dicotiledôneas e gimnospermas, incluindo as anuais e até as efêmeras, apresentam certo nível de espessamento secundário nos caules. Esse processo pode começar bem cedo e aparecer alguns centímetros abaixo do ápice das partes aéreas. O xilema secundário e o floema secundário são descritos com mais detalhe no Capítulo 3. É fácil não prestar atenção no fato de que diferentes partes de uma planta possuem diferentes idades, além de apresentarem níveis variados de desenvolvimento secundário. Por isso os estudantes devem ter cautela para se assegurar que estudos comparativos sejam conduzidos com material de idades compatíveis quando são feitas comparações entre espécies.

Uma epiderme delimita caules primários, em geral bem parecida com a epiderme da folha da mesma espécie. Internamente à epiderme aparecem os tecidos corticais, cujas camadas externas, juntamente com as células-guarda na epiderme, podem conter cloroplastos. Os cloroplastos nas células epidérmicas são extremamente raros nas plantas com sementes, à exceção das células-guarda. Essa característica as separa das samambaias. Algumas células agindo como barreiras fisiológicas entre o córtex e o estelo costumam estar presentes, formando um cilindro (bainha endodermoide ou bainha amilífera). Elas podem ser morfologicamente distintas como uma endoderme verdadeira, mas em geral são células de parênquima, axialmente alongadas e de parede delgada e às vezes não podem ser diferenciadas como uma camada separada.

Tecidos de sustentação podem estar presentes no córtex ou ao redor da periferia do estelo (em geral, associados com o floema) ou nessas duas posições. Esses tecidos têm a forma usual de grupos de células axialmente organizados (fibras e por vezes esclereídes axialmente alongadas) com espaços entre eles. Apenas em caules com crescimento muito limitado em espessura eles formam um cilindro completo e isso apenas quando o crescimento primário e secundário tiverem cessado. Um bom exemplo disso pode ser encontrado na espécie *Pelargonium*, onde o limite interno do córtex é claramente demarcado por um anel de fibras esclerenquimáticas perivasculares (= circundando a região vascular).

Os feixes vasculares podem assumir diversas organizações. Em dicotiledôneas e gimnospermas, costumam formar um anel, bem ao lado interno do córtex. Em monocotiledôneas, podem formar um anel ou aparecer espalhados em alguns ou vários anéis, ou até mesmo se apresentarem sem ordem aparente no centro do tecido fundamental (Figura 5.1). Ter vários anéis de feixes vasculares não é uma prerrogativa de monocotiledôneas. Várias famílias de dicotiledôneas possuem esse tipo de organização, em especial naquelas com membros trepadores e também em Piperaceae.

Quando os feixes vasculares não são esparsos, o centro do caule costuma ser parenquimático; as células apresentam parede fina, mas em ocasiões raras

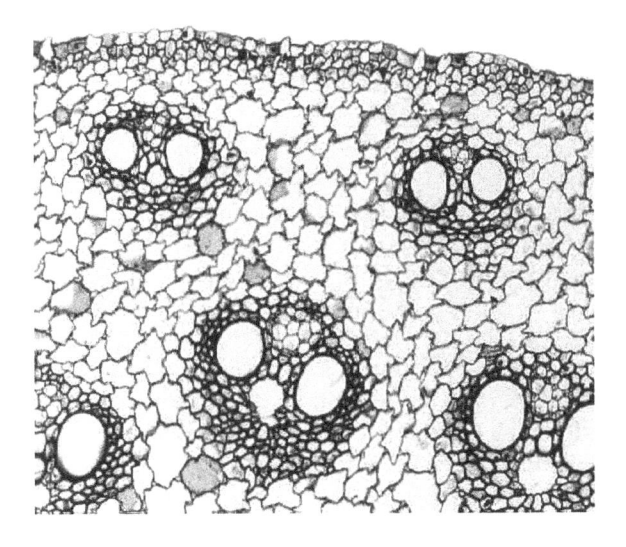

FIGURA 5.1
Secção transversal do caule de *Zea mays*. O milho é uma planta monocotiledônea e se parece com outras gramíneas no que tange à organização de tecidos no caule, na folha e na raiz. Os caules de monocotiledôneas possuem um anel único de feixes vasculares sob a epiderme e, interno a ele, um sistema de feixes vasculares espalhados por toda a medula. x225.

podem ser lignificadas nos caules maduros de algumas espécies. Essa região central, de característica medular, pode conter algumas esclereídes ou células parenquimáticas de paredes espessadas (lignificadas). Em algumas plantas, o parênquima central se rompe para formar um canal. Diafragmas de células estelares especializadas podem atravessar esses canais e, em algumas plantas, diafragmas de organização axial estão presentes.

A maioria dos caules das dicotiledôneas possuem nós, onde estão conectadas as folhas e com lacunas foliares no sistema vascular axial. As lacunas foliares se tornam mais aparentes quando ocorre certo espessamento secundário. Cada folha geralmente possui uma gema na axila. Se a gema axilar se desenvolve, então uma lacuna de ramo também se forma. Os entrenós normalmente não originam gemas, a não ser que elas apareçam de modo adventício. Monocotiledôneas possuem diversos tipos de organização de partes aéreas. Elas podem ter nós onde folhas aparecem soldadas, como em gramíneas e ciperáceas. Em outros casos, o nó formal pode não ser discernível na estrutura interna, embora as folhas pareçam estar unidas ao caule como em plantas nodais observadas do lado externo; é o caso das palmeiras, e brotos axilares costumam estar presentes. Por não haver câmbio desenvolvido no interior ou no entremeio dos feixes vasculares individuais nas monocotiledôneas, lacunas caulinares ou foliares não se formam. Devido à íntima relação entre anatomia e morfologia bruta, é importante estudar a morfologia de uma planta como um organismo inteiro antes de cortá-la para observar células e tecidos. Na verdade, para estudos intensivos e abrangentes, deve-se também acompanhar o desenvolvimento. Apenas quando se examina a morfologia e o desenvolvimento é possível ter a certeza de identificar partes similares de várias espécies para estudos anatômicos comparativos.

CAULES: APARÊNCIA DA SECÇÃO TRANSVERSAL

A secção transversal de um caule primário pode ter um perfil entre angular e circular. Contudo, ele pode assumir uma de uma ampla variedade de formas, algumas das quais auxiliam na identificação de uma família, como em Labiateae, onde a secção é quadrada, ou pode auxiliar a distinguir gêneros; por exemplo, várias espécies de *Carex* possuem caules com secção transversal triangular. Com frequência, o perfil é modificado próximo aos nós ou nas regiões de inserção foliar. Às vezes uma asa ou borda de tecido alinhada com os lados de um pecíolo pode continuar para baixo do entrenó, como por exemplo, em *Lathyrus*. Em geral, esse perfil da secção ocorrido no meio de um entrenó seria descrito com o objetivo de comparações.

Como mencionado na introdução, os caules possuem todos ou a maioria dos seguintes tecidos, de fora para dentro: epiderme, hipoderme, córtex (com colênquima e clorênquima, ou apenas um dos dois), uma camada endodermoide (ou bainha amilífera bem definida), feixes vasculares em um ou mais anéis, ou aparentemente espalhados, e um tecido fundamental central ou medula (Figura 5.2).

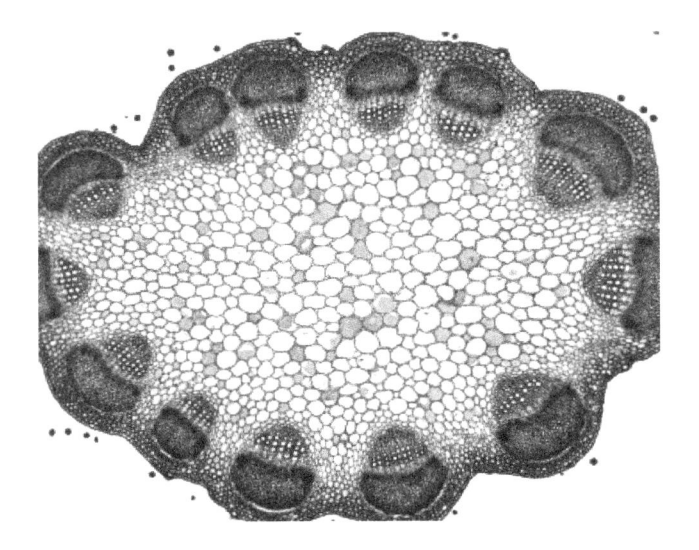

FIGURA 5.2
Secção transversal do caule de *Trifolium* (trevo-vermelho): caule maduro ao fim do crescimento primário; ou seja, os feixes vasculares contêm quantidades bem limitadas de xilema secundário e floema secundário. O córtex é muito estreito e composto de clorênquima. O córtex é separado dos feixes vasculares e da medula subjacente por uma bainha amilífera. A medula é parenquimática. x125.

Às vezes um periciclo pode ser distinguido, mas esse periciclo é normalmente considerado parte do floema. É rara a presença de uma endoderme verdadeira com estrias de Caspary.

Epiderme

A epiderme pode ter uma ou mais camadas. As células podem ter formato parecidos ao da folha da mesma espécie, embora seja mais comum um alongamento na direção paralela ao eixo do caule, e suas paredes anticlinais em visualização superficial com frequência não são significativamente sinuosas. A parede externa costuma ser mais espessa do que as paredes anticlinais ou internas. A relação entre o comprimento e a largura celulares, ou entre a altura e a largura, conforme visto em secção transversal, pode ser utilizada com cautela como característica de diagnóstico, mas em geral medições reais não são suficientemente constantes para serem utilizadas em identificação ou classificação. Uma faixa das medições normais de uma célula, com um número aproximado, deve ser citada em descrições diagnósticas sempre que uma amostra suficientemente grande tenha sido examinada para a obtenção de dados confiáveis.

A escultura cuticular – características finas da superfície que incluem papilas diminutas (micropapilas) e bordas finas (estrias) em uma variedade de organizações – pode ser parecida àquelas das folhas da mesma espécie, mas com frequência difere em detalhes.

Hipoderme

A camada de células sob a epiderme é chamada de hipoderme. A hipoderme pode apresentar diferenças acentuadas da próxima camada cortical, mas em vários táxons é definida apenas por sua posição. Quando ela não difere em aparência, ela apenas costuma ser descrita por anatomistas sistematas de plantas como ausente. Uma hipoderme destacada aparece em *Salvadora persica*, por exemplo, Figura 5.3. Contudo, por causa da ocorrência esporádica da hipoderme distinta no táxon de plantas vasculares, sua presença ou ausência tem pequeno valor taxonômico e de diagnóstico (exceto ao nível de espécie).

Estômatos

Em táxons com folhas bem definidas, os estômatos do caule tendem a ser bem mais esparsos, mas do mesmo tipo que na folha da mesma espécie. Quando o caule for um órgão fotossintético importante, seja suplementando ou substituindo folhas, o estômato tende a aparecer em frequência mais alta. Muitas vezes, as células-guarda estão alinhadas paralelamente ao eixo longitudinal do caule, e os estômatos aparecem em fileiras.

Tricomas

Pelos, papilas e escamas apresentam a mesma ampla diversidade que na folha. Exemplos são mostrados nas Figuras 6.14-6.17. O tipo de pelo pode ter valor para o diagnóstico em termos de espécie, às vezes também em termos de gênero, mas raramente em termos de família.

Corpos de sílica

Corpos de sílica têm presença frequente na epiderme do caule ou em outras partes do caule em espécies que os possuem nas folhas. Certas espécies sem folhas de algumas famílias também possuem corpos de sílica nos caules, por exemplo, *Lepyrodia scariosa*, da família Restionaceae. Na epiderme, as células com maior chance de possuir corpos de sílica são aquelas acima dos

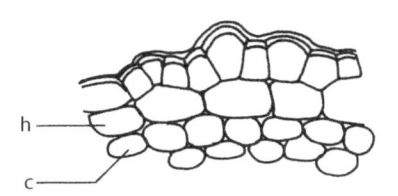

FIGURA 5.3
Hipoderme em caule de *Salvadora persica*. c, córtex; h, hipoderme. x290.

feixes de fibras ou estruturas de sustentação. A variação de forma é mostrada na Figura 6.24.

Córtex

O córtex pode ser bem estreito, composto de poucas camadas de células, ou largo e com várias camadas. Tradicionalmente, acredita-se que a zona cortical se estende desde a epiderme ou hipoderme até um limite interno dentro do qual os feixes vasculares estão presentes. O limite interno costuma ser bastante indefinido e às vezes feixes vasculares de traços foliares podem estar presentes entre as células que obviamente pertencem ao próprio córtex. Mais uma vez temos o exemplo de um tecido difícil de ser claramente definido.*

Pode ocorrer a presença de cloroplastos nas células de colênquima do córtex externo ou nas camadas mais ou menos bem definidas de células parenquimáticas, assim como em células paliçádicas ou em células de vários formatos. Caules de plantas sem folhas (p. ex., algumas espécies de *Juncus*), geralmente possuem organização de clorênquima bem formal e regular. Algumas plantas herbáceas não possuem cloroplastos em tecidos corticais; essas plantas normalmente figuram entre aquelas com modos anormais de nutrição, por exemplo, *Orobanche*.

Em espécies de córtex largo, em geral, as células de camadas internas são maiores do que as das camadas externas e apresentam cloroplastos em pouca ou nenhuma quantidade. Em plantas aquáticas, grandes espaços de ar formais podem estar presentes no córtex que se funde com os tecidos parenquimáticos centrais.

Fibras e esclereídes são uma característica proeminente no córtex de várias espécies. Com frequência, o agrupamento de fibras em feixes com perfis bem definidos de secções transversais e em posições características no córtex ajuda na identificação de uma planta. Fibras podem apresentar peculiaridades individuais que permitem até mesmo a identificação de feixes isolados. Isso é especialmente verdadeiro para fibras com importância econômica, muitas das quais têm origem cortical, por exemplo, *Linum*, linho, e *Boehmeria*.

Cristais e tanino muitas vezes ocorrem em células do córtex e do tecido fundamental central. Aglomerados ou drusas são provavelmente o tipo mais comum, mas cristais solitários de vários formatos e tamanhos, semelhantes aos exibidos nas folhas, são de ocorrência difundida. Ráfides não têm ocorrência generalizada em dicotiledôneas.

Endoderme

Em algumas plantas, o limite interno do córtex é bem diferenciado em uma endoderme e apresenta estrias de Caspary, por exemplo, Hidrocharitaceae.

---

* N. de R.T. O córtex é, de fato, uma região caulinar ou da raiz, não um tecido. Assim, os tecidos corticais podem ser o parênquima (e os seus diversos tipos), o colênquima e o esclerênquima.

Em *Helianthus*, as células são bem definidas e ricas em amido estocado, mas não têm estrias de Caspary, constituindo assim uma "bainha amilífera". Em várias outras plantas, onde as células nessa zona são morfologicamente distintas, mas não possuem estrias de Caspary nem amido estocado, elas são melhor chamadas de "camada endodermoide". Algumas pessoas preferem utilizar o termo endoderme para essa camada celular mesmo quando estrias de Caspary não podem ser observadas.*

Tecido vascular e de sustentação

Várias monocotiledôneas, mas poucas dicotiledôneas, possuem um cilindro de esclerênquima bem desenvolvido no lado interno da camada endodermoide. Alguns dos feixes vasculares estão incluídos nesse cilindro, com frequência todos os pequenos feixes e, às vezes, alguns dos feixes maiores também. A maioria das dicotiledôneas com crescimento secundário em espessura não apresentam esse cilindro. Seus feixes vasculares "abertos", cada um com um câmbio, agrupam-se em um anel. Cada feixe pode ter uma capa de fibras no lado externo, mas os flancos dos feixes não são envoltos, permitindo assim que o desenvolvimento não restringido do câmbio interfascicular produza um cilindro cambial contínuo no crescimento secundário (ver Capítulo 3).

Em várias dessas monocotiledôneas sem cilindro esclerenquimático, os feixes individuais possuem uma bainha de esclerênquima. Com frequência, essa bainha tem apenas algumas camadas de espessura nas laterais e várias camadas nos polos do xilema e floema. Uma bainha parenquimática externa acontece em várias dessas plantas. Por não haver esse câmbio, a inclusão de tecidos vasculares nessas plantas não afeta o desenvolvimento e o crescimento normais. Nas monocotiledôneas com plexo vascular nos nós, as bainhas de esclerênquima se tornam descontinuadas. Se existir um meristema intercalar, as bainhas do feixe se desenvolvem precariamente na zona meristemática.

Nos caules das monocotiledôneas, os feixes vasculares são tanto colaterais, com um polo de xilema e um de floema, quanto anfivasais, com o xilema circundando o floema. Feixes anfivasais são frequentes em rizomas (caules modificados) e menos frequentes em eixos de inflorescência (caules de flores). A Figura 5.4 mostra uma variedade de tipos de feixes. As dicotiledôneas costumam possuir feixes abertos, mas trepadeiras, por exemplo, Cucurbitaceae (cucurbitáceas), podem não desenvolver câmbios interfasciculares e os feixes permanecem como isolados. Já que esses feixes ocorrem em uma matriz parenquimática comprimível, torcer e distorcer esses caules durante o processo de escalada causa pouco dano aos feixes vasculares. O floema é especialmente

---

* N. de R.T. Endoderme da raiz, endodermoide e bainha amilífera são consideradas homólogas, já que todas se constituem como a última camada cortical. Assim, é correto usar o termo endoderme para esta camada caulinar.

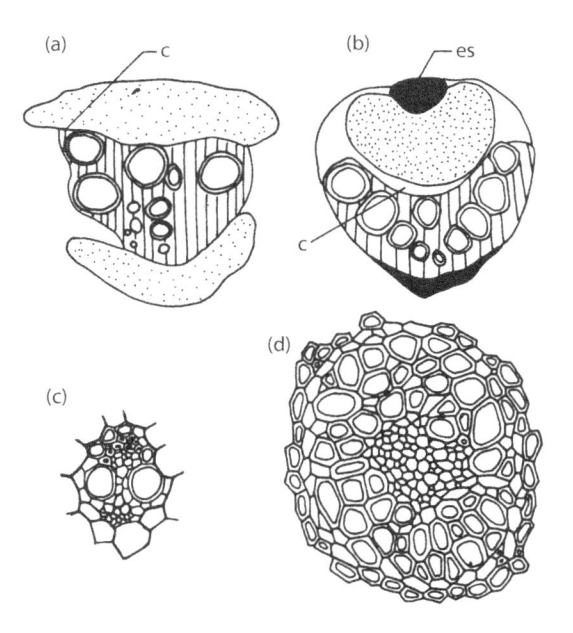

FIGURA 5.4
Tipos de feixes vasculares de caules. (a) *Cucurbita pepo*, diagrama de feixe bicolateral. x15. (b) *Piper nigrum*, diagrama de feixe colateral; o câmbio permanece fascicular. x15. (c) *Chondropetalum marlothii*, desenho detalhado de feixe colateral, faltando o câmbio. x110. (d) Desenho detalhado de feixes anfivasais de *Juncus acutus* de. x220. c, câmbio; es, esclerênquima.

bem desenvolvido em cucurbitáceas e em uma série de outras trepadeiras. Ele está presente em duas faixas, uma de cada lado do eixo radial do xilema visto em secção transversal. Feixes desse tipo são chamados de bicolaterais. Pelo fato de ocorrerem em relativamente poucas famílias, sua presença em uma amostra a ser nomeada se torna bastante útil para estreitar o campo para futuras análises.

Feixes vasculares, que possuem floema circundando o xilema, são chamados de anficrivais.

Existem plantas com crescimento anômalo em que os feixes individuais possuem câmbio e se estendem radialmente em crescimento secundário, sem se unirem lateralmente, como por exemplo, em Piperaceae (Figura 5.4). Várias outras formas anormais de organização de feixes são encontradas entre as dicotiledôneas.

É uma prática perigosa tentar definir vários tipos de feixes vasculares por meio de observações feitas a partir de algumas secções transversais de caules de monocotiledôneas. Isso ocorre devido ao fato de que, ao longo de seu comprimento, um único feixe pode exibir modificações na aparência em secção transversal. Um traço foliar recentemente produzido pode parecer diferente de um feixe axial principal, mas os dois fazem parte do mesmo feixe, a primeira sendo o incremento antes de se fazer a ponte de conexão com os feixes de outras partes da planta.

O FLOEMA DE TRANSPORTE DENTRO DO SISTEMA AXIAL

O sistema vascular da planta tem papel crucial de enviar nutrientes para órgãos distantes. Descobertas recentes têm fornecido novas ideias sobre o papel dos plasmodesmas e do floema, em termos de transporte e envio de informações macromoleculares incluindo proteínas e complexos de ribonucleoproteínas. Ruiz-Medrano e colaboradores (2001) sugerem que o floema pode funcionar como condutor para comunicação entre órgãos. Dentro dos caules, uma grande quantidade de assimilados é transportada pelo sistema axial para drenos locais ou distantes. A Figura 6.28 ilustra a diferença de tamanho entre floema de carregamento, floema de transporte e floema de descarregamento em *Nymphoides*. Dentro do floema de transporte, elementos de tubo crivado têm entre 10 e 25 μm de diâmetro, enquanto suas células companheiras associadas têm entre 15 e 38 μm de diâmetro. Claramente, elementos de tubo crivado do floema de transporte são maiores do que os correspondentes em floema de carregamento nesta espécie.

O curso de sistemas vasculares em caules de monocotiledôneas tem sido estudado há vários anos e está sob ativa investigação no presente. Técnicas microscópicas modernas, incluindo fluorescência e microscopia confocal, sobreposição de imagens de material secionado e inteiro possibilitaram aos pesquisadores entender pela primeira vez a verdadeira complexidade de vários caules, incluindo o das palmeiras e os da família Pandanaceae. Uma nova área de anatomia comparativa está surgindo no estudo de sistemas vasculares completos, à medida que técnicas mais recentes e poderosas se tornam disponíveis. Os resultados desse estudo quem sabe possam mostrar tipos básicos que dão embasamento às divisões filogenéticas mais importantes no reino vegetal.

Dentre os feixes vasculares, o floema e xilema de sistemas primários mostram apenas sistemas celulares axiais. Os raios são típicos do desenvolvimento secundário.

O floema em gimnospermas possui células crivadas bem desenvolvidas, com áreas crivadas e células albuminosas associadas. Em angiospermas, as células albuminosas são substituídas por células companheiras (Figura 5.5). Estudiosos do floema acreditam que uma sequência evolucionária pode ser observada, desde sistemas onde as células companheiras são mal definidas e os elementos de tubos crivados se comunicam através de áreas crivadas

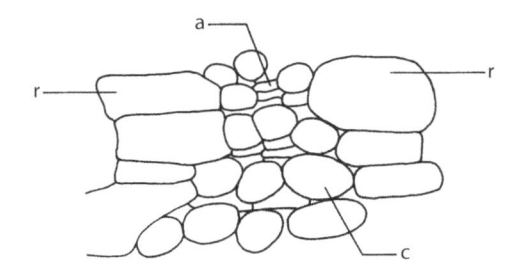

FIGURA 5.5
Células albuminosas do floema de gimnospermas. *Acmopyle pancheri*. a, célula albuminosa; r, raio; c, célula crivada. CT, x290.

bastante dispersas em paredes oblíquas, até os mais avançados, onde as placas crivadas são muito bem definidas e constituem a parede da extremidade transversal entre elementos de tubo crivado, onde as células companheiras são muito bem desenvolvidas. Já que o elemento de tubo crivado avançado não possui núcleo, a organização do elemento é conduzida pela célula companheira nucleada adjacente a ele. Dano à célula companheira nesse sistema pode ocasionar fracasso do elemento que ela direciona. O floema não é o tecido mais fácil de ser estudado com o microscópio óptico; em consequência disso, apenas nos últimos anos a beleza dos estudos comparativos (como, por exemplo, os conduzidos pelos laboratórios de Katherine Esau e mais tarde por Ray Evert) contribuíram enormemente para o entendimento da anatomia e estrutura do floema.

Placas crivadas podem ser facilmente vistas em uma série de plantas, em especial naquelas que possuem elementos de tubo crivado de grande diâmetro; um bom exemplo é a família Cucurbitaceae.

Assim como na folha, o primeiro floema formado nos caules é chamado de protofloema. Com frequência, o protofloema é funcional apenas por um curto período, já que ele costuma se diferenciar em regiões de rápida expansão celular e alongamento e se torna comprimido, mas não antes que o metafloema de desenvolvimento mais tardio amadureça.

TECIDO DE TRANSPORTE: COMPONENTES ESTRUTURAIS

Floema e xilema primários podem conter escleréides e fibras. O xilema primário é composto de protoxilema, onde os elementos traqueais geralmente possuem espessamentos de parede helicoidal ou anelar. No metaxilema, os espessamentos de parede podem ser mais extensos e interrompidos por pontoações (com membranas) organizadas de maneira escalariforme, alternada, reticulada ou menos regular. O protoxilema deve ser capaz de se estender de modo considerável, sem rompimento, durante as primeiras fases de crescimento primário em comprimento do caule. Contudo, os elementos com frequência se rompem, deixando um canal de protoxilema chamado de lacuna. O metaxilema mais rígido amadurece após essa fase de extensão e, por isso, é menos suscetível a dano. Sua estrutura não necessita dar espaço para extensão axial.

Muitas vezes é difícil decidir se o protoxilema e as frações de metaxilema com espessamentos anelares ou helicoidais são traqueídes ou elementos de vaso, porque as placas de perfuração podem ser bastante obscuras e até mesmo parecer ocorrer em preparações maceradas e com dano, quando, na verdade, elas estão ausentes. Mesmo em células com pontoações escalariformes, alternadas ou reticuladas pode ser difícil ter certeza se elas são perfuradas ou não, já que as perfurações podem ser bem pequenas. Contudo, isso tem alguma importância. Hoje se acredita amplamente que a traqueíde perfurada alongada e estreita seja ancestral do elemento de vaso perfurado mais curto e mais largo. Portanto, acredita-se que plantas sem vasos tenham lenho primitivo. A dobradiça de vários sistemas filogenéticos gira dura bastante delicada. Vários métodos são aplicados na tentativa de determinar se uma célula é perfurada ou não. Em geral, os tecidos são macerados para separar as células individuais. Então, essas células podem ser examinadas com iluminação de contraste de fase, em que membranas das pontoações intactas aparecem bem. Outro método envolve embeber o macerado em tinta indiana em uma lâmina de microscópio. Coloca-se uma lamínula sobre as células e se exerce uma suave pressão. A tinta é então substituída por glicerina a 50%, adicionada por debaixo da lamínula utilizando papel filtro do lado oposto. A tinta indiana contém partículas sólidas e, se as células forem perfuradas, partículas devem ser observadas dentro da cavidade (lume) dos elementos de vaso.

Mais recentemente, células maceradas foram examinadas utilizando o microscópio eletrônico de varredura, onde membranas são prontamente observadas. Assim como no floema primário, nenhum sistema radial de células está presente no xilema primário, mas fibras ou esclereídes e, ocasionalmente, células parenquimáticas podem estar presentes.

Tecido fundamental central

Em geral, o tecido fundamental central ou medula é composto de células parenquimáticas, com pontoações simples, mais ou menos circulares, em suas paredes. As paredes podem ser finas e compostas amplamente de celulose ou espessadas com lignina. Essa matriz de células em várias plantas pode conter esclereídes, células de tanino ou células cristalíferas, ou ainda combinações das três.

Certos grupos de plantas possuem células especiais ou tubos contendo látex. *Landolphia* possui células de látex; a maioria das Euphobiarceae possui tubos de látex. Em casos onde membros de Cactaceae e Euphorbiaceae evoluíram a ponto de serem parecidos externamente, é bastante fácil distingui-los anatomicamente. Essas plantas de áreas secas só têm que ser secionadas: o látex irá escorrer de todos os representantes das euforbiáceas e de raros membros de Cactaceae, onde o líquido é aquoso e não látex. Esporadicamente, esse látex em euforbiáceas pode ser venenoso, irritante à pele e até mesmo letal. Vários membros de Compositae (Asteraceae) contêm látex e *Taraxacum* chegou até a ser experimentalmente cultivado na procura de um substituto de *Hevea* para o látex da borracha durante a Segunda Guerra Mundial. A *Hevea brasiliensis* é provavelmente o produtor de látex mais bem conhecido. Dentre as monocotiledôneas, vários membros de Alismatales contêm canais de látex com uma camada epitelial de secreção.

Tubos de látex estão entre as células mais longas e são geralmente cenócitos, ou seja, longas estruturas tubulares, com vários a muitos núcleos; eles com frequência continuam a crescer durante a vida inteira da planta.

A incidência de células ou tecidos formadores de látex restringe-se à angiospermas. Além disso, existem vários tipos dessas células, tubo ou canal; da mesma forma, laticíferos podem ser articulados ou unicelulares. Por todos esses motivos, sua presença em uma planta pode ajudar bastante na identificação. A distribuição dessas células ou tecidos no córtex, floema, xilema ou tecido fundamental também pode ser diagnóstica.

O centro da medula pode ser composto de células parenquimáticas ou ser oco, seja como um tubo único ou variadamente dividido por septos transversais ou longitudinais. As células nos septos ou diafragmas podem ser de tipo simples, mais ou menos isodiamétrico, ou podem ser estreladas, ramificadas ou com braços de várias descrições. Uma variedade dessas células (de folhas) é apresentada na Figura 5.6. A medula em diafragma ou em câmaras pode ser diagnóstica para alguns gêneros como *Junglans* (nogueira) e *Sambucus* (sabugueiro) ou espécies como *Phytolacca americana* (umbu).

CONSIDERAÇÕES FINAIS

Caules primários apresentam grande diversidade de estrutura em sua histologia, com frequência típica de espécie, gênero ou família. Eles são amplamente utilizados em estudos fisiológicos, têm ocorrência habitual em restos arqueológicos e podem às vezes ser encontrados em circunstâncias onde exame médico legal se faz necessário. Sendo assim, a compreensão adequada de sua anatomia é importante.

Caules dicotiledôneos não continuam em estado primário por muito tempo, e algum crescimento secundário em espessura costuma estar presente na maioria das espécies. Essa situação também ocorre em caules primários de gimnospermas. Esses caules são distinguíveis de caules de angiospermas porque não possuem vasos. O xilema é composto principalmente de traqueídes com pontoações areoladas visíveis.

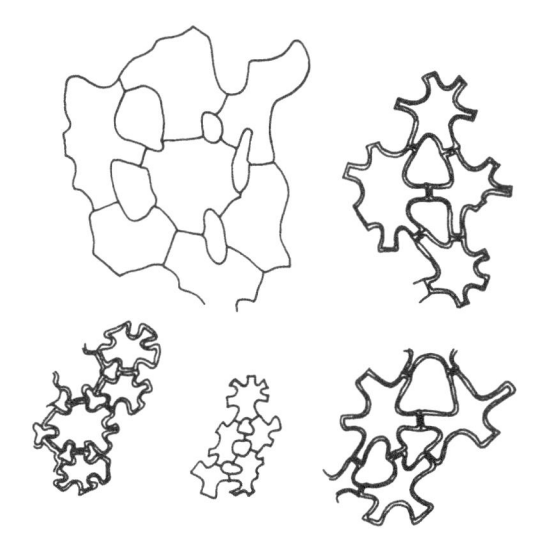

FIGURA 5.6
Células do diafragma em folhas de Cyperaceae. (a) *Becquerelia cymosa*. (b) *Mapania wallichii*. (c) *Chorisandra enodis*. (d) *Mapaniopsis effusa*. (e) *Scirpodendron chaeri*. Todas x218.

Caules de monocotiledôneos também apresentam uma grande variedade de estruturas. Alguns possuem um anel externo visível de fibras esclerenquimáticas associadas ao anel externo dos feixes vasculares, outros não, como várias espécies de *Juncus*. Os cereais tendem a ter um núcleo parenquimático dentro dos quais feixes vasculares formam uma organização helicoidal característica (como visto em secções seriadas), com feixes grandes e menores misturados entre si. Na maioria dos casos, os feixes vasculares no caule são bastante parecidos com os presentes na folha, com organização parecida do largo metaxilema e elementos de protoxilema ou lacunas evidentes. Em caules, os feixes vasculares são delimitados por uma bainha parenquimática pouco visível, a qual pode se tornar lignificada na maturidade.

6
A FOLHA

INTRODUÇÃO

As folhas crescem sobre os caules abaixo de seus pontos de crescimento e se desenvolvem a partir de primórdios foliares nas gemas. Toda folha é um órgão lateral que se desenvolve a partir de um primórdio foliar, que, em termos simples, é uma saliência meristemática acima da superfície geral da protoderme (meristema primário ou tecido meristemático que origina a epiderme; ver Capítulo 2).

Os primórdios foliares se iniciam perto do ápice caulinar e em gemas laterais, em sequência regular (filotaxia), e levam à formação de folhas maduras. Embora seja costumeiro se pensar nas folhas como sendo finas, achatadas e verdes, sua forma está intimamente ligada ao hábitat em que a espécie em questão cresce. O perfil e o formato geral também podem ser característicos de um gênero e às vezes de uma família.

Em termos gerais, a maioria das folhas em desenvolvimento contém dois grupos de iniciais ou meristemas – as iniciais marginais e submarginais. Iniciais marginais comumente dão origem à epiderme adaxial e abaxial da folha, enquanto iniciais submarginais comumente dão origem a todo o tecido interno foliar, incluindo o procâmbio, do qual todos os tecidos vasculares são posteriormente diferenciados. Em dicotiledôneas, a transição da condição onde a folha é um dreno de fotoassimilados para o qual ela se torna exportadora líquida de fotoassimilados (estado de fonte) começa logo depois que a folha começou a se desdobrar. Nesse ponto, os eventos morfogenéticos mais importantes que determinam o formato da folha estão, para todos os efeitos, terminados. A maturação do floema e xilema na nervura central e nas nervuras maiores, que acontece da base para o ápice, está em grande parte completa antes que a transição comece. Durante o desdobramento foliar, a maturação funcional das nervuras menores começa em geral do ápice para a base. Assim, existe um nível de maturação da folha da base para a ponta da lâmina durante a transição de dreno para fonte. A rede menos importante de venação forma a rede de distribuição da folha que fornece primeiro uma rede de importação e depois de exportação à medida que as folhas continuam a se expandir.

Folhas mostram uma surpreendente variedade de formas quando se considera que na maioria das plantas elas exercem três funções fisiológicas básicas. Essas funções envolvem a fabricação de material alimentar por meio do processo de fotossíntese, o transporte de material assimilado e a evaporação de água, processo que rege o fluxo de transpiração e, de modo concomitante, ajuda a esfriar a folha em condições de calor quando a água disponível para a transpiração não for limitante. Cada uma dessas funções é iniciada ou acontece diretamente no mesofilo das folhas.

Tentativas de visualização das etapas pelas quais surgem as formas foliares mais incomuns devem se originar de um estudo sobre o desenvolvimento da própria folha. Em outras palavras, o desenvolvimento não deve ser inferido, mas observado. A Figura 6.1 mostra os possíveis caminhos evolutivos de várias dessas formas foliares, sem sugerir que dobramentos e fusões parciais, que levam a fusões totais, realmente ocorram durante o crescimento dos representantes atuais de um tipo específico.

Para enfatizar o perigo em se pensar em uma sequência de processos de dobramento e fusão, basta olhar para a organização dos arranjos vasculares de *Thurnia*, uma planta da América do Sul (Figura 6.2). A posição relativa do sistema dos feixes vasculares pequenos em relação ao sistema dos feixes vasculares grandes, assim como a orientação invertida desses feixes, necessitaria de uma boa dose de dobramento tortuoso por parte do meristema, isso se, na verdade, eles não surgissem ao mesmo tempo!

Fica demonstrado pelas células do mesofilo (tecidos fotossintéticos e outros tecidos parenquimáticos da lâmina da folha contidos entre as camadas epidérmicas) que as folhas possuem estrutura interna altamente diferenciada.

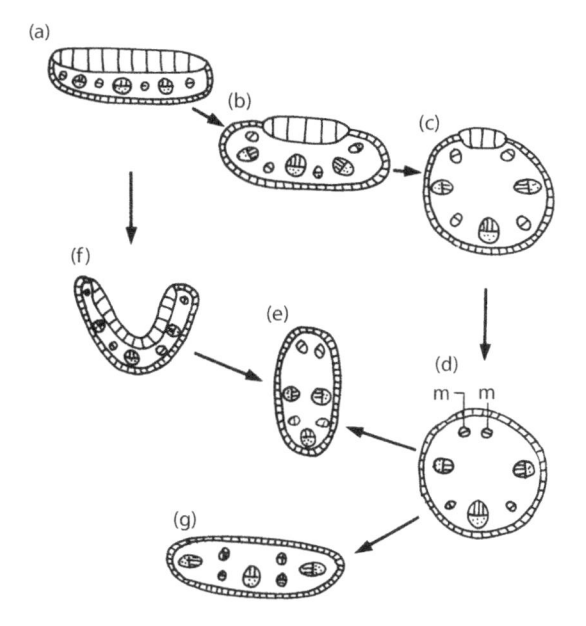

FIGURA 6.1
Algumas vias evolutivas possíveis que levam a variações nas organizações de feixes vasculares. Ver texto para comentários mais completos. (a) Uma linha de feixes, superfícies adaxial e abaxial distintas. (b) Superfície adaxial muito reduzida. (c) Menor superfície adaxial, a folha se torna cilíndrica. (d) Perda das superfície adaxial, folha cilíndrica, feixes em um anel, mas feixes "marginais" ainda distintos (m). (e) Compressão lateral, folhas deste tipo poderiam se originar de (d) ou de (f), onde a superfície adaxial é progressivamente perdida. (g) Poderia surgir de compressão secundária dorsiventral da forma em (d).

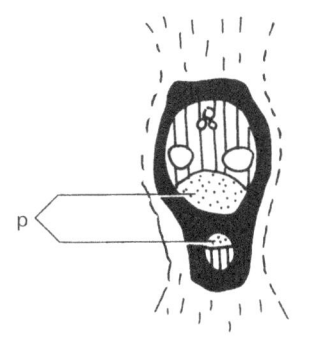

FIGURA 6.2
Diagrama do par de feixe vascular em *Thurnia sphaerocephala*, folha. O menor feixe é invertido de modo que os polos do floema (p) do par sejam opostos entre si. CT, x 57.

As células fotossintéticas do mesofilo são organizadas em diferentes padrões e locais;diferenças essas que podem ser atribuídas diretamente aos processos funcionais do ciclo fotossintético que ocorrer dentro da folha (ver a seguir). As folhas podem ser isolaterais, isobilaterais, dorsiventrais, pseudodorsiventrais ou mesmo tipo agulha em secção transversal (ver Glossário). Seja qual for o formato da folha, os cloroplastos se concentram dentro da matriz citoplasmática das células do clorênquima e, na maior parte, a maioria dos cloroplastos são encontrados nas células do mesofilo do parênquima paliçádico superior ou seus equivalentes. Populações mitocondriais nessas células obviamente fotossintéticas também podem ser altas.

As folhas podem ser classificadas de várias maneiras, por exemplo: formato, tamanho, textura, cor, grau de pilosidade, para citar alguns. Essas várias características com frequência se refletem em diferentes organizações de tecido interno. Algumas modificações são típicas de plantas que crescem sob condições especiais, mas outras talvez devam mais ao genoma do que ao hábitat que a planta ocupa.

O formato da lâmina foliar e a natureza da sua margem estão fora do enfoque deste livro. Devemos lembrar que fragmentos de folhas, apesar de não mostrarem o formato da lâmina foliar, muitas vezes podem possuir as dentações características da margem da folha, o que pode ser de grande utilidade para o processo de identificação.

Embora adaptações ecológicas sejam discutidas no Capítulo 8, elas também merecem aqui uma breve citação. As folhas diferem da maioria dos caules e raízes por serem quase que totalmente órgãos primários compostos de tecidos primários. Contudo, pode ocorrer algum crescimento secundário, por exemplo, no fornecimento vascular de algumas folhas gimnospermas, nos pecíolos e nas nervuras centrais de algumas folhagens de dicotiledôneas, assim como nas bases foliares de algumas monocotiledôneas que apresentam uma forma de crescimento secundário nos caules. O crescimento secundário nas folhas dicotiledôneas difere daquele em monocotiledôneas, assim como em seus respectivos caules. Todavia, não ocorrem grandes alterações no formato ou na espessura de folhas dicotiledôneas depois de cessar o crescimento primário. O crescimento primário ocorre no meristema basal (intercalar) de muitas folhas monocotiledôneas, frequentemente por um longo tempo após a maturação das porções distais. Gramados e pastagens não se recuperariam do corte nem continuariam a crescer se isso não ocorresse!

Algumas folhas efêmeras perdem-se rapidamente, deixando apenas a cicatriz ou talvez uma bainha membranácea basal, como em *Elegia* (Restionaceae) ou *Equisetum*. O caule, que continua verde, então assume as funções da folha nesses xeromorfos. Outras plantas perdem suas folhas em tempos de seca fisiológica, por exemplo, quando o solo está congelado, como é demonstrado por árvores e arbustos mesófitos do norte e do sul temperados. As folhas em herbáceas perenes e anuais duram apenas um ciclo de crescimento. Em bianuais, é comum que folhas de rosetas vivam por dois anos. Algumas árvores e arbustos de regiões temperadas (ou em altitudes temperadas nos trópicos) têm folhas reduzidas, por exemplo, *Pinus* e *Cedrus*.

Várias famílias possuem membros nas quais as folhas resistem por mais de uma estação, sendo assim chamadas de "sempre-vivas". As plantas com folhas perenes não estão confinadas a zonas climáticas ou de altitude específicas. As perenifólias incluem plantas como as coníferas mencionadas acima, assim como plantas de folhas largas como *Camellia, Borassus, Phoenix, Rhododendron, Ilex*, algumas espécies de *Quercus, Coffea e Ficus*. Em *Araucaria*, uma gimnosperma, as folhas podem viver por décadas, e as pontas verdes podem ser vistas na casca do tronco.

É interessante notar que algumas plantas desérticas desenvolvem suas folhas apenas após chuva (p. ex., *Schouwia*, uma Brassicaceae) e depois as perdem durante períodos de seca contínua. Várias plantas bulbosas (p. ex., *Narcissus, Tulipa, Albuca*) e plantas com cormo (p. ex., *Gladiolus, Watsonia, Crocus*) possuem folhas que crescem durante ou após a estação chuvosa e morrem, deixando os órgãos subterrâneos de armazenamento protegidos da dessecação durante o período seco ou frio. Plantas aquáticas podem ter períodos de hibernação necessários, onde as folhas morrem ao fim da época de crescimento, como as espécies dos gêneros *Potamogeton, Stratiotes* e *Nymphaea*.

A esta altura, o leitor já deve ter percebido que não existe uma "típica" folha monocotiledônea ou dicotiledônea. Exceto em extremos casos de redução, como, por exemplo, em algumas plantas aquáticas ou xeromorfas, a maioria das plantas possui folhas constituídas de uma combinação de vários componentes essenciais – os sistemas mecânicos e de suprimento, o tecido no qual a fotossíntese ocorre, além do revestimento externo ou epiderme.

ESTRUTURA DA FOLHA

Várias folhas são achatadas dorsiventralmente. A folha de *Ilex aquifolium*, na Figura 6.3 em secção transversal e vista de superfície, serve para ilustrar a anatomia geral da folha de dicotiledôneas. Nesse exemplo, a epiderme forma a barreira entre atmosfera e mesofilo subjacente e entre os tecidos vasculares e

Anatomia vegetal **89**

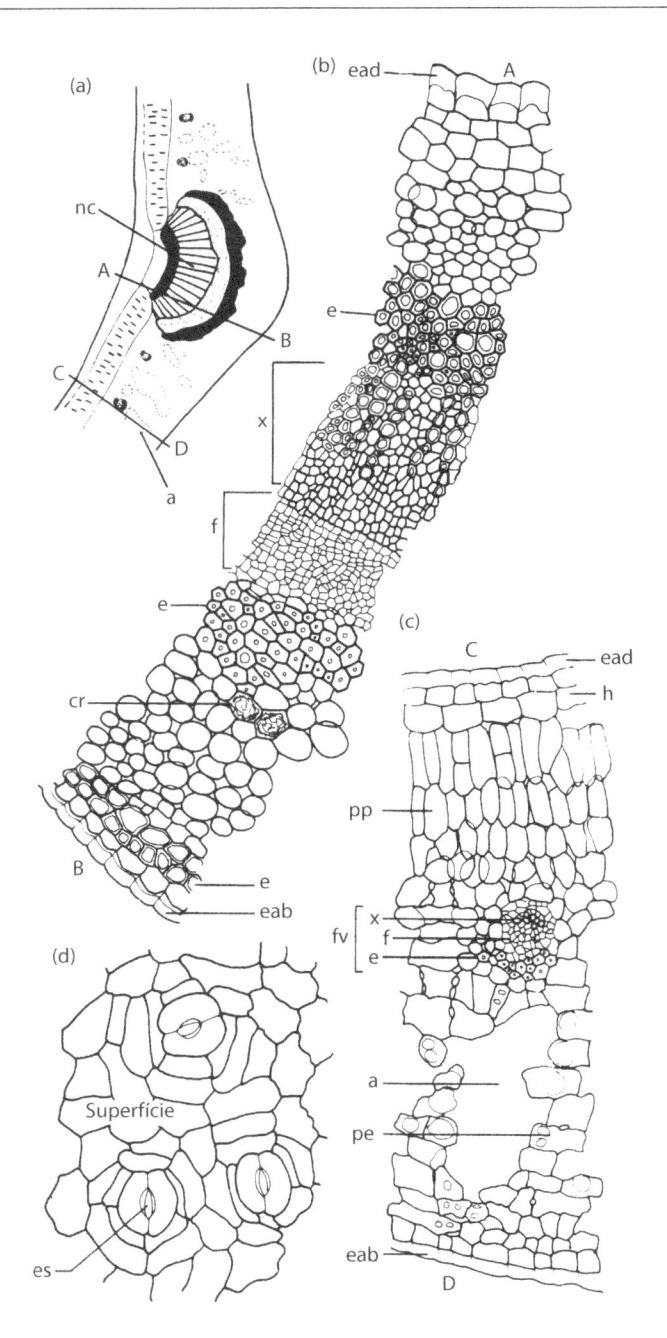

FIGURA 6.3
Secção transversal da folha de *Ilex aquifolium* e superfície. (a) Diagrama de pequeno aumento (x22) da região da nervura central, A-B e C-D indica onde os detalhes dos desenhos (b) e (c) foram feitos. (b) Detalhe da nervura central. Secção transversal, x130. (c) Detalhe da lâmina. Secção transversal, x130. (d) Superfície abaxial. x200. a, espaço intercelular; eab, epiderme abaxial com parede externa espessa; ead, epiderme adaxial com parede externa espessa; cr, cristal; h, hipoderme; nc, feixe da nervura central; f, floema; pp, parênquima paliçádico; e, esclerênquima; pe, parênquima esponjoso; es, estômato; fv, feixe vascular; x, xilema.

não vascular. Suas células são especializadas para essa função. Observe que as células da epiderme adaxial (Figura 6.3c) têm paredes externas espessadas. As células epidérmicas são cobertas por uma camada cuticular fina. Nessa folha comprimida dorsiventralmente, as superfícies superior e inferior são diferentes, como pode ser visto na Figura 6.3(a-c). Estômatos ocorrem apenas entre as células da superfície inferior (abaxial); a folha é então hipoestomática (ver Figura 6.3d). O mesofilo consiste em células clorenquimáticas paliçádicas, no lado adaxial, com poucos espaços intercelulares e, no lado abaxial, com células esponjosas mais frouxamente organizadas, com espaços intercelulares maiores (Figura 6.3c). Parte do sistema vascular é mostrado, incluindo o grande feixe da nervura central (Figura 6.3a) e em mais detalhe na Figura 6.3b. Uma pequena nervura secundária é ilustrada na Figura 6.3c. Em todos os feixes vasculares de lâminas foliares, o floema ocorre no lado abaxial e o xilema no lado adaxial da folha. O feixe vascular maior e vários dos menores frequentemente possuem uma capa de células esclerenquimáticas associada apenas com o floema.

Em termos gerais, todas as folhas têm características similares – epiderme com estômatos, mesofilo e tecido vascular. Contudo, a organização desses componentes é, em grande parte, determinada pelo ambiente físico, como disponibilidade de água, intensidade luminosa, nicho ecológico e herbívoros. Por meio de pressão de seleção, é a interrelação desses parâmetros que serve para motivar a evolução da estrutura foliar. Por exemplo, a epiderme pode ter a espessura de uma ou mais camadas, a cobertura cuticular pode ser fina ou grossa, pode haver uma hipoderme associada com a epiderme. A distribuição estomatal pode ocorrer nas duas superfícies da folha ou apenas em uma superfície da folha; os estômatos podem estar suspensos acima da superfície geral da folha, nivelados com a superfície da folha ou, em alguns casos, afundados em criptas. O mesofilo pode ser especializado ou não especializado. Se especializado, parênquima paliçádico e esponjoso pode existir e, em algumas folhas, o tecido paliçádico pode existir em ambos os lados da folha (isobilateral) como no caso de várias suculentas. O mesofilo pode ser compacto, com pequenos espaços intercelulares, como nas xerófitas, ou pode conter um volume de espaço intercelular grande, como em mesófitas e a maioria das hidrófitas.

Em geral, as necessidades mecânicas de uma folha típica são as seguintes:

1. troca gasosa adequada e
2. vias de transporte funcionais.

A EPIDERME

As superfícies foliares devem ser mecanicamente adaptadas para tolerar estresses ambientais, mas translúcidas para permitir que radiação fotossinteticamente ativa as atravesse a fim de alcançar o pigmento de clorofila nas células subjacentes.

Cutícula e ornamentação cuticular

As superfícies foliares, exceto nos ambientes mais úmidos, também devem ser capazes de ajudar a reduzir a perda de água. Em várias espécies, essa necessidade é auxiliada pela presença de uma camada externa transparente, a cutícula, que retarda a perda de água. A cutícula tende a ser mais fina em espécies normalmente não sujeitas a estresse hídrico e mais espessa naquelas que são. Angiospermas com folhas submersas podem ter cutícula excessivamente fina, ou a cutícula pode estar ausente. A cutícula também pode fornecer força mecânica adicional. Auxilia a resistir à abrasão causada por partículas de areia sopradas, ou, no caso de algumas coníferas, cristais de gelo soprados. O componente principal da cutícula é a cutina, que pode permear as paredes de células epidérmicas ou apenas as paredes externas. A cutícula é mais desenvolvida em espécies confinadas a hábitats extremamente áridos. Baixa disponibilidade de água para a planta pode ser induzida por solos salinos, então plantas que crescem nesses solos com frequência apresentam adaptações parecidas com aquelas de hábitats secos.

A cutícula (junto com a parte externa da parede da epiderme que ela cobre e nivela) possui um padrão ou ornamentação em várias plantas. Se a ornamentação é de baixo relevo, ela não aparecerá muito nas secções e pode ser de difícil visualização superficial. A forte ornamentação em *Aloe*, por exemplo, muitas vezes pode aparecer obscura pela aparência granular da interface entre a cutícula e a epiderme (Figura 6.4).

Embora vários padrões possam ser vistos sob o microscópio óptico, seja em células intactas ou em cutículas retiradas ou réplicas de superfícies, o uso de microscópio eletrônico de varredura é importante em estudos de superfície.

Em aloés e suculentas, a diversidade de padrões de parede celular externa cuticular é tamanha que espécies individuais ou grupos de espécies podem frequentemente ser identificadas por seus padrões específicos. Estriamentos

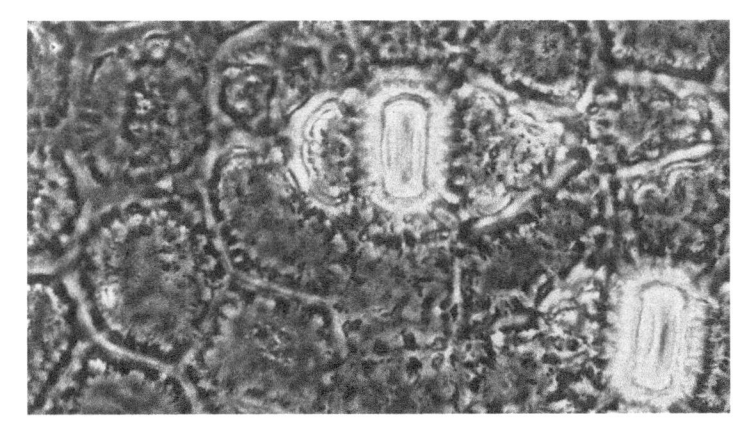

FIGURA 6.4
Imagem em contraste de fase anoptral, *A. branddraaiensis*: a interface granular entre a cutícula e a parede celular torna difícil a interpretação do padrão cuticular. x400.

são bastante comuns, assim como micropapilas. Alguns padrões são mostrados na Figura 6.5.

Algumas vezes a cutícula e suas marcas são mascaradas por uma cobertura cerosa. Muitas pessoas estão familiarizadas com a "exuberância" cerosa nas maçãs e ameixas e sabem que algumas folhas têm um verniz duro sobre elas, por exemplo, repolho (*Brassica*) e *Agave*. Poucas pessoas podem se dar conta de que várias outras plantas também possuem uma cobertura cristalina encerada, porque essa cobertura pode ser bastante fina e facilmente removível. Alguns componentes químicos como flavonoides são às vezes envolvidos. A cera de superfície pode ser lisa ou apresentar vários níveis de aspereza. Ela pode funcionar no auxílio da redução de perda de água, mas possui propriedades reflexivas e outras propriedades.

Muitas plantas com características xeromórficas têm uma cobertura cerosa que retarda a perda de água cuticular (ver Capítulo 8).

A cera adquire várias formas cristalinas e também pode estar presente como uma camada derretida. A cera em algumas espécies pode passar por um ciclo diário em que cristais de cera de uma forma se derretem e se recristalizam em outra forma, mas isso é raro. Várias monocotiledôneas xeromórficas possuem grande quantidade de estômatos tampados por cera. A eletromicrografia de varredura na Figura 6.6 mostra alguns flocos de cera em *Aloe lateritia* var. *kitaliensis*. Ornamentações com ceras com frequência se associam a estômatos afundados.

A aparência da ornamentação da superfície foliar pode ser complexa. Contudo, utilizando um procedimento direto, a ornamentação pode ser separada em quatro elementos, para descrição.

- A ornamentação primária define a organização geral de células, comumente visível em baixa magnificação.
- A ornamentação secundária define:

    1. a orientação e formatos das células e descreve o número de paredes anticlinais, se elas forem lisas, ou se não, o nível de sinuosidade; o nível de distinção entre elas, como rugosidades ou canais (p. ex., células de seis lados, com o dobro do comprimento da largura, com paredes anticlinais lisas afundadas; Figura 6.5b)
    2. detalhes da parede externa (periclinais) (p. ex., achatadas, côncavas, convexas com uma papila central pronunciada; na Figura 6.5c elas têm cúpula baixa);
    3. posição, tipo e frequência de estômatos.

- A ornamentação terciária é a mais fina, encontrada na parede periclinal externa, superimposta na primária. Ela pode estar ausente e a superfície é então descrita como lisa. Ela inclui micropapilas e define seu tamanho e distribuição (p. ex., cobrindo a superfície celular inteira) estrias, espessura, distribuição e orientação (p. ex., estrias grossas, longitudinalmente orientadas, ao longo do eixo longo da célula ou estrias formando um retículo como na Figura 6.5c).

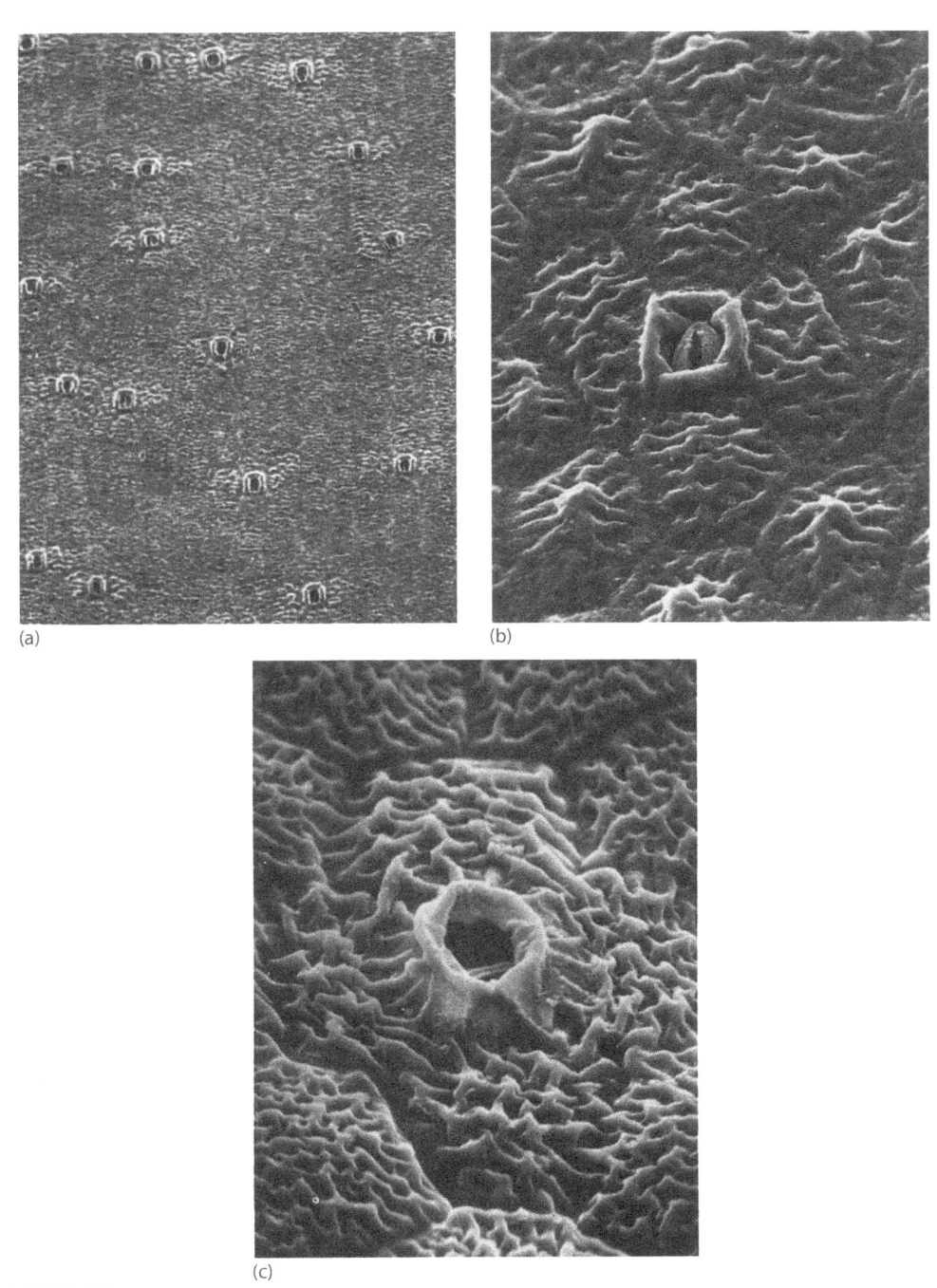

FIGURA 6.5
Padrões cuticulares são vistos mais facilmente usando microscópio eletrônico de varredura. (a) Visualização de menor aumento (x50) de *Aloe rauhi* x *A. dawei* mostrando a distribuição dos estômatos. (b) *Gasteria* x *Aloe tenuior* var. *rubra*. (c) *Haworthia cymbiformis*. Observe que a borda do poro do estômato é tetralobada nas plantas híbridas, característica de *Aloe*. *Haworthia* pertence ao grupo de espécies muito suculentas dentro do gênero e tem lobos fusionados em um colar cilíndrico. (b, c) x600.

- A ornamentação quartenária inclui secreções epicuticulares, por exemplo, cera, material farinhento (algumas espécies de *Primula*). A ornamentação quaternária pode se apresentar como camadas lisas, flocos na posição vertical com orientação aleatória (p. ex., Figura 6.6) ou definida; partículas amorfas finas ou grossas, filamentos ou tubos, por exemplo. Ver as referências nas leituras complementares.

As células epidérmicas variam bastante de uma espécie para outra, em especial quando vistas da superfície. Várias monocotiledôneas, em particular aquelas com folhas lineares ou axialmente alongadas, possuem células alongadas organizadas em linhas longitudinalmente bem definidas. Essas células podem ter 4-6 lados ou mais; suas paredes anticlinais podem ser lisas, curvas ou sinuosas. Às vezes, os desenhos dessas paredes são mais sinuosos perto da parede externa do que da parede interna. A Figura 6.7 mostra uma variedade de exemplos de formas celulares.

As células epidérmicas de folhas de gramíneas se encaixam em duas classes distintas, descritas na literatura sobre anatomia de gramíneas como células "longas" e "curtas". Essas duas classes de tamanho não devem ser confundidas com variações na dimensão celular que podem ser observadas nas nervuras (células costais) e entre nervuras (células intercostais). As verdadeiras células "curtas" são frequentemente suberizadas ou podem conter corpos de sílica.

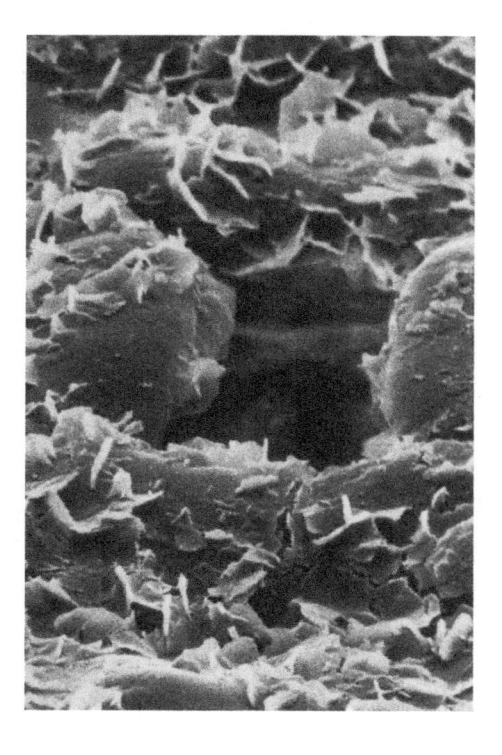

FIGURA 6.6
Flocos de cera de *Aloe lateritia* var *kitaliensis* nos quatro lobos ao redor do estômato. As células-guarda são profundamente afundadas e quase não podem ser vistas. x2200.

Até mesmo pequenos fragmentos de folha de um membro de Poaceae muitas vezes podem ser identificados ao nível de família, com base nas características celulares epidérmicas.

A maioria das dicotiledôneas e várias monocotiledôneas sem folhas axialmente alongadas (formato de tira), por exemplo, *Smilax* e *Gloriosa*, tende a possuir células epidérmicas de formato e tamanho irregulares. Elas possuem paredes anticlinais lisas, curvas ou sinuosas. Como as folhas dicotiledôneas não apresentam meristema basal, mas crescem em área por regiões de divisão

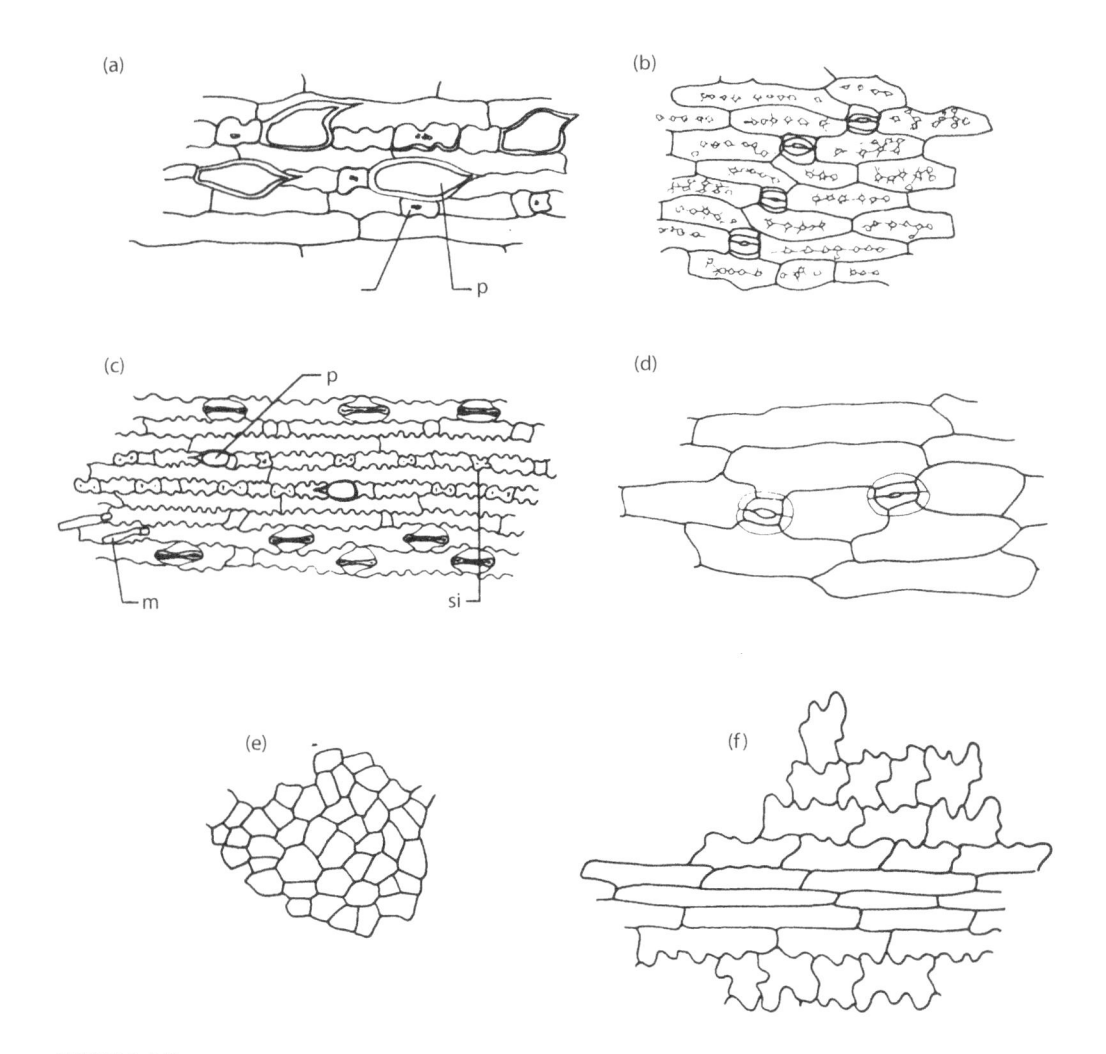

FIGURA 6.7
Superfícies foliares de monocotiledôneas. (a) *Phalaris canariensis*, x240. (b) *Kniphofia macowanii*, x80, observe o padrão cuticular. (c) *Arundo donax*, x120, observe os micropelos. (d) *Clintonia uniflora*, x70. (e) *Smilax hispida*, x150. (f) *Gloriosa superba*, x54, observe as células costais alongadas sobre a nervura e células com paredes sinuosas entre as nervuras (células intercostais). m, micropelo; p, pelo afiado; si, corpo de sílica.

celular, suas células epidérmicas raramente são organizadas em fileiras claras. A Figura 6.8 apresenta uma variedade de tipos de células epidérmicas.

Paredes anticlinais das células epidérmicas tanto de monocotiledôneas quanto de dicotiledôneas podem ser bem finas e quase invisíveis na superfície ou variar em diversos níveis de espessura até bem grossas, de modo que o lume das células pareça bastante reduzido visto da superfície (Figura 6.9). Em dicotiledôneas, assim como em monocotiledôneas, as células costais com frequência diferem daquelas das regiões intercostais; elas tendem a ser alongadas na direção das nervuras.

Às vezes, as células das superfícies superior e inferior das folhas podem ser parecidas em tamanho e estrutura, porém com mais frequência elas são diferentes. Em monocotiledôneas com folhas dorsiventrais verdadeiras, células epidérmicas adaxiais e abaxiais podem ser bastante diferentes em tamanho, e a epiderme adaxial pode conter células buliformes ("motoras"), consideravelmente maiores do que as células epidérmicas normais. A dissimilaridade pode estar no tamanho de célula e na espessura de parede ou apenas na ausência de estômatos de uma superfície.

Células nas margens e no ápice da folha são muitas vezes mais estreitas do que o resto e têm paredes mais espessas. Algumas células marginais podem se transformar em espinhos unicelulares ou multicelulares.

Células epidérmicas foram medidas na tentativa de distinguir espécies intimamente relacionadas. Diferenças significativas podem ser detectadas se medições suficientemente cuidadosas e uma análise estatística forem feitas. Infelizmente, esse método à primeira vista valioso tem utilidade limitada devido à variação natural em tamanho dentre os diferentes espécimes da mesma espécie, ou até mesmo entre células de folhas diferentes na mesma planta. Folhas de sol e sombra, por exemplo, podem ser diferentes a esse respeito.

Mesmo se diferenças de tamanho absolutas pareça não confiáveis em várias situações para distinguir espécies, com frequência a proporção entre comprimento e largura de células epidérmicas pode oferecer dados para comparação.

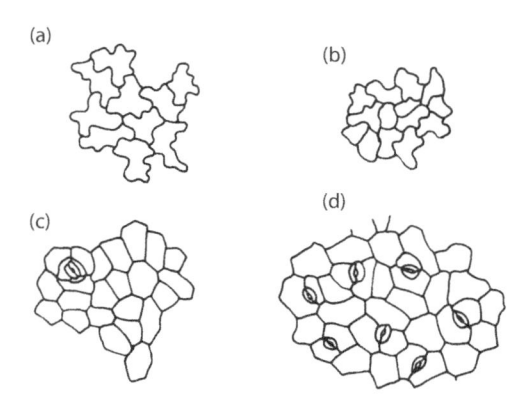

FIGURA 6.8
Superfícies foliares de dicotiledôneas (abaxial): (a) *Acacia alata*; (b) *Aerva lanata*; (c) *Plumbago zeylanicum*; (d) *Cassia angustifolia*. Todas x120.

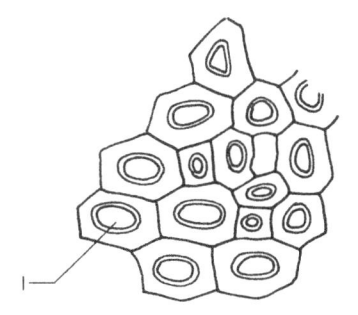

FIGURA 6.9
Gasteria retata, superfície foliar, mostrando paredes celulares anticlinais muito espessas e lume reduzido (1). x145.

Essa relação entre comprimento e largura pode ser bem constante em uma espécie, mesmo se o tamanho da célula variar fenotipicamente. Nunca é demais salientar a importância de selecionar folhas para comparação de posições comparáveis nas várias plantas estudadas. Normalmente, devemos selecionar folhas maduras e vigorosas. Confiar em avaliações visuais pode ser enganoso no que tange a definir relações entre comprimento e largura; por isso, elas devem ser medidas na prática – ver diagramas na Figura 6.10. Aqui, vários esquemas ilustrativos de razões entre altura e largura são apresentados juntos com esquemas da epiderme de plantas indicadas em secção transversal.

Muitas folhas capazes de se enrolar em condições secas e desfavoráveis e reabrir novamente em condições sem estresse hídrico têm células especiais de parede fina contendo água que permitem esses movimentos. São as células buliformes ou motoras. Exemplos podem ser encontrados em varias gramíneas, por exemplo, grama-das-dunas, *Ammophila arenaria*, e muitos membros das gramíneas bambusáceas. O formato, o tamanho e a disposição dessas células podem auxiliar na classificação e identificação. Células com propriedades semelhantes estão presentes nos pulvinos e nas regiões de aderência dos folíolos à ráque em várias plantas cujas folhas se fecham à noite.

Estômatos

O controle principal do movimento de água é fornecido por estômatos. Estômatos consistem em um par de células-guarda (com frequência reniformes) com um ostíolo entre eles. O tamanho do ostíolo é regulado por alterações no formato das células-guarda e está sob controle ativo, a não ser que a planta fique tão desidratada a ponto de murchar. À medida que a pressão hidráulica se altera, as células deformam de um modo regulado, com o auxílio de espessamento de parede especializado desuniforme. Quando as plantas murcham, os estômatos podem se abrir, e isso pode causar dano.

Os estômatos podem estar presentes nas duas superfícies (anfistomáticos), apenas na superior (epiestomáticos) ou apenas na inferior (hipostomáticos). Eles podem ocorrer no mesmo nível geral que as células epidérmicas

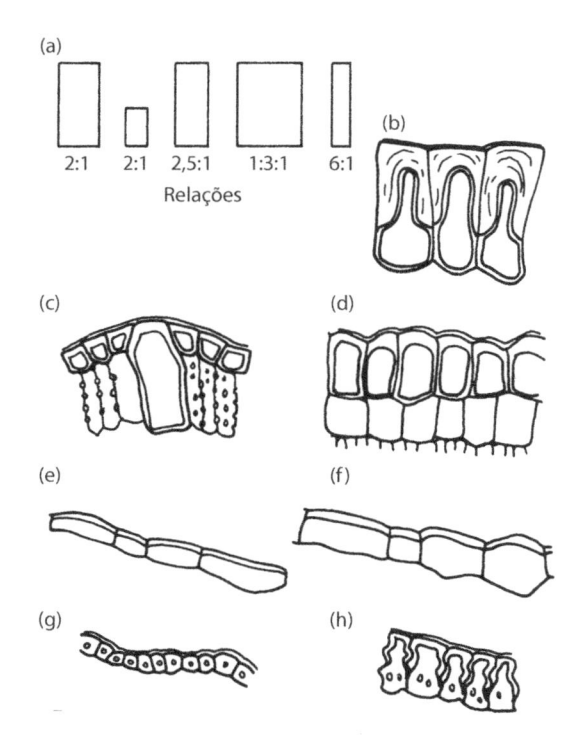

FIGURA 6.10
(a) Diagrama de relações entre altura e largura; observe como é difícil julgá-las visualmente. (b) – (h) Epiderme de plantas selecionadas em secção transversal. (b) *Gasteria retata*, observe as paredes externas espessas e a parte externa das paredes anticlinais. (c) *Dielsia cygnorum*, observe que algumas células são maiores do que as outras. (d) *Elegia parviflora*, observe a epiderme dupla. (e) *Cistis salviifolius*. (f) *Gloriosa superba*. (g) *Pinus ponderosa*, observe as paredes celulares muito espessas. (h) *Thamnochortus scabridus*, observe as paredes anticlinais onduladas; pontoações são também visíveis. x145.

ao redor ou afundados abaixo da superfície geral da folha, como em cicas. Em plantas com folhas largas, os estômatos tendem a ter distribuição esparsa, enquanto em espécies de folhas estreitas, os estômatos são geralmente organizados em fileiras paralelas ao eixo longitudinal da lâmina da folha. Em algumas plantas xerofíticas (p. ex., *Nerium oleander*), os estômatos se apresentam afundados entre a superfície foliar abaxial dentro das criptas estomáticas. Em algumas angiospermas com folhas aéreas, a distribuição pode variar de espécie para espécie, dependendo em certo ponto do nível de xeromorfismo ou mesomorfismo. Eles são caracteristicamente ausentes em folhas aquáticas submersas, mas estão presentes na superfície superior de folhas que boiam, por exemplo, *Nymphaea* e *Victoria*.

Como mencionado antes, os estômatos podem ser superficiais, ou seja, com as células-guarda niveladas com a superfície da folha, ou afundados, com uma pequena câmara externa acima das células-guarda. Embora muitas xerófitas possuam estômatos submersos, e a maioria das mesófitas, estômatos superficiais, essa regra não é invariável. Podem existir vantagens adaptativas específicas em cada organização em certas circunstâncias; pode não ficar claro o motivo pelo qual algumas espécies aparentemente "não adaptadas" sobrevivem enquanto outras ao seu redor são modificadas em maior ou menor nível, mas o tempo de aparecimento das folhas e sua queda, ou, por exemplo, adaptações fisiológicas também podem ter uma participação.

Quando presentes, a organização das células subsidiárias é de grande interesse para taxonomistas que desejam identificar um fragmento foliar. Alguns dos vários tipos comuns estão ilustrados na Figura 6.11. Os estômatos sem células subsidiárias são chamados de anomocíticos, onde as células circundando cada estômato não são reconhecidamente diferentes nem distintas das células restantes na epiderme madura. Esses estômatos ocorrem em Ranunculaceae, por exemplo. Estômatos com duas células subsidiárias, uma de cada lado (p. ex., lateralmente), são chamados de paracíticos; ocorrem, por exemplo, nas

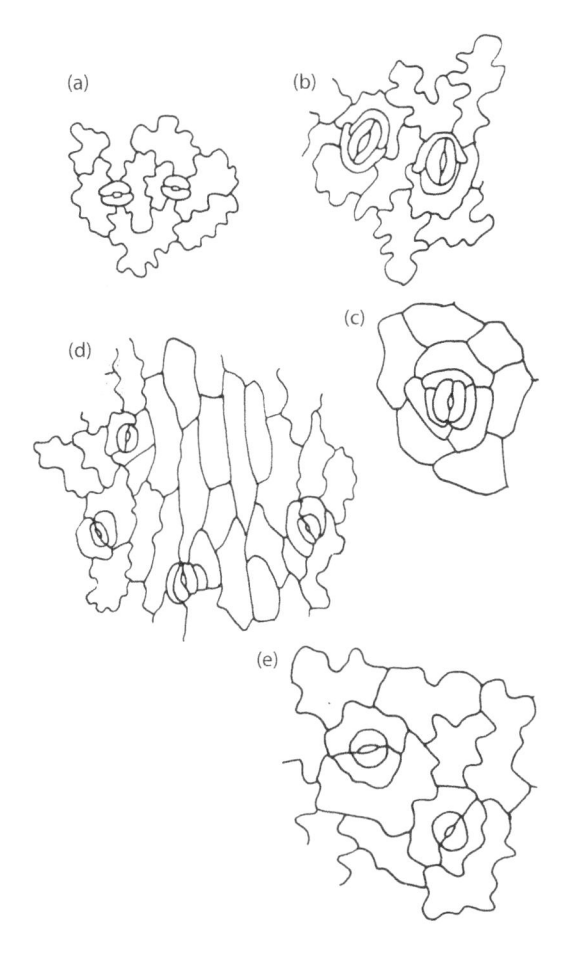

FIGURA 6.11
Superfícies adaxiais foliares, mostrando diversos tipos de estômatos. (a) *Chrysanthemum leucanthemum*, anomocítico. x109. (b) *Justicia cydonifolia*, diacítico. x218. (c) *Plumbago zeylanicum* anisocítico. x218. (d) *Convolvulus arvensis*, paracítico. Observe as células alongadas sobre as nervuras. x109. (e) *Acacia alata*, paracítico. x218.

espécies dos gêneros *Juncus, Sorghum, Carex* e *Convolvulus*. O tipo paracítico também inclui espécies com uma série de células subsidiárias em organização paralela em qualquer um dos lados. Estômatos tetracíticos, com quatro células subsidiárias, podem ser prontamente observados em *Tradescantia*; aqui uma célula ocorre em cada lado e em cada polo. Se existirem três células de tamanho desigual circundando o par de células-guarda o estômato é chamado de anisocítico, como em *Plumbago* e membros de Brassicaceae. Estômatos ciclocíticos têm um anel de células subsidiárias de tamanho aproximadamente igual, no qual as células individuais não são muito largas, enquanto no tipo actinocítico as células subsidiárias apresentam intensamente radiadas. Naturalmente, podem existir formas intermediárias de difícil classificação. Formas anormais também são frequentes, por exemplo, dois estômatos paracíticos podem compartilhar uma das células subsidiárias.

Embora espécies esporádicas possuam vários tipos de estômatos em uma folha, a maioria possui apenas um tipo. Isso significa que a observação do tipo de estômato presente pode ser utilizada como subsídio para identificar uma planta. Obviamente, muitas famílias compartilham os tipos mais comuns paracíticos e tetracíticos; sendo assim, a combinação de todas as características disponíveis deve se adaptar ao material de referência para que a identificação possa ser feita. Existem outros tipos de estômatos e, na verdade, as samambaias fornecem algumas formas interessantes; a policítica, com o par de células-guarda na direção de um lado de uma célula subsidiária individual, e o tipo mesocítico, com o par de células-guarda no centro de uma célula subsidiária.

Não é difícil inferir que algumas formas de organização de células subsidiárias devem ser primitivas e algumas mais avançadas. Por especulação, sequências filogenéticas podem ser postuladas e inter-relações sugeridas. Pode haver um grande perigo nesse fato, já que um tipo estomático maduro pode ser formado por mais de uma sequência de desenvolvimento em diferentes grupos de plantas. Talvez seja preciso dois sistemas de nomenclatura para tipos estomáticos, o primeiro considerando a forma madura e utilizado apenas para identificação, e o segundo derivado de um estudo da ontogenia dos estômatos e utilizado por filogeneticistas e taxonomistas. A Figura 6.12 mostra duas possibilidades pelas quais estômatos paracíticos podem acontecer. No primeiro caminho, a célula-mãe da célula-guarda (meristemoide) se divide primeiro para produzir duas células, depois cada uma das células dos lados se divide para formar uma célula subsidiária. O segundo caminho envolve apenas a divisão da célula-mãe de célula-guarda. Duas células laterais podem dividir para formar uma célula subsidiária cada, seja antes ou depois da divisão dessa célula.

Às vezes, estômatos maduros podem a princípio parecer não ter células subsidiárias. Um estudo dos estágios primários de desenvolvimento poderia mostrar que células circundando a célula-mãe da célula-guarda se dividem de uma maneira diferente daquela que normalmente ocorre entre as outras células epidérmicas. Muitos aloés parecem ter quatro células subsidiárias, enquanto até oito células podem circundar os estômatos. Essas células subsidiárias possuem paredes anticlinais oblíquas. A maioria de outras células em áreas não adjacentes a estômatos possui paredes transversas. As paredes oblíquas são o produto de divisões adicionais em células ao lado da célula-mãe da célula-guarda.

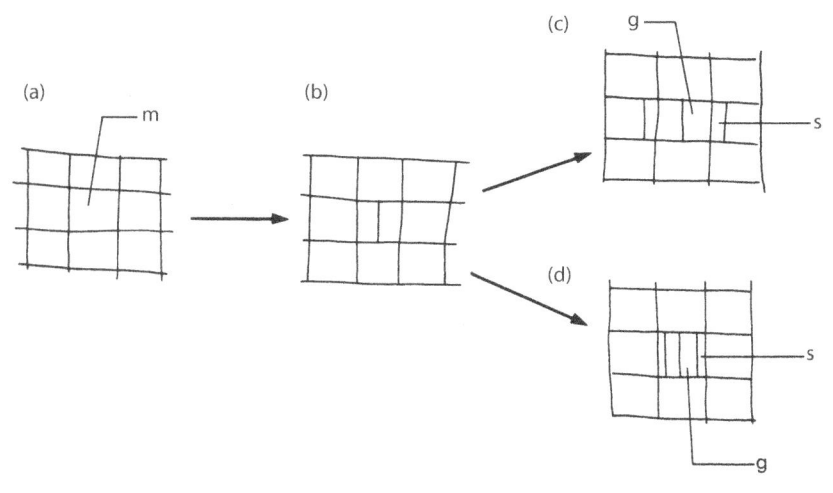

FIGURA 6.12
Duas rotas para a formação do tipo de estômato paracítico. Em (a) → (b) → (c) as células-guarda são derivadas das células que flanqueiam a célula-mãe de células-guarda. Em (a) → (b) → (d) a célula-mãe de células-guarda se divide para produzir duas células, cada uma das quais se divide uma vez mais. g, célula-guarda; m, célula-mãe de células-guarda; s, célula subsidiária.

Às vezes, os estômatos são especializados para exsudar gotículas de água líquida. Eles podem simplesmente ser estômatos "gigantes", maiores do que os outros na folha, como em alguns membros de Anacardiaceae. Eles podem ser especializados e elevados no fim de um pequena saliência localizada na terminação de uma vênula. Estruturas pelas quais gotículas de água podem exsudar, mas que possuem células-guarda não funcionais, são chamadas de hidatódios. Glândulas de sal são um tipo de hidatódio modificado para a exsudação de água salgada. Elas são com frequência circundadas por uma incrustação de sal. Exemplos de hidatódios podem ser encontrados em saxifragáceas e glândulas de sal em *Limonium* (Figura 6.13).

Cristais e corpos de sílica podem ocorrer na epiderme, mas, por conveniência, serão descritos na seção sobre o mesofilo.

Tricomas

Pelos e papilas (e escamas) são coletivamente chamados de tricomas. Os taxonomistas utilizam extensivamente sua ocorrência e estrutura celular como auxiliar na identificação, pois existe uma grande variedade de formas. Quando uma planta tem pelos ou papilas, esses tricomas são geralmente de um tipo ou tipos característicos daquela espécie. Deve ser mencionado que várias amostras de uma planta de qualquer espécie podem variar de glabras (sem pelos) a bastante hirsutas (cobertas de pelos). Isso significa que o número e a densidade de pelos podem ser características fracas para uso taxonômico, exceto talvez para definir subespécies ou variedades, se houver outras características associadas, ou seja, que tenham significância taxonômica.

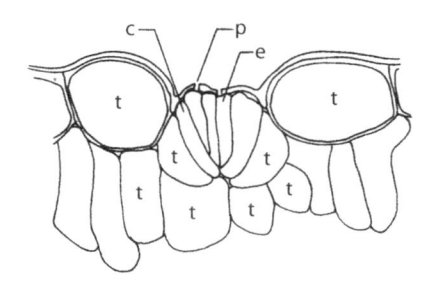

FIGURA 6.13
Limonum vulgare, secção transversal das glândulas de sal da folha. C, célula-taça; e, célula excretora; p, poro; t, células cheias de tanino. x330.

O maior valor dos pelos está na identificação, ou seja, eles têm grande valor diagnóstico. Eles são constantes em uma espécie quando presentes ou apresentam uma variação de forma constante. Por isso, pequenos fragmentos foliares com pelos muitas vezes podem ser combinados com material conhecido. Se você observar as descrições de medicamentos em pó de origem foliar na Farmacopeia Europeia ou sua farmacopeia nacional você encontrará os pelos minuciosamente definidos. O exame de tipos de pelos pode ajudar no controle de qualidade, por exemplo, de ervas secas, como hortelã, onde substitutos mais baratos podem ter sido adicionados (Figura 6.15).

Em algumas famílias, espécies individuais podem ser definidas apenas pela forma dos pelos. Restionaceae e Centrolepidaceae dão bons exemplos de pelos simples e sem ramificações (Figura 6.14). Os tamanhos relativos da célula basal e as células da porção livre variam de espécie para espécie. A terminação curiosa em "gancho náutico" da célula de *Aphelia cyperoides* é diagnóstica. *Gaimardia* possui pelos complexos e com ramificações filamentosas.

Em Restionaceae, *Leptocarpus* da Austrália, Nova Zelândia, Malásia e América do Sul, ocorrem pelos nos caules achatados em forma de escudo. Esses pelos são placas multicelulares em forma de diamante, conectados próximos à superfície do caule através de pedúnculos curtos e afundados, como mostrado na Figura 6.14. Até pouco tempo atrás acreditava-se que *Leptocarpus* também ocorria na África do Sul, mas o tipo de pelo e outras diferenças histológicas internas mostram que as plantas sul-africanas na verdade pertencem a um gênero distinto, o qual naquele estágio de investigação não havia sido identificado. Um gênero próximo de *Leptocarpus* na Austrália é *Meelboldina*, que possui pelos em forma de diamante e duas células centrais translúcidas grandes de parede fina, junto com uma borda de células de parede espessa com micropapilas recurvadas que eficientemente unem-se a pelos adjacentes de maneira que eles removerão uma tira da folha se tentar arrancá-los.

Algumas plantas têm pelos nas duas superfícies (superior e inferior), mas em muitos casos os pelos estão confinados à superfície inferior. Exemplos de folhas com pelos nas duas superfícies são encontrados dentre as compostas de folhas prateadas. O ar nos pelos mascara a clorofila na folha, dando uma aparência prateada ou branca, altamente refrativa.

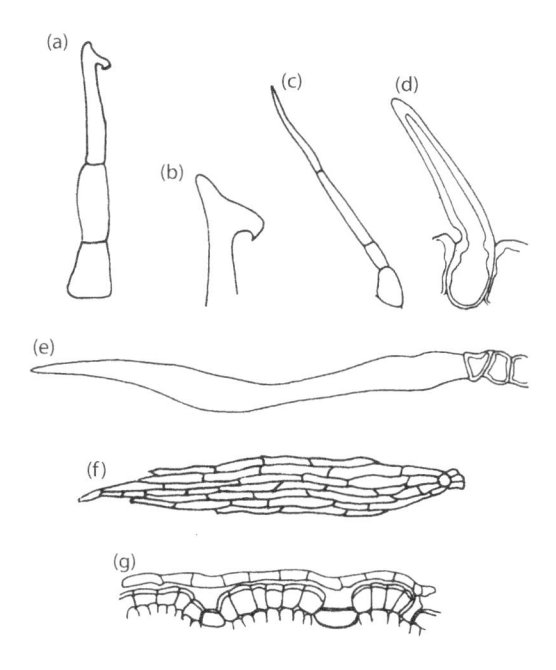

FIGURA 6.14
Pelos em Centrolepidaceae (a) – (c) e Restionaceae (d) – (g). (a, b) *Aphelia cyperoides*. x75 e x150, respectivamente. (c) *Centrolepis exserta*. x75. (d) *Thamnochortus argentus*. x218. (e) *Loxocarya pubescens*. x218. (f, g) *Leptcarpus tenax*. Visualização da superfície, x113; secção longitudinal, x120.

Os pelos são divididos em duas categorias principais: pelos glandulares (ou de cobertura) e não glandulares. Pelos glandulares (Figura 6.16) incluem os pelos aciculares da urtiga, *Urtica*. Menos familiar são os pelos irritantes das vagens de *Mucuna*, a "fava-coceira" (Fabaceae) das Antilhas (Figura 6.16a).

Pelos glandulares simples ocorrem nas folhas de plantas que podem atrair e digerir pequenos insetos e outros pequenos animais. Alguns são pegajosos e outros especializados em secretar enzimas digestivas. *Pinguicula* e *Drosera* são exemplos.

Alguns dos óleos essenciais aromáticos (ou menos agradáveis) acontecem em pelos glandulares ou folhas. Os pelos não glandulares são bem mais variados e diversos do que os glandulares. Uma amostra dessa variedade está ilustrada na Figura 6.17; as plantas onde eles ocorrem estão identificadas na legenda. Uma ou mais dessa plantas ou seus parentes pode crescer próximos a sua casa. Os pelos maiores poderão ser vistos com uma lupa de mão.

Como mencionado antes, o tipo de pelo é apenas uma das várias características que podem ser utilizadas na identificação. Contudo, algumas famílias são facilmente reconhecidas por seus pelos, por exemplo, os pelos em formato de T de Malpighiaceae (Figura 6.17h). Azaleias foram classificadas com base em pelos de folhas, como auxiliar na identificação de espécies. Aqui não só a forma, mas também a coloração é utilizada nas chaves de identificação.

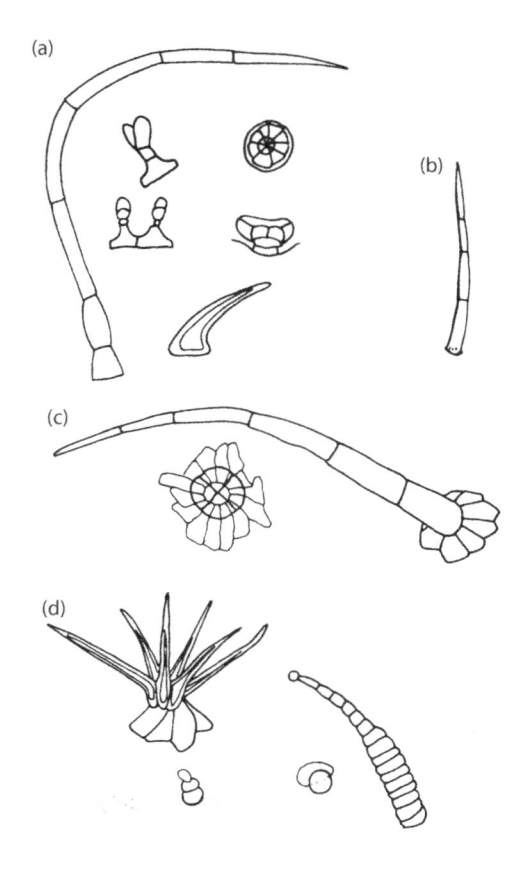

FIGURA 6.15
(a) *Mentha spicata*, variação de tipos de pelos. (b) Pelo de *Corylus* (*Corylus* também têm crescimentos multicelulares). (c) Pelo de *Origanum vulgare* (manjerona) e glândula em depressão na epiderme. (d) *Cistus salviifolius*, variação de tipos de pelos, um dendrítico, os outros glandulares. Todos x200.

Micropelos são pelos bem curtos, bicelulares, presentes nas folhas de algumas gramíneas, em sua maioria dos trópicos. Pelos pontiagudos, normalmente proeminentes nas margens e nervuras de gramíneas, em geral são unicelulares. Eles têm paredes espessas que podem ser silicificadas. Por essa razão, é fácil cortar as mãos em algumas gramíneas e o gado é seletivo em sua pastagem.

Vários pelos possuem valor comercial. Esses pelos não são de folhas, mas em geral provenientes de frutos ou sementes, por exemplo, algodão (*Gossypium*) e paina (*Bombax*).

Acredita-se que a função dos pelos costuma se relacionar com o balanço hídrico da folha. Uma superfície densamente pilosa teria a tendência de restringir a taxa de fluxo de secagem de ar. Em xerófitas, os pelos com frequência têm uma banda de suberina na parede na direção de suas bases. Essa característica previne que a folha perca água através da parede celular dos pelos (movimento apoplástico). Os pelos, é claro, aumentam consideravelmente a área de superfície potencial para evaporação. A exigência contrária é verdadeira para pelos

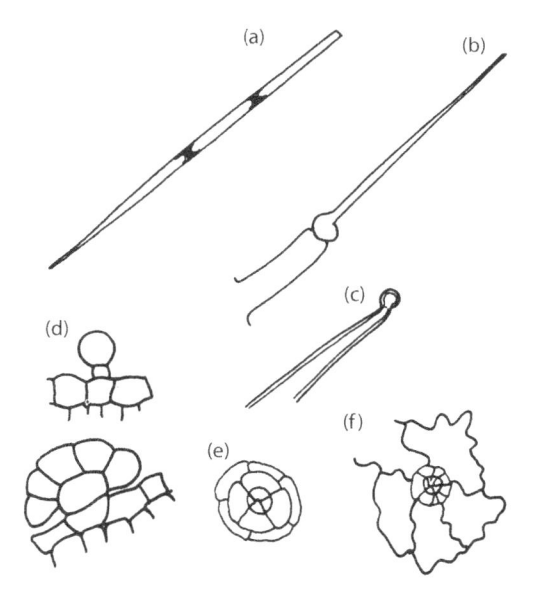

FIGURA 6.16
Pelos glandulares. (a) *Mucuna*, pelos frágeis e afiados contendo gotas de óleo irritante. x145. (b, c) *Urtica dioica*: (b) menor aumento de pelo na base multicelular, x20; (c) ponta afiada e frágil que pode ser quebrada facilmente, x290. (d) *Salvia officinalis*, pelos multicelulares e bicelulares. x290. (e) *Justicia*. x290. (f) *Convolvulus*. x145.

de epífitas como *Tillandsia* (Bromeliaceae). Nessas plantas não enraizadas no solo, os pelos são capazes de absorver água da chuva ou garoa. Eles não possuem bandas de suberina. É fácil testar pelos à "prova d'água". Um pedaço da superfície da folha pilosa é cuidadosamente cortado e colocado para flutuar em uma placa de petri contendo solução de Calcofluor White* por uma hora, depois removido e observado em luz UV (usando óculos de proteção). Se houver bandas de suberina, os pelos não fluorescem. Se as bandas forem ausentes, os pelos fluorescem intensamente. Contudo, outros pelos parecem ter principalmente função anti-herbívora, como nas gramíneas supramencionadas.

As escamas têm base larga, espessura geral de uma a duas camadas de células e não apresentam tecido vascular. A forma, o tamanho e a posição das escamas podem ser utilizados como diagnóstico. Elas são frequentes em folhas de samambaias.

Células buliformes

Muitas folhas capazes de se enrolar em condições secas e desfavoráveis e reabrir sob condições sem estresse hídrico têm células especiais de parede fina

---

* N. de R.T. Calcofluor White é um fluorocromo utilizado para a identificação de celulose em paredes celulares vegetais. Fluoresce com uma cor azul quando exposto à luz ultravioleta (300-440nm).

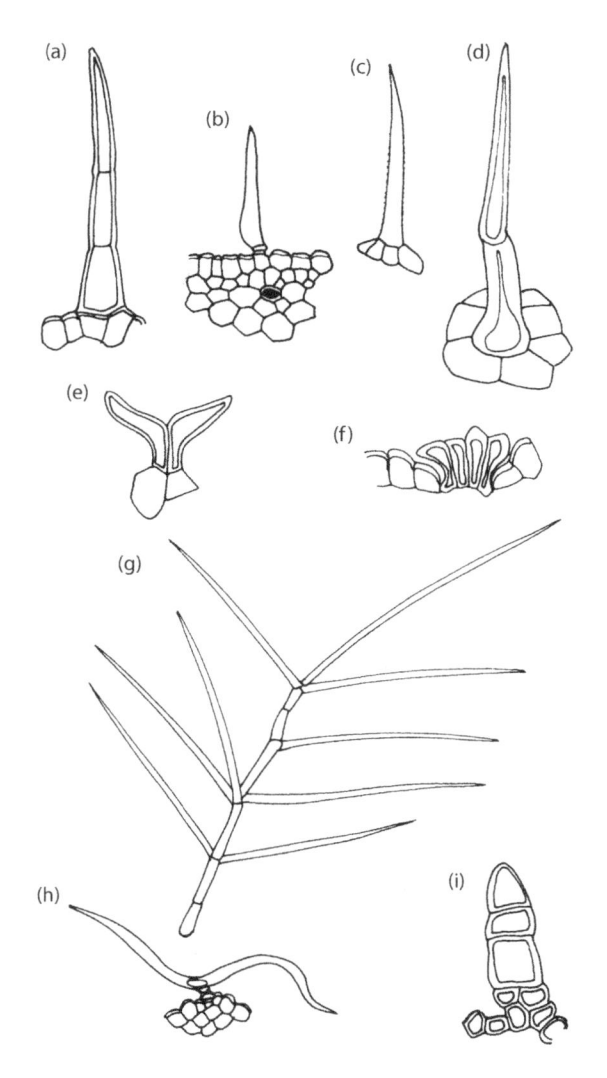

FIGURA 6.17
Pelos não glandulares. (a) *Salvia officinalis*. x200. (b) *Convolvulus floridus*. x108. (c) *Coldenia procumbens*. x220. (d) *Justicia*. x220. (e, f) *Trigonobalanus verticillata*. x220. (g) *Verbascum bombiciforme*. x54. (h, i) *Artemesia vulgaris*, x220 e x300, respectivamente.

contendo água que permitem esses movimentos. Essas células são chamadas de buliformes ou motoras. Encontramos exemplos delas em gramíneas, como a grama-das-dunas, *Ammophila arenaria*, e muitos membros das gramíneas bambusáceas. O formato, o tamanho e a disposição dessas células podem auxiliar no processo de classificação e identificação (Figura 6.18).

Células com propriedades semelhantes estão presentes nos pulvinos e nas regiões de aderência dos folíolos à raque em várias plantas cujas folhas se fecham à noite.

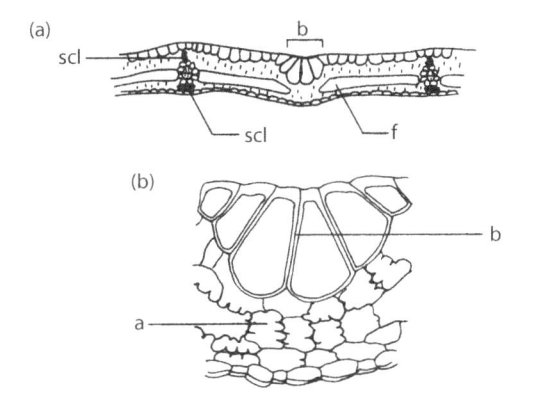

FIGURA 6.18
Pariana bicolor, mostrando células buliformes e fusoides. (a) Pequeno aumento (x54) diagrama do CT da folha, para mostrar a localização de (b), desenho detalhado, x218. cb, células-braço do mesofilo; b, células buliformes; f, células fusoides (típicas de determinados bambus); scl, estruturas de sustentação do esclerênquima.

Camadas hipodérmicas

Floras xerófitas tipicamente podem ter uma grande variedade de espécies nas quais uma camada hipodérmica é bem desenvolvida. Como o nome sugere, essas células especializadas estão presentes logo abaixo das células epidérmicas. As células dentro das camadas hipodérmicas tipicamente possuem poucos cloroplastos e parede espessa. Células hipodérmicas são derivadas de células corticais, não da epiderme.* Algumas espécies com anatomia xerofítica, como *Nerium oleander*, têm hipoderme de múltiplas camadas.

O MESOFILO

O mesofilo consiste em células parenquimáticas de parede fina contendo cloroplastos, o clorênquima, e outras células de parede fina relacionadas com água, alimento, substâncias ergásticas ou o chamado armazenamento de "produção de resíduo" (p. ex., cristais, taninos). Folhas de dicotiledôneas são bem diferentes comparadas às folhas de monocotiledôneas, gimnospermas e pteridófilas. Claro, existe um nível de gradação, mas em geral é possível separar essas folhas utilizando alguns critérios básicos de diagnóstico. As dicotiledôneas costumam ter mesofilo composto de dois tipos diferentes de células fotossintéticas – células de mesofilo paliçádicas e esponjosas; outras células parenquimáticas podem estar presentes entre estas. Algumas monocotiledôneas também são assim, mas existe uma grande variedade de formas celulares

---

* N. de R.T. Células derivadas da epiderme constituem uma epiderme múltipla, ao contrário de hipoderme, de origem cortical (meristema fundamental).

no clorênquima e, com frequência, células paliçádicas estão ausentes. A divisão clássica de mesofilos em células tipo paliçada e células esponjosas pode levar a conclusões errôneas envolvendo simplificação demasiada. Existem vários formatos de células integradoras entre os extremos. A Figura 6.19 mostra uma visão paradérmica de células braciformes, parte do tecido esponjoso em *Clintonia*. Uma vez que algumas folhas não apresentam distinção entre camadas e outras apresentam camadas muito bem marcadas, o mesofilo pode ser utilizado como coadjuvante para a identificação. Em geral, o mesofilo não pode ser utilizado como guia para a posição taxonômica de uma planta, mas dentro de um grupo de plantas relacionadas pode haver semelhança íntimas de organização. Variações ambientais não alteram organizações rigidamente controladas pelo genoma. Por exemplo, células paliçádicas podem estar presentes junto à superfície superior ou inferior, ou das duas. Contudo, existem alterações marcantes que podem ocorrer nas próprias camadas. Em alguns casos, o número de camadas de células paliçádicas foi contado, e essa quantidade utilizada como característica diagnóstica. Já que em algumas plantas as folhas que crescem na luz podem ser mais espessas e ter mais camadas de células paliçádicas do que aquelas que se desenvolveram na sombra, essa característica diagnóstica não é confiável, mas sim um claro efeito do ambiente.

Farmacognosistas (que, dentre outras coisas, estudam as plantas e animais para descobrir produtos naturais passíveis de aplicação na medicina) utilizam uma medida chamada de "relação paliçádica". Essa medida é particu-

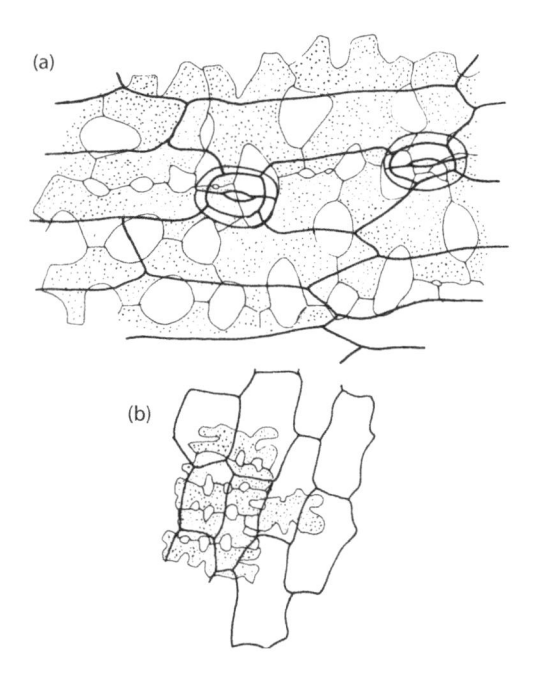

FIGURA 6.19
Clintonia uniflora, visualizações paradérmicas (através da epiderme) das células braciformes, parte do mesofilo esponjoso (pontilhado). Note os espaços de ar entre as células. (a) Abaxial, x115; (b) adaxial, x80.

larmente útil para a definição de pequenos fragmentos de folhas em produtos de folha em pó. Essa medida indica o número de células paliçádicas que podem ser vistas debaixo de uma célula epidérmica em visualização de superfície. Um número estimado é produzido após muitas células serem contadas. Uma contagem estatisticamente confiável produz uma tipificação bastante confiável e, por consequência, a identificação do material.

A organização das células do mesofilo pode indicar se uma planta possui rota fotossintética C_3 normal (Fig. 6.20) ou rota C_4 (Fig. 6.29a). Em plantas Kranz (ou plantas C_4), o mesofilo consiste em células radiadas e alongadas envolvendo uma bainha do feixe em geral parenquimática e lignificada, que, por sua vez, envolve os feixes vasculares. O mesofilo radiado é rico em cloroplasto e nele o CO_2 é incorporado em malato ou aspartato na primeira etapa do processo fotossintético C_4. Por outro lado, as células parenquimáticas da bainha do feixe geralmente contêm cloroplastos grandes, proeminentes e sem grana. Acredita-se que, em plantas C_4, o malato ou aspartato produzido nas células do mesofilo seja transportado via os numerosos plasmodesmas que ocorrem na interface entre o mesofilo e as células da bainha do feixe, onde o CO_2 é liberado e imediatamente fixado no ciclo fotossintético C_3, incorporando-se em açúcares, outros carboidratos e aminoácidos essenciais para a sustentação do rápido crescimento comum em plantas C_4.

Entre as Poaceae, um grupo bastante grande de plantas não é nem C_3 nem C_4, mas apresentam anatomia foliar intermediária das espécies "típicas" de C_3 e C_4. Aqui, a organização, a estrutura e a posição do mesofilo e o cloroplastos da bainha do feixe conduzem a sugestões do nível de "intermediação". Enquanto esses intermediários C_3-C_4 não são nem C_3 nem C_4, eles parecem ser capazes de seguir uma via que depende de vários fatores, incluindo intensidade luminosa, temperatura do ar, umidade relativa, disponibilidade de água no solo e estado nutricional do solo, por exemplo.

Certas folhas de dicotiledôneas contêm o mesofilo especializado, orientado longitudinalmente, chamado de mesofilo paravenal, que separa as células paliçádicas superiores do mesofilo esponjoso inferior. Conforme mencionado antes, em várias monocotiledôneas, o mesofilo não é diferenciado entre camadas esponjosas e paliçádicas. Os feixes vasculares são rodeados por uma bainha do feixe inicialmente parenquimática, que pode sofrer lignificação enquanto as células amadurecem. Pode existir organização especializada e concêntrica do mesofilo fotossintético, rodeando as células da bainha do feixe, como em plantas C_4.

Em várias gimnospermas e algumas angiospermas, as células do mesofilo são pregueadas, com dobras de parede se direcionando para dentro (Figura 6.21). As dobras para dentro aumentam a área superficial da parede celular e provavelmente conpensem, de alguma maneira, o pequeno número de células clorenquimáticas frequentemente encontradas nessas folhas.

ESCLEREÍDES

Esclereídes podem ocorrer como células isoladas no mesofilo ou em posições bem definidas relativas a outros tecidos tais como dentro de feixes vascu-

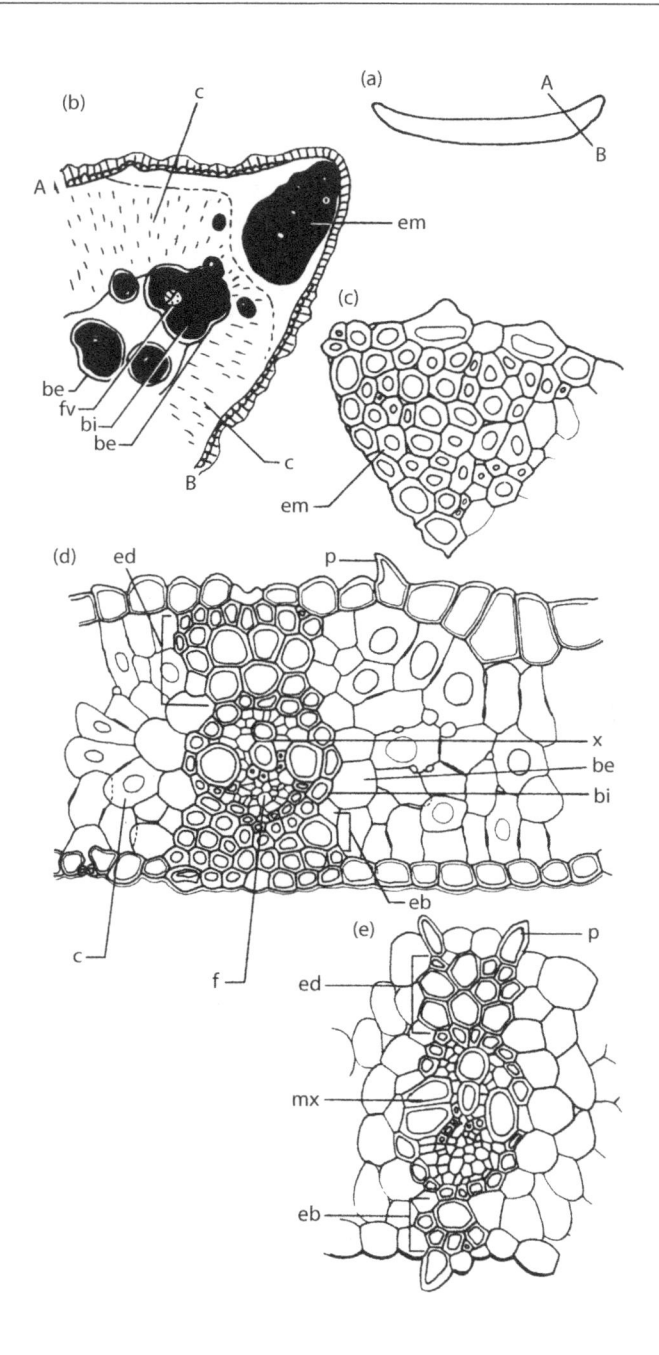

FIGURA 6.20
Tecidos de sustentação da folha, conforme visto em secção transversal. Esclerênquima de *Agave franzosinii* (a, b), *Aegilopsis crassa* (c, d), *Phalaris canariensis* (e). (a) Esquema da secção transversal da folha para mostrar a localização do esquema b (x40). (c) margem foliar, x109. (d, e) Feixes vasculares e bainha do feixe associadas e extensões de bainha. (d) x109; 9c) x230. ed, extensão de bainha esclerenquimática adaxial; eb, extensão de bainha esclerenquimática abaxial; c, clorênquima; bi, bainha interna do feixe; em, esclerênquima marginal; mx, metaxilema; be, bainha externa do feixe; p, acúleo; f, floema; fv, feixe vascular; x, xilema.

FIGURA 6.21
Pinus ponderosa, células plicadas do mesofilo, em secção transversal. x145.

lares. As esclereídes exercem papel de sustentação mecânica, em especial nas folhas, que não apresentam extensões de bainha nem estruturas de sustentação bem desenvolvidas. Elas variam em tamanho e forma, conforme descrito no Glossário. Alguns dos tipos encontrados e as plantas nas quais onde elas ocorrem são mostradas na Figura 6.22.

Espaços de ar

Espaços de ar podem estar presentes no mesofilo, entre as nervuras. São bem maiores e em geral mais formais do que as cavidades de ar entre células de mesofilo esponjoso. Com frequência, são formados pela quebra lisígena (dissolução) ou esquizógena (separação) de células parenquimáticas de parede fina, entre nervuras. Nas monocotiledôneas, em especial as gramíneas, os espaços intercelulares são bastante reduzidos, particularmente nas espécies

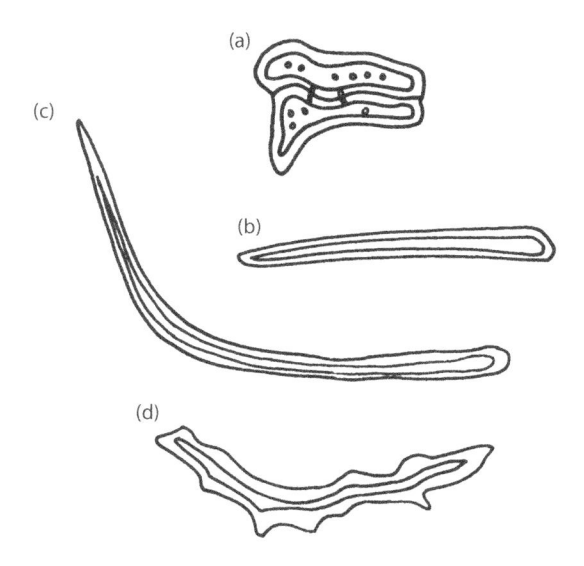

FIGURA 6.22
Esclereídes selecionadas de folhas. (a) *Olivacea radiata*. (b, c) *Olea europeae*. (d) *Camellia japonica*. Todas x290.

mais xerófitas. A redução do volume de espaço intercelular é maior em gramíneas xerófitas C_4.

Células de armazenamento de água

Células de armazenamento de água são grandes, incolores e de parede fina e não costumam apresentar conteúdo celular visível. Às vezes, áreas da parede podem ser espessadas nessas células. Células de armazenamento de água ocorrem em várias famílias, notadamente aquelas que possuem representantes crescendo em condições áridas. Maiores detalhes são dados no Capítulo 8.

Substâncias ergásticas

Células especializadas no mesofilo podem ser utilizadas para realizar identificações. Primeiramente, existem as células contendo substâncias "ergásticas". Essas substâncias são relacionados com a atividade fisiológica da planta e podem constituir materiais de alimento estocado, como amido, óleo, proteína e gordura. Elas também incluem substâncias que ainda não podem ser relacionadas com uma função específica. Se a função dessa substância não é clara, ela é simplesmente chamada de produto residual. Esta é uma solução bastante ociosa para o problema, em particular porque muitas dessas substâncias hoje em dia estão sendo identificadas como fisiologicamente ativas por químicos. Os químicos geralmente não sabem quais células da planta as contêm, e existe a possibilidade de que alguns dos chamados "produtos residuais" sejam realmente importantes para a planta. Existe a clara necessidade de cooperação mais íntima entre morfologistas e as pessoas que extraem esses produtos de plantas potencialmente importantes e interessantes.

Cristais

Provavelmente as substâncias ergásticas mais conhecidas, os cristais são comumente conhecidos como produtos residuais, outra vez sem evidência confiável. Em geral, os cristais são compostos por oxalato de cálcio e em casos mais raros por carbonato de cálcio. Cristais possuem valor limitado para anatomistas por sua ocorrência disseminada. Contudo, algumas famílias nunca tiveram relato de possuir cristais, por exemplo, *Juncaceae*, a família do junco. Outras com muita frequência possuem um tipo específico, por exemplo, famílias dentro das Asparagales possuem estiloides (Figura 6.23). Utilizando essas informações, deve ser possível separar fragmentos foliares de famílias como Convallariaceae e Juncaceae. Todavia, outras famílias monocotiledôneas, como a Iridaceae, possuem cristais parecidos com os das famílias em Asparagales, e essas características diagnósticas devem ser utilizadas com cuidado e sempre em conjunto com outras!

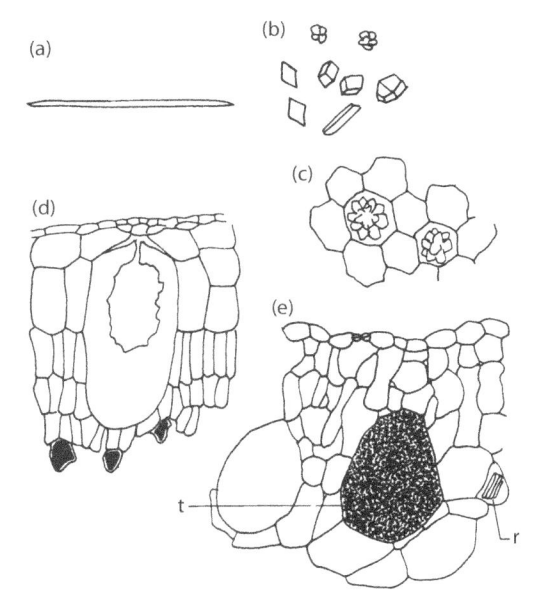

FIGURA 6.23
Cristais, cistólitos, tanino e células de látex. (a) Cristal estiloide, típico de muitas Liliaceae. (b) *Acacia alta*, cristais da folha. (c) Drusas em folhas de *Passiflora foetida*. (d) *Ficus elasitica*, secção transversal da folha mostrando cistólito; células escuras contêm látex. (e) *Oscularia deltoides*, secção transversal da folha com grandes idioblastos taníferos (t) e ráfides, (r). Todas x125.

Nas dicotiledôneas, um cristal especial em "forma de sela" ou gêmeo, é comum em Leguminosae (Figura 6.23b), e sua presença junto com outras características pode auxiliar a distinguir membros daquela família de outros. Vários cristais prismáticos ou aglomerados (drusas, Figura 6.23c) também mostrados na Figura 6.25 têm uma ampla e esparsa variedade por várias famílias. Sua presença em um fragmento a ser identificado só tem valor diagnóstico real se eles concordarem exatamente com o tipo encontrado no material de referência adequadamente identificado que já passou por triagem prévia e, com base em outras características, concluiu-se que provavelmente era espécie em questão.

Os cristais podem estar associados com tecidos específicos, por exemplo, na bainha parenquimática do feixe ao redor das nervuras, ou podem ocorrer idioblastos especiais dentro do mesofilo. Às vezes não existem cristais grandes, mas apenas "areia de cristal" fina no lume de certas células. Os cistólitos são um exemplo especial de idioblastos; eles ocorrem em relativamente poucas plantas, por exemplo, *Ficus elastica*, e estão ilustrados na Figura 6.23.

Corpos de sílica

Corpos de sílica têm aparência semelhante a cristais. Em geral, ocorrem em células especiais (estegmatas), ao lado de fibras ou outros tecidos lignificados, ou em células epidérmicas, em especial aquelas próximas a células fibrosas associadas com a bainha do feixe. Contudo, uma vez que corpos de sílica são amorfos e não cristalinos em estrutura, eles podem ser distinguidos de cristais por meio de testes simples. Na verdade, eles são como pequenas opalas! Corpos de sílica não apresentam birrefringência (isto é, não brilham fortemente como os cristais) quando vistos entre filtros polarizadores cruzados ao microscópio de luz polarizada. Além disso, eles também se tornam rosados quando tratados com solução saturada de ácido carbólico (fenol), e não se sabe de nenhum cristal que faça isso. Se você for utilizar esse teste histoquímico, mantenha o ácido carbólico longe do contato com a pele e utilize óculos de proteção!

Com frequência, corpos de sílica ocorrem em células epidérmicas, geralmente um, mas ocasionalmente mais de um por célula, em uma variedade limitada de famílias. Pela facilidade de serem vistos, vale a pena examinar uma faixa ou raspagem epidérmica simples de Cyperaceae, em especial a espécie *Carex*, ou uma superfície de folha de palmeira, por exemplo a espécie *Borassus*. Nos bambus, como em *Bambusa vulgaris*, eles são quase cuboides, como mostrado na Figura 6.24. Os de *Zea* e *Agrostis* (formato de pimentão a

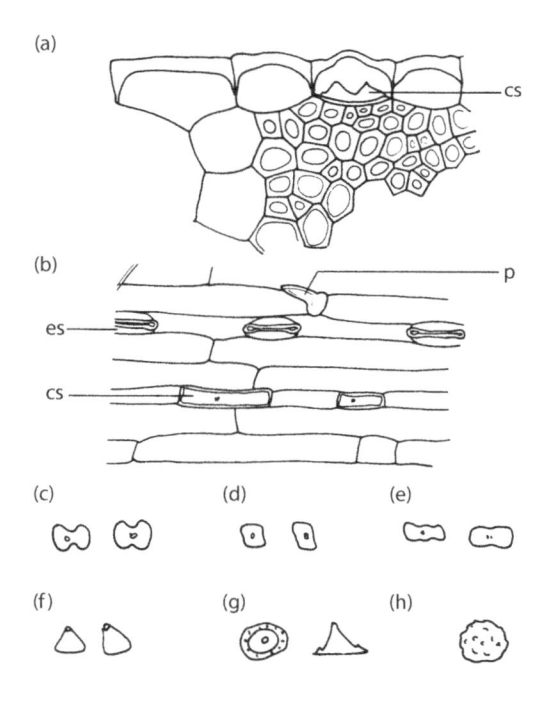

FIGURA 6.24
Diversos corpos de sílica. (a) Secção transversal de folhas de *Cymophylus fraseri* (Cyperaceae). Observe a localização de corpos de sílica (cs) nas células da epiderme acima do esclerênquima da extensão de bainha. x218. (b) Superfície foliar abaxial de *Aegilops crassa* (Poaceae). p, pelo afiado; cs, corpos de sílica; es, estômato. x109 (c –h) Corpos de sílica isolados. (c) *Zea mays* (Poaceae). x200. (d) *Bambusa vulgaris* (Poaceae). x200. (e) *Agrostis stolonifera* (Poaceae). x200. (f) *Evandra montana* (Cyp.). x200. (g) *Cyperus diffusus* (Cyp.). x200, primeiro corpo na visualização da superfície, segundo na visualização lateral. (h) Típicos de diversas palmeiras e Restionaceae. x300.

oblongo) também estão ilustrados juntamente com alguns outros de gramíneas e ciperáceas que podem ser facilmente conseguidos para você.

Existem corpos de sílica de inúmeros formatos e tamanhos nas gramíneas e palmeiras e extensiva taxonomia é feita a partir deles. Seu formato pode auxiliar na identificação de fragmentos de cereal ou gramíneas que podem ter constituído parte da dieta de um animal cujos hábitos alimentares estejam sob investigação. Eles sobrevivem à digestão e podem ser encontrados em situações bastante marcantes. Por exemplo, era uma prática recente utilizar excrementos de cavalo na argila durante a fundição de sinos e acreditava-se que as fundições de sinos medievais também utilizavam excrementos para reforçar a argila de seus moldes de sinos. Fragmentos de moldes de sinos de ruínas de uma capela do século XIII em Cheddar foram examinados para essa evidência, e fragmentos foliares ou palhas de superfície foram encontrados junto com os corpos de sílica, provavelmente de aveia, (Figura 6.25), que haviam sobrevivido após terem sido comidos, queimados na argila pelo molde de metal do sino e depois enterrados por várias centenas de anos!

Os corpos de sílica de juncos têm o formato de cone, com bases achatadas. Com frequência, possuem pequenos cones-satélite ao seu redor, como mostrado na Figura 6.24. Nenhuma gramínea apresenta esse tipo de corpo de sílica.

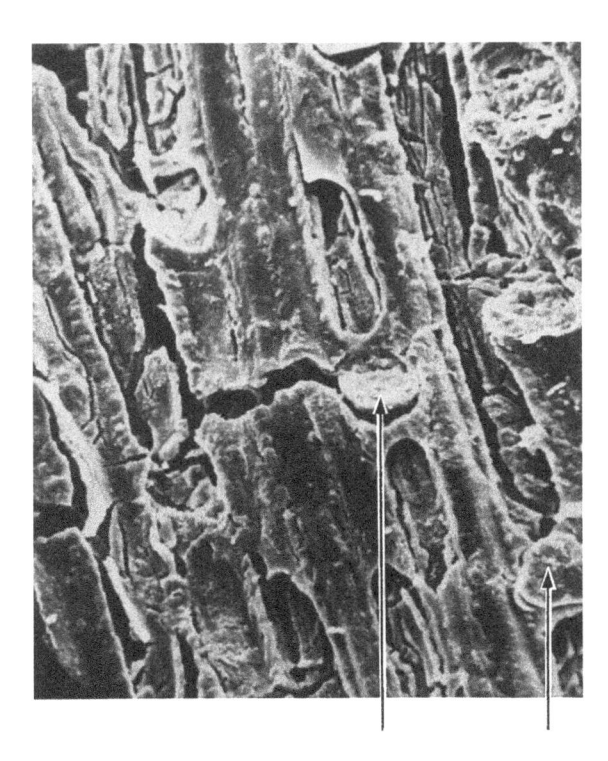

FIGURA 6.25
Fotografia de MEV do fragmento de palha de Gramineae, encontrada nos fragmentos de um sino em ruínas em Cheddar. Observe o contorno dos corpos de sílica. x1000.

Famílias aparentadas intimamente às vezes podem ser distinguidas pela presença ou ausência de corpos de sílica. Por exemplo, entre as Juncales, a família dos juncos, Juncaceae, e a Centrolepidaceae, uma família bem pequena de plantas semiaquáticas do Hemisfério Sul, não possuem corpos de sílica. Por outro lado, Restionaceae, plantas tipo junco, principalmente da Austrália e África do Sul, tipicamente possuem corpos de sílica no formato de pequenas bolas espinhentas. Em Restionaceae, é raro que os corpos de sílica ocorram em células epidérmicas, mas com mais frequência em estegmatas, células especializadas com paredes internas espessas e anticlinais e paredes externas finas. O espessamento costuma ser lignificado e às vezes também suberizado. Todavia, a maioria das espécies de Restionaceae não possui folhas e, já que os corpos de sílica ocorrem em células do caule, talvez este não seja o local para discuti-los. Contudo, os caules contêm clorênquima e executam muitas das funções fisiológicas das folhas nessa família.

A função dos corpos de sílica não é compreendida. Acredita-se que as plantas não possam prevenir a assimilação de silício com outros elementos e que silício em excesso seja depositado em uma forma inerte; daí a proximidade de corpos de sílica nas nervuras. Porém, isso não explica porque várias plantas que com certeza também devem assimilar silício em excesso não formam corpos de sílica. Eles causam mesmo desgaste nos dentes de animais de pastejo. Todavia, no processo de coevolução, esses animais desenvolveram dentes que continuaram a crescer durante suas vidas, contrabalançando assim esse impedimento.

Os ecólogos têm utilizado corpos de sílica que persistem nas camadas de turfa para determinar a natureza e a composição da espécie de vegetação anterior em uma variedade de locais.

Taninos

Em geral, os taninos apresentam distribuição esparsa em várias famílias de plantas. Substâncias polifenólicas são comumente caracterizadas por sua reação com solução de cloreto férrico, quando elas se tornam azul-enegrecidas. Sua diversidade química é uma questão fotoquímica.

A presença de tanino em células especiais ou camadas celulares pode, contudo, ser utilizada como característica diagnóstica mesmo se sua identidade química não for conhecida. Deve-se, contudo ter cautela nesse processo. O tanino pode aparecer em algumas estações específicas em algumas plantas, como as Poaceae; então, falta de taninos em uma parte do ano específica não é uma característica confiável, e não pode se tomar como certo que as plantas não os possuem completamente. Alguns idioblastos taninosos estão ilustrados na Figura 6.23. Algumas espécies de *Lithops* devem sua aparência mosqueada marrom às células de tanino. Uma família bastante conhecida rica em tanino é, sem dúvida, a Theaceae à qual pertence a planta do chá.

A função dos taninos também é pouco entendida. Eles podem atuar como escudo para a luz ultravioleta, talvez como os componentes de xantofilas em várias outras plantas. Normalmente, os taninos ocorrem em células epidérmicas. A luz do sol de alta intensidade pode danificar os cloroplastos, então essa "tela" pode fornecer vantagens fisiológicas e ecológicas. Além disso, o gosto adstringente (alerta para o perigo que eles causam em se unir com a parede do estômago) pode proteger as folhas de serem comidas.

Grãos de aleurona

Grãos de aleurona podem estar presentes, assim como grãos de amido.

SISTEMAS DE SUSTENTAÇÃO FOLIARES

Folhas maduras podem conter feixes marginais adicionais de esclerênquima, e alguns feixes ou extensões de bainha de fibras podem estar associadas aos feixes vasculares (Figura 6.20; *Aegilops crassa, Phalaris canariensis* e *Agave franzosinii*). Com frequência, o colênquima está presente nas nervuras acima e abaixo do feixe da nervura central e às vezes também é encontrado em posições parecidas em relação aos feixes vasculares grandes e intermediários em monocotiledôneas como ilustrado na Figura 6.20(d), onde extensões de bainha esclerenquimáticas hipodérmicas adaxiais e abaxiais se estendem como "vigas" por baixo desse grande feixe. A Figura 6.20(e) mostra um feixe vascular intermediário no qual essas "vigas" adaxiais esclerenquimáticas hipodérmicas se estendem e estão associadas com acúleos nas superfícies superior e inferior das folhas. É importante observar que as extensões de bainha hipodérmicas encontradas nas folhas da Poaceae e Cyperaceae, por exemplo, podem se tornar esclerificadas nas folhas maduras.

O SISTEMA VASCULAR

As células especializadas que conduzem água e sais para cima apartir das raízes, bem como as células envolvidas no transporte ou na translocação de substâncias sintetizadas no mesofilo foliar e outros tecidos, são agrupadas em faixas ou feixes bem definidas denominadas feixes vasculares. Na folha, esses feixes são vistos como a nervura mediana e o sistema de venação foliar. Os feixes vasculares são contínuos, diretamente ou através do pecíolo caso este seja desenvolvido, com o sistema primário do tecido vascular do caule. Alternativamente, caso tenha ocorrido crescimento secundário, os feixes foliares podem ser contínuos com o xilema secundário e floema. O sistema vascular nas folhas pode parecer o sistema de afluentes que alimentam um grande rio. O sistema do xilema funciona ao contrário, com grandes nervuras suprindo água e solutos dissolvidos para as nervuras menores. O floema, por outro lado, é o caminho pelo qual os materiais assimilados são translocados. Esse caminho parte das menores em direção às maiores nervuras. Os assimilados com frequência usam determinadas vias com a ajuda de uma série de nervuras pequenas, intermediárias e grandes nervuras, antes de enfim descarregar no sistema da nervura central, que se conecta ao floema no caule. O material assimilado em geral segue o caminho da fonte (onde é sintetizado) para o dreno (onde é utilizado). De acordo com a fonte da demanda, o floema pode transportar materiais em qualquer direção. A translocação nas plantas envolve o movimento da água e nutrientes dissolvidos pelo xilema, desde as raízes até as partes aéreas da planta, e o transporte de material fotoassimilado dos locais de síntese (fonte) para os locais de utilização (dreno) através do floema.

O xilema é responsável pelo transporte apoplástico nas plantas vasculares, que não é totalmente limitado ao transporte de água; envolve, além disso, o transporte de diversos macro e micronutrientes, aminoácidos e outras substâncias importantes das raízes para o caule e, finalmente, para a folha via fluxo apoplástico.

O floema é responsável pelo transporte da proporção principal dos carboidratos solúveis assim como outros produtos essenciais. O floema forma uma importante via de transporte simplástica a longa distância nas plantas vasculares. Em geral, a translocação ocorre desde um local de síntese do material assimilado (denominado fonte) até o local ou locais de utilização (denominado dreno). O material assimilado é translocado em um meio com base de água, o que enfatiza a inter-relação essencial entre o xilema e o floema, em particular na folha, onde a maioria do carregamento do floema ocorre nas plantas maduras.

A transpiração é a força motriz que facilita o movimento de solutos através do xilema. A transpiração exige que a entrada de água seja facilitada nas raízes. O transporte eficiente deve ocorrer em um sistema condutor, a fim de que a água se mova para outras regiões da planta para ser utilizada em diversas reações bioquímicas e relacionadas ao crescimento. O xilema também é a via principal pela qual a água se move de um ponto de entrada para um ponto de saída, o que nas plantas superiores ocorre via estômatos, pelo processo de transpiração. A própria transpiração facilita o resfriamento foliar pela perda de calor para a atmosfera devido à evapotranspiração. Sendo assim, a necessidade fisiológica de regulação da perda de água pela transpiração, através da cutícula, da epiderme e dos estômatos, levou a variações na modelagem da superfície da cutícula, alterações no tamanho das células da epiderme e alterações das células estomáticas relacionadas às preferências de hábitat de determinadas espécies.

O sistema vascular dentro da lâmina foliar é organizado em um padrão que parece estar sob um rígido controle genético. O padrão geral de expressão fenotípica do genótipo varia muito pouco, embora o número de feixes possa variar nas folhas de plantas de qualquer uma das espécies encontradas crescendo sob diversas condições. Entretanto, as principais características que compõem determinado tipo de venação são suficientemente constantes para serem usadas na identificação de fragmentos. É raro que uma família ou gênero tenha um padrão "único", mas algumas famílias podem ser distinguidas pela constância de certo tipo. Por exemplo, Melastomataceae possui uma nervura correndo em paralelo à margem na maioria das espécies.

Os padrões vasculares foram classificados por diversos autores. O sistema proposto por Hickey provou ser o mais popular. Hickey (1973) publicou seu sistema de classificação, cujos detalhes levam em conta as características de arquitetura das folhas de dicotiledôneas. Ele foi atualizado por Wolf e apresentado novamente na Anatomia das Dicotiledôneas de Metcalf e Chalk, volume 1, segunda edição (1979). O sistema de Hickey e Wolf leva em conta a localização e a forma daqueles elementos que contribuem diretamente para a expressão da estrutura foliar, incluindo o formato, configuração da margem, venação e posição das glândulas, e foi desenvolvido a partir de uma ampla pesquisa tanto de folhas de plantas vivas como fossilizadas. O sistema incorpora parcialmente modificações das duas classificações anteriores: a de Turrill para o formato da folha e a de Von Ettingshausen para os padrões de venação. Após a categorização de características como formato da folha inteira e formato do ápice e da base, as folhas são separadas em um número de classes dependendo do caminho da venação principal. De acordo com Hickey, a identificação da ordem da venação, fundamental para a aplicação da classificação, é determinada pelo tamanho da nervura no ponto de origem e em menor extensão pelo comportamento em relação às de outras ordens. Essa classificação inclui a descrição das aréolas, por exemplo, as menores áreas do tecido foliar circundadas por nervuras que formam um campo contíguo em relação à maioria da folha. Talvez o aspecto mais útil desse sistema de classificação resida no fato de que a maioria dos táxons de dicotiledôneas possui padrões consistentes de arquitetura foliar, permitindo um método rigoroso para descrição das características das folhas, recurso de utilidade imediata para estudos taxonômicos tanto de plantas modernas quanto de fossilizadas. Alguns dos aspectos essenciais do sistema são mostrados na Figura 6.26.

Os sistemas vasculares podem ser melhor estudados em material clarificado e posteriormente corado com safranina. Um grupo de sistemas de nervuras principais é de pronta observação. O ângulo no qual as nervuras saem da nervura central pode ser útil e relativamente constante para uma espécie. A natureza dos terminais da ramificação final ou das nervuras de menor ordem também é usada taxonomicamente. A Figura 6.27 mostra um tipo "aberto" de terminação da nervura em *Plumbago zeylanicum*.

A ideia de que todas as monocotiledôneas possuem venação paralela é rapidamente descartada pelo exame de folhas como *Bryonia* ou *Smilax*. Além disso, as folhas de monocotiledôneas têm um grande número de nervuras cruzadas, ligando a rede das nervuras mais proeminentes organizadas longitudinalmente (em paralelo). As nervuras cruzadas podem ser maiores do que a soma de todas as nervuras paralelas. Certas dicotiledôneas também não têm a venação denominada de tipo rede.

Na maioria das folhas de dicotiledôneas (exceto aquelas muito reduzidas e similares a agulhas, como, *Hakea*), o polo do floema (protofloema) em um feixe vascular fica voltado para a face inferior (abaxial) da superfície foliar, e o polo do xilema (protoxilema), para a superfície adaxial. Isso em geral é verdadeiro para a maioria das espécies que tenha um feixe vascular colateral organizado. Entretanto, existem ao menos 27 famílias com feixes vasculares bicolaterais, isto é, elas têm floema em ambos os lados do xilema. Os exemplos são encontrados na família das abóboras (Cucurbitaceae), Solanaceae (batata, tabaco, tomate), asclépias (Asclepiadaceae) e outras, como Chenopodiaceae e Apocynaceae. Nas folhas maduras de batata, as menores nervuras secundárias (quinta e sexta ordens) podem conter poucos membros vivos de tubos crivados adaxiais, enquanto que todos os elementos de tubos crivados correspondentes da face abaxial nas mesmas nervuras estão vivos.

Ordens das nervuras na lâmina

A maioria das folhas tem dois componentes nas nervuras vasculares – um sistema principal e outro secundário de nervuras. O que os torna diferentes? Simples: as nervuras principais nas folhas de dicotiledôneas ocupam a

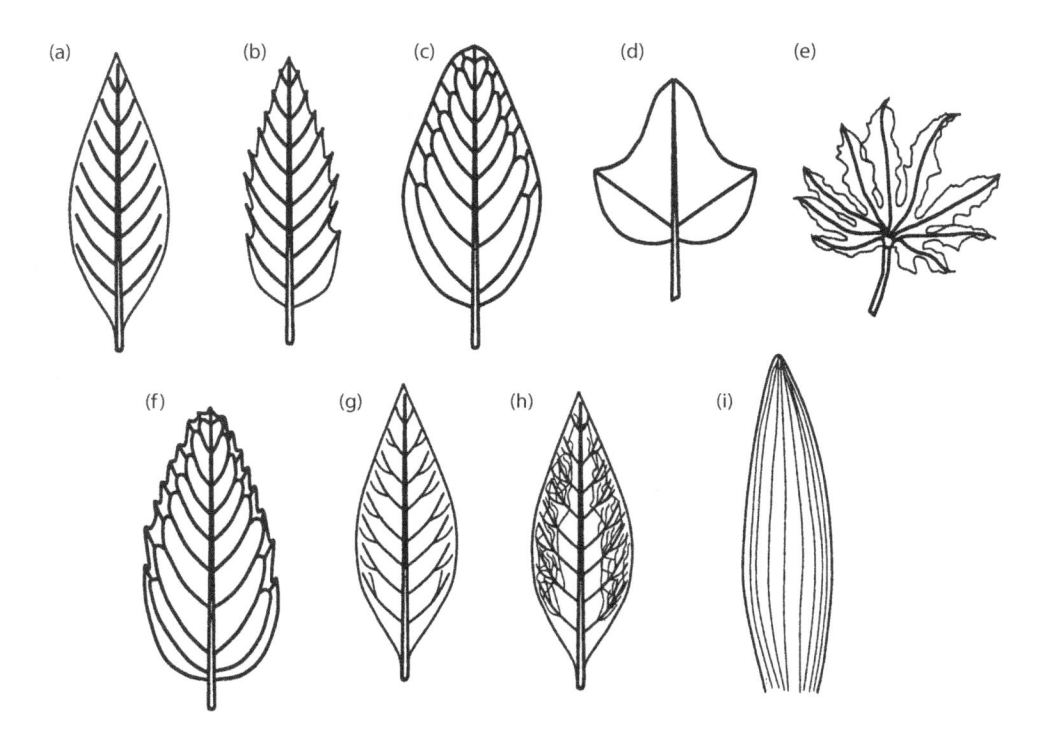

FIGURA 6.26
Aspectos do sistema de classificação de Hickey. Diversas espécies possuem nervuras laterais de primeira ordem que emergem da nervura central, que então se curvam para fora e para cima no sentido da margem da lâmina, sem terminar na margem foliar. Essas nervuras são definidas como eucamptódromas. Em (b), as nervuras laterais de primeira ordem se dobram para fora e para cima da nervura central e terminam na margem da folha, onde com frequência formam dentes. Essa configuração chama-se craspedódroma simples. Em (c) as nervuras laterais de primeira ordem formam um arco abaixo da margem foliar, formando uma rede interconectada primária. Esta é definida como broquidódroma. Em (d) a folha contém três nervuras de tamanho similar, que efetivamente formam três compartimentos na folha, constituindo um exemplo de folha actinódroma. Em (f) as nervuras laterais de primeira ordem formam um arco e as extensões continuam até a margem da folha, a qual é serrada na folha semicraspedódroma. As nervuras laterais de primeira ordem ramificam diversas vezes próximas da margem da lâmina da folha cladódroma ilustrada em (g). Nas folhas reticulódromas (h) as nervuras laterais de primeira ordem ramificam diversas vezes em direção à margem da lâmina. Nas folhas paralelódromas (i) as três ordens da nervura da lâmina perfazem um sistema longitudinal de nervuras paralelas. Nas folhas palinactódromas (e) a folha é repartida na base em diversos braços ou lobos. Em (d) e (e) cada um das nervuras ligadas na base é do mesmo tamanho. (Redesenhada de Hickey, 1973.).

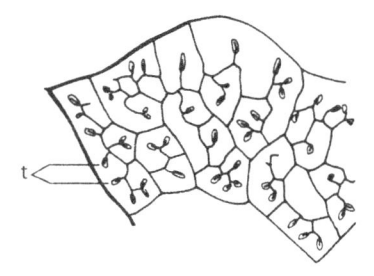

FIGURA 6.27
Plumbago zeylanicum, visualização parodérmica das nervuras para mostrar o tipo aberto de venação. Observe as traqueídes (t) alargadas nos terminais das vênulas. x20.

maior parte da área da secção transversal da folha e são raramente associadas com as faixas hipodérmicas colenquimáticas ou esclerenquimáticas. Elas podem algumas vezes mostrar sinais de zonas cambiais quando visualizadas em secções transversais. Entretanto, essa zona cambial mostra apenas crescimento secundário limitado, o que é mais evidente próximo da base da folha e (caso presente) abaixo no pecíolo, onde a vascularização do suprimento vascular principal para a folha assume aparência mais caulinar (ou seja, ela é mais tipo caule). Por outro lado, as nervuras menores não possuem tecido mecânico de sustentação associado. Ao contrário da rede principal de nervuras, as nervuras menores em geral localizam-se na interface entre as camadas do mesofilo paliçádico e esponjoso. Conforme mencionado, as nervuras menores são inseridas em um mesofilo orientado horizontalmente, denominado de mesofilo paravenal em algumas dicotiledôneas. Essas nervuras, a julgar pela sua relativa alta frequência de plasmodesmas observada entre as células adjacentes, constituem a principal via simplástica de condução de solutos a partir das camadas paliçádicas e esponjosas, entrando nas células parenquimáticas da bainha do feixe circundante e terminando nos tubos crivados dentro de nervuras grandes e pequenas.

Diferenciação de nervuras principais

A sequência de eventos que ocorre dentro da folha de dicotiledôneas pode ser resumida conforme segue. Uma vez que a lâmina ou limbo começa a expandir-se devido às divisões celulares anticlinais e periclinais dentro dos iniciais marginais e submarginais, os feixes procambiais começam a ser formados – o primeiro destes a se tornar evidente é a nervura central ou nervura principal. Essa nervura é bloqueada de modo acrópeto, e os tecidos vasculares se diferenciam em uma sequência regular (protofloema seguido pelo protoxilema, depois metafloema seguido pelo metaxilema) em direção à extremidade da folha em expansão ainda imatura. As nervuras principais da lâmina seguem uma série, iniciando na base da folha; elas também se diferenciam de modo acrópeto. Então, as nervuras primeiramente formadas na lâmina principal maturam primeiro, enquanto as nervuras principais formadas por último (apicais) se diferenciam e maturam por último.

As nervuras secundárias

Nas folhas de dicotiledôneas, as nervuras secundárias se diferenciam de modo basípeto, a partir do ápice e da margem foliar, de volta para a rede da nervura principal. Assim, é bastante exequível para o ápice da folha em desenvolvimento maturar com respeito ao transporte, antes da base da folha. Portanto, possivelmente o ápice poderia exportar material fotoassimilado para a parte basal ainda imatura da folha, durante a maturação geral e processo de desenvolvimento.

O FLOEMA

De um modo geral, o floema consiste em uma série de elementos condutores associados com os elementos do parênquima vascular. Nas angiospermas, os elementos de condução são chamados de elementos de tubos crivados ou membros de tubo crivados; esses elementos quase sempre são associados com células especializadas do parênquima denominadas células companheiras. As células companheiras são ontogeneticamente relacionadas aos elementos de tubo crivado. Nas gimnospermas e nas pteridófitas, o floema é composto de células condutoras menos especializadas, denominadas de células crivadas, associadas com as células albuminosas. O floema é fisiologicamente caracterizado pelas zonas em que ele é encontrado – a fonte (onde o assimilado é carregado) e o dreno (onde o assimilado é descarregado). A fonte e o dreno são conectados através do eixo da planta, via o floema de transporte, que tem características não compartilhadas nem pelo floema da fonte nem pelo do dreno.

Floema de carregamento

Dentro da folha, o floema é responsável por duas atividades fisiológicas distintas. Primeiro, o processo real pelo qual os tubos crivados são carregados (carregamento do floema) e, em segundo lugar, o floema está envolvido com o transporte dos assimilados carregados desde a fonte até os drenos nas outras partes da planta (transporte do floema). Claramente, as atividades fisiológicas da célula companheira dos elementos crivados, a célula transferidora dos elementos crivados, ou a relação dos elementos crivados com as células intermediárias nas angiospermas, ou as células crivadas para células albuminosas ou outras células contíguas do parênquima, podem influenciar profundamente a estrutura dessas importantes células dentro das folhas. As secções transversais das folhas, particularmente das nervuras secundárias nas dicotiledôneas e de diversas folhas das monocotiledôneas, revelam que o complexo de elementos crivados – células companheiras (onde a célula companheira é facilmente reconhecível) consiste em células companheiras de diâmetro maior e elementos crivados de diâmetro relativamente estreito. A Figura 6.28 ilustra esse ponto para *Nymphoides*, onde o diâmetro do tubo crivado nas menores nervuras secundárias é de aproximadamente 6 μm e a célula companheira é muito maior, com aproximadamente 30-35 μm de largura. As células companheiras e, a propósito, as células intermediárias (no floema das folhas de espécies de *Coleus*, por exemplo) geralmente têm matriz citoplasmática densa e contêm grandes populações de mitocôndrias, conforme ilustrado na Figura 6.28, são muito maiores do que os seus elementos de tubos crivados associados, refletindo seu papel no processo de carregamento do floema.

As frequências de plasmodesmas variam entre as células ao longo de toda a via de carregamento do floema, por exemplo, de células do mesofilo para o parênquima vascular funcional, incluindo células companheiras, células intermediárias e células albuminosas. Em especial, as frequências de plasmodesmas (assumindo que todos os plasmodesmas sejam funcionais) podem influenciar fortemente tanto o modo quanto a velocidade de carregamento do floema. A presença de plasmodesmas entre as células é um indicador do potencial de carregamento simplástico, enquanto a ausência de plasmodesmas é um indicador do potencial da via de carregamento apoplástico do floema.

Portanto, o carregamento dos elementos crivados pode ser tanto simplástico quanto apoplástico. Independente de carregamento ser simplástico ou apoplástico, existe uma grande diferença ultraestrutural entre o complexo célula companheira – tubos crivados na folha, no caule e na raiz (Figura 6.28). Oparka e Turgeon (1999) sugeriram que as interações das células entre os elementos crivados e suas células companheiras são classificadas entre as mais complexas e misteriosas – nessa visão, as células companheiras funcionam como um "centro de controle de tráfego", facilitando diversos e variados processos de transporte ao longo da interface célula companheiras-tubos crivados.

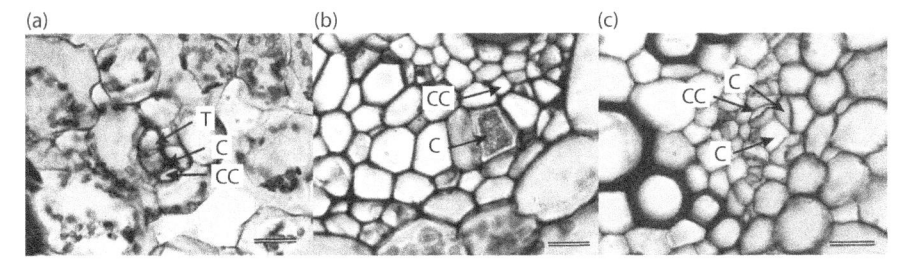

FIGURA 6.28
Micrografias mostrando as relações de alteração de tamanho entre a célula companheira e o tubo crivado no floema de carregamento, transporte e descarregamento, em *Nymphoides*. (a) Nervura central na lâmina foliar. (b) Floema no feixe vascular central no pecíolo submerso. (c) Porção do floema de uma raiz. Barras: (a) 20 μm; (b, c) 10 μm. CC, célula companheira; C, elemento de tubo crivado; T, elemento traqueal. (a) x250; (b, c) x500.

Especialização estrutural e funcional das células companheiras

O termo "célula companheira" é usado para descrever que a célula ou grupos de células são derivados da mesma célula-mãe (pró-cambial) assim como os elementos de tubos crivados. Entretanto, a identificação da "célula companheira" pode ser problemática em algumas espécies, em especial nas monocotiledôneas. Por outro lado, as células de transferência são relativamente fáceis de serem identificadas uma vez que elas sempre têm invaginações das paredes que incrementam a absorção do apoplasto devido ao amplo aumento da parede celular e área superficial do plasmalema. As células intermediárias ocorrem em diversas famílias e funcionam na via de carregamento do floema pela conversão dos açúcares em moléculas grandes, por meio de um mecanismo de "armadilha de polímero" que concentra com eficácia grandes polímeros nas células intermediárias, aumentando sua concentração e facilitando o carregamento do floema via células intermediárias. Os fotoassimilados e outras substâncias em geral se acumulam contra os gradientes de concentração no floema, processo conhecido como carregamento. Nas folhas maduras, os complexos elemento crivado-célula companheira (EC-CCs) das nervuras secundárias, onde o carregamento ocorre, são conectados às células ao redor pelos plasmodesmas. Esses canais citoplasmáticos parecem participar no carregamento nas plantas que translocam rafinose e estaquiose, mas nas espécies que translocam sacarose e poliois sua função é menos conhecida (Turgeon, 2000). Existe uma discussão sobre se o grande número de plasmodesmas entre os EC-CCs e as células ao redor causaria a dissolução dos gradientes de concentração, a menos que o limite de exclusão de tamanho desses canais fosse suficientemente pequeno para reter as espécies de soluto acumuladas. Nas folhas de salgueiro, *Salix babylonica* L., planta que transloca sacarose com alto grau de conectividade simplástica para o floema da nervura secundária, o gradiente de concentração de sacarose é ausente entre o mesofilo e o floema, levando à conclusão de que o carregamento do floema não ocorre. Uma vez dentro dos EC-CCs, os solutos podem ser capazes de passar livremente entre os elementos crivados e as células companheiras, porque eles também são conectados via simplasto. Entretanto, Turgeon (2000) postula que devido ao fluxo líquido para os tubos crivados nas folhas fontes, um dreno contínuo de intermediários metabólitos para fora das células companheiras deve ocorrer, e essa etapa de transporte pode ser regulada nas nervuras menores para prevenir a perda contínua de moléculas de soluto necessárias para o fluxo de translocação.

Em estudo recente, Hoffmann-Thoma e colaboradores (2001) estudaram a ultraestrutura da nervura secundária e a exportação de açúcares nas folhas maduras durante o verão e o inverno das três espécies de folhas perenes e largas (*Ajuga reptans* var *artropurpurescens* L., *Aucuba japonica* Thunb. e *Hedera helix* L.), para estimar os efeitos da temperatura no carregamento do floema. As folhas da erva perene *Ajuga* exportaram quantidades substanciais de assimilados na forma de oligossacarídeos da família da rafinose (OFRs). Suas nervuras secundárias das células companheiras representam células intermediárias típicas, com diversos vacúolos pequenos e abundante conectividade do plasmodesma para a bainha do feixe. De modo contrastante, as plantas lenhosas *Hedera* e *Aucuba* translocara a sacarose como o açúcar dominante e apenas traços de OFRs foram registrados. Suas nervuras secundárias do floema têm uma camada de células altamente vacuoladas dentro dos feixes vasculares, intervindo entre o mesofilo e os elementos crivados, que foram classificados tanto como células companheiras ou do parênquima, dependendo da localização e da ontogenia dessas células vacuoladas. Os dois tipos de células mostraram continuidade simplástica com o tecido do mesofilo adjacente, embora com baixa frequência de plasmodesmas em comparação com as células intermediárias de *Ajuga*. O ácido *p*-cloromercuribenzenosulfônico não reduziu a exportação de açúcar da folha em nenhuma das plantas, indicando um modo simplástico de carregamento do floema.

Portanto, as células companheiras, ou células intermediárias especializadas, têm significação fisiológica ao facilitar e regular o carregamento do floema, que parece ser regulado nas nervuras secundárias (ou pequenas) das folhas em todas as espécies. Na magnoliácea *Liriodendron tulipifera*, as frequências de plasmodesmas que conduzem para dentro das células companheiras das nervuras secundárias são maiores que nas espécies conhecidas por carregarem via apoplasto. De acordo com Goggin e colaboradores (2001), as células-companheiras não são especializadas como "células intermediárias" como nas espécies em que as melhores evidências para o carregamento simplástico do floema têm sido documentadas. Além disso, a aplicação do inibidor (ácido cloromercuribenzenosulfônico) inibiu de modo amplo, mas não completo, a exsudação do fotoassimilado marcado radioativamente. Portanto, as descobertas de Goggin e colaboradores (2001) são mais consistentes com a presença do componente apoplástico para o carregamento do floema nessas espécies, contrariando a especulação de que os membros mais basais das angiospermas carregam por um mecanismo de carregamento do floema inteiramente simplástico. Postula-se que os transportadores de sacarose carregam a sacarose produzida fotossinteticamente via apoplasto para os elementos crivados. Por exemplo, transportadores de sacarose como SUC2 foram localizados nas células companheiras (ver Tazz e Zeiger, 2002). Plantas mutantes de *Arabidopsis* contendo inserções de DNA no gene codificando SUC2 recentemente em estado de homozigose resultaram em crescimento reduzido, desenvolvimento retardado e esterilidade (Gottwald et al., 2000). As folhas fontes de plantas mutantes acumulam amido, e açúcar marcado radioativamente não teve transporte eficaz para drenos como raízes e inflorescências.

Floema de descarregamento

Ma e Peterson (2001) mostraram que nas raízes de *Allium* as maiores frequências de plasmodesmas foram detectadas na interface entre os elementos crivados do metafloema-célula companheira e em todas as outras interfaces com frequências muito menores de plasmodesmas. No periciclo, as paredes radiais tiveram altas frequências de plasmodesmas, característica que permitiria a circulação lateral de solutos, facilitando desse modo o fluxo de íons (para dentro) e de fotossintatos (para fora) e, de modo adicional, caso os plasmodesmas sejam funcionais, uma considerável via de transporte citoplasmático existe entre a exoderme e o periciclo.

As sementes em desenvolvimento são importadoras de nutrientes orgânicos e inorgânicos, e os nutrientes entram nas sementes pelo sistema vascular materno em concentrações relativamente elevadas no floema. Eles saem dos elementos crivados importadores por meio da interconexão entre os plasmodesmas. Durante a passagem posterior do simplasto, os nutrientes são sequestrados nos conjuntos de armazenamento lábeis dentro dos vacúolos e como amido. Altas densidades de plasmodesmas poderiam suportar o fluxo simplástico de nutrientes acumulados para as células de armazenamento responsáveis onde a formação de polímeros (amido, proteína) pode ocorrer (Patrick e Offler, 2001).

ESPECIFICIDADES DAS FOLHAS DE MONOCOTILEDÔNEAS

Uma característica anatômica de plantas C_4 comumente mencionada é o arranjo ordenado de células do mesofilo com referência às células da bainha do feixe, formando camadas concêntricas ao redor do feixe vascular conforme visto em secção transversal (Figura 6.29a). As células da bainha do feixe das plantas C_4 têm pouco, quando algum, espaço intercelular entre elas, em contraste direto com os frequentemente grandes volumes de espaços intercelulares entre as células do mesofilo nas plantas C_3. As observações dos arranjos concêntricos de células do mesofilo e da bainha do feixe de determinadas gramíneas e ciperáceas levaram Halberland a comparar a camada do mesofilo a uma estrutura Kranz (tipo coroa). A estrutura da folha monocotiledônea depende em grande parte do tipo de fotossíntese (isto é, C_3; C_4) e das condições ambientais onde as plantas crescem (isto é, xerofíticas, mesofíticas ou hidrofíticas). A maioria das folhas de monocotiledôneas basicamente possui nervuras paralelas, mas um grande número de nervuras cruzadas interconecta-se com o sistema de nervuras paralelas. As nervuras paralelas nas monocotiledôneas são classificadas como grandes, intermediárias ou pequenas.

As monocotiledôneas são mais diversas e embora muitas delas tenham o tipo de orientação de feixes vasculares descrito acima, outras têm organizações muito diferentes. Nas gramíneas, três ordens ou classes de feixes vasculares podem ser reconhecidas dentro da lâmina foliar:

1. *Feixes de primeira ordem, ou grandes.* Feixes caracterizados pela presença de grandes vasos do metaxilema nos dois lados do protoxilema, frequentemente representado por uma lacuna. O protoxilema obliterado é evidente no lado abaxial dos tubos crivados do metafloema, mas em geral é obliterado e não funcional nas folhas maduras. Extensões de bainha ou feixes esclerenquimáticos podem se estender desses feixes vasculares para a epiderme adaxial e abaxial.
2. *Feixes de segunda ordem, ou intermediários.* Feixes que não possuem vasos do metaxilema nem lacunas do protoxilema, mas podem conter tanto tubos crivados do protofloema quanto do metafloema. Os feixes intermediários podem ser sustentados por faixas de esclerênquima da hipoderme ou exten-

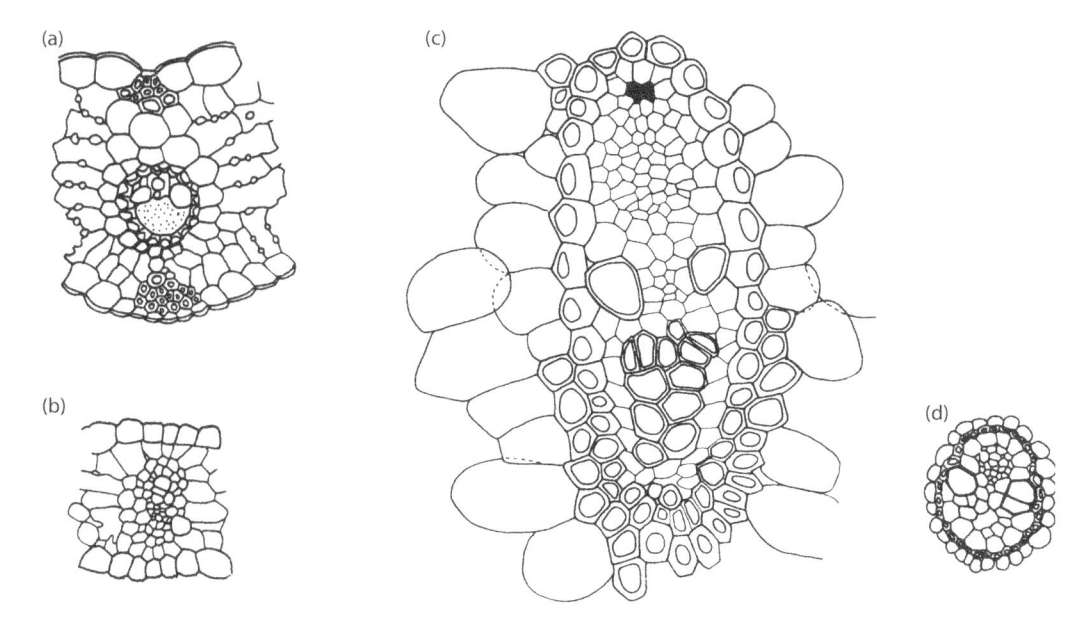

FIGURA 6.29
Bainhas do feixe. (a) *Briza maxima*, bainha mestomática interna (esclerênquima), bainha parenquimática externa, feixes de esclerênquima abaxial e adaxial e clorênquima radiado. x120. (b) *Gloriosa superba*, apenas bainha parenquimática. x120. (c) *Cymophyllus fraseri*, parenquimática seguido pela bainha mestomática e bainha parenquimática externa x128. (d) *Fimbristylis*, três bainhas, parenquimática interna, seguida pela bainha mestomática e bainha parenquimática externa. x218.

sões de bainha que ocorrem tanto nos lados adaxial e abaxial da nervura, ou apenas em um único lado. Nas gramíneas e ciperáceas, os feixes vasculares intermediários ocorrem tipicamente entre os sucessivos feixes grandes.
3. *Feixes de terceira ordem, ou pequenos*. Além de não possuírem grandes lacunas de metaxilema ou protoxilema, esses feixes não possuem protofloema e normalmente não se associam com feixes de esclerênquima da hipoderme nem com extensões de bainha e são incrustados no mesofilo.

Anatomia do feixe da lâmina foliar

Entre as gramíneas, duas variações anatômicas são dignas de atenção – ou seja, os grupos panicoide (Figura 6.30a) e pooide (Figura 6.30b). Nas gramíneas panicoides, o mesofilo é organizado radialmente e circunda a bainha parenquimática do feixe. As gramíneas panicoides contêm cloroplastos dimórficos, com cloroplastos granais dentro do mesofilo radiante (Kranz) e em geral cloroplastos –agranais dentro das células parenquimáticas da bainha do feixe. Os cloroplastos da bainha do feixe são muito maiores do que os cloroplastos Kranz e não possuem a enzima rubisco – desse modo, o ciclo de Calvin não é sustentado dentro das células do mesofilo Kranz.

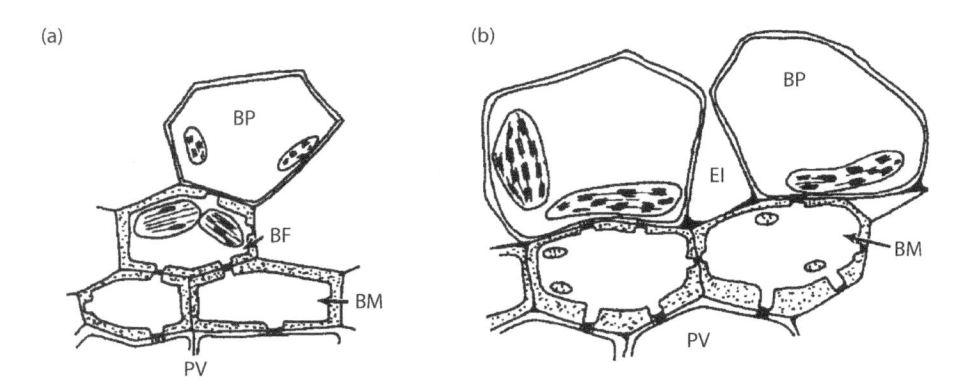

FIGURA 6.30
(a, b) Diagrama baseado em micrografias eletrônicas da anatomia do feixe de lâminas foliares típicas de panicoides e pooides. BF, bainha do feixe parenquimática; EI, espaço intercelular; BM, bainha mestomática, BP, bainha parenquimática (Kranz); PV, célula do parênquima vascular. x1000.

Ao contrário, essas células são associadas com a incorporação inicial de CO_2 como aspartato, o qual é transportado para as células da bainha do feixe por diversos plasmodesmas, onde o malato ou aspartato é descarboxilado e o CO_2 liberado é imediatamente incorporado via rubisco, no ciclo de Calvin. Logo, as gramíneas panicoides são espécies fotossintéticas C_4. Em diversas espécies panicoides, uma camada de células adicionais existe entre a bainha do feixe e os tecidos vasculares inferiores. Essa camada, que consiste em células lignificadas de parede espessa, é denominada de bainha mestomática. Ontogeneticamente, a bainha mestomática é derivada do pró-câmbio. As células da bainha mestomática podem tanto circundar completamente o tecido vascular quanto circundar apenas o tecido do floema dentro dos feixes vasculares. A lamela média entre as células da bainha do feixe contém uma camada suberizada e é denominada de lamela de suberina. Foi demonstrado que o composto da lamela média restringe o movimento de solutos, forçando o transporte (isto é, fotoassimilados para dentro e água para fora) a adotar uma rota inteiramente simplástica, através dos plasmodesmas. A lamela de suberina pode ter consequências ecológicas importantes, prevenindo o movimento excessivo da água advindo do apoplasto, sob condições de estresse hídrico. As gramíneas pooides não exibem polimorfismo de cloroplastos, não têm atividade de rubisco compartamentalizada e todas seguem a via fotossintética C_3.

Embora as folhas de monocotiledôneas sejam geralmente descritas como possuidoras de nervação paralela, existe grande quantidade de nervuras transversais dentro da lâmina foliar. A Figura 6.31 é uma eletromicrografia de nervuras transversais na lâmina foliar de *Saccharum officinarum*. Em algumas nervuras cruzadas, as paredes radiais dos elementos parenquimáticos podem conter uma lamela de suberina bem organizada, que, conforme mencionado, pode ter um papel regulatório no carregamento de soluto e na perda de água do xilema para o mesofilo.

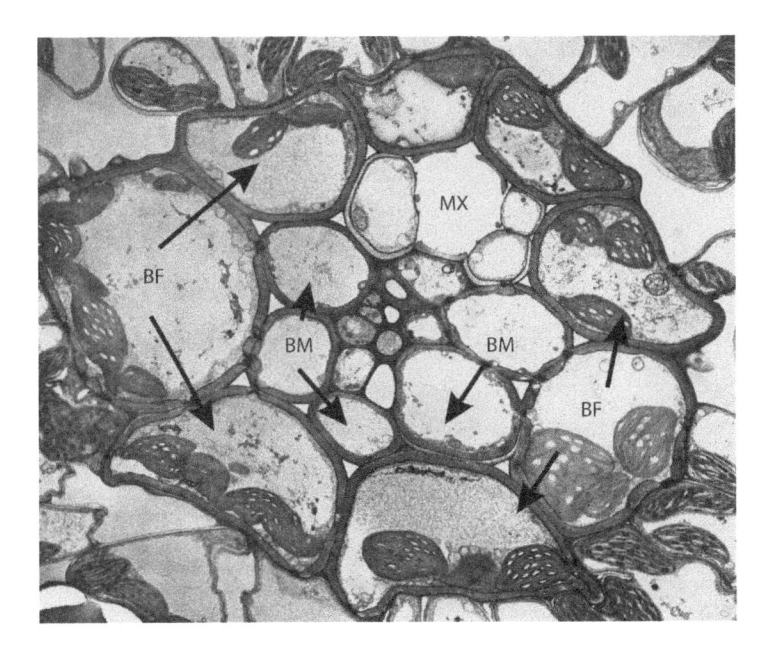

FIGURA 6.31
Eletromicrografia, mostrando uma pequena nervura transversal de *Saccharum officinarum* em secção transversal. Esta nervura é circundada por duas bainhas: uma bainha externa do feixe (BF) e uma bainha mestomática interna (BM). Interfaces entre a bainha do feixe e a bainha mestomática são frequentemente associadas com uma lamela de suberina. O tecido vascular consiste no vaso do xilema (MX) e parênquima associado, enquanto o floema contém diversos tubos crivados, parênquima e células companheiras associadas. x1650.

Floema de monocotiledôneas

Conforme mencionado antes, o floema nas lâminas foliares de monocotiledôneas maduras, incluindo aquelas de gramíneas e ciperáceas, difere daquelas das bainhas dos feixes de dicotiledôneas. Em geral, nas monocotiledôneas, o floema dentro dos feixes maduros é composto de elementos crivados do metafloema funcional, associados às células do parênquima vascular, incluindo as células companheiras. O floema pode conter tubos crivados do metafloema especializado e formados tardiamente, que parecem não possuir as associações de células companheiras que existem com os tubos crivados iniciais de parede fina. Os tubos crivados do metafloema, formados tardiamente, possuem paredes espessadas e comumente celulósicas que, em alguns casos (por exemplo, cevada e trigo), podem sofrer lignificação. Os tubos crivados de parede espessa costumam fazer divisa ou ter muita proximidade com os vasos do metaxilema dentro dos feixes da lâmina foliar. Os tubos crivados de parede espessa podem ser vistos com um bom microscópio óptico. Fisiologicamente, os tubos crivados de parede espessa podem ser simplasticamente isolados das outras células dentro do feixe vascular. Na maioria das espécies de monocotiledôneas examinadas até o momento, existem muito poucas conexões entre os tubos crivados de parede espessa e células companheiras com as células associadas do parênquima. Pelo contrário, os tubos crivados de parede espessa podem ser simplasticamente conectados diretamente às células do parênquima vascular.

Bainhas do feixe

O floema e xilema não são os únicos tecidos presentes nas nervuras. Eles formam o núcleo central, ao redor do qual as bainhas de células especializadas que separam os tecidos vasculares do mesofilo são formadas. Existem dois tipos principais de bainhas, denominados bainhas esclerenquimáticas e bainhas parenquimáticas. Além disso, também pode existir parênquima associado com o floema ou xilema, e o floema pode conter fibras.

As bainhas esclerenquimáticas são compostas de fibras e/ou de esclereídes. Algumas vezes, as paredes dessas células que estão de frente para o floema ou xilema são mais fortemente espessadas do que as outras, como no caso de certas ciperáceas. As bainhas parenquimáticas são normalmente compostas de células muito maiores e mais largas, com paredes finas e relativamente não lignificadas. Caso ambos os tipos de bainha estejam presentes, a bainha do esclerênquima em geral é a mais interna. Nas gramíneas, a bainha lignificada interna é chamada de bainha mestomática. Em alguns gêneros e espécies, uma bainha adicional pode estar presente – uma bainha parenquimática interna, que, por sua vez, é circundada por uma camada esclerenquimática intermediária* e uma bainha parenquimática externa. Quando presente, a bainha parenquimática interna nos feixes da lâmina foliar de algumas ciperáceas pode conter grandes cloroplastos agranais. A forma anatômica é encontrada em *Fimbristylis*, membro de Cyperaceae, e indica a presença da síndrome Kranz e que a fotossíntese C_4 pode estar presente. Exemplos de nomes de diversos tipos de bainhas estão ilustrados na Figura 6.29.

As Cyperaceae

Anatomicamente, existem similaridades distinguíveis entre as Cyperaceae C_4 e Poaceae panicoides C_4. Assim como as Poaceae, as Cyperaceae podem ser fotossinteticamente tanto C_3 ou C_4, e o floema dentro da lâmina foliar contém dois tipos de tubos crivados – os tubos crivados inicialmente formados (protofloema) de paredes finas e os tubos crivados de paredes espessas do metafloema, formados mais tarde, e que em geral estabelecem associação espacial próxima ao metaxilema e não possuem células companheiras. As grandes diferenças entre Cyperaceae e Poaceae ocorrem na distribuição do parênquima contendo cloroplastos ao redor do floema (denominado parênquima da borda na literatura) nos feixes vasculares, na forma e na espessura

---

* N. de R.T. Esta bainha esclerenquimática intermediária é a endoderme.

das paredes das células, tendo sido comparadas à bainha mestomática das gramíneas (Fig. 6.32). Quatro variantes da anatomia de Kranz ocorrem em Cyperaceae. Destas, três tipos anatômicos (fimbristiloides, clorociperoides e eleocaroides) são singulares entre os táxons com fotossíntese C_4, uma vez que o tecido de redução de carbono fotossintético (RCF, equivalente em função à bainha do feixe) localiza-se dentro do feixe vascular e separa-se do tecido de assimilação do carbono primário (ACP, equivalente à posição do mesofilo) pela camada da bainha mestomática. No grupo rincosporoide, o tecido RCF é localizado na posição da bainha mestomática (Soros & Dengler, 2001). A lamela de suberina pode estar presente em paredes radiais tangenciais externas e/ou internas e em paredes tangenciais da bainha. Nas espécies C_4, os cloroplastos dentro da borda do plasmalema são grandes e certamente agranais. A zona da borda do parênquima comumente circula tanto o xilema quanto o floema, ou apenas o floema.

O dimorfismo do cloroplasto e a falta de grana na redução do carbono primário (RCF) são indicativos da síndrome de C_4. Existem evidências experimentais para a localização positiva de rubisco nesses grandes cloroplastos agranais.

Extensões da bainha do feixe

As bainhas podem ser anatomicamente completas, ou presentes no polos dos feixes apenas como coberturas, ou presentes apenas nas extremidades dos feixes. As estruturas de sustentação colenquimáticas ou esclerenquimáticas podem interromper as bainhas do feixe. Nas gramíneas, as bainhas do feixe com frequência se associam a uma lamela média composta, suberizada e os-

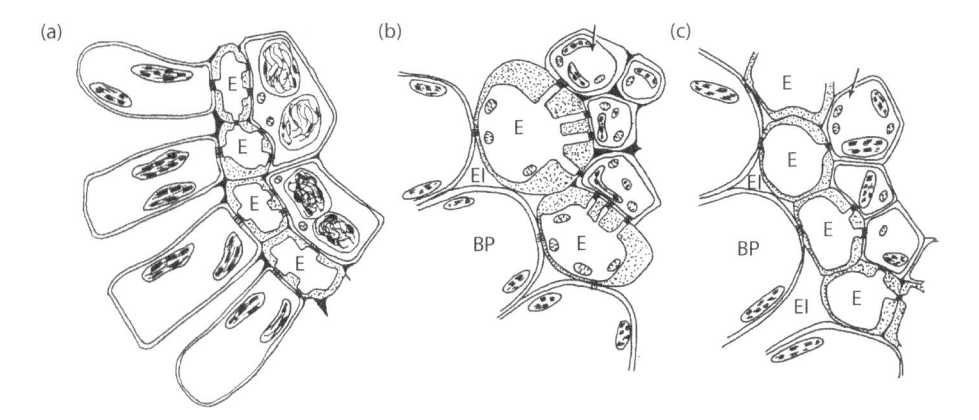

FIGURA 6.32
Esquemas (a – c) mostrando as características anatômicas da estrutura do feixe da lâmina foliar em Cyperaceae. A variação da espessura da célula é mais notável nas paredes celulares da endoderme. Observe a distribuição de cloroplastos do parênquima da borda e a presença de grandes cloroplastos (agranais em algumas espécies) no parênquima da borda. Exemplos são, esquerda: *C. fastigiatus; C. esculentus; Mariscus congestus*; centro: *C. sexangularis; C. pulcher; C. accutiformis*; direita: *C. albostriatus; C. textilis; C. papyrus*. E, endoderme; EI, espaço intercelular; BP, bainha parenquimática. x850.

miofílica. Nas gramíneas C$_4$, a localização da lamela de suberina pode auxiliar na separação de três subtipos fotossintéticos C$_4$. As espécies NADP-ME e PCK contêm lamela de suberina nas células da bainha do feixe, em particular nas paredes tangenciais externas e radiais (*Zea mays*). Espécies NAD-ME não têm lamela de suberina associadas com as paredes das células da bainha. Nas espécies C$_3$, a lamela da suberina (caso presente) parece ser confinada à bainha mestomática (p. ex., *Phalaris canariensis*, Figura 6.20) ou em *Bromus unioloides*, por exemplo. Em alguns casos, a lamela de suberina pode ser associada com a bainha do feixe e também com a bainha mestomática interna (como em *Saccharum officinarum*).

Podem existir extensões adaxiais ou abaxiais (faixas hipodérmicas colenquimáticas ou esclerenquimáticas) para as bainhas se estendendo em direção ou em contato com a epiderme. O delineamento dessas estruturas de sustentação como visto em secção transversal pode ser usado para distinguir as espécies em alguns grupos. Em algumas plantas, as faixas subepidérmicas de fibras podem ser alinhadas com as bainhas do feixe. Em diversos gêneros, uma hipoderme, composta de uma ou mais camadas de células e ocorrendo sob a epiderme, está presente. As células em geral diferem na forma ou grau de espessamento da parede celular tanto da epiderme como no mesofilo. Essa característica é útil para diagnóstico. Com frequência, sua presença é associada a plantas adaptadas para crescer em locais secos do mundo.

Endoderme

Embora poucas folhas tenham uma endoderme verdadeira, como aquelas que circundam os feixes vasculares em gimnospermas como *Pinus*, existem algumas famílias nas quais uma camada similar à endoderme ou "camada endodermoide" pode ser reconhecida. Como na endoderme verdadeira, as células que compõem a camada endodermoide podem conter uma lamela de suberina, presente ao menos nas paredes externas tangenciais ou radiais dessas células. A presença de estrias de Caspary e/ou lamela de suberina levou estas células a serem incorretamente denominadas como "bainha mestomática". Em Cyperaceae (*Fimbristylis, Pycreus, Eleocharis*), existem espécies que demonstram bons exemplos de bainhas endodermoides bem desenvolvidas que parecem em posição exarca ao mesofilo interno "Kranz", situação completamente oposta àquela das gramíneas C$_4$, que apresentam uma bainha dupla de anatomia Kranz, onde a bainha mestomática é centrípeta em relação às bainhas dos feixes externos!

ESTRUTURAS SECRETORAS

Estruturas secretoras externas

As estruturas secretoras externas e internas existem em diversas plantas. As estruturas secretoras externas são de origem epidérmica e, em geral, glandulares. Os tricomas glandulares são compostos de haste e cabeça. A haste pode ser unicelular ou multicelular. Em algumas espécies, diversas linhas de células compõem a haste. A cabeça pode, a exemplo da haste, ser unicelular ou multicelular. Diversos produtos do metabolismo secundário vegetal são secretados dentro da glândula, a qual, embora rotineiramente coberta por uma cutícula, permite a passagem da essência através de glândulas aparentemente sem poros. Alguns tricomas podem ser considerados nectários extraflorais enquanto outros são estruturas similares a hidatódios.

A secreção dentro da planta pode ser transportada por células isoladas, pequenos grupos de células ou tecidos. As células secretoras de óleo podem ser distribuídas em determinados tecidos.

Em diversos casos, os grupos de células de parede fina formam uma composição chamada de células secretoras, que envolvam um duto formado de modo esquizógeno, como no caule de girassol (*Helianthus*). Nas plantas, um processo combinado de lisogenia e esquisogenia, pode formar dutos.

Os dutos de resinas formados em coníferas são considerados de origem esquizógena, já que aqui, como no girassol, os dutos de resina são envoltos por um anel de células secretoras (epiteliais) claramente demarcadas.

Estruturas secretoras internas

Os laticíferos são considerados um importante canal secretor interno. O látex pode conter uma combinação de metabólitos secundários da planta, incluindo carboidratos, ácido orgânicos e alcaloides. Os laticíferos podem ser classificados em não articulados (originados de uma única célula), capazes de crescimento potencialmente ilimitado, e laticíferos articulados, de origem composta, consistindo em fileiras longitudinais de células, cujas paredes transversais são hidrolisadas, formando assim uma rede detalhada e extensa de células multinucleadas.

CONSIDERAÇÕES FINAIS

A partir dessa breve discussão, deve ter ficado claro que as folhas variam muito dentro da mesma família, do mesmo gênero e, até mesmo da mesma espécie. Algumas características podem ter significância na identificação de plantas no nível de gênero ou mesmo de espécie. Claramente, enquanto a maioria das plantas monocotiledôneas pode ser separada de dicotiledôneas e gimnospermas, usando características bastante simples e fáceis de serem observadas, folhas "típicas" não existem; ao contrário, existe uma intergradação de características anatômicas. Por exemplo, os estudos mais aplicados com base em folhas, tratam da relação entre a estrutura fina (a maioria do floema nas nervuras secundárias) e a função. Relativamente poucas plantas são apropriadas para esse tipo de estudo, devido à possibilidade do acesso para o funcionamento de células ser muito limitado em diversas espécies. Em outras palavras: embora se espere que no devido tempo seja possível compreender os mecanismos de translocação em poucas espécies, não se deve extrapolar e predizer os mesmos mecanismos para todas as plantas. Por exemplo, o floema em *Laxmannia* (uma Anthericaceae) possui elementos do floema muito pequenos nos feixes vasculares de folhas particularmente estreitas; esses elementos estão incrustados em uma matriz de fibras e poderiam desse modo parecer ter uma comunicação muito indireta com o mesofilo. Elementos crivados e pares de células companheiras aparecem particularmente bem em *Liriope* e *Ophiopogon* (uma Convallariaceae), onde se incrustam no esclerênquima. Sua óbvia diferença em relação à norma é o que pode fazer desses exemplos bons objetos de estudo.

Talvez são essas diferenças e a falta de uma norma óbvia, que tornam o estudo da anatomia vegetal tão interessante e fascinante!

7
FLORES, FRUTOS E SEMENTES

INTRODUÇÃO

Além de seu valor ornamental e hortícola, as flores têm sido principalmente estudadas como fonte de caracteres taxonômicos muito importantes em relação à filogenia e evolução. Sua função primordial na reprodução naturalmente tem sido o objeto de uma vasta quantidade de investigações morfológicas e fisiológicas.

A extrema importância dos frutos e sementes como alimento forneceu inspiração para uma grande quantidade de pesquisas. Entretanto, o foco principal desta é a anatomia vegetativa, e apenas assuntos de determinados interesses aplicados relacionados ao florescimento e frutificação são detalhados. Uma lista de leitura complementar no final do livro auxiliará aqueles que desejam aprender mais sobre os assuntos mencionados aqui.

VASCULARIZAÇÃO

Diversas características anatômicas usadas em estudos comparativos são encontradas na organização e no número de feixes vasculares e seus tipos de ramificações em inflorescências, flores e partes florais. Esses padrões podem ser de difícil interpretação. Todas ou a maioria das vias dos feixes são predeterminadas geneticamente? Poderia uma proporção significativa de feixes estar presente como resposta à demanda fisiológica, isto é, relacionada às necessidades fisiológicas a serem encontradas em vez de um padrão arcaico recordando as condições ancestrais? Apesar das dificuldades de observação e interpretação, diversos estudos valiosos forneceram dados sobre a vascularização que nos permitem compreender as inter-relações entre diversos gêneros e famílias das plantas com flores.

Aqueles interessados em filogenia de plantas com flores ou na origem das flores de angiospermas fazem uso considerável dos resultados de estudos sobre vascularização. É amplamente defendido que os sistemas vasculares das flores são conservadores, ou seja, conseguem permanecer relativamente inalterados até mesmo quando o formato geral da flor tenha sido alterado pela evolução. Isso pode levar à formação de laços ou curvas de formato estranho em alguns feixes vasculares para acomodar alterações nas posições relativas das partes florais. Em algumas flores, pequenos ramos do sistema vascular terminam de modo abrupto. Isso poderia significar que, em um ou mais ancestrais da planta, feixes similares serviram a alguns órgãos ou apêndices ausentes nos representantes atuais. Por exemplo, uma flor feminina unissexual* moderna poderia ter remanescentes do sistema vascular de estames em um ancestral bissexual.

Quando os órgãos forem adnatos, por exemplo, um estame fusionado a uma pétala, com frequência os suprimentos vasculares de ambos se tornam fusionados em um único feixe. Fusões de feixes podem tornar mais difícil a interpretação dos sistemas vasculares de flores em estudos comparativos.

O número de traços para cada órgão floral pode variar. Frequentemente pétalas têm apenas um, mas as pétalas em determinadas famílias costumam ter três. O número de traços de cada sépala com frequência é o mesmo que o das folhas da parte aérea da mesma planta. Estames podem ter um ou três, mas um é sem dúvida o caso mais comum. Carpelos podem ter um, três, cinco ou mais traços. Feixes dorsais, marginais ou ventrais são distinguidos nas descrições, quando três ou mais estiverem presentes.

Às vezes, uma flor pode ter morfologia inusitada e difícil de ser interpretada. Isso pode ser relacionado a adaptações a determinados polinizadores. O exame de sua vasculatura poderia auxiliar a compreender a verdadeira natureza das diversas partes. Caso outros membros do mesmo gênero ou família tenham flores mais normais, então estudos comparativos poderiam ser mais informativos.

Diversas teorias a respeito da origem da flor angiosperma têm como base, os estudos comparativos de padrões vasculares de órgãos florais e vegetativos, tanto de plantas atuais como fossilizadas. Apesar do volume de trabalho realizado por diversas pessoas, não existe uma opinião consensual. Sem dúvida, novas teorias serão propostas. Alguns pensam que já temos todas as evidências que necessitamos; basta interpretá-las de modo apropriado. Outros consideram que existem lacunas tão grandes no registro de fósseis que ninguém será capaz algum dia de provar suas teorias! Os estudos moleculares modernos levaram ao desenvolvimento de filogenia muito menos subjetiva, e está se tornando produtivo estudar a morfologia floral à luz das novas informações fornecidas por esses estudos.

Como a classificação das plantas dá grande importância aos caracteres de flores e frutos, existe abundância de dados sobre essas partes. Em consequência disso, é normal tentar identificar plantas com flores ou frutos relacionados por meio da comparação com espécimes de floras e herbários. Estudos anatômicos podem auxiliar se as partes florais estiverem em condições precárias. A anatomia vascular floral também pode fornecer dicas sobre a família da planta, quando flores ou frutos forem encontrados separados do resto da planta. Um bom exemplo disso são os diferentes padrões de vascularização encontrados em flores perigínicas e frutos de diferentes famílias de plantas mostrados na Figura 7.1. Também existem dois padrões básicos. Em um deles, a vascularização das partes florais no mesmo raio surge de um feixe comum na parede do ovário, como em *Gaylussacia frondosa* (Figura 7.1a), e todos os

---

* N. de R.T. Entende-se por "flor feminina unissexual" (um termo erroneamente empregado) a flor carpelada. O mesmo se aplica para "flor bissexual", cuja terminologia correta é flor perfeita (não usar "flor hermafrodita").

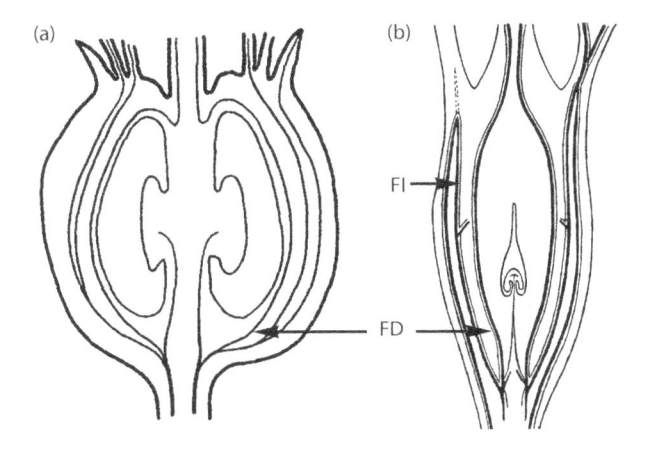

FIGURA 7.1
Vascularização floral de (a) *Gaylucassacia frondosa* (Ericacaceae) com feixes comuns e (b) *Nestronia umbellulata* com feixes invertidos que originam os feixes carpelares. FD, feixes carpelares dorsais; FI, feixes invertidos.

feixes vistos em secção transversal têm o xilema interno ao floema. Ao contrário, na outra organização, os feixes que suprem o carpelo surgem de um feixe encurvado na parede do ovário, como em *Nestronia umbellulata* (Figura 7.1b), onde os feixes recurvados na parede do fruto estão invertidos, de modo que o floema é interno ao xilema. Essas diferenças básicas na anatomia vascular auxiliam o processo de identificação de frutos derivados de ovários ínferos, porque as características estão associadas a determinadas famílias de plantas. Sendo assim, a primeira condição é encontrada, por exemplo, em Rosaceae, Ericaceae e outras famílias, e a segunda condição é encontrada, por exemplo, em Cactaceae, Santalaceae e outras famílias. Então, essas características facilitam a identificação de espécimes arqueológicos e paleontológicos.

ESTUDOS EM MICROSCOPIA ELETRÔNICA DE VARREDURA

Nos últimos anos, os estudos de partes florais com microscopia eletrônica de varredura (MEV) contribuíram muito para o entendimento sobre a evolução das flores. Pequenas flores fossilizadas foram estudadas intensivamente. Estudos sobre o desenvolvimento auxiliaram a separar partes análogas de homólogas. Caracteres como nectários florais se tornaram mais conhecidos com a ajuda de estudos combinados usando MEV e secções finas para microscopia óptica. A lista de leitura suplementar traz exemplos desses estudos.

PALINOLOGIA

Os estudos sobre pólen aumentaram imensamente com o advento da microscopia eletrônica de transmissão e varredura. Entretanto, boa quantidade de trabalho de base foi conduzida com microscopia óptica; na verdade, uma base muito sólida foi estabelecida. Novas ferramentas resultaram em detalhes de padrões de estrutura fina que puderam ser facilmente visíveis (Figura 7.2). Pesquisas sobre famílias agora podem ser conduzidas com muito mais rapidez, e eletromicrografias, em especial de varredura, são de fácil interpretação.

Com frequência, grãos de pólen são fáceis de serem identificados em nível de gênero e algumas vezes de espécie, caso material de referência adequado seja disponível. Em certas famílias, existe grande variabilidade na morfologia dos grãos de pólen e características da superfície; já em outras existe uniformidade.

Além das inferências taxonômicas que podem ser extraídas de estudos sobre palinologia comparativa, o assunto possui vários outros aspectos aplicados. Por exemplo, a pureza do mel e sua origem podem ser determinadas por um estudo dos grãos de pólen que ele contém – não se espera que o mel puro de *Calluna vulgaris* contenha grandes quantidades de pólen de *Eucalyptus*. A adulteração em geral pode ser detectada microscopicamente. Com frequência, o pólen é encontrado em roupas e pode fornecer evidências úteis em casos forenses.

Os grãos de pólen permanecem em uma forma reconhecível em depósitos de turfa durante um longo período de tempo. Por meio de análises meticulosas dos grãos de pólen em camadas sucessivas de turfa, ou em níveis sucessivos, muitas vezes é possível construir uma imagem da vegetação de períodos anteriores (reconstrução paleoambiental).

Interações pólen-estigma

A maioria das plantas tem mecanismos pelos quais podem "reconhecer" os grãos de pólen próprios e de outras espécies. Estigmas com frequência possuem um complexo de compostos químicos que lhes permite responder aos compostos químicos de camadas externas dos grãos de pólen (exina).

Estes compostos químicos são comumente proteínas. A Figura 7.3 mostra um grão de pólen germinando em um estigma. Em espécies não autopolinizáveis, o estigma rejeita o pólen produzidos em anteras na mesma flor ou por outras flores da mesma planta. Muitas plantas normalmente rejeitam o pólen de outras espécies. Entretanto, algumas espécies são compatíveis. Na natureza, em condições normais, elas não poderiam ser polinizadas por outras espécies. Seus períodos de florescimento talvez não coincidissem ou talvez elas estivessem muito distantes umas das outras. Em algumas plantas, os estames amadurecem bem antes do estigma (protandria), e o pólen é dispersado antes que o estigma esteja receptivo. Em outras, o estigma pode maturar e senescer antes que o pólen da mesma flor seja liberado (protoginia).

O pólen pode ser armazenado vivo sob baixas temperaturas, o que gera a possibilidade de tentarmos cruzamentos mesmo com períodos de florescimento diferentes. A tentativa dos horticultores em manter as espécies puras representa esse conhecimento de que o cruzamento pode ocorrer entre plantas relacionadas mantidas juntas em casa de vegetação.

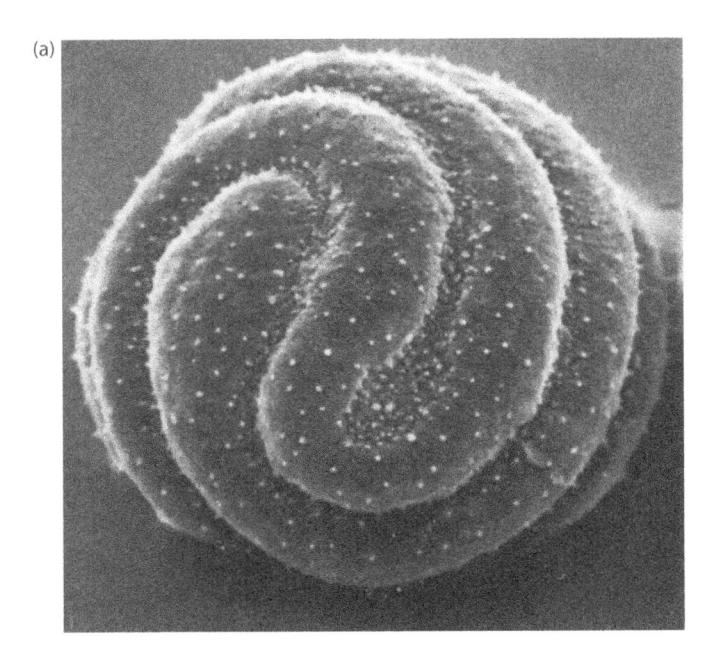

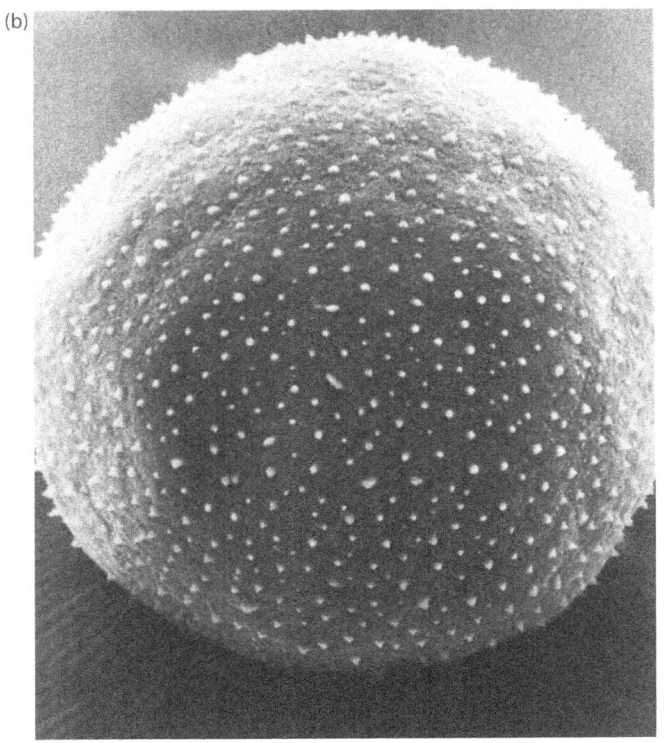

FIGURA 7.2
Detalhes da superfície de dois grãos de pólen, para comparação. A, *Crocus michelsonii*, B, *Crocus valliccola*, ambas eletromicrografias de varredura, x1.000.

FIGURA 7.3
Tradescantia pallida, grão de pólen germinando no estigma. p, grão de pólen; tp, tubo polínico; e, estigma ou papila. Criosecagem, visto em microscopia eletrônica de varredura, x1.000.

Alguns dos mecanismos de rejeição ou incompatibilidade resultam em alterações físicas óbvias no estigma. Por exemplo, podem ocorrer reações que causam a formação de uma espécie de calo no estigma, de modo que o tubo polínico não consiga entrar. Algumas vezes, o tamanho da papila estigmática é muito grande para que os pequenos grãos de pólen nela germinem com sucesso, ou senão pode ser muito pequena para grãos grandes, o que também previne a polinização. Embora o pólen de espécies muito relacionadas possa ser aceito pelo estigma, nem sempre este é o caso – incompatibilidades podem surgir. Em outro mecanismo, que previne espécies diferentes de cruzamento, o comprimento do estilete pode ser bem maior que o possível comprimento do tubo polínico, impedindo a fecundação.

Quando na horticultura ou na agricultura for desejado produzir plantas híbridas, estudos anatômicos e histoquímicos das interações pólen-estigma podem nos auxiliar a manipular o processo e anular o mecanismo de bloqueio.

O sistema que promove o cruzamento pode simplesmente se basear em diferentes alturas relativas das anteras e do estigma da flor, como nas prímulas, com macroestilia e microestilia. Nas primeiras, os estames são curtos e o estigma é mais elevado devido a um longo estilete; nas segundas, as anteras ficam no terminal externo do tubo da corola, e um estilete curto mantém o estigma em um nível mais baixo. Insetos que visitam flores com macroestilia depositam pólen mais provavelmente no estigma de flores com microestilia do que em flores com macroestilia.

Às vezes, o próprio pólen pode ser cultivado e produzir plantas haploides.

EMBRIOLOGIA*

Os estudos do embrião se encaixam em duas categorias: primeiramente, os estudos comparativos e de desenvolvimento e, em segundo lugar, aqueles que desejam cultivar embriões (ou cultura do saco embrionário haploide).

A embriologia e a sequência de divisões celulares envolvida na formação do saco embrionário e a posterior fecundação têm se tornado um campo muito especializado de estudo. Existe um grande volume de dados comparativos para o estudante, a maioria dos quais se aplica a estudos evolutivos e taxonômicos.

A cultura de embriões envolve a dissecação de embriões e o crescimento deles em meio de cultura. Às vezes, isso é realizado para assegurar o desenvolvimento e o estabelecimento de determinadas plantas individuais, mas com mais frequência como um meio de propagação vegetativa.

HISTOLOGIA DA SEMENTE E DO FRUTO

O amplo uso de sementes e frutos na alimentação humana e nas rações animais tem produzido conhecimentos de enorme importância sobre sua anatomia. É essencial ser capaz de identificar fragmentos de sementes e frutos em relação a uma possível adulteração e pureza.

Embora muitas espécies tenham sido estudadas a respeito da estrutura das sementes e frutos, relativamente poucas famílias têm sido cuidadosa e sistematicamente estudadas em detalhe, com posterior documentação dos resultados.

As plantas de importância econômica receberam a maior parte da atenção. Os principais cereais, sementes oleaginosas e sementes comestíveis de leguminosas têm sido descritas anatomicamente, assim como aquelas de plantas daninhas e plantas tóxicas. A Figura 7.4 mostra algumas paredes de frutos e as cascas de sementes em secção transversal. Os livros especializados e livros de referência sobre a anatomia das plantas alimentícias são boas fontes de informações. Apenas uma visão geral é fornecida aqui.

A parede do fruto, denominada de pericarpo, é dividida em três regiões: a externa ou exocarpo, a central ou mesocarpo e a interna ou endocarpo (Figura 7.4). A superfície do fruto exibe diversas características encontradas na epiderme das folhas e caules sob o microscópio óptico e microscopia eletrônica de varredura. Algumas famílias possuem membros com outras características que auxiliam na identificação. Um exemplo de duas dessas características são a presença de células pegajosas e tricomas pegajosos em famílias como os aquênios de Asteraceae (Figuras 7.5, 7.6). A distribuição das células pegajosas da

---

* N. de R.T. A embriologia vegetal abrange também o estudo de todas as estruturas de reprodução, incluindo anteras, óvulos, grãos de pólen, etc.

epiderme, ocorrendo tanto separadamente quanto em grupos, pode ser usada para identificar espécies como em *Anthemis* (Figura 7.5). Tricomas pegajosos (Figura 7.6) são envolvidos na aderência de aquênios secos esclerificados em organismos dispersores e também na absorção de água durante a hidratação de frutos para a germinação de diversas Asteraceae.

Outras características do exocarpo incluem a distribuição e os tipos celulares. Como mostrado na Figura 7.5, as nervuras dos frutos de *Anthemis*

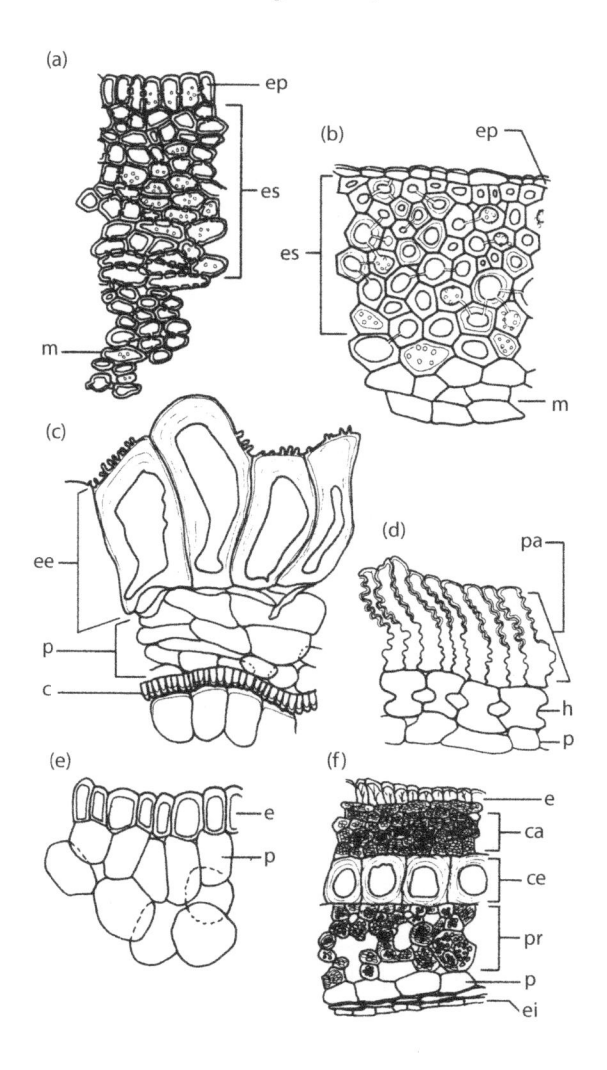

FIGURA 7.4
Detalhes da parede do fruto e do envoltório da semente em secção transversal. (a) *Aesculus hippocastanum*, parte externa da parede do fruto. x109. (b) *Fagus sylvatica*, parte externa da parede do fruto. x109. (c) Parte externa da casca da semente de *Delphinium staphisagria*. x109, observe pequenas protuberâncias das paredes das células da epiderme. (d) *Cicer areitinum*, casca da semente. x218. (e) *Cola acuminata*, casca da semente. x218. (f) *Cucurbita pepo*. x109. c, células com espessamento da parede em forma de U; e, epiderme; ep, epicarpo; h, célula ampulheta; ei, epiderme interna; m, mesocarpo; ee, epiderme externa; p, parênquima; pa, células em paliçada; ca, células com aberturas; pr, parênquima esponjoso reticulado; es, esclerênquima; ce, camada esclerenquimática.

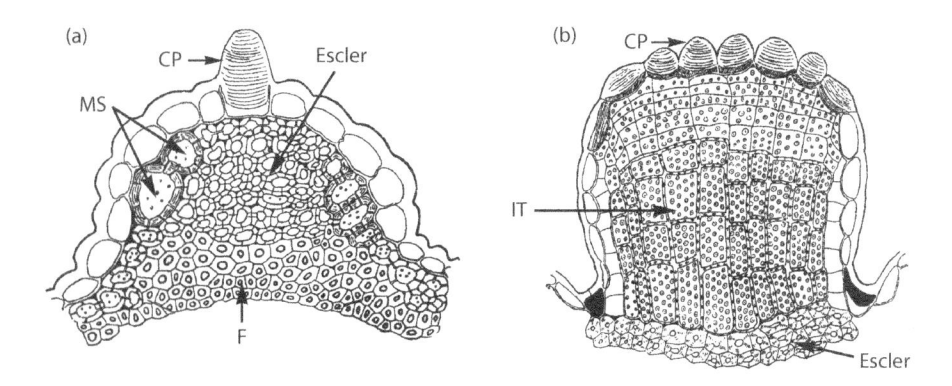

FIGURA 7.5
Secções transversais do exocarpo dos frutos de *Anthemis* mostrando variação anatômica: (a) *A. perigina*; (b) *A. arvensis*. MS, macroesclereíde; CP, célula pegajosa; Escler, esclerênquima; IT, idioblasto traqueoidal. (Conforme J. Briquet, 1916.)

arvensis são compostas de idioblastos traqueoidais, e aquelas de *Anthemisia perigina* são compostos de esclerênquima. Então, mesmo que as morfologias externas sejam semelhantes, as anatomias são bastante diferentes.

Na família das mentas (Lamiaceae), as pequenas nozes têm anatomia ímpar, pois a hipoderme interna parece um esclerênquima intensamente lignificado composto de células alongadas quando vistas em secção transversal (Figura 7.7). As esclereídes assemelham-se a células paliçádicas lignificadas.

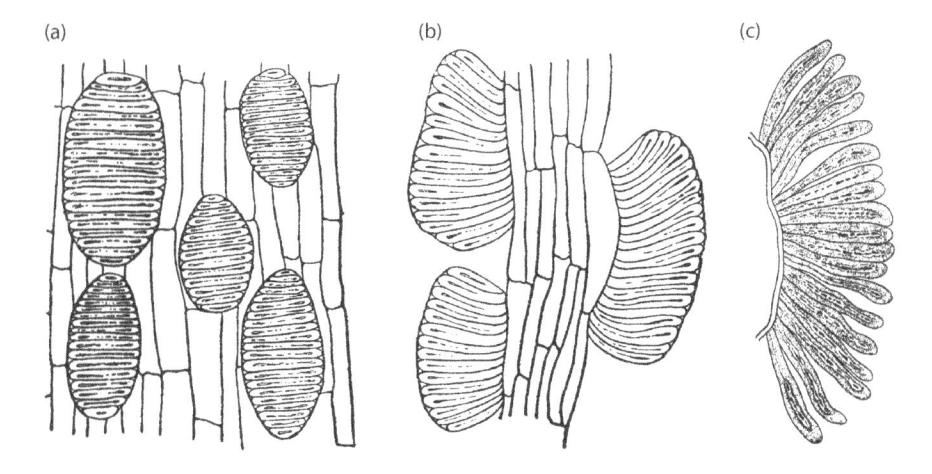

FIGURA 7.6
Tricomas pegajosos da epiderme no exocarpo de *Matricaria lamellata*. (a) Vizualização superficial de agrupamento de tricomas pegajosos. (b) Secção transversal de um agrupamento de tricomas pegajosos. (c) Secção longitudinal de agrupamento de tricomas pegajosos. (Conforme Alexandrov e Savcenko, 1947.)

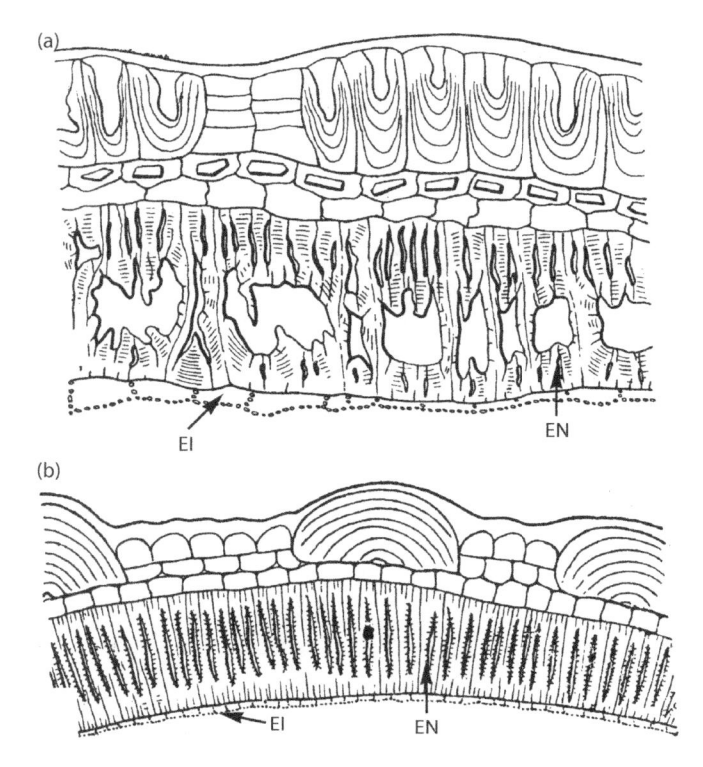

FIGURA 7.7
Secções transversais de pericarpos de duas espécies da família das mentas. Observe as esclereídes altas, similares à celúlas paliçádicas. (a) *Coleus barbatus*. (b) *Lavandula spica*. EN, endocarpo; EI, epiderme interna. (Conforme S. Wagner, 1914.)

Embora a anatomia do pericarpo de frutos carnosos seja histologicamente bastante uniforme, a anatomia de frutos com caroços, com camadas internas esclerificadas, como pêssegos ou mangas, mostra diferenciação histológica, geralmente no endocarpo. O tecido esclerificado do endocarpo pode ter origens diferentes em frutos distintos, como ilustrado na Figura 7.8. Conforme mostrado, alguns frutos têm o endocarpo derivado da epiderme interna (Figura 7.8a) e, em outros casos, da epiderme multiestratificada derivada de divisões periclinais na epiderme (Figura 7.8d). Outros frutos ainda possuem o tecido esclerificado derivado da hipoderme (Figura 7.8b) ou, em outros casos, de uma hipoderme múltipla derivada de divisões periclinais da hipoderme (Figura 7.8e). Dois outros padrões de desenvolvimento dos endocarpos pétreos são aqueles derivados da epiderme mais uma hipoderme de diversas camadas (Figura 7.8c) e aqueles com o endocarpo derivado tanto de uma epiderme múltipla quanto de uma hipoderme múltipla (Figura 7.8f). Embora esses padrões ocorram de modo reconhecido, existe escassez de dados a respeito de sua ocorrência dentro das plantas com flores, e essa é uma área que necessita desesperadamente de estudos comparativos. Em famílias como Apiaceae, Asteraceae e Lamiaceae, por exemplo, a anatomia dos frutos

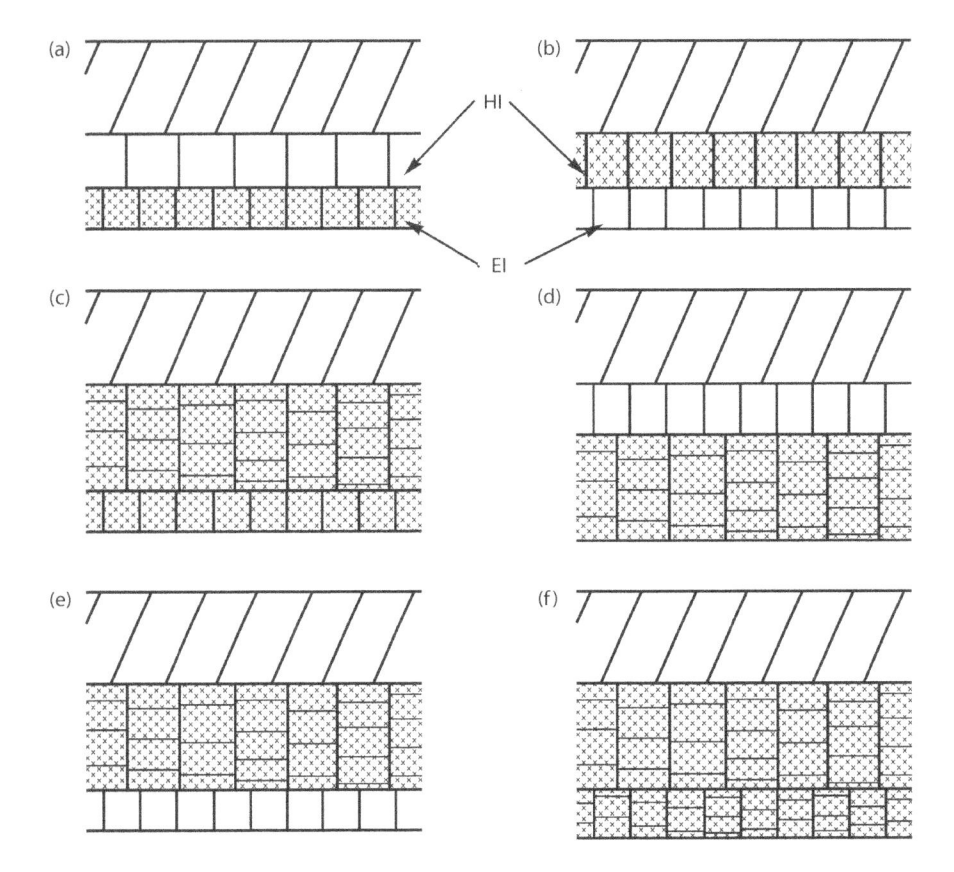

FIGURA 7.8
Representações esquemáticas do desenvolvimento do endocarpo pétreo em frutos, a partir da epiderme interna (EI) ou hipoderme interna (HI). (a) Apenas da epiderme. (b) Apenas da hipoderme. (c) Da epiderme e da hipoderme múltipla. (d) Apenas da epiderme múltipla. (e) Apenas da hipoderme múltipla. (f) De ambas, epiderme múltipla e hipoderme múltipla. A camada pétrea está hachurada.

fornece diversos caracteres úteis para diagnóstico e taxonomia. Sem dúvida, à medida que mais famílias forem sistematicamente estudadas, a maior parte da importância taxonômica e talvez filogenética emergirá.

Sabemos suficiente para entender que bons estudos comparativos de sementes podem gerar caracteres taxonômicos de alguma significância. Exemplo excelente disso é a presença de endosperma ruminado (Figura 7.9), o qual é diagnóstico para algumas famílias de plantas como Annonaceae (a família da fruta-do-conde) e Myristicaceae (a família da noz-moscada) onde o endosperma ruminado (ou seja, que apresenta várias fissuras) é facilmente visto em cortes a mão livre da semente inteira da noz-moscada.

Em geral, os envoltórios das sementes são compostas pelos tegumentos externo e interno do óvulo. O envoltório da semente madura divide-se em três regiões: a exotesta ou camada externa da semente, a mesotesta ou camada média da semente e a endotesta ou camada interna da semente. Nos

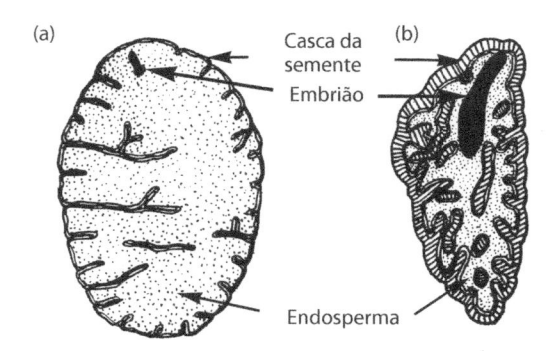

FIGURA 7.9
Exemplos de endosperma ruminado em (a) *Asimina triloba* e (b) *Hedera helix*.

envoltórios finos de sementes, com frequência existem somente exotesta e endotesta. Outro exemplo de diversidade da anatomia das sementes pode ser encontrado nas sementes aladas (Figura 7.10) da família da castanha-do-pará (Lecythidaceae). As asas não apenas apresentam aparência morfológica diferente, mas também são muito distintas em sua anatomia, assim como o corpo das sementes. Então, vemos que os espessamentos das células da exotesta do corpo da semente de *Cariniana legalis* são bastante distintos quando comparados àqueles de *Couratari asterotrichia*, uma vez que a exotesta não ocorre na asa da semente da primeira, mas é bastante perceptível na última. Observe também a diferença na anatomia da mesotesta do corpo das sementes dessas duas espécies assim como nas asas.

Assim como nos estudos sobre pólen, o interesse na anatomia do envoltório da semente foi estimulado pela disponibilidade geral de microscópios eletrônicos de varredura. Hoje em dia, com frequência é possível detectar pequenas diferenças nos padrões do envoltório da semente que poderiam permitir que as características de espécies fossem definidas. As sementes tendem a variar bastante em tamanho e algumas vezes no tamanho dentro das espécies. Seus padrões de superfície passam por estágios de desenvolvimento e, em consequência disso, apenas sementes maduras deveriam ser estudadas para estudos comparativos.

A significância adaptativa e fisiológica das características da superfície de modo algum é clara, e estudos valiosos sobre o desenvolvimento de padrões para maturidade são de interesse atual. Alterações durante a germinação também são estudadas, assim como alterações sob condições de armazenamento que levariam à deterioração e perda da viabilidade da semente.

As condições necessárias para a germinação são tão específicas e especializadas para algumas sementes que experimentos elaborados devem ser conduzidos a fim de descobri-los. Estudos anatômicos paralelos podem auxiliar na interpretação dos resultados.

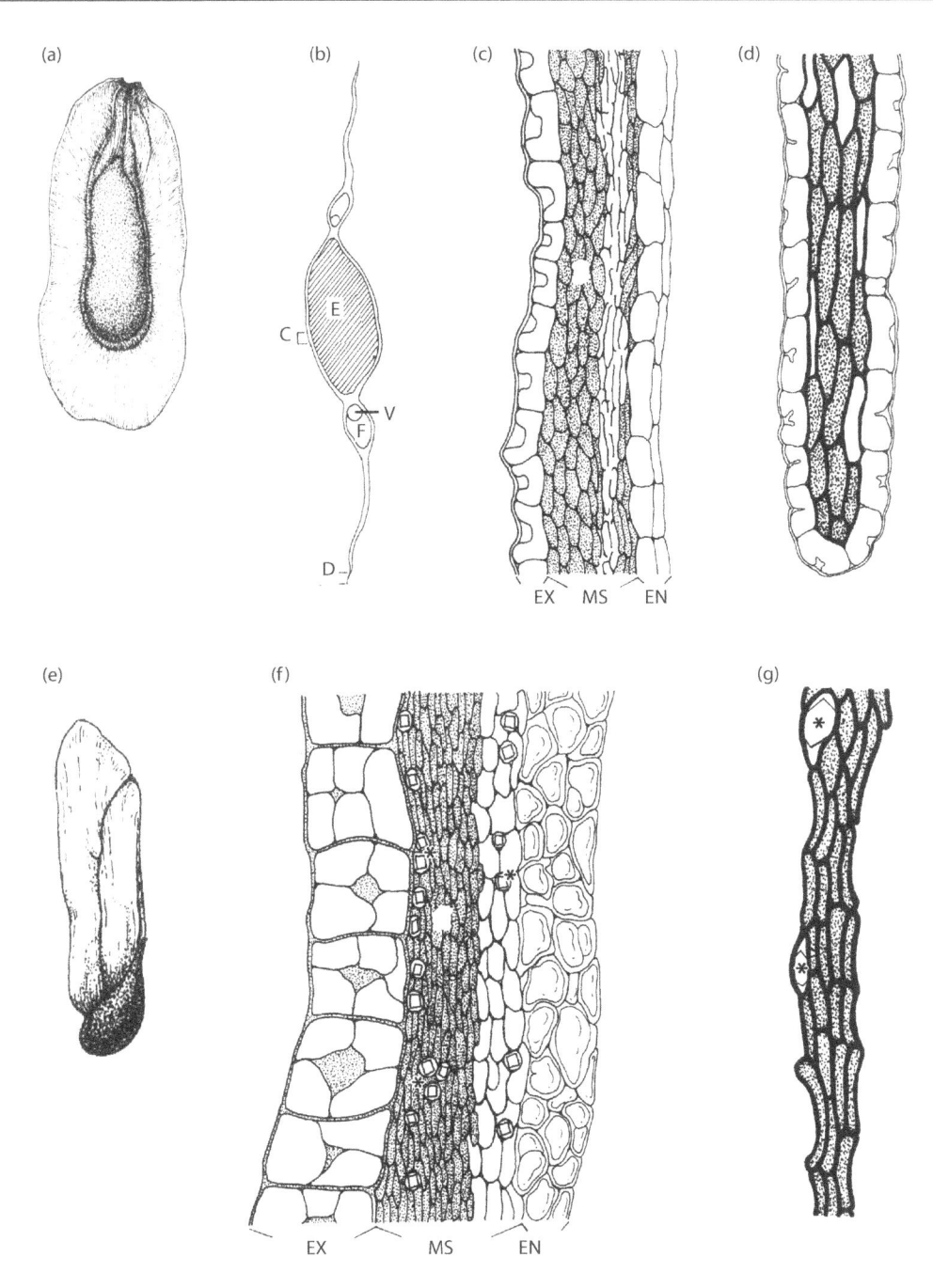

FIGURA 7.10
Anatomia de sementes aladas de dois gêneros em Lecythidaceae em secção transversal. (a-d) *Couratari asterotrichia*. (a) A semente inteira. (b) Desenho esquemático da secção transversal da semente inteira. As áreas marcadas C e D, em (b), são ampliadas em (c), o corpo da semente, e (d) a asa da semente. (e-g) *Cariniana legalis*. (e) A semente inteira. (f) Secção do corpo da semente. (g) Secção da asa da semente. EX, exotesta; MS, mesotesta; EN, endotesta. (Cortesia de Scott Mori.)

8

CARACTERÍSTICAS ADAPTATIVAS

INTRODUÇÃO

A relação entre a estrutura da planta e o ambiente em que ela cresce fascinou os primeiros anatomistas de plantas e continua a ser tema de grande interesse atual não apenas para aqueles que trabalham em anatomia e histologia, mas também para fisiologistas, ecólogos, melhoristas de plantas, bioquímicos e biólogos moleculares.

Antes de considerar as aparentes adaptações ao hábitat, é importante relembrar que existem considerações mecânicas básicas e adaptações especiais que influenciam a forma das folhas e caules. Adicionalmente, características das famílias também são muitas vezes expressadas em seus membros, a menos que sejam positivamente desvantajosas e tenham pouco a ver com a preferência pelo hábitat.

ADAPTAÇÕES MECÂNICAS

No Capítulo 1, é fornecida uma descrição detalhada dos sistemas mecânicos encontrados nas plantas. Aqui, uma revisão breve é fornecida sobre os princípios, com alguma informação sobre os atributos mecânicos de algumas adaptações. Nas folhas da maioria das plantas terrestres, o xilema tem relativamente pouca força mecânica e, na maioria das espécies, os feixes vasculares são acompanhados por bainhas do feixe ou arranjos de fibras em forma de tirantes, parênquima esclerificado ou colênquima. O tecido mecânico pode ser acomodado dentro da espessura da folha, a fim de que ambas as superfícies fiquem lisas, ou pode produzir saliências proeminentes acima, abaixo ou ambas. O arranjo de nervuras nas folhas é muito variado (ver Capítulo 6). Nas monocotiledôneas e em algumas dicotiledôneas, muitas espécies têm folhas em forma de fita, com as nervuras centrais paralelas entre si. As gramíneas são exemplos típicos. A nervura central pode ser a maior delas. As nervuras axiais são conectadas em intervalos por nervuras transversais, em geral mais estreitas do que a maioria daquelas do sistema axial. Isso produz um arranjo similar a uma teia, com o tecido mais macio, verde e que não suporta peso suspenso entre as nervuras.

Algumas monocotiledôneas, como aroides, são mais semelhantes que as dicotiledôneas de folhas largas em relação à forma da folha. Elas têm estrutura similar a um pecíolo e lâmina planar expandida. Em geral, as nervuras da lâmina consistem em uma nervura central que se segue diretamente alinhada com as nervuras do pecíolo e uma série de nervuras laterais. As nervuras laterais de primeira ordem podem partir da nervura central em um modo regular pinado em todo seu comprimento, espaçar-se de modo uniforme e se estender em direção às margens das folhas em cada lado. Todas podem se originar próximas à base da lâmina e se espalhar em direção às margens com três, cinco ou mais ramificações. Em algumas folhas, por exemplo, *Gunnera* e ruibarbo, o padrão de nervuras é bem pronunciado e pode ser comparado à abóbada arqueada de edifícios. Vigas em balanço (ou cantiléveres) são comuns na natureza. Algumas folhas são bastante grandes, e suas nervuras lobadas e reforçadas fornecem suporte mecânico com economia de materiais, dando suporte ao tecido verde relativamente delicado exposto à luz.

O arranjo de tecido mecânico em pecíolos é de considerável interesse. O arranjo foliar em caules em geral auxilia a minimizar o autossombreamento, mas o ajuste fino é realizado pelo pecíolo. Em certas plantas, o pecíolo pode auxiliar a lâmina a acompanhar o sol. O pecíolo também permite que a lâmina sofra torção e entre em rotação parcial com o vento, minimizando os efeitos danosos do vento na estrutura delgada similar a uma vela. A arquitetura é tal que a elasticidade no sistema permite à lâmina recuperar a sua orientação preferida para a interceptação da luz, quando o vento soprar. Esse marcante autoajuste de flexibilidade ocorre com a ajuda da estrutura e das propriedades do tecido mecânico. A secção transversal pode ter formato de U (como calhas plásticas, que têm propriedades de recuperação similares à torção), com algumas variantes, ou pode consistir em um cilindro, com partes mais espessas e delgadas, ou ainda em um cilindro com anéis adicionais internos, externos ou ambos. Não é tão claro como pecíolos com cilindros fechados funcionam. Todos os pecíolos têm que ser capazes de suportar bem carregamento vertical. Claramente, todos os tipos também suportam forças de torção já que são funcionais.

Na base do pecíolo e, algumas vezes, nas bases de peciólulos de folíolos, pode haver um pulvino alargado com células parenquimáticas que, quando túrgidas, mantêm as folhas eretas. Quando a pressão interna nessas células se reduz, a folha e os folíolos pendem em uma posição de "dormir". A murcha nessas plantas pode ter efeito similar, fazendo a folha e os folíolos apresentarem área superficial reduzida para o sol.

Nas folhas pilosas e pinadas, bem como em outras formas com diversos folíolos, o vento pode ser "escoado" pelo movimento de componentes individuais. Diversas palmáceas possuem folhas grandes, que, quando imaturas, são inteiras. Durante a expansão, linhas de ruptura predeterminadas na separação na lâmina se partem, e a folha madura passa a ter a aparência de pinada. Além da força fornecida pelas nervuras reforçadas, as folhas de palmeiras com frequência contêm listras fibrosas e células da epiderme de parede espessa. O coqueiro é um bom exemplo. Essa estratégia passiva para a sobrevivência é eficaz. As folhas podem tornar-se mais destruídas, mas, em geral sobrevivem para serem funcionais.

As folhas finas, com feixes vasculares organizados em linha, mais ou menos equidistantes de cada superfície são acompanhadas adaxial e abaxialmente por vigas ou faixas mecânicas. Isso as torna similares a feixes e vigas em construções e outras estruturas. Em feixes manufaturados, as ranhuras superiores e inferiores são mais robustas do que a parte central ereta entre elas. De fato, é comum encontrar orifícios produzidos na parte central para adquirir forma de treliça, economizando materiais quando desnecessários à força mecânica. A força real é fornecida pelos "flanges", e os tecidos entre eles servem mecanicamente apenas para manter os flanges em seus respectivos arranjos espaciais, fato não incomum na natureza. Em geral macias, as células túrgidas do parênquima podem ser encontradas nessas partes da "viga", mas algumas vezes podem ser até espaços de ar. Aqui encontramos um excelente paralelo na economia de uso de materiais nas plantas e a eficiência na engenharia.

Os tubos ou cilindros já foram descritos para caules (ver Capítulo 5) e como estágio do desenvolvimento quando os caules envelhecem ou aumentam em diâmetro (ver Capítulo 2). É comum que o tecido mecânico se concentre em direção à periferia, onde ele pode fornecer considerável suporte mecânico, com economia de material. Árvores ocas são frequentemente causa para preocupação, mas uma vez que os tecidos externos estejam vivos e ativos e lenho suficiente permaneça nos pontos das inserções dos ramos para mantê-los eretos, não há motivo para preocupação. Os tubos são comumente aplicados na engenharia devido à sua especial eficácia no uso de material em relação à força.

Trepadeiras como *Vitis vinifera*, a videira, e espécies de *Clematis*, com frequência retêm feixes vasculares separados, mesmo que se considere que esses feixes se tornam radialmente alongados assim que os caules ficam mais espessos com o envelhecimento. Exemplos são as faixas radiais de células de parede finas. Quando os caules tornam-se comprimidos durante seu crescimento, as regiões de parede fina são deformadas, mas as principais células condutoras do tecido vascular não se comprimem e podem continuar a funcionar com eficácia.

ADAPTAÇÕES AO HÁBITAT

Nos primeiros estudos sobre as adaptações das plantas aos desafios do ambiente, foram realizadas correlações com base empírica. As plantas que crescem em condições de seca, por exemplo, foram estudadas; ficou provado que elas exibem modificações anatômicas normalmente não associadas com plantas mesófitas. Sem qualquer tentativa de experimentação, os autores daquele período atribuiriam propriedades específicas às estruturas que viam. Por exemplo, o livro de Haberlandt, *Physiological plant anatomy*, foi escrito principalmente a partir de observações com pouca ou nenhuma experimentação e deve portanto, ser usado com cuidado. Muitos pesquisadores que seguiram Haberlandt adotaram suas ideias de modo não crítico. Onde as pessoas tiveram o trabalho de estudar a anatomia de um grupo de plantas de um hábitat, elas constataram a presença de algumas características que pareciam variar tanto em sua expressão, por exemplo, a espessura das paredes das células da epiderme, que sua significância adaptativa é colocada em dúvida. Entretanto, determinados tipos de modificação surgem com certo grau de regularidade, e em plantas taxonomicamente tão diversas, que podem realmente ser relacionados à sobrevivência naquele hábitat em particular. Essas características se prestam a estudos sobre a fisiologia e os genes que controlam tanto o desenvolvimento da estrutura e sua função.

A despeito de quaisquer adaptações encontradas na anatomia das plantas que possam ser consideradas "ecologicamente" benéficas, é normal que caracteres de famílias ou gêneros sejam bem expressados e com frequência dominantes.

Nem todas as adaptações são evidentes em níveis anatômicos e morfológicos. Algumas são fisiológicas, e raças fisiológicas de plantas evoluíram tornando-as adaptadas para crescerem sob condições extremas. Por exemplo, algumas raças de *Agrostis* podem crescer em áreas de alta concentração de metais pesados (p. ex., cobre) onde outras plantas não conseguem. Foi demonstrado que essas gramíneas adaptadas acumulam e imobilizam metais pesados em suas raízes, prevenindo que esses metais penetrem e danifiquem as células e organelas em outros órgãos.

A duração da vida da planta pode ser uma característica dominante que auxilia uma espécie a sobreviver. As espécies efêmeras podem crescer em condições normalmente áridas se puderem germinar suas sementes, crescer, florescer e frutificar quando a água for disponível. Durante esse curto período de atividade, a planta pode ter água adequada e não necessitar de outras adaptações xeromórficas.

O assunto se torna mais complexo quando nos damos conta que muitas vezes existem diversos nichos microecológicos mesmo em áreas pequenas. A diversidade da anatomia pode ser relacionada a essas diferenças, com frequência difíceis de serem detectadas sem um estudo prolongado da área em questão. A variabilidade sazonal no ambiente pode ser negligenciada por aqueles que fazem coleções de plantas em certos períodos do ano. Em resumo, se uma espécie cresce com sucesso sob determinado conjunto de condições, ela o faz como resultado de seleção, adaptação e habilidade em competir com outras espécies por aquele nicho.

Alguns dos principais hábitats e modificações das plantas comumente associadas estão descritos a seguir. Apesar das observações cautelosas supracitadas, com frequência é possível encontrar nas plantas características anatômicas que mostrem estreita correlação com o tipo de hábitat em que elas costumam ocorrer e que se constituem claramente no resultado da adaptação às condições especiais e às necessidades fisiológicas.

XERÓFITAS

As plantas que crescem sob condições de muita seca normalmente mostram redução na área superficial de evaporação. As folhas desenvolvidas podem ser pequenas ou ter diversas características que parecem auxiliá-las na regulação ou na redução da perda do potencial de água. Plantas sem folhas, por exemplo, diversas Cactaceae e Euphorbiaceae, e outras com folhas não funcionais, como diversas espécies de *Juncus* e a maioria das Restionaceae (família presente principalmente no Hemisfério Sul, em áreas de baixa pluviosidade como solos pobres em minerais na África e Australásia e uma espécie na América do Sul), com frequência têm caules subesféricos ou mais ou menos cilíndricos modificados para exercer as funções fotossintéticas e de transpiração normalmente devido às folhas. Uma esfera tem a menor área superficial possível para um determinado volume, e os cilindros também têm baixa relação entre a área superficial e o volume.

As plantas xerófitas podem ser divididas em duas categorias: plantas que escapam da seca e plantas que toleram a seca. Apenas naquelas que toleram a seca se esperaria encontrar fortes modificações anatômicas, mas, mesmo plantas que escapam da seca, as quais sobrevivem em forma de sementes, bulbos ou em formas reduzidas e sem folhas, podem ter algumas adaptações para períodos semiáridos onde elas são normalmente folhosas.

O hábito bulboso é muitas vezes relacionado a situações de seca; flores e folhas estão presentes como órgãos aéreos para um período limitado a cada ano, por exemplo, *Narcissus*, *Tulipa*, *Haemanthus*, *Scilla*. Caules subterrâneos "inchados" também ocorrem, por exemplo, em diversas Asclepidiaceae; rizomas, por exemplo em espécies de *Iris*; ou colmos, por exemplo, em *Crocus*, *Watsonia*; xilopódios lenhosos, por exemplo, em diversas Myrtaceae e Anarcadiaceae australianas. Assim como nas efêmeras, essas plantas costumam crescer ativamente quando a água estiver disponível e suas folhas, em consequência disso, puderem mostrar pouca adaptação às condições áridas. Se elas forem perenifólias, como espécies de eucaliptos, suas folhas tornam-se duras e mostram modificações xéricas.

Naquelas plantas com folhas ou caules persistentes (perenes), as modificações morfológicas e anatômicas são bastante comuns. Os estômatos são muitas vezes (mas nem sempre) afundados; podem ter diversas antecâmaras e cavidades subestomáticas cobertas por cutina, que poderiam exercer um papel na regulação da água. Determinadas espécies de *Aloe* e *Haworthia* (Figura 8.1) mostram algumas dessas modificações. A própria cutícula é frequentemente mais espessa nas xerófitas do que nas mesófitas, mas a cutícula e a espessura da parede celular das células da epiderme não são dicas confiáveis para xeromorfia. Os estômatos podem ser muito numerosos e amplamente distribuídos ou podem estar confinados às cavidades ou canais nas folhas ou no caule. Algumas folhas xeromórficas são capazes de se enrolar (p. ex., *Ammophila*, Figura 8.2), encobrindo assim o estômato quando as condições de seca prevalecerem. Por outro lado, quando água adequada for disponível, fica demonstrado que as coníferas, com folhas tipo acículas, podem transpirar tão rapidamente como as mesófitas. Plantas como diversos aloés, com cutículas espessas, ceras epicuticulares, paredes externas mais espessas nas células da epiderme, bem como estômatos afundados e protegidos por diversas estratégias, parecem ser bastante capazes de regular e minimizar as perdas de água durante períodos secos. A borda protuberante formando uma cavidade supraestomática acima de cada estômato pode ter a função de incrementar a evaporação quando as condições de crescimento forem boas. A estrutura poderia ter um efeito Venturi, reduzindo a pressão acima do estômato e auxi-

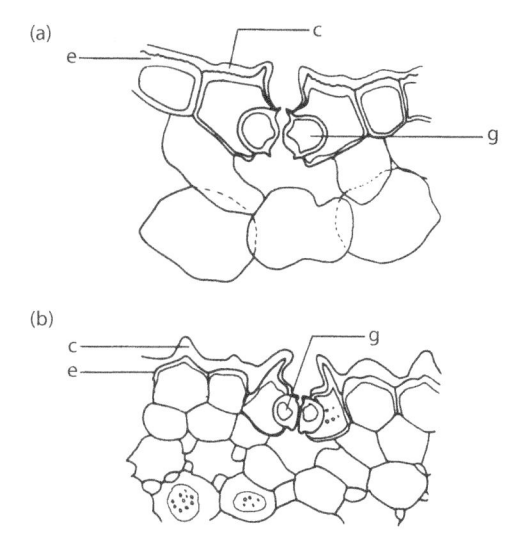

FIGURA 8.1
(a) *Aloe somaliensis*, partes externas da folha em secção transversal. x218. (b) *Haworthia greenii*, parte externa da folha em secção transversal. x218. Observe as células-guarda afundadas (g), a cutícula espessa (c) e a parede externa espessa para as células epidérmicas (e). Ambas têm folhas suculentas, com pouco tecido mecânico.

liando a transpiração sob condições adequadas. Em plantas como essas, que têm ampla proteção contra a perda da água, pode ser que até mesmo quando o suprimento de água for adequado seja difícil manter evaporação suficiente nas folhas para direcionar o fluxo da transpiração. Nessas circunstâncias, se os estômatos na base dessas "chaminés" forem abertos, o fluxo externo de ar acima poderia causar neles uma pressão reduzida, aumentando o fluxo de vapor de água da planta.

Algumas plantas, como *Elegia* (Restionaceae), conseguem crescer em áreas com fornecimento adequado de água subterrânea, mas onde fortes ventos secos podem causar excessiva perda de água. Essas plantas semelhantes a juncos não sofrem danos físicos pelos ventos fortes, já que não possuem folhas e são flexíveis. Muitas Restionaceae e algumas Juncaceae são formidáveis, pois possuem características xeromórficas nos caules, mas características hidromórficas nas raízes. Existe abundante tecido mecânico, em geral esclerênquima ou outras células lignificadas nos caules, mas grandes cavidades de ar no córtex das raízes. Parece que os caules podem ser expostos a ventos fortes e secos quando é provavelmente muito frio para as raízes fornecerem água suficiente para compensar as perdas pela transpiração. Com frequência, as próprias raízes crescem em solos alagados ou em água empoçada. Por isso, quando as condições para a transpiração e a ação da raiz são satisfatórias, a adaptação da raiz é provavelmente benéfica.

As adaptações internas nas xerófitas podem adquirir uma das duas seguintes formas principais: elas podem armazenar água – então as plantas são descritas como suculentas – ou podem fornecer rigidez estrutural, com a habilidade de resistir a colapso, rompimento ou morte – então as plantas são descritas como escleróticas. O rompimento ou a morte dos tecidos é uma das principais causas de dano permanente resultante da dessecação excessiva. O clorênquima incluído em canais rígidos alinhados é menos provável de ser rompido do que quando estiver nas folhas desprotegidas e relativamente não endurecidas das mesófitas. Nas plantas suculentas, existe pouquíssimo, se

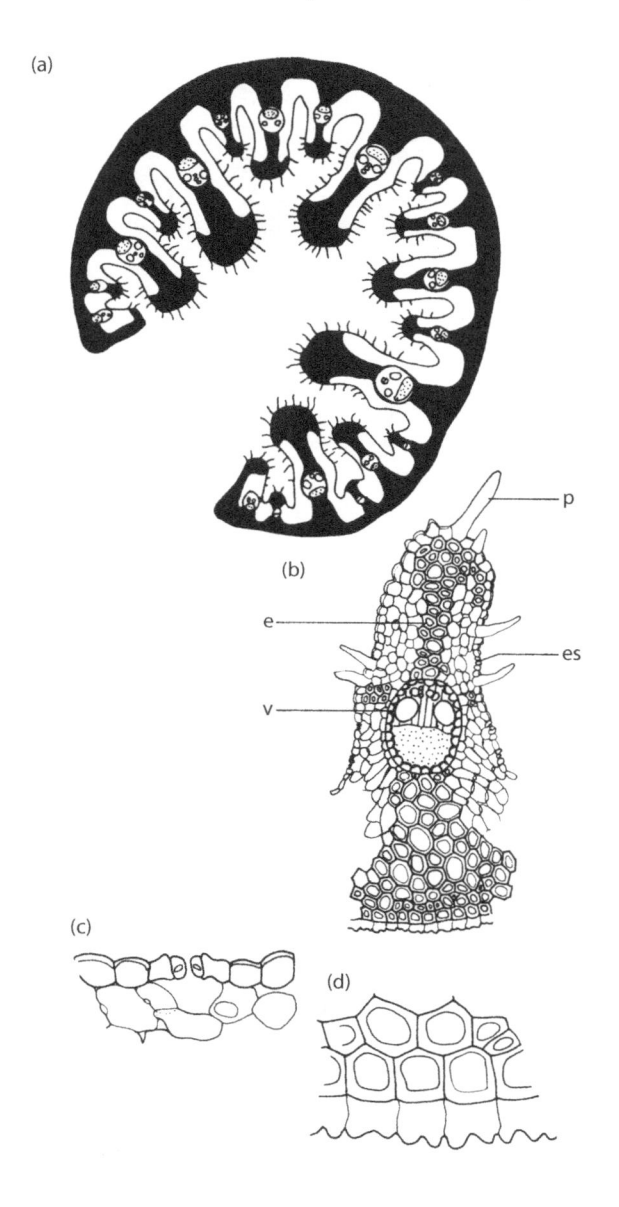

FIGURA 8.2
Ammophila arenaria. (a) Folha em secção transversal, em baixa magnificação (áreas escuras representam células de parede espessa). (b) Detalhe da nervura. (c) Epiderme adaxial com estômato. x300. (d) Epiderme adaxial com cutícula muito espessa. x300. e, esclerênquima; v, feixe vascular; p. pelos; es, estômato.

existir algum, tecido mecânico, e o xilema do sistema vascular em geral não é muito engrossado. Muitas crassuláceas (Figura 8.3), aloés, etc. são do tipo suculento, enquanto *Hakea*, *Leptocarpus* (Figura 8.4) e *Ulex*, tojo, são do tipo esclerótico, bem como *Ecdeiocolea* (Figura 8.5).

Algumas espécies de *Haworthia* e *Lithops* só apresentam as extremidades das folhas translúcidas acima do nível do solo. A parte restante da folha fica enterrada, mas contém clorênquima e mesofilo que armazena água. Essas plantas são com frequência denominadas plantas "janela". A luz é capaz de penetrar o tecido fotossintético através das células translúcidas que funcionam como fibras ópticas.

A associação de alguns outros caracteres com xerófitas é muito mais duvidosa. Pelos supostamente auxiliam na redução da velocidade do vento superficial e, em consequência disso, das taxas de evaporação, mas a ausência de pelos é com frequência uma questão muito mais de característica familiar. Muitas xerófitas pertencem a famílias em que os pelos são raros e que se dão

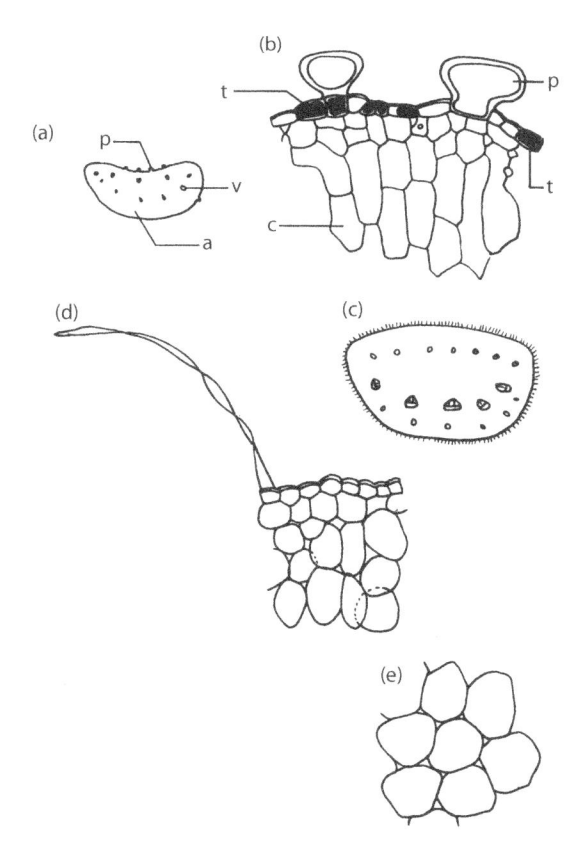

FIGURA 8.3
(a,b) *Crassula* sp. (c-e) *Senecio scaposus*. (a,c) Falha em secção transversal; tecido mecânico ausente, células do mesofilo central armazenam água. (b) Detalhe da parte externa de (a). (d) Parte externa de (c). (e) Parte central de (c). (b,d,e) x54. c, clorênquima; p, pelo; t, tanino; v, feixe vascular; a, tecido de armazenamento de água.

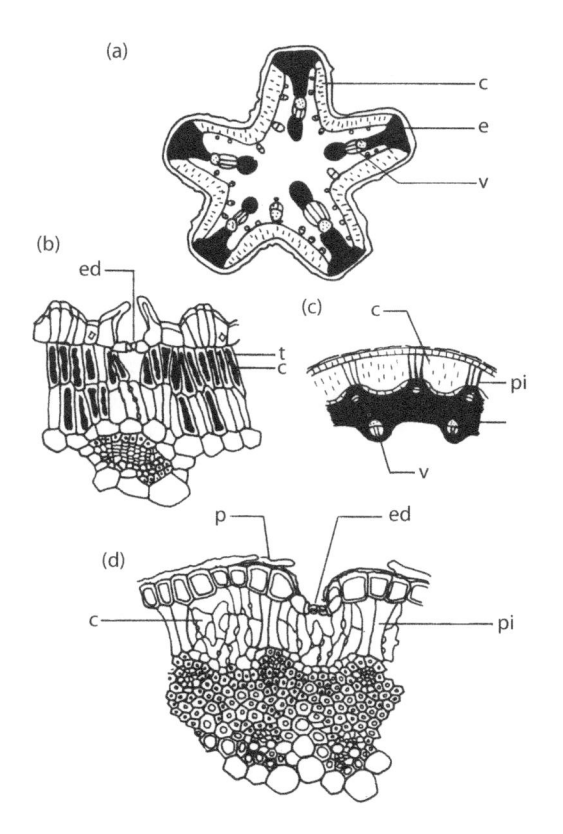

FIGURA 8.4
(a,b) *Hakea scoparia*, folha em secção transversal. (c,d) *Leptocarpus tenax*, caule em secção transversal. Observe estômatos afundados (ed) em ambos e espessamento abundante do esclerênquima (e). Pelos (p) cobrem *Leptocarpus* e tanino (t) está presente no clorênquima de *Hakea*. As células em forma de pilar (pi) em *Leptocarpus* dividem o clorênquima em canais longitudinais. c, clorênquima; v, feixe vascular. (a,c) x15; (b,d) x120.

relativamente bem sem eles. Pelos de parede fina pode aumentar facilmente a perda de água sob determinadas condições, mas a maioria das xerófitas com pelos, como espécies de *Gahnia*, *Ammophila* e *Erica*, tem pelos com paredes espessas e outras também têm cutícula espessa. A extrema ausência de pelos é encontrada em plantas de montanhas tropicais elevadas, sujeitas a flutuações extremas de temperatura durante o dia. Algumas plantas, como o mesembriântemo, têm pelos similares a balões, que, quando totalmente túrgidos, permitem a troca de gases entre o ar e o estômato abaixo deles. Na escassez de água, os pelos entram em colapso parcial, pressionam-se uns contra os outros e bloqueiam com eficiência a troca de gases e a perda de vapor d'água. Alguns pelos funcionam como camada de isolamento, reduzindo a perda de água sob condições de seca e vento; esses pelos têm uma camada à prova d'água, de material similar à suberina, inserida nas paredes celulares perto da base dos pelos (como a estria de Caspary). Isso previne com eficácia a perda de água do corpo da folha através dos pelos que poderia vazar de outro modo por efeito de escorrimento passivo. No outro extremo, as células poderiam ter paredes

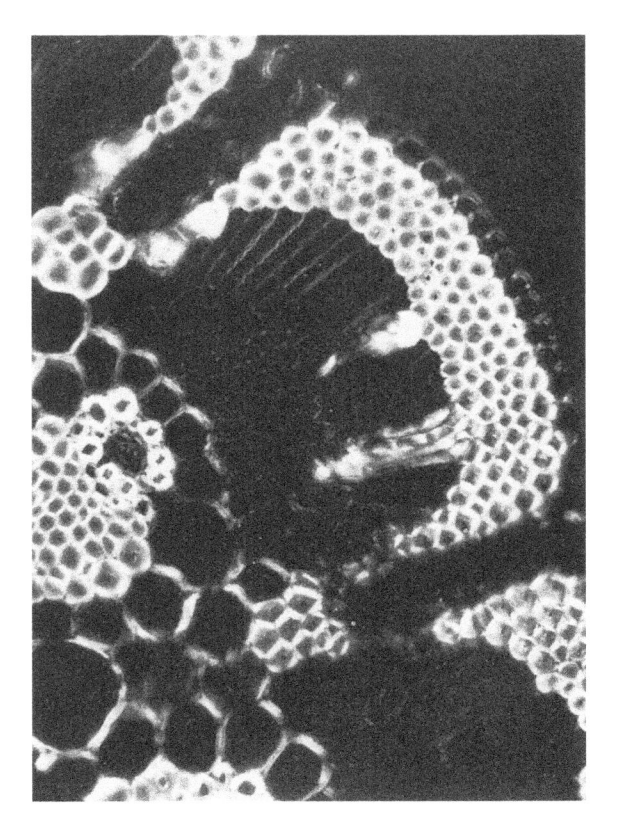

FIGURA 8.5
Ecdeiocolea, parte externa do caule. Fibras e esclereídes mostradas como "células luminosas". Esta xerófita tem caule profundamente sulcado, com estômatos nos flancos dos sulcos. Observe o forte desenvolvimento das fibras na hipoderme do lado externo do clorênquima de paredes finas. Secção transversal sob microscopia de luz polarizada, x550.

delgadas e então serem vulneráveis à perda de água – mas igualmente capazes de obter água do orvalho ou do ar úmido. Pelos assim são comuns em epífitas que crescem no alto da copa de árvores em florestas de clima frio e úmido. As raízes de epífitas servem principalmente para a ancoragem; a água é obtida pelas folhas, auxiliada por pelos como esses quando eles estão presentes.

Existem diversas mesófitas com pelos.

A textura fina da superfície da folha ou do caule pode ter efeitos marcantes no padrão de fluxo de ar acima dela. A camada limítrofe é a camada de ar imediatamente próxima à superfície. Ela é mais fina sobre uma superfície lisa do que uma rugosa. A camada limítrofe consiste em ar relativamente parado, mas a rugosidade da superfície pode levar à turbulência do fluxo de ar sobre ela. A perda de vapor d'água através dos estômatos ocorre mais rapidamente quando a camada limítrofe é fina. Espécies que crescem habitualmente em ambientes úmidos, abrigadas do vento, tendem a ter superfície lisa. Em ambientes mais expostos, por exemplo, encostas rochosas e quentes, é comum encontrar folhas com superfícies bastante rugosas, com a rugosidade aumentada por flocos proeminentes da cera superficial.

O aumento da rugosidade da superfície pode ser conferido pela forma da folha, nervuras proeminentes e lâminas corrugadas. Com frequência, ocorre também a contribuição de microcaracteres. Em plantas com folhas lisas, as células da epiderme têm paredes periclinais externas planas. Até mesmo um leve abaulamento dessas células pode aumentar a rugosidade superficial e, se as paredes forem desenvolvidas em papilas, elas exercem um efeito marcante na camada limítrofe. É natural que os pelos, conforme discutido acima, introduzam uma nova dimensão à rugosidade da superfície. As paredes externas das células da epiderme podem exibir estriamentos finos e micropapilas. O tamanho dessas características e sua ocorrência, aparentemente correlacionada com as plantas expostas ao vento e ao estresse pelo calor, sugere que elas possuem um papel na modificação da camada limítrofe. Elas também podem aumentar a dispersão da luz e do calor.

As bordas das folhas e suas margens podem ser inteiras ou dentadas de diversos modos. As dentições têm efeitos marcantes na redução da turbulência do fluxo de ar; considera-se que elas auxiliem a manutenção da integridade das margens das folhas durante os ventos fortes.

No alto das montanhas, as espécies no ar menos denso são sujeitas a alta insolação e têm que enfrentar níveis altíssimos de luz UV prejudicial. Os cloroplastos podem descolorir e se tornar não efetivos se interceptarem muita luz UV. Foi descoberto que algumas espécies evoluíram protetores solares naturais, muitas vezes envolvendo polifenóis, filtrando a luz UV. Essas substâncias podem estar nas células da epiderme ou em uma ou duas camadas de células incolores abaixo da epiderme, mas acima do clorênquima. Por um lado, as substâncias nas células podem ser translúcidas e incolores; por outro, podem ser amarelas ou marrons e exercer um efeito de bloqueio direto da luz, reduzindo sua intensidade. Existe considerável interesse comercial na descoberta de como esses produtos funcionam e de qual é sua estrutura.

Diversas xerófitas têm hipoderme, cujas células têm parede espessa (Figura 8.5).

O mesofilo compacto, com poucos espaços de ar, também tem sido considerado uma característica xeromórfica (p. ex., espécies de *Pinus*, com células plicadas do mesofilo); entretanto, diversas xerófitas suculentas e escleróticas possuem mesofilo ou clorênquima do caule com abundantes espaços de ar (p. ex., *Laxmannia*, *Hypolaena*). Experimentos são necessários para determinar a significância de grandes volumes da atmosfera interna que podem ser uma característica tanto de plantas xeromórficas quanto hidromórficas. A função seria a mesma nos dois tipos de plantas, já que ambas poderiam estar crescendo sob condições que permitissem apenas uma taxa reduzida de fluxo de transpiração?

Em determinadas regiões montanhosas do mundo, pouca ou nenhuma água superficial pode ser vista durante diversos meses do ano, e a água do solo com frequência encontra-se congelada. Plantas em forma de "almofada" (*cushion plants*) são a forma característica de vida nesses locais. A partir da observação do hábito compacto, reduzida área superficial foliar, entre nós curtos, raízes de ampla penetração e baixa velocidade de crescimento, poderia se pensar que a anatomia dessas plantas conformaria um tipo xeromórfico. Entretanto, não ficou provado que isso seja inteiramente correto. Algumas espécies, como *Pycnophyllum molle* e *P. micronatum* (Caryophyllaceae), realmente mostram as adaptações esperadas. Elas têm reduções extremas na área foliar superficial, as folhas são bastante juntas aos caules cilíndricos, e os estômatos afundados ocorrem apenas na superfície adaxial protegida, entre as papilas. Mas outras espécies, como *Oxalis exigua* (Oxalidaceae), possuem raras modificações xeromórficas aparentes. *Oxalis exigua* tem pelos e papilas nas folhas, mas os estômatos são superficiais. O clorênquima das folhas não é compacto. Suas folhas são semelhantes àquelas dos membros mesofíticos do gênero. O caule e as raízes das plantas exibem uma modificação interessante, de provável utilidade para plantas que precisem penetrar nas fendas entre as rochas. Não existe xilema nem floema interfascicular produzido durante o crescimento secundário, e os feixes vasculares permanecem separados. O câmbio nas regiões interfasciculares produz parênquima. Ao que parece, as raízes e os caules podem girar e se deformar sem ocorrer compressão do suprimento vascular, conforme se observa em diversas lianas.

Azorella compacta (Umbelliferae) apresenta características anatômicas que parecem relacionadas a um ambiente hostil de montanha. As folhas são pequenas e muito brilhosas (refletindo assim a luz ultravioleta). Raízes contráteis são presentes, o que auxilia a manter a planta firmemente ancorada, apesar do deslocamento pela geada. Os feixes vasculares são separados, como em *Oxalis exigua*. Os dutos de resina, características familiares, são frequentes. *Anthobryum triandrum* (Frankeniaceae) também se adapta bem às condições de frio ou seca. As folhas são sulcadas, com estômatos confinados aos sulcos. Entretanto, o cilindro vascular é compacto, não composto de feixes separados. Então, uma vez mais temos evidências de que algumas características de "família" podem ser conservadas em plantas muito modificadas e reduzidas, bem como de que diversas espécies com anatomia variada conseguem suportar um determinado conjunto de condições ambientais.

Com frequência, as halófitas apresentam suculência normalmente associada a condições secas; elas crescem em áreas salinas onde, na prática, existe seca fisiológica. Embora circundadas por água, as raízes têm que extraí-la do solo contra uma considerável força de sucção. (Esse ponto tem aplicação na nutrição líquida de plantas através de um leito pedregoso em casas de vegetação. O leito pedregoso necessita ser periodicamente lavado com água não salina para que as concentrações de sal não se tornem suficientemente elevadas e desidratem as plantas).

Plantas que crescem em solos que congelam durante parte do ano também são sujeitas a condições de "seca". Diversas coníferas nesses hábitats têm folhas aciculares, além da habilidade de regular adequadamente o fluxo d'água, tanto sob condições favoráveis ou desfavoráveis de oferta de água.

A seiva de plantas que comumente florescem e produzem folhas antes do final do período de ocorrência de neve e geada com frequência tem natureza mucilaginosa e atua como uma espécie de anticongelante.

Cactos colunares nervurados talvez sejam o melhor exemplo de alterações adaptativas na morfologia e na anatomia para suportar as necessidades funcionais de ambientes áridos. Seu formato de coluna canelada permite que o caule se contraia e se expanda em resposta à perda ou à absorção de água sem danificar nenhuma célula. Ou seja, a distância entre os sulcos altera-se de acordo com conteúdo de água, as nervuras ficam próximas quando ocorre estresse hídrico e separadas quando a água se acumula. Essa flexibilidade é facilitada pela presença de colênquima hipodérmico. A forma também permite que a luz direta incida apenas durante pouco tempo a cada dia, evitando assim o superaquecimento dos tecidos enquanto as próprias nervuras maximizam a luz refletida. Os espinhos atuam como sombra ao longo das nervuras. A camada espessa de ceras epicuticulares maximiza a reflexão da luz ultravioleta prejudicial. As nervuras atuam como radiadores ao dissiparem o calor, assim como os espinhos que são folhas modificadas. Durante as noites frias, as nervuras e os espinhos são áreas onde a umidade se condensa, goteja e/ou escorre para as raízes na base das plantas. Desse modo, os espinhos não só previnem a herbivoria, mas também fornecem sombra, atuam como radiadores e auxiliam na obtenção de umidade.

MESÓFITAS

As condições mesofíticas são adequadas para plantas de folhas largas com folhas razoavelmente macias, finas ou de certo modo esclerificadas e coriáceas (endurecidas). Em zonas submontanhosas temperadas ou tropicais, muitas mesófitas passam os meses de inverno sem folhas, tanto como árvores decíduas quanto como ervas perenes, e suas gemas possuem escamas. As bordas dessas zonas mesofíticas tendem a ter uma grande proporção de perenifólias de folhas coriáceas. Existe uma gradação de condições de mesofíticas para xéricas em diversas áreas, e as plantas mostrando adaptações para ambas as situações podem crescer lado a lado. Mesófitas tendem a ter variações anatômicas relacionadas mais à família à qual pertencem do que ao ambiente em que crescem. Sob diversos prismas, a anatomia de plantas mesófitas é considerada a norma a partir da qual as xerófitas e hidrófitas se originam. Por isso, estas últimas geralmente são comparadas com a primeira.

Em decorrência disso, é difícil fazer generalizações sobre a anatomia das mesófitas. As células da epiderme com frequência têm apenas paredes externas de espessura moderada e uma cutícula fina ou levemente espessada. Os estômatos, normalmente confinados à superfície inferior, em geral são superficiais. O mesofilo consiste normalmente em uma, duas ou mais camadas de células semelhantes às paliçádicas, camadas estas firmemente empacotadas. As células das camadas internas podem ser as menos densamente empacotadas e fazem divisa com o mesofilo esponjoso pouco organizado. O tecido esclerenquimático é ausente ou esparso e pode ser representado por um pequeno número de esclereídes. As bainhas esclerenquimáticas dos feixes vasculares são raras, exceto em relação às maiores nervuras principais, às nervuras centrais ou ao pecíolo. Ver a Figura 8.6 para exemplos de folhas de mesófitas.

As florestas tropicais úmidas são adequadamente supridas de água. A forma de vida dominante são árvores muito altas. As folhas muitas vezes são

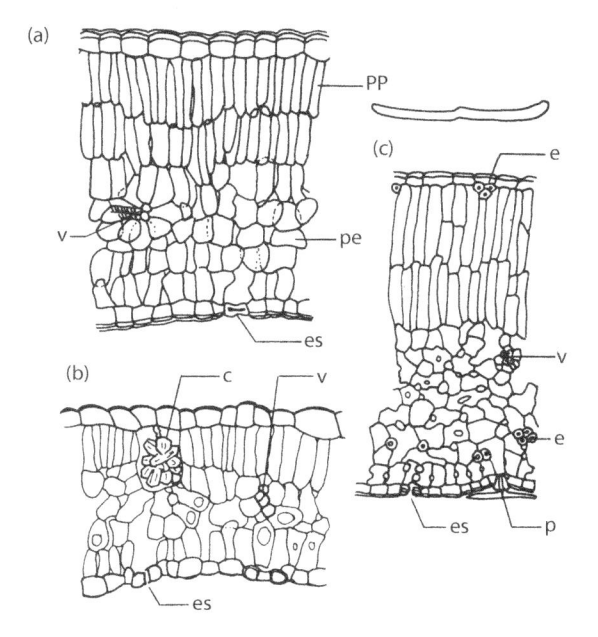

FIGURA 8.6
Pequenas partes das folhas mesófitas (lâmina) em secção transversal. (a) *Arbutus unedo*. x109. (b) *Corylus avellana*. x120 (c) *Olea europaea*. x109. c, cristais em forma de drusas; p, pelos; pp, parênquima paliçádico; e, esclereíde; pe, esponjoso; es, estômato; v, feixe vascular.

duradouras, porque existem poucos estresses sazonais que poderiam necessitar a adoção de um hábito decíduo regular. Algumas árvores de florestas úmidas perdem e repõem as folhas de modo contínuo. Outras podem perder as folhas em intervalos esporádicos de alguns anos; essas árvores com frequência florescem antes do novo crescimento foliar (ex. Bignoniaceae). Em geral, as folhas são relativamente duras (coriáceas), mas têm grandes áreas superficiais. Muitas possuem uma "extremidade gotejante" alongada. Escamas das gemas são raras.

A umidade relativa dentro das copas da floresta úmida normalmente beira 100%. Diversas epífitas crescem em relativo sombreamento. Algumas, como determinadas Bromeliaceae, têm uma arquitetura em que as folhas conduzem a água para o centro da planta, onde ela é mantida em "reservatórios" formados pelas bases das folhas. As raízes normais dessas e de outras epífitas são meras âncoras e não extraem nutrição das plantas sobre as quais elas crescem. Muitas epífitas de Araceae e Orchidaceae têm raízes aéreas especiais com tecidos epidérmicos alargados e corticais (velame) que podem absorver e reter umidade atmosférica (ver Figura 4.1). Camadas inferiores de árvores menores florescem ao abrigo das grandes árvores, muitas vezes com folhas tipo frondes de grande comprimento.

As plantas vivendo no solo de florestas, na sombra densa, têm que sobreviver sob condições quase diametralmente opostas àquelas em que as xerófitas são submetidas. Elas precisam ter extrema eficiência para absorver luz. O ambiente relativamente úmido e sem vento permite que espécies com folhas grandes, finas e relativamente não protegidas sejam bem-sucedidas. Com frequência, são muito ricas em clorofila e parecem verde-escuras. Diversas epífitas de Gesneriaceae nos trópicos europeus possuem adaptações particularmente interessantes e ainda inexplicadas. A epiderme na face superior das folhas possui diversas camadas e consiste em células incolores. Em algumas espécies, ela pode constituir até dois terços da espessura total da folha. O clorênquima é relativamente fino com uma camada distinta de células semelhantes a paliçadas bem-espaçadas e um pouco de parênquima esponjoso (Figura 8.7).

Raios de luz solar podem penetrar o dossel foliar superior; o ângulo desses raios se altera durante o dia. A luz que alcança a superfície foliar a 90 graus tem menos probabilidade de ser refletida do que a luz oblíqua. Diversas espécies adaptadas a esse ambiente têm meios de expor grande proporção de sua superfície à luz a 90 graus. Certas plantas inferiores, como espécies de *Selaginella*, alcançam isso por meio de células da epiderme em forma de domos, contendo cloroplastos. À medida que o sol se move, cada célula apresenta parte de sua superfície perpendicular à fonte. Outras espécies, por exemplo, as begônias, têm uma superfície na qual as células da epiderme se desenvolvem em conjunto para produzir uma série de domos multicelulares com efeito bem parecido. Superfícies foliares onduladas também são comuns.

Em geral, as próprias folhas são finas. Isso permite que os cloroplastos estejam presentes em uma das três camadas celulares em que a luz consegue penetrar. Cada camada sombreia efetivamente a próxima. Mais interessante ainda, quando vistas de baixo, muitas dessas folhas adaptadas à baixa interceptação de luz possuem coloração púrpura. Isso se deve ao fato de que

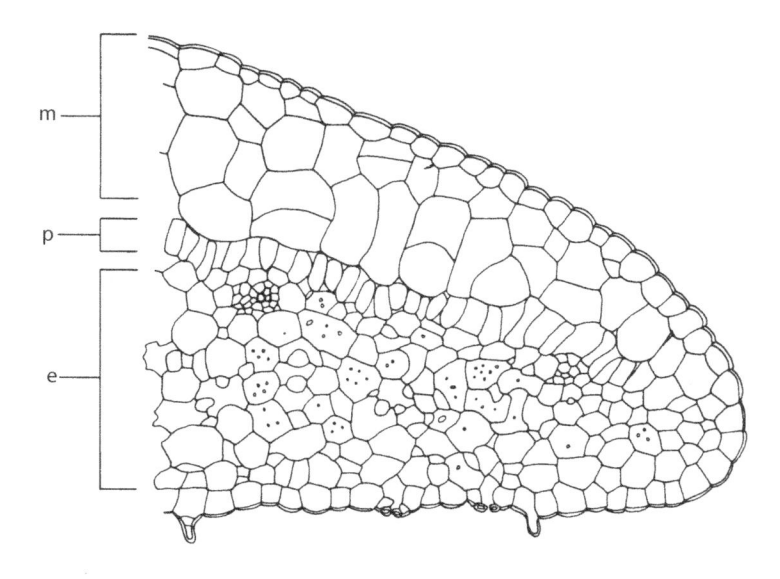

FIGURA 8.7
Codananthe sp. Parte da secção transversal da folha mostrando a epiderme múltipla (m), parênquima paliçádico uniestratificado (p) e grande quantidade de parênquima esponjoso (e). x102.

elas apresentam uma camada de células contendo antocianinas, que atuam como refletores. A antocianina pode se localizar na epiderme na face inferior, mas em geral ocorre em uma camada mais interna, imediatamente abaixo do clorênquima. O próprio clorênquima acima dessa camada possui comumente uma ou duas camadas. Isso permite que a pouca luz existente penetre totalmente o clorênquima. Isso significa que a luz incidente na superfície superior da folha, que de outra forma poderia atravessar a folha, é refletida de volta para uma nova visita ao clorênquima. Isso é similar ao que ocorre nas películas aplicadas às janelas dos edifícios, as quais refletem calor/luz, mas permitem o uso eficiente da energia refletida. Exemplos incluem membros de Commelinaceae, Marantaceae e Gesneriaceae.

Diversas Bromeliaceae epífitas têm muitos pelos e escamas nas folhas, apesar de serem capazes de absorver água da atmosfera muito úmida na qual as plantas crescem.

Com exceção das modificações das raízes e das folhas um tanto coriáceas das árvores de níveis superiores, as angiospermas de florestas úmidas parecem ter caracteres anatômicos mais relacionados às famílias a que pertencem do que ao ambiente em que crescem.

HIDRÓFITAS

Hidrófitas, plantas que crescem submersas na água ou com as folhas flutuando e, talvez, inflorescências aéreas, mostram diversas características anatômicas que claramente se relacionam aos seus hábitats e em alguns casos características familiares são tão reduzidas que são difíceis de serem definidas.

A maioria dos caules tem grandes espaços de ar entre as camadas de tecidos internos. Esses espaços auxiliam na flutuação e também na troca de gases. Diversas plantas aquáticas contêm esses tanques de flutuação. Os septos internos (paredes que dividem as cavidades de ar), embora multicelulares, são geralmente muito finos. Células individuais no septo com frequência são semelhantes a estrelas (parênquima estelar) eficientes no uso de materiais, além de permitir a troca de gases entre as câmaras. Em junco (*Typha*), as folhas eretas são divididas em câmaras, similares em função a anteparas em navios tanques. Elas são um exemplo excelente de economia de uso de materiais na produção de uma estrutura alta e mecanicamente forte. As lâminas eretas e achatadas são torcidas. Isso aprimora a força e melhora a aerodinâmica, reduzindo o impacto e o dano potencial causado por ventos fortes. A flutuabilidade em plantas aquáticas pode ser conseguida pelo uso do ar apreendido ao redor da superfície das folhas, em vez de precisar de câmaras cheias de ar. O alface d'água, *Pistia*, por exemplo, possui uma camada de pelos hidrofóbicos muito próximos entre si na sua superfície, dificultando o umedecimento e a submergência.

A cutícula é pouco desenvolvida ou ausente. Em geral, os estômatos são ausentes nas superfícies submersas e presentes na superfície superior das folhas flutuantes. O tecido vascular, em particular o xilema, é pouco desenvolvido, e o esclerênquima costuma ser ausente (Figura 8.8).

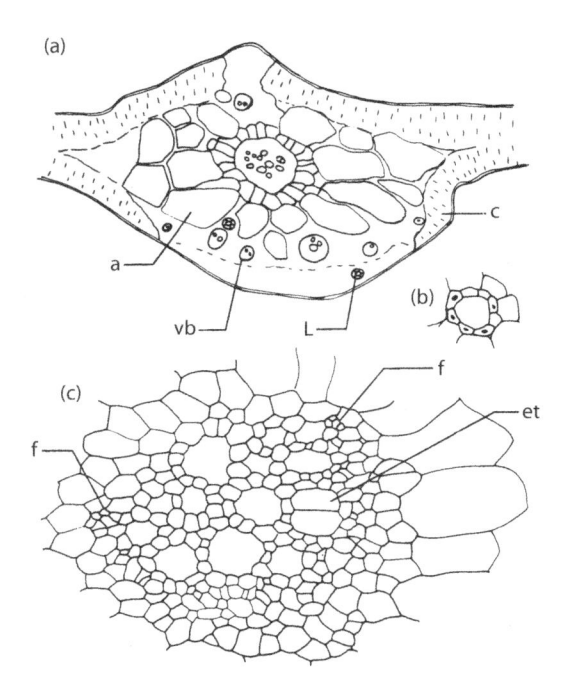

FIGURA 8.8
Limnophyton obtusifolium, parte da nervura central, secção transversal da folha. (a) Diagrama mostrando grande espaços de ar ao redor do complexo vascular central. x15 (b) laticífero. x110. (c) Tecido vascular central. x200. a, espaço de ar; L, laticífero; c, clorênquima paliçádico frouxo; f, floema; et, elemento traqueal.

As adaptações morfológicas incluem a redução ou a ausência de lâmina ou de uma forma foliar muito linear nas folhas submersas das plantas crescendo em água corrente ou de maré, como em *Zostera* e *Posidonia*.

As plantas de pântanos ácidos têm determinados problemas a serem superados, em particular porque a concentração mineral é baixa na água e a disponibilidade de nitrogênio pode se tornar um problema sério. Diversas plantas de famílias diferentes desenvolveram características anatômicas que as auxiliam a sobreviver nessas condições. Entre essas, plantas com armadilhas para animais (denominadas "insetívoras") são particularmente interessantes. Todas têm pelos glandulares especializados na superfície foliar, como *Pinguicula* e *Drosera*. Esses pelos podem ser de dois tipos: pedunculados, que secretam substâncias muito pegajosas que aprisionam a vítima, e sésseis, que secretam enzimas digestivas. A folha gradualmente se enrola para encobrir o animal e abre-se de novo quando a digestão e absorção estão completas. Outra, *Dionae*, possui pelos sensíveis como gatilhos no limbo, três em cada lado da nervura central. Os pelos são articulados na base. Eles necessitam de dois ou três estímulos tácteis para fazer a folha se dobrar e fechar com vigor. Os dentes marginais são coordenados, formando uma prisão da qual a presa não consegue escapar. Pelos glandulares avermelhados então secretam enzimas digestivas com posterior absorção. Articulações especializadas ou células motoras ocorrem ao longo da nervura central.

APLICAÇÕES

A aplicação das informações sobre modificações anatômicas nas plantas desenvolvidas em resposta a diversos ambientes pode a princípio parecer obscura.

A morfologia e a anatomia da planta podem fornecer aos horticultores um bom guia para os tipos de condições de crescimento que eles devem fornecer. Tomemos como exemplo uma orquídea com intumescimentos conspícuos nas bases foliares, indicando facilidade para armazenar de água, e com raízes aéreas. Seria lógico que se trata de uma planta epífita, que necessita de apoio em ramo ou tronco e de atmosfera quente e muito úmida. Por outro lado, uma planta com uma roseta de folhas muito unidas, suculentas e espessas com pontas transparentes seria obviamente xeromórfica, com necessidade de ser plantada com profundidade em solo ou composto com drenagem rápida, de modo que as pontas das folhas se nivelassem com a superfície. Seria preciso luz forte e provavelmente um período em cada ano com pouca ou nenhuma irrigação. Seria necessário protegê-las da geada e, quem sabe, fornecer-lhes calor adicional.

Taxonomistas também encontram dados anatômicos de importância quando lidam com plantas de famílias diferentes que produziram uma resposta paralela a determinado ambiente, gerando uma morfologia similar. Diversas famílias de monocotiledôneas são assim. É muito comum que a anatomia mantenha algumas características diagnósticas para a família; podem ser aplicadas para solucionar problemas de afinidade. Tanto xerófitas quanto algumas hidrófitas são adequadas para esse tipo de estudo.

Melhoristas de plantas podem considerar válido estudar a anatomia de parentais selvagens de plantas cultivadas quando deseja integrar alguma resistência à seca ou rigidez estrutural extra à cultura, por exemplo.

Fica claro, então, que algumas das características anatômicas aparentes nas plantas são modificadas, até certo ponto, pelo ambiente no qual as plantas crescem. Porém, nenhuma generalização ou afirmação radical pode ser feita, e cada espécie deve ser avaliada de acordo com seus aspectos.

Diversos aspectos importantes de adaptação comumente tratados em aulas de graduação são explorados no CD-ROM, *A Planta Virtual*.

9

ASPECTOS ECONÔMICOS DA ANATOMIA VEGETAL APLICADA

INTRODUÇÃO

Diversos aspectos da anatomia vegetal aplicada foram mencionados nos capítulos anteriores, mas alguns não se enquadram bem no texto descritivo. Portanto, ampliamos alguns desses exemplos neste capítulo e introduzimos novos exemplos oriundos da experiência em nossos laboratórios. Ao escrever esse capítulo, tivemos que ser muito seletivos – um livro inteiro poderia ser escrito apenas sobre esse tópico – mas esperamos que os exemplos interessantes a seguir sirvam para mostrar uma ampla lista de aplicações para o conhecimento da anatomia vegetal. A anatomia é particularmente útil para a identificação taxonômica de partes separadas de plantas, como folhas, raízes, caules, frutos ou sementes de plantas vivas ou fossilizadas.

IDENTIFICAÇÃO E CLASSIFICAÇÃO

Nem sempre se aprecia o quanto é importante a capacidade de identificar corretamente a uma planta. Citologistas, geneticistas, ecólogos, melhoristas de plantas, químicos e quaisquer pessoas que usem plantas como medicamento, alimento, mobília, tecidos ou materiais de construção, ou mesmo ainda indivíduos que conduzem pesquisa molecular sobre plantas, devem ser capazes de identificar seu material de origem ou eles não poderão ser capazes de continuar com seu trabalho. Eles não saberiam se outros espécimes ou lenhos de plantas pertenciam à mesma espécie com que iniciaram; seus resultados e aplicações seriam imprevisíveis, e as bases da pesquisa botânica sólida seriam solapadas. A identificação depende de um sistema de classificação estável, lógico, útil e com base sólida. Hoje em dia, diversas plantas podem ser identificadas de modo adequado se todos os órgãos, por exemplo, flores, frutos, folhas, etc., estiverem presentes. Os métodos tradicionais de herbários podem então ser aplicados. Entretanto, existe um número muito grande de plantas que foram classificadas usando apenas características macromorfológicas.

Uma classificação mais natural, precisa e confiável também resulta quando características de morfologia, anatomia, palinologia, bioquímica, estudos populacionais e assim por diante são levadas em consideração. Esse ideal raramente pode ser atingido, mas uma vez que a taxonomia "alfa" de uma família é estudada, a abordagem sintética deve ser usada para revisões, como já tem sido feito durante um período considerável de tempo. As revisões baseadas exclusivamente em estudos com lupas manuais de material herborizado deveriam ser banidas? Certamente que não, mas, por outro lado, a incorporação de características anatômicas e outros dados com certeza podem conduzir a identificações e classificações melhores e mais fáceis.

APLICAÇÃO TAXONÔMICA

A anatomia sistemática possui uma longa história. Desde os primórdios da microscopia, a anatomia sistemática tem fascinado as pessoas que, inicialmente, viram o vasto conjunto de variações na anatomia vegetal, depois começaram a reconhecer padrões de semelhanças e, por fim, perceberam que, em diversos casos, plantas que compartilham um grande número de caracteres anatômicos tinham, com toda a probabilidade, um íntimo parentesco. Isso conduziu a uma série de tentativas de escrutinar todo o reino vegetal de um modo ordenado e registrar o que estivesse presente. Para as angiospermas, em particular, esse processo resultou na produção de uma série de livros. O trabalho se iniciou com afinco sobre dicotiledôneas e, quando a primeira revisão foi concluída, o trabalho sobre as monocotiledôneas teve início. Hoje em dia, o trabalho sobre dicotiledôneas está sendo revisado e a conclusão da primeira rodada sobre monocotiledôneas está em andamento. Existe um grande número de artigos sobre a anatomia de angiospermas e, antes de se iniciar um novo trabalho, é importante descobrir o que já foi publicado. Além dos sistemas de procura normais, é interessante verificar a Base de Dados Bibliográficos sobre Micromorfologia Vegetal no endereço da internet do Royal Botanic Gardens, em Kew. Esse banco de dados é importante, pois engloba desde a literatura mais antiga até a mais atualizada. Citando as palavras desse endereço da internet: "Esta é uma base ímpar de dados bibliográficos mantida pelo Grupo de Micromorfologia (Unidade de Anatomia e Palinologia). Contém mais de 95.000 artigos e é provavelmente o índice computadorizado mais completo existente sobre micromorfologia de plantas superiores. Abrange a maioria dos trabalhos publicados sobre anatomia vegetal nos séculos XX e XXI e é regularmente atualizado com nova literatura. Todos os aspectos estruturais das plantas de angiospermas e gimnospermas são cobertos, juntamente com a anatomia vegetativa de pteridófitas. Áreas compreendidas incluem ontogenia, ultraestrutura, técnicas, paleobotânica, embriologia e anatomia da semente. Buscas de internet estão disponíveis, livres de custo, para fins científicos. (Caso as buscas sejam usadas em uma publicação, o " Grupo de Micromorfologia do Royal Botanic Gardens" deve ser agradecido). Contato: pa.database@kew.org."

Os dados anatômicos são facilmente aplicados para melhorar a classificação e com frequência podem ser utilizados para realizar identificações. Tome por exemplo um caso onde duas novas famílias foram primeiramente reconhecidas devido a suas características anatômicas distintivas. Os gêneros *Anarthria* e *Ecdeiocolea*, do sudoeste da Austrália, foram inicialmente tratados como membros de Restionaceae. Minuciosa investigação anatômica da família Restionaceae mostrou que os dois gêneros não se encaixavam na família. A consulta com um taxonomista clássico provou que eles tinham também distinções taxonomicamente válidas em nível macromorfológico. A pesquisa cooperativa resultou no reconhecimento de duas novas famílias: Anarthriaceae e Ecdeiocoleaceae. A Figura 9.1 resume algumas das principais diferenças. Posteriormente, essas famílias demonstraram diferenças químicas, e os estudos moleculares também corroboram essa separação. Então, uma hipótese com base na macromorfologia foi testada usando anatomia e outras estratégias, posteriormente apoiadas.

Em certas ocasiões, botânicos herbolários consideram difícil classificar determinada espécie ou gênero em uma família ou inferem afinidades gerais, mas acham as evidências insuficientes para colocar um táxon em determinada família. Aqui, as evidências anatômicas adicionais podem ajudar e, em muitas vezes, um pouco de informação extra vem da anatomia. Há pouco tempo, o material foliar coletado de árvores na China foi examinado anatomicamente; embora não existissem flores nem frutos no herbário, os taxonomistas acreditavam conhecer os parentais próximos das plantas em questão. A anatomia corroborou a ideia de que a planta era *Pycnarrhena macrocarpa* Diels (Menispermaceae). Outro estudo de espécies desse gênero levou à descoberta de que dois gêneros distintos estavam envolvidos, e o novo gênero *Eleutharrhena* foi denominado por Forman para incluir *P. macrocarpa*, usando evidências de morfologia, anatomia e palinologia. Em *Pycnarrhena*, os estômatos distribuem-se na superfície abaxial da folha; em *Eleutharrhena*, os estômatos formam agrupamentos distintos (Figura 9.2).

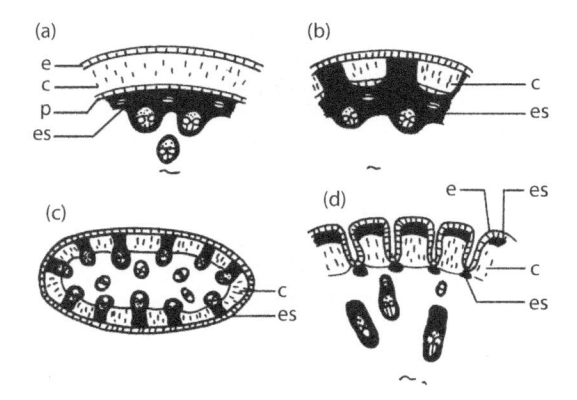

FIGURA 9.1
Algumas diferenças entre Restionaceae, Ecdeiocoleaceae e Anarthriaceae. (a,b) Restionaceae. Secção transversal do caule: a maioria das espécies possui a anatomia geral conforme mostrado em (a), com bainha parenquimática* contínua; em alguns gêneros, a bainha é interrompida por extensões do cilindro do esclerênquima, conforme em (b). Nenhum feixe vascular ocorre no clorênquima, à exceção de uma ou duas espécies. Nenhuma das espécies tem fibras hipodérmicas ou deixa de ter um cilindro do esclerênquima conforme exibido por Ecdeiocoleaceae (d). Além disso, Anarthriaceae (c) difere por ter fibras subepidérmicas associadas com os feixes vasculares; elas também podem ter um cilindro do esclerênquima. Nem Anarthriaceae tampouco Ecdeiocoleaceae possuem cilindro parênquimático. c, clorênquima; e, epiderme; p, cilindro do parênquima (interrompido em (b)); es, esclerênquima.

---

* N. de R.T. Esta "bainha parenquimática" é a endoderme ou bainha amilífera.

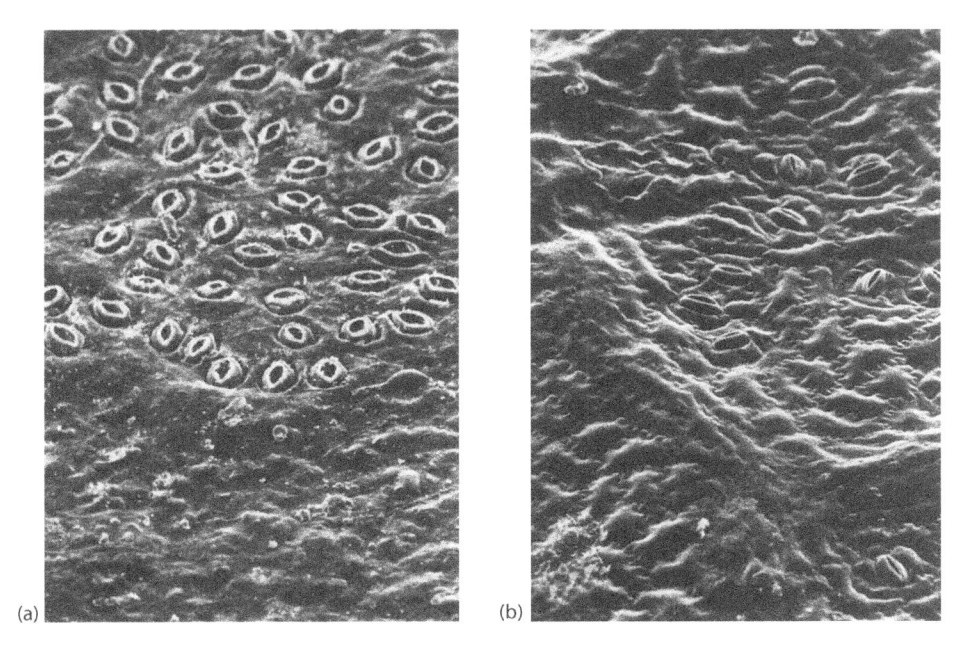

FIGURA 9.2
Grupo de estômatos na superfície abaxial de *Eleutharrhena macrocarpa* (a). Em (b), *Pycnarrhena pleniforma*, os estômatos são dispersos ao longo da superfície abaxial da folha. Ambas em microscopia eletrônica de varredura, x300.

Claro, a classificação correta de plantas é importante, mas com frequência tem maior importância direta o conhecimento exato sobre a qual espécie um espécime pertence. Quando flores e frutos estiverem ausentes, os anatomistas de plantas entram em cena. Os fragmentos foliares, de madeira e raízes ou ramos podem ter características de reconhecimento imediato que podem ser visualizadas com uma lente, porém muitas vezes a identidade precisa ser confirmada ao microscópio. É possível, por exemplo, verificar a identidade de aloés que não estejam florescendo olhando as superfícies foliares sob o microscópio eletrônico de varredura. A aparência da superfície foliar dessas plantas também pode indicar a qual subgrupo elas pertencem.

PLANTAS MEDICINAIS

A maioria das drogas que ainda são extraídas de plantas vem de folhas, casca, raízes ou rizomas. As folhas muitas vezes tornam-se fragmentadas e destacadas; a casca, as raízes ou rizomas podem ser difíceis de identificar a partir da aparência macroscópica. A autentificação apropriada da matéria-prima de drogas é essencial para que padrões de segurança e qualidade sejam mantidos. Para esses fins, descrições anatômicas e morfológicas precisas das drogas foram publicadas. Os padrões legais são encontrados em volumes como das Farmacopeias Britânicas e Europeias e do Código Farmacêutico Britânico, bem como de outros países. Nesses livros, o estilo das descrições morfológicas e anatômicas é sucinto e direto. Apenas aqueles caracteres que auxiliarão a identificar o material são fornecidos. Em geral, essas monografias curtas são cuidadosamente revisadas por um comitê de especialistas. Herbolários também têm consciência da necessidade de terem um controle adequado do material que eles usam, e trabalhos sobre padrões apropriados em obras de referência têm sido produzidos.

Com frequência, ainda é mais rápido descobrir a identidade de uma droga bruta (em estado fragmentado) a partir de sua anatomia do que de sua composição química. Importadores de drogas brutas em geral têm experiência suficiente para saber se estão comprando o material puro ou se adulterantes estão presentes. Algumas vezes, amostras serão enviadas para confirmação anatômica. A ipecacuanha, por exemplo, usada em mistura contra tosse, pode ser adulterada com raízes de plantas alternativas inferiores. Aqui, a microscopia pode ser usada para fornecer identificação de pureza. A fonte autêntica da droga é *Cephaelis ipecacuanha* (Rubiaceae). Embora hoje raramente adulterada com outras raízes, houve uma época em que *Ionidium* (Violaceae) e outras raízes eram regularmente misturadas com o material autêntico. A maioria dos adulterantes tem vasos de xilema largos, enquanto que os de *Cephaelis* são estreitos. Os substitutos também não possuem grãos de amido característicos, simples ou, mais comumente, compostos com dois, cinco ou até oito partes. Os grãos individuais são ovais, arredondados e arredondados com uma faceta menos curvada; raramente medem mais do que 15 μm de diâmetro. Às vezes, *Cephaelis acuminata* é usada como substituto. Essa espécie é anatomicamente similar, mas possui grãos de amido de até 22 μm de diâmetro.

Certas vezes substitutos muito semelhantes são colocados no mercado quando a fonte costumeira de material está indisponível, por exemplo, quando a casca do tronco da boliviana *Guarea* torna-se de difícil obtenção, e houver disponibilidade de um substituto do Haiti. Um estudo microscópico mostrou que o substituto é de uma espécie diferente, porque os grupos de fibras do floema são dessemelhantes, mas testes químicos provaram que ele é igualmente adequado para o uso. Ocasionalmente, o substituto pode ser ruim e inadequado para uso. A raiz e o rizoma de *Rheum officinale* são usados na medicina, mas *Rheum rhaponticum* é usada na culinária. Felizmente, testes químicos e anatômicos podem ser aplicados para detectar qual espécie está presente. *Digitalis purpurea* e *D. lanata* são usadas na medicina. Elas podem ser distinguidas uma da outra com base na anatomia, porque as paredes anticlinais das células da parede abaxial são mais sinuosas em *D. purpurea*.

Os medicamentos de ervas usados na medicina popular de partes tropicais do mundo geralmente só são disponíveis na forma fragmentada. Aqueles que desejam determinar a identidade desses fragmentos necessitam usar métodos anatômicos.

ADULTERANTES E CONTAMINANTES DE ALIMENTOS

Algumas ervas são amplamente utilizadas como temperos. Elas são muitas vezes importadas na forma de pós secos de partes de plantas, em geral rizomas, raízes ou folhas. De novo seria fácil introduzir adulterantes inúteis, algumas vezes até venenosos, difíceis de ser detectados a olho nu. Examinamos exemplos de menta seca (*Mentha*) quanto à pureza, e, quem diria, encontramos quantidades consideráveis de fragmentos de *Corylus* (avelã) misturados! Folhas de *Ailanthus* também são usadas como adulterante de menta.

Com o advento do Ato de Descrições Comerciais no Reino Unido, os fabricantes devem descrever os conteúdos dos produtos alimentares. O controle de qualidade adequado e a identificação de todos os materiais utilizados é de importância essencial para os fabricantes.

Corpos estranhos às vezes entram no alimento de modo acidental. Com frequência, esses corpos são pequenos e fragmentados e podem ser identificados apenas sob o microscópio. Exames constataram que uma lasca de madeira encontrada na manteiga foi proveniente de uma espécie de *Pinus*. O importador e os empacotadores desejavam ser capazes de determinar se a lasca viera do país de origem da manteiga ou fora introduzida durante o processo de embalagem. Empadas e bolos contendo passas de uva periodicamente também contêm outras frutas que se misturam com as uvas durante o processo de secagem ao sol. Frutos de *Medicago* com frequência estão envolvidos. Alguns desses frutos são espinhentos e têm gosto desagradável! Examinamos um fragmento encontrado em uma lata de feijão cozido que parecia muito com um pedaço de camundongo. Verificou-se que se tratava de um pedaço de rizoma da planta parental. Não raro inclusões de aparência estranha no alimento são apenas fragmentos de plantas parentais.

Caules de *Vitis*, a videira, têm sido encontrados em bolos de groselha; um coleóptilo de *Avena*, parecendo um rabo de camundongo, estava presente em uma torta de carne; e assim por diante. A Figura 9.3 mostra a aparência não apetitosa de um broto de batata em uma torta de carne.

Amidos de diversas plantas possuem características de grãos bastante distintas; assim, com frequência é possível verificar se os materiais relacionados foram usados em um produto, a menos que os grãos tenham se tornado muito hidrolisados (Figura 9.4).

As rações de animais são feitas de diversos subprodutos de outros processos de fabricação de alimentos, ou a partir de sementes e frutos cultivados especialmente para este propósito. Quando moídos em pó, os constituintes são difíceis de serem detectados por outros métodos que não a microscopia. Existe muita chance de adulteração em rações e um cuidadoso controle de qualidade com microscopia é essencial.

Também existem exemplos de manjerona adulterada com *Cistus*. Essas impurezas foram imediatamente identificadas, porque alguns pelos corresponderam às espécies rotuladas enquanto outros corresponderam ao adulterante, revelando assim uma mistura.

Pelos de *Mucuna*, das vagens do fruto, são muito afiados e quebradiços, além de conter um óleo irritante. Encontramos esses pelos sendo usados por um proprietário que desejava despejar um inquilino. Esse proprietário espalhou deliberadamente os pelos nos cobertores de uma cama, provocando no inquilino um surto de coceira! Uma amostra de pó fino composto de pelos foi enviada ao Jardim Botânico de Nova York para identificação, porque ele foi usado como irritante numa carta para um juiz. Foi descoberto que a amostra era de pelos especializados, os gloquídeos, do cacto do gênero *Opuntia*, tradicionalmente usados como pó-de-mico. Pelos de *Hedera helix* (hera) em uma peça de roupa foram valiosos para auxiliar a identificar a cena do crime em um caso recente de assassinato. Em outro caso de assassinato, fragmentos de

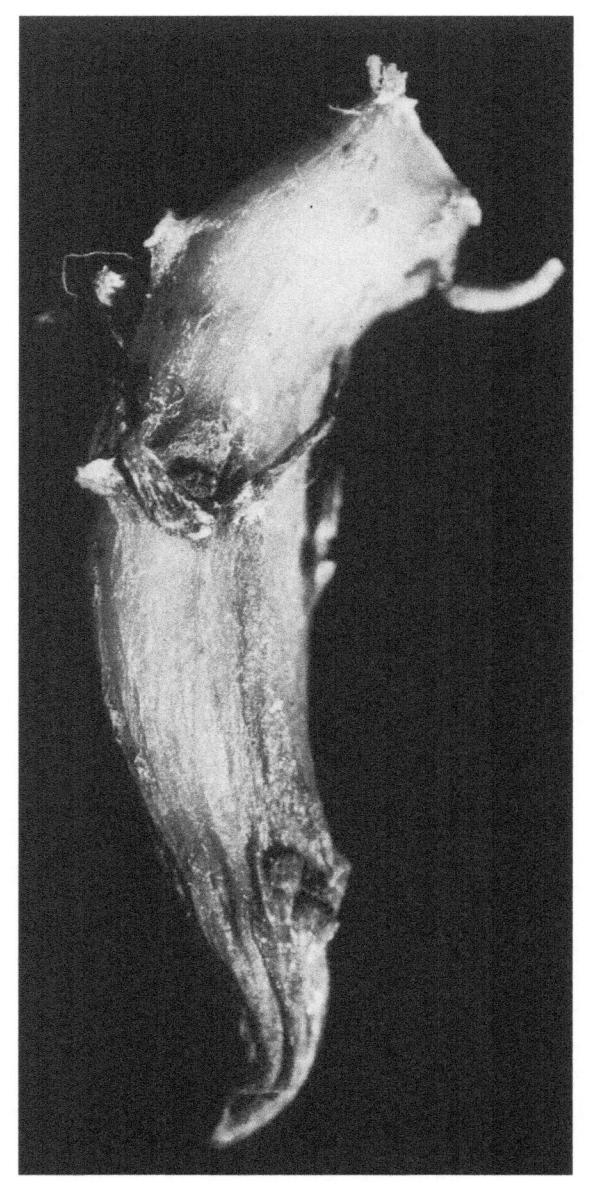

FIGURA 9.3
Caule de batata proveniente de uma torta de carne, confundido com alguma coisa pior!

folhas de carvalho (*Quercus*) parcialmente decompostas nos sapatos puderam ser identificados devido a diversos caracteres anatômicos, incluindo pelos. Esse fato, unido a outras evidências, mostrou que um suspeito estivera perto do lugar onde um corpo havia sido encontrado.

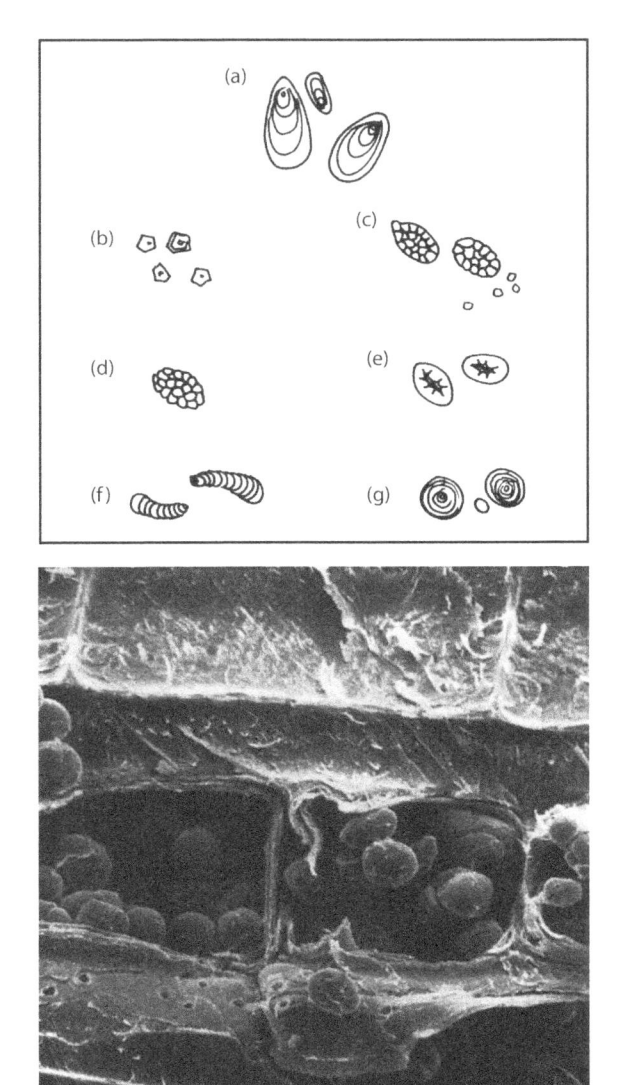

FIGURA 9.4
Grãos de amido: (a) batata; (b) milho; (c) aveia; (d) arroz; (c) ervilha; (f) banana; (g) trigo. (h) Grãos de amido no raio parenquimático do xilema de *Fabrisinapis*, microscopia eletrônica de varredura. (a-g) x200; (h) x3000.

O fumo (*Nicotiana*), junto com outros membros de Solanaceae, tem pelos glandulares bastante característicos. Alguns charutos pequenos são enrolados em papel feito de planta de fumo macerado. Na Grã-Bretanha, a lei estabelece que esses charutos devem ser feitos inteiramente de fumo. Em Kew, avaliamos uma vez alguns supostos papéis de fumo a fim de certificar que apenas *Nicotiana* havia sido usada. A presença de pelos glandulares do tipo correto foi rapidamente estabelecida e as células da epiderme com paredes sinuosas também foram encontradas. Entretanto, também descobrimos determinados elementos de vasos de cerne e traqueídes de madeira macia; obviamente outras polpas haviam sido adicionadas para reforçar o papel.

HÁBITOS ALIMENTARES DE ANIMAIS

Animais pragas às vezes consomem plantas de lavoura. Com frequência, é possível descobrir o material ingerido por meio do estudo da composição das fezes ou do conteúdo do estômago. Uma estimativa verdadeira das perdas potenciais então pode ser obtida. Temos analisado fezes de coelhos, raposas, texugos, ratões-do-banhado, etc. e até mesmo de centopeias! Naturalmente, os fragmentos de plantas são muito pequenos após passarem pelo sistema digestivo de um animal. Eles são primeiro fixados em FAA e então lavados em água. Depois é feito um processo de seleção usando microscópio binocular. Fragmentos de aparência similar são colocados em uma placa de petri, e a amostra é dividida o máximo possível em seus componentes. A seguir, esses fragmentos de cada placa são examinados usando preparações temporárias sob a luz do microscópio. Sempre desejamos encontrar bons caracteres como corpos de sílica, pelos, tipos de estômatos e assim por diante. Auxilia bastante ter um conjunto de lâminas de referência feito de vegetação em crescimento na área em que o animal em questão foi capturado. Havia a suspeita de que determinado gado africano estava sendo ferido devido à alimentação com gramíneas com partículas de sílica afiadas presente nelas. O gado só se alimentava com determinada gramínea quando outras plantas não eram disponíveis. Examinamos as suas fezes e registramos a presença de corpos de sílica e pelos afiados. Animais domésticos ocasionalmente ingerem plantas venenosas, e podemos ser chamados para identificar os fragmentos. Então, o dono dos animais podem tomar medidas de precaução contra novos envenenamentos dos animais de criação.

MADEIRA: DIAS ATUAIS

Madeira do tronco

A maioria das amostras enviadas para Kew para identificação anatômica consiste inteiramente ou principalmente em madeira. As amostras são derivadas de diversas fontes e podem ser amplamente divididas em madeira de origem recente e material arqueológico. Os móveis são feitos de madeiras cuidadosamente selecionadas pela sua aparência e resistência. A moda se altera, e é comum que determinadas espécies sejam selecionadas por um período de tempo e depois sejam substituídas por outras. Além disso, algumas madeiras estiveram indisponíveis em determinados períodos. Por conseguinte, conhecendo quais espécies eram envolvidas na confecção de móveis antigos, podemos determinar a data da peça e de vez em quando o especialista em móveis consegue ter uma boa ideia de quem a fez. Determinados artesãos trabalhavam apenas com um determinado conjunto de madeiras cuidadosamente selecionadas. Quando reparos forem necessários, também é útil conhecer que espécies devem ser usadas. O único modo de ser absolutamente correto sobre qual madeira foi usada é, na maioria dos casos, a realização de estudos microscópicos. Aqueles que se dizem capazes de identificar madeiras "*a olho*" ou são muito experientes ou muito presunçosos, e muitos cometem erros.

O país de origem de itens de madeira esculpidos pode às vezes ser estabelecido a partir da identidade da madeira. Deve-se tomar cuidado, porque as madeiras podem ser transportadas e então esculpidas em locais bem distantes da origem. Observamos itens coletados pelo capitão Cook em suas viagens para tentar determinar de onde eles poderiam ter vindo, e essa prática provou-se bem-sucedida. Certa vez tínhamos para identificação uma máscara de madeira, esculpida em forma de cão. Foi provado que se tratava de madeira de amieiro, e sua associação com índios da América do Norte foi confirmada.

De novo, o Ato de Descrições Comerciais forneceu problemas para construtores e fabricantes no que diz respeito a madeiras. Caso eles afirmem que determinada madeira tenha sido usada, essa afirmação deve ser correta. O Instituto de Padrões Britânicos publicou uma lista de nomes comuns e espécies das quais as madeiras se originam, e esse é a obra oficial a ser seguida no Reino Unido. O único modo para se certificar de que a madeira correta foi usada é comparar secções delas com aquelas de uma coleção de padrões de referência de lâminas de microscopia. Em determinada ocasião, uma porta supostamente feita de mogno sólido foi levada ao laboratório. Ficou provado que ela era laminada e que não havia nenhum mogno verdadeiro nela – na verdade, a camada intermediária do compensado era de bétula.

As propriedades das madeiras relacionadas à estrutura foram mencionadas no Capítulo 3. De vez em quando, nos pedem para sugerir madeiras substitutas para o propósito de alguns especialistas, quando cessa o fornecimento das espécies normalmente usadas. Isso pode ser difícil, mas às vezes é possível sugerir outras espécies, que poderiam ter propriedades semelhantes a partir de sua constituição anatômica.

A madeira usada como fundo para pinturas é levada ao laboratório de vez em quando. O propósito de encontrar a identidade com frequência é relacionado a estabelecer o nome do artista ou o país de origem. Examinamos a madeira de um grande número de bengalas; uma impressionante e ampla gama de espécies foi usada para esse propósito!

A preservação da madeira é de considerável importância econômica. Uma grande quantidade de anatomia experimental é conduzida em diversas partes do mundo a fim de estabelecer a natureza do processo de decomposição, a identidade dos organismos envolvidos e a prevenção de suas atividades degradativas. A madeira "sadia" deve ser examinada e descrita com cuidado. Observações detalhadas devem então ser registradas em todos os estágios dos processos de decomposição, assim como a ação que diversos organismos tenham na madeira.

Raízes de árvores

Um dano considerável, chegando a milhões de libras anuais, é causado às construções tanto direta quanto indiretamente pela ação de raízes de árvores ou arbustos. Podem existir diversas espécies de árvores próximas às construções envolvidas. Todas ou algumas delas podem ter raízes por baixo das fundações. Seria excessivamente oneroso tentar rastrear as raízes até as suas árvores de origem por escavação. Felizmente é possível identificar a maioria das raízes de árvores crescendo nas Ilhas Britânicas a partir de aspectos da anatomia de suas raízes, principalmente a partir características da madeira (lenho ou xilema secundário). Em alguns casos, é possível identificar em nível de espécie, porém com mais frequência só o gênero pode ser identificado, por exemplo, *Quercus* (carvalho), *Fraxinus* (freixo) e *Acer* (bordo e plátano). Nas Rosaceae, as identificações podem ser realizadas apenas em nível de subfamília, por exemplo, Pomoideae e Prunoideae. A pesquisa atual tem como objetivo encontrar caracteres adicionais nessa família.

Algumas vezes, não é possível chegar mais próximo do que a família, como por exemplo, em Salicaceae. Na madeira do tronco, *Salix* e *Populus* podem normalmente ser separadas porque *Salix* costuma ter raios heterocelulares e *Populus* raios homocelulares. Entretanto, na madeira da raiz, essa distinção não acontece. De fato, a madeira da raiz é muitas vezes diferente em sua anatomia da madeira do tronco da mesma espécie. Isso significa que as pessoas não podem se basear apenas nas descrições contidas em trabalhos de referência na anatomia de madeira para a identificação correta das raízes. A anatomia da raiz também é bastante variável dentro da espécie; desse modo, a única maneira de ter certeza sobre a exatidão da identificação apropriada é comparar os cortes de raízes com lâminas de microscopia de referência retiradas de uma série de espécimes autenticados. A Figura 9.5 mostra duas raízes de *Acer pseudoplatanus* (em secção transversal) crescendo sob condições bem distintas e algumas madeiras de troncos normais para comparação.

MADEIRA: NA ARQUEOLOGIA

A madeira ou o carvão muitas vezes são preservados em sítios da antiguidade. As melhores preservações ocorrem em localidades muito secas ou continuamente úmidas. Flutuações entre seca e umidade encorajam a atividade de micro-organismos e/ou insetos e podem levar à decomposição rápida da madeira.

O carvão, em geral na forma de cinza de fogueira ou restos queimados de postes estruturais em buracos de postes, com frequência retém até mesmo

Anatomia vegetal **177**

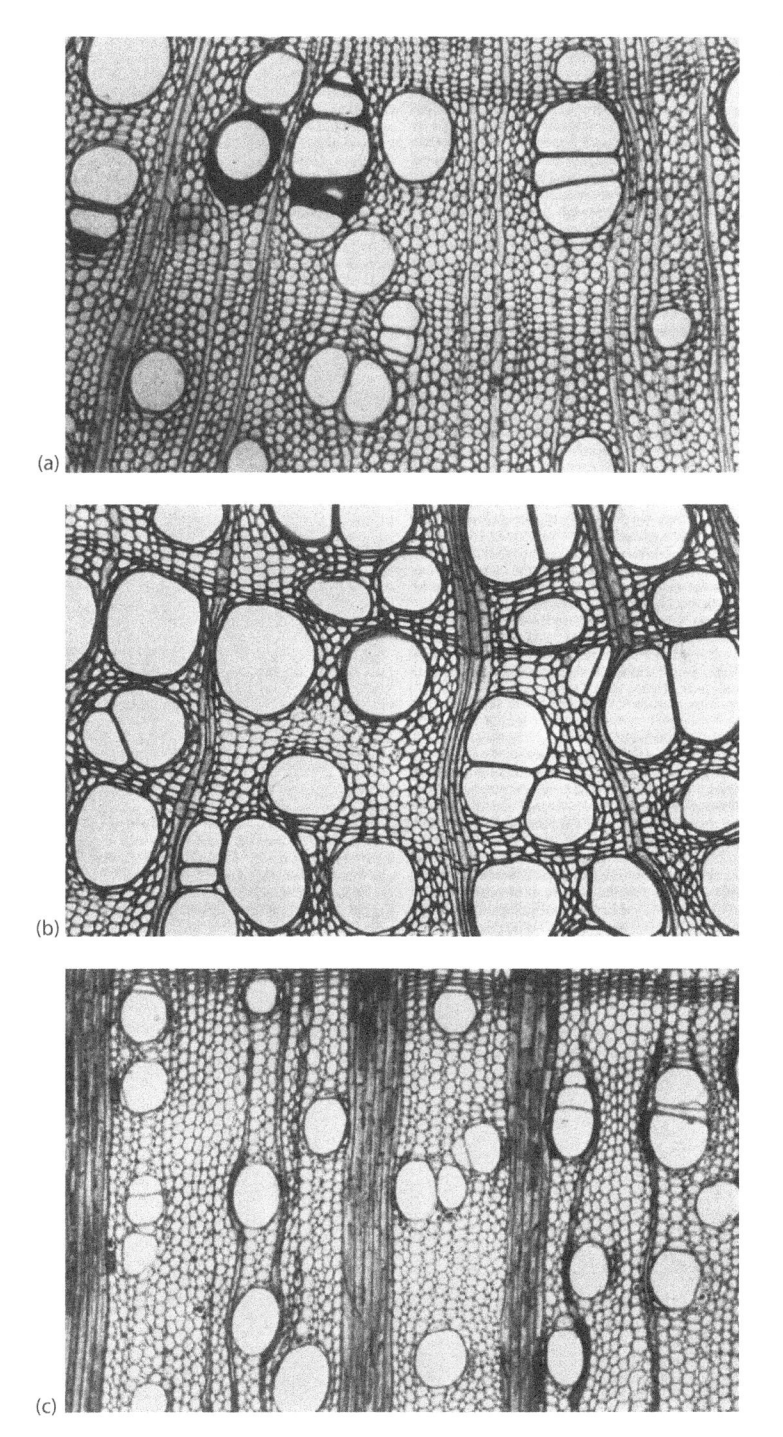

FIGURA 9.5
Raízes de *Acer pseudoplatanus* crecendo sob diferentes condições (em secção transversal). (a) De solos normais e (b) alagados. (c) Madeira de tronco normal. Todas x130.

características muito delicadas de elementos de vaso, pontoações e placas de perfuração. A Figura 9.6 mostra carvão de *Alnus* romano-britânico. Pode ser difícil ver detalhes da anatomia em uma primeira análise da superfície de um pedaço de carvão, pois ele costuma estar danificado e sujo. Após um período de secagem em forno a 50° C, o carvão fragmenta-se com facilidade. Se forem tomadas precauções para que ele se fragmente ao longo de seus planos longitudinal radial, longitudinal tangencial e transversal, boas superfícies podem ser produzidas para estudo. Os espécimes são preparados em plasticina ou massa adesiva em uma lâmina de microscopia e examinados sob microscópio de epi-iluminação.

Tentamos introduzir e secionar o carvão (com serra de diamante), mas muito material é perdido no processo; portanto, essa estratégia não compensa. Os fragmentos muito pequenos podem ser examinados com o microscópio eletrônico de varredura, após metalização, mas em geral o microscópio óptico é adequado.

Pode ser determinado se os fazedores do fogo selecionaram madeiras específicas devido a suas propriedades de queima ou se os restos representavam apenas o que crescia no local e era de fácil acesso. Além disso, pode se ter uma ideia sobre a composição da vegetação de uma área em determinadas épocas.

Alguns locais são muito ricos em objetos de madeira preservada por inundações ou seca. O barco funerário Sutton Hoo, por exemplo, continha diversos objetos de sepultura feitos de madeira. Exemplos interessantes desse local incluem alguns pequenos potes com bordas folheadas de prata. Durante a escavação, pensava-se que esses potes eram feitos de pequenos porongos,

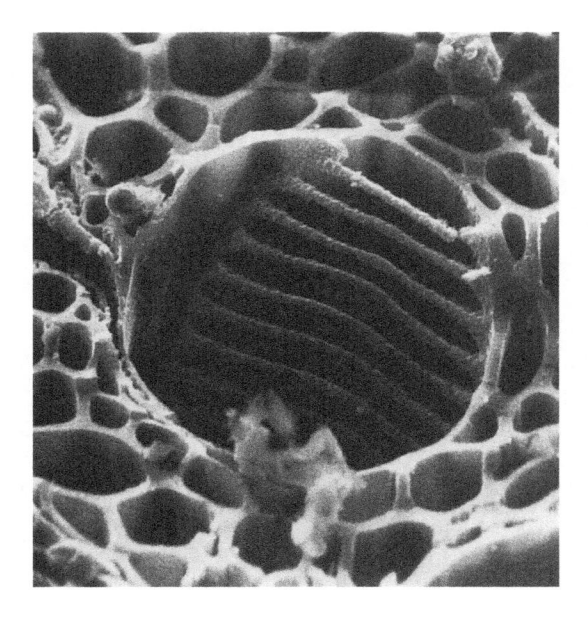

FIGURA 9.6
Carvão de *Alnus glutinosa* da Londres romano-britânica. Detalhes da estrutura bem preservados, em particular a placa de perfuração escalariforme.

frutos de Cucurbitaceae. Estudos de microscopia de secções finas mostraram que a estrutura era do lenho de nogueira, provavelmente próxima do porta-enxerto, onde madeira saliente (rádica) poderia ser obtida.

Com técnicas melhoradas para a recuperação de rachaduras de madeira e, posteriormente, sua conservação por técnicas especiais de impregnação, o interesse em arquitetura naval aumentou. As madeiras de um navio das guerras púnicas conservaram-se de modo surpreendente e foram logo identificadas após diversos séculos na água do mar. A descoberta de um bote de carvalho da Idade do Ferro de Brigg, em South Humberside, também foi fascinante. Nenhum "prego" foi usado para prender uma madeira à outra, mas as tábuas principais foram conectadas com ramos de salgueiro retorcidos que passavam por orifícios furados ao longo das extremidades dos caibros de madeira. Na Idade do Bronze, caminhos foram construídos em terrenos pantanosos em Somerset. Os tocos de avelã (*Corylus*) usados nessas trilhas foram bem preservados sob condições de alagamento. Analisamos material arqueológico de todos os tipos de objeto de madeira: desde lanças, escudos, cantis, até madeiras estruturais. A maioria desse trabalho consome muito tempo. Muitas vezes, alguns detalhes da anatomia são perdidos, e comparações muito cuidadosas com materiais de referência necessitam ser feitas antes que identificações sejam dadas. Devido à enorme quantidade potencial de fragmentos de madeira que poderia vir mesmo de uma só fogueira, é sensato separá-los visualmente em grupos e limitar as amostras iniciais a alguns exemplos de cada grupo.

Produtos da madeira

Além da madeira, outros resíduos arqueológicos de plantas podem às vezes apresentar preservação extraordinária. A sandália mostrada na Figura 9.7, do Egito antigo, é um desses exemplos. *Cyperus papyrus* é um dos principais

FIGURA 9.7
Uma sandália egípcia da antiguidade, feita de papiro (*Cyperus papyrus*) e espécies de palmeiras do gênero *Borassus*.

componentes da sandália, e um pouco de *Borassus* (palmeira) também está presente. Entretanto, algumas das amostras estão submersas e comprimidas. Com frequência, é possível "reviver" esse material. O segredo é secioná-lo na forma comprimida e reviver as secções por meio de breve imersão em solução de hipoclorito de sódio ou em iodo-cloro-zinco. As preparações temporárias são melhor produzidas em glicerina a 50%.

As propriedades estruturais da madeira são utilizadas nos métodos modernos de construções pelo uso não apenas de madeira maciça, mas também laminados, chapas, compensados, aglomerados e similares. Esses materiais são testados e submetidos à destruição, com o objetivo de avaliar as suas propriedades de modo apropriado. Exames de microscopia nas áreas de colapso podem ser um bom guia para áreas de fraqueza.

APLICAÇÕES EM INVESTIGAÇÕES FORENSES

O trabalho forense muitas vezes envolve a identificação não só da madeira, mas de outros pequenos pedaços de materiais vegetais. Lascas de madeira podem ser provenientes de janelas, portas e suas esquadrias, lastros, armas e similares, desempenhando assim um papel importante no trabalho policial. Uma ampla diversidade de partículas de plantas pode ficar grudada a peças de roupa ou sapatos, partículas essas que estabelecem ligação com a cena do crime. Fragmentos de plantas encontrados em suspeitos podem conectá-los com o local do crime. As próprias roupas são feitas de uma variedade de fibras, uma parte das quais pode ser de origem de plantas. Lâminas de microscopia de fibras têxteis maceradas fazem parte da coleção de referência de laboratórios forenses. Plantas usadas como drogas, como *Cannabis sativa*, muitas vezes possuem caracteres para diagnóstico pelos quais pedaços bastante pequenos podem ser identificados com a ajuda de microscópio.

Um número crescente de espécies de plantas está sendo vendido para o consumo como drogas – algumas como adulterantes e outras como substitutas. É uma tarefa difícil manter-se atualizado sobre a introdução de novas espécies, em especial porque o produto com frequência se apresenta em forma de pó finamente triturado. Investe-se bastante tempo e esforço na análise destas drogas em pó fino. As características anatômicas podem ser usadas com relativa confiança para identificação, a ponto de contribuir com parte das evidências em um julgamento.

PALEOBOTÂNICA

Assim como as características anatômicas podem auxiliar na identificação de materiais arqueológicos, elas podem ser empregadas na identificação de fósseis e colocá-las entre as famílias e gêneros de plantas existentes. Em geral, fósseis são compostos de algum tipo de parte de planta com as características cruciais de identificação, associadas a flores e frutos, ausentes. Entretanto, as características anatômicas permitem determinar se a parte da planta é uma raiz, caule ou apenas uma folha pela presença do protoxilema exarco ou endarco no caso dos dois primeiros. Exame e comparação adicionais com uma coleção de referência de plantas existentes pode permitir a classificação de fóssil em um grupo taxonômico existente. Alguns fósseis podem ser secionados, outros podem ser triturados até pequenas secções adequadas para microscopias e outros ainda são fossilizados na forma de carvão que pode ser tratado do mesmo modo que artefatos arqueológicos de carbonização recente.

INFORMAÇÃO EXTRA

Neste capítulo, vimos que a estrutura celular básica das partes vegetativas de várias plantas de ocorrência comum e nem tão comum são descritas em termos simples. As evidências aqui apresentadas indicam que a anatomia vegetal não é apenas um tópico acadêmico, mas tem sido utilizada em uma ampla diversidade de aplicações de importância econômica, outras de consequência e algumas com a simples utilidade de responder questões intrigantes.

10
MICROTÉCNICA VEGETAL PRÁTICA

CONSIDERAÇÕES DE SEGURANÇA

A saúde local e as regulamentações de segurança sempre devem ser seguidas. Trate todos os compostos químicos como um perigo potencial e sempre utilize roupa de proteção apropriada e óculos protetores seja qual for a técnica empregada. Preste especial atenção ao uso apropriado de capelas químicas. É extremamente desaconselhável fazer o trabalho prático envolvendo qualquer composto químico ou o uso de instrumentos afiados sozinho no laboratório. A maioria das técnicas fornecidas aqui necessita ao menos de duas pessoas presentes, e algumas devem ser executadas apenas por técnicos treinados, de modo que se quaisquer problemas de segurança surgirem, eles podem ser tratados de imediato. Os autores não podem ser considerados responsáveis por danos resultantes da aplicação de qualquer técnica descrita a seguir. O descarte do lixo deve ser feito de acordo com os regulamentos locais. Não verta líquidos de descarte na pia.

MATERIAIS E MÉTODOS

Qualquer planta prontamente disponível pode ser usada para ensinar ou aprender anatomia vegetal. Ao longo dos anos, um número bastante pequeno de espécies tornou-se "aprovado" como plantas "padrões" para estudo. Isso teve um efeito incrivelmente estupidificante para o estudo da anatomia vegetal, com o resultado de que muitos professores de biologia acabaram se esquecendo de que muitas plantas podem ser usadas para estudo em sala de aula. De fato, muitos departamentos de botânica de universidades aderem a uma "lista de plantas padrão" generalizada no ensino de estrutura de plantas. As plantas escolhidas, em muitos casos consideradas "típicas", com frequência, são bastante atípicas. Muitos botânicos passam a vida toda pensando que *Zea mays* é uma típica monocotiledônea, mas gramíneas em geral são muito especializadas e representam uma visão muito restrita das monocotiledôneas como um todo. Muitas vezes aderimos à ervilha, alface, milho e girassol, cevada, fumo e beterraba em nosso trabalho de fisiologia, porque os botânicos com frequência não percebem que outras plantas, que podem crescer com igual facilidade, têm estrutura mais variada e interessante. Exame minucioso da literatura revelará a frequência em que uma espécie vem sendo usada.

O material é melhor se coletado fresco. Ele pode ser examinado fresco para conteúdos celulares, movimento citoplasmático e assim por diante. Mas quando os estudos envolvem estrutura celular e histologia, é melhor fixar o material fresco por meios químicos. Fixadores, quando corretamente formulados, matam o material da planta, em geral preservando sua forma e tamanho e tornando os tecidos adequados para o secionamento e, dependendo de sua potência, preservando os detalhes celulares. Material seco de herbário pode ser usado para estudos anatômicos. Algumas plantas "revivem" com facilidade, mas outras são insatisfatórias. Na ausência de material fresco disponível, o material seco pode ser fixado pela fervura em água por cerca de 15 minutos; após, deixe o material esfriar. Poucas gotas de detergente podem ser adicionadas para auxiliar na umidificação dos espécimes.

Matando e preservando os conteúdos celulares

Esta é uma das etapas mais críticas no processamento do tecido. Esse processo deve ser obtido com a mínima perturbação da organização protoplasmática dentro das células, bem como perturbação e distorção mínimas da organização celular. Além de matar o citoplasma, o processo deve ser capaz de fixar a estrutura não distorcida e, além disso, tornar a massa de material suficientemente firme para resistir ao manuseio. Então, as necessidades de uma boa preservação são as seguintes:

1. Matar o protoplasto sem distorção.
2. Preservar para fixar o detalhe fino.
3. Endurecer o material.

Fixadores

Fixadores à base de álcool e formaldeído

Álcool 70% é tipicamente usado como fixador de plantas em escolas e laboratórios, porque tem pouco efeito caso o usuário acidentalmente respingue a solução sobre si mesmo e o local seja imediatamente lavado com água. O próprio álcool tende a endurecer os tecidos de plantas e pode causar alterações no seu formato. Ele deve ser evitado como fixador histológico, pois nenhum detalhe da célula será preservado.

O formaldeído tem que ser tratado com precaução e respeito. Não respire o seu vapor e use uma capela química. Os tecidos de plantas necessitam de técnicas de fixação bastante agressivas, e não há motivo para que os estudantes não usem líquidos mais potentes para fixar as plantas, desde que sejam tomadas as devidas precauções. Para propósitos histológicos gerais, a mistura de formalina-ácido acético-álcool (FAA), fornecida na Tabela 10.1, funciona bem. Sempre use capela química.

Atenção: FAA é um líquido corrosivo e se entrar em contato com a pele **deve ser lavado imediatamente**. A melhor medida preventiva é usar luvas de laboratório. O trabalho e o cuidado para usar material fixado em FAA valem o

TABELA 10.1
A composição de formalina-ácido acético-álcool (FAA)

Composição
850 ml de álcool etílico 70%
100 ml de formaldeído 40%
50 ml de ácido acético-glacial

esforço, porque os materiais nele preservados cortam bem e podem ser mantidos no reagente indefinidamente. Entretanto, tenha o cuidado de armazenar recipientes e frascos contendo FAA em um espaço bem ventilado, já que os gases são perigosos e não devem ser inalados.

Seja qual for a técnica de fixação utilizada, o material vegetal a ser fixado é normalmente cortado em partes para permitir a penetração rápida do fixador. Deve-se tomar cuidado para assegurar que as porções do tecido da planta sejam cortadas de modo que possam ser prontamente identificadas e orientadas. Frascos com bocas largas e roscas de polipropileno ou tampas de pressão são ideais para o armazenamento e podem ser obtidos em uma série de tamanhos. É melhor manter a planta em fixador durante cerca de 72 horas antes de continuar com o processo de preparação. O material da planta pode ser mantido em FAA e estocado por quanto tempo for necessário, mas os frascos devem ser inspecionados regularmente quanto à presença de evaporação e cobertas com álcool 70% caso seja necessário. Este é o mais volátil dos constituintes.

Espécimes a serem secionados são removidos com pinças e lavados em água corrente entre 30 minutos e 1 hora. Então podem ser manuseados com segurança.

Fixadores não coagulantes

Há disponibilidade de outras opções de fixadores para estudos anatômicos e citológicos detalhados, que preservam detalhes citoplasmáticos e previnem a plasmólise séria geralmente evidente quando se utiliza FAA e seus procedimentos de desidratação associados. Feder e O'Brien (1968) revisaram princípios e métodos usados em *Microtécnica vegetal*, que introduziu o conceito do uso de fixadores não coagulantes como tetróxido de ósmio, glutaraldeído, acroleína e formaldeído, combinados com o uso de plásticos, como polímero de glicol-metacrilato em vez de parafina. A vantagem do uso de polímeros é que secções finas (1-3 μm) podem ser feitas, e essas secções mostram excelentes detalhes de estruturas celulares. O tetróxido de ósmio é particularmente perigoso e deve ser usado por pessoas treinadas e competentes, em capela química e seguindo todas precauções de segurança.

Recomendamos **acroleína** como fixador alternativo, em especial quando o pesquisador tenciona preservar (e necessita resolver) detalhes celulares que não seriam preservados de modo algum com FAA. Acroleína 10% é rotineiramente usada como fixadora biológica. Pode ser preparada com água da torneira ou adicionada a uma solução tamponante adequada, como tampão fosfato, não diferente daquele utilizado em técnicas preparativas de microscopia eletrônica. A desidratação é um pouco mais complicada do que com FAA, mas bem dentro do alcance de um laboratório comum de anatomia. **Atenção:** Use luvas protetoras e uma capela química quando trabalhar com acroleína.

Desidratação e infiltração

Pedaços de material foliar fino são fixados e endurecidos em cerca de 12 horas, enquanto folhas espessas ou caules pequenos necessitam de pelo menos 24 horas. Ramos lenhosos devem ser mantidos em FAA por volta de uma semana antes de continuar o processamento. Observação: ácido propiônico também pode ser usado (no lugar de ácido acético), em cujo caso a fórmula é designada como FPA. Outros fluidos bem conhecidos para matar e fixar são fixadores cromoacéticos e de Flemming, mas esses fluidos são potencialmente perigosos e não devem ser usados por pessoas não treinadas sem supervisão apropriada.

A desidratação é necessária a fim de permitir a infiltração do material com um meio de suporte apropriado (parafina; cera de poliéster ou polímero como glicolmetacrilato) para fornecer suporte adequado para o material durante o secionamento. Os procedimentos de fixação envolvendo o uso de FAA e acroleína como fixador primário diferem levemente e são descritos aqui.

Essa série de operações remove água dos tecidos fixados e endurecidos. A remoção de água é uma etapa preliminar necessária para a infiltração do espécime em matriz insolúvel em água. A remoção completa da água assegura a adesão da matriz às superfícies externas e internas das células e tecidos. Os processos consistem em tratar o tecido com uma série de soluções que contêm uma proporção crescente de agente desidratante e progressivamente menos água. Alguns anatomistas consideram o álcool butírico terciário (TBA) o agente desidratante ideal. O custo é alto, mas os resultados são bem compensadores!

Procedimento para infiltrar com uma série de TBA

O procedimento que recomendamos para infiltrar tecidos de plantas com uma série TBA é detalhado na Tabela 10.2.

Iniciar a infiltração em 50% de parafina líquida/50% de parafina após a etapa 8, durante 24 horas e proceder depois por três trocas de parafina.

Quando o tecido tiver sido infiltrado com cera de parafina em um forno para fixação, a cera sustentará os tecidos com eficácia. A infiltração consiste em dissolver a cera em um solvente contendo os tecidos, aumentando gradualmente a concentração de cera e diminuindo a concentração de solvente. Esse processo é conduzido em um forno para fixação, geralmente a 50-70 °C, dependendo do ponto de fusão da cera usada. Após a infiltração com cera conforme descrito, a matriz de cera serve para sustentar os tecidos contra o impacto da faca. Portanto, é muito importante que o procedimento de infiltração seja conduzido com exatidão e cuidado!

TABELA 10.2
Série de álcool butírico terciário

Etapa	Álcool etílico 95%	Álcool etílico absoluto	TBA	Água	Óleo de parafina
1	50	0	10	40	0
2	50	0	25	30	0
3	50	0	35	15	0
4	50	0	50	0	0
5	0	25	75	0	0
6	0	0	100	0	0
7	0	0	50	0	50
8	0	0	0	0	100

Fonte: A partir de Noronha, 1994.

Procedimento para fixação em acroleína

Atenção: Quando seguir este método, favor se assegurar de que todos resíduos sejam descartados em recipientes de descarte específicos e rotulados. Não descarte na pia. (Use luvas protetoras e capela química quando trabalhar com acroleína.)

1. Corte pequenos tecidos em acroleína fria a 10% – de preferência em placa de petri e no gelo.
2. Coloque os tecidos na acroleína 10% em recipientes com tampa e mantenha a 10°C durante 24 horas em um refrigerador.
3. Desidrate em 2-metoxietanol e recoloque no refrigerador a 0°C durante 12-24 horas.
4. Decante o 2-metoxietanol, cuidadosamente, e substitua com etanol frio, n-propanol e n-butanol, em sequência, todos a 0°C durante 12-24 horas cada.
5. Transfira o espécime para blocos de cera de 25:75 n-butanol-paraplasto. Coloque em estufa durante 12-24 horas ajustada para uma temperatura poucos graus acima do ponto de fusão da parafina. Não tampe os recipientes neste momento.
6. Decante a mistura com cuidado e transfira para paraplasto puro. Faça três trocas a cada 12-24 horas.

Quando o tecido tiver sido infiltrado com o paraplasto em estufa, a parafina eficazmente sustentará os tecidos. A infiltração consiste em dissolver a parafina no solvente com os tecidos, aumentando gradualmente a concentração e diminuindo a concentração de solvente. Esse processo é realizado em estufa, geralmente a 50-70°C, dependendo do ponto de fusão da parafina usada. Quando a infiltração estiver completa, a matriz de parafina servirá para sustentar os tecidos contra o impacto da navalha. Portanto, é muito importante que o procedimento de infiltração seja realizado com exatidão e cuidado!
Desenforme os blocos e corte as secções.

Secionamento

Uma navalha de barbear pode ser usada para produzir cortes suficientemente finos para estudar sob aumentos de 100-400x, ou algumas vezes mais. Entretanto, é necessário prática. Pessoas com mão firme obterão melhores cortes com lâminas de barbear de corte duplo, mas lâminas muito finas também são muito flexíveis. Muitos anatomistas apresentam cicatrizes de batalhas iniciais com materiais duros de plantas! É recomendável cobrir um dos lados de lâminas mais finas, duplas (se você for usá-las) com fita adesiva para evitar cortar a si próprio em vez do espécime.

Cortar secções à mão livre é um processo demorado e inadequado para a produção em massa de material de aula. Entretanto, para demonstrações simples, investigações ou identificações, é um procedimento indicado. Para a produção de grandes quantidades de lâminas do mesmo espécime para o estudo em aula, um método mais refinado de secionamento é necessário. Um micrótomo de rotação deve ser usado quando espécimes embebidos em parafina forem utilizados para preparar secções finas. Um micrótomo é indispensável para secções com menos de 10 μm de espessura ou para casos onde secções seriais sejam necessárias de, por exemplo, gemas florais, onde as diversas partes se separariam e se tornariam desorganizadas quando não embebidas antes de tentar um procedimento de corte.

Secções entre 15 e 30 μm são necessárias para estudos histológicos. Elas podem ser efetuadas com um micrótomo de deslize. O micrótomo de deslize permite que o espécime a ser cortado seja firmemente mantido em um grampo universal (para permitir a orientação correta) e a navalha seja levada na direção do espécime e sobre ele. Modelos com navalha fixa em que o espécime é movido em direção à navalha não têm tanta utilidade universal e, de certo modo, são mais perigosos!

O micrótomo de deslize com navalha móvel pode ser usado para os seguintes tipos de materiais, usando álcool a 50% para lubrificação (aplicado na lâmina da navalha com um pequeno pincel de pelo de camelo).

1. **Materiais duros, tais como madeira.** O material deve ser secionado em cubos de aproximadamente 1 cm, orientados conforme descrito na Figura 10.7. Os cubos são fervidos em água até que afundem quando água fria for adicionada para o recipiente. Os cubos são removidos, resfriados e fixados no local. Se ficarem muito duros, eles podem necessitar de um jato de vapor direcionado à superfície para serem cortados (Figura 10.1), mas em geral têm maciez suficiente para serem cortados de imediato. Algumas madeiras contêm sílica, substância muito dura que, sem demora, cega a navalha do micrótomo. A sílica pode ser removida incubando a madeira por 12 ou mais horas em ácido fluorídrico 10%, em recipientes plásticos. **Muito cuidado** deve ser tomado com esse ácido. Ele causa queimadura séria mesmo em baixas concentrações, e a queimadura cicatriza muito devagar. Não é recomendado para uso em aula, mas pode ser usado por técnicos treinados. Após o tratamento, a madeira deve ser lavada em água corrente durante várias horas.

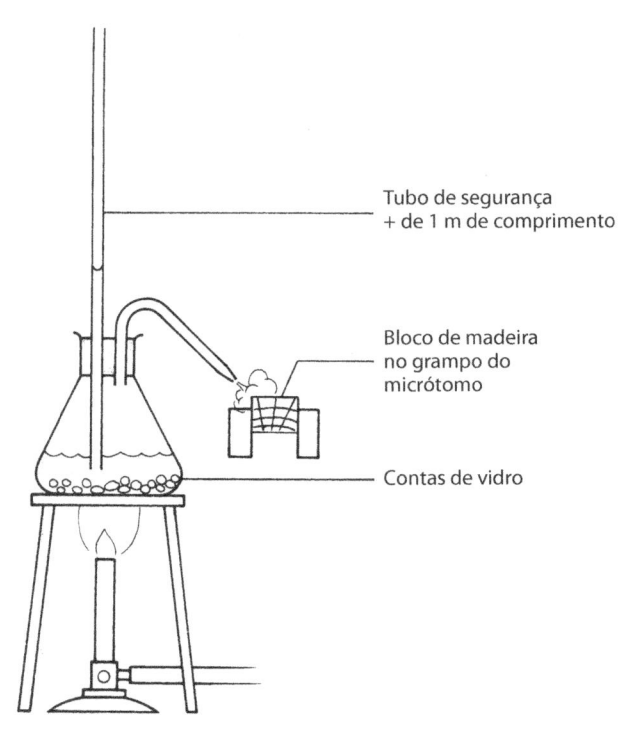

FIGURA 10.1
Aparato simples para produção de jato de vapor para amolecer a madeira antes de ser cortada.

2. **Ramos** talvez precisem ser fervidos antes de serem cortados. Os caules macios são melhor fixados e lavados antes do corte. Diversos objetos cilíndricos necessitam algum apoio no grampo do micrótomo. O apoio é normalmente fornecido na forma de cortiça ou medula. A medula tende a tornar-se saturada quando úmida, e a rolha de cortiça pode conter esclereídes inesperados que cegam a navalha, mas, no geral, hoje preferimos rolhas. Algumas pessoas preferem isopor. Rolhas de garrafas adequadas com poucas lenticelas devem ser selecionadas (Figura 10.2A-D). Fatias circulares de aproximadamente 34 mm de espessura são cortadas usando uma lâmina. Os discos de cortiça são cortados através de secções transversais, e as duas metades colocadas lado a lado.

Para secções transversais de caules, um corte em V na metade de uma rolha auxiliará a manter o espécime corretamente orientado, não permitindo que ele se comprima de modo excessivo. Alternativamente, a rolha pode ser cortada ao longo de seu eixo e as duas metades usadas para montar o espécime a ser cortado.

Para fazer secções longitudinais, a fatia de rolha é cortada perpendicular ao diâmetro em certo ângulo (Figura 10.2E-H). Quando as duas partes forem colocadas lado a lado com o material a ser cortado na base do V, o grampo faz

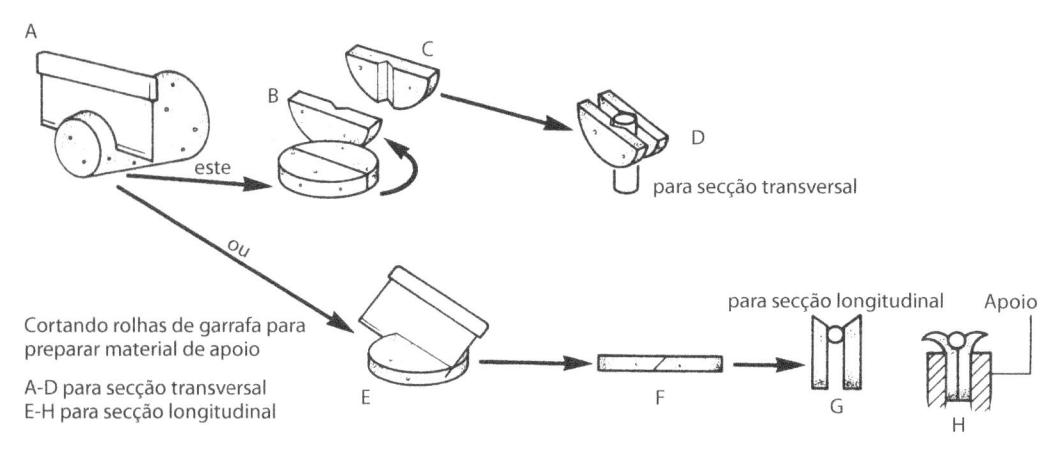

FIGURA 10.2
Preparando uma rolha para manter o material a ser secionado A-D para secção transversal, E-H para secção longitudinal; observe que o corte oblíquo na rolha E auxilia a prevenir que caules cilíndricos sejam liberados da rolha quando presos.

as partes externas da rolha rolarem para fora, mas o material será retido. Se o disco for cortado para produzir uma superfície plana antes de grampear, a curvatura externa liberaria o espécime, como na Figura 10.3.

3. **Folhas** a serem cortadas transversalmente raramente têm a espessura certa do grampo. Folhas mais largas podem ser dobradas uma ou diversas vezes a fim de que formem um sanduíche na rolha, Figura 10.4. Com folhas mais estreitas, colocando diversas folhas entre os pedaços de rolha, existe maior chance de se obter boas secções.

A maioria das folhas de mesófitas é facilmente cortada. Algumas folhas e caules de hidrófitas suculentas ou muito macias podem causar problemas. Nessas plantas, as células são de parede fina e se rompem facilmente caso sejam comprimidas quando túrgidas. Uma solução simples e de eficácia ampla é permitir que o espécime murche na bancada durante cerca de meia hora. Ele pode então ser firmemente grampeado, secionado, e as secções colocadas

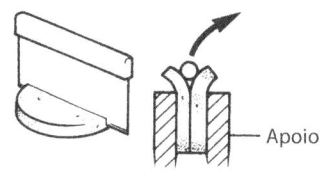

FIGURA 10.3
O jeito errado de cortar rolha para preparar secções longitudinais do material. Quando apoiada, a rolha se retrai e o espécime é liberado.

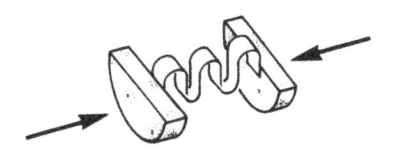

FIGURA 10.4
Folhas longas podem ser dobradas diversas vezes antes de serem cortadas. Diversas secções serão então obtidas com cada corte.

em água. Caso eles não retornarem para sua forma natural na água, álcool 50% pode ser usado. Outra opção é a imersão por cerca de um segundo em hipoclorito de sódio não diluído; isso fará as secções retornarem à forma não comprimida.

Determinadas folhas contêm corpos de sílica (em particular aquelas de gramíneas e ciperáceas) que cegam a navalha do micrótomo e resultam em uma secção rompida. Desse modo se uma secção ficar irregular, primeiro examine-a para ver se os corpos de sílica estão presentes. Ácido fluorídrico (10%) pode ser usado para remover os corpos de sílica, mas deve ser manuseado com **extremo cuidado** (ver observação anterior).

À medida que cada secção é obtida, ela irá deslizar na navalha, lubrificada pelo álcool 50%. Ela deve delicadamente ser transportada com um pincel para a placa de petri contendo álcool 50%. A secção pode ser examinada temporariamente na água ou mantida durante diversos meses em solução de glicerina 50% em uma lâmina (armazenada horizontalmente). A distribuição do amido pode ser estudada nessas secções, e cloroplastos e outras inclusões citoplasmáticas maiores podem ser vistos.

Clareamento

Algumas vezes é vantajoso que os conteúdos celulares não obscureçam a distribuição dos tecidos; porém, antes do "clareamento" das secções, algumas células devem ser estudadas com suas inclusões. As secções podem ser clareadas transferindo-as do álcool 50% para um recipiente com água com a ajuda de um pincel ou de uma pequena pinça. Então, usando um alfinete de montagem ou uma pinça fina, elas podem ser transferidos para um recipiente contendo uma solução caseira não diluída de hipoclorito de sódio.

O tempo necessário para que os conteúdos celulares se dissolvam varia de objeto para objeto e pode ser determinado por inspeção visual. Em geral, são necessários cinco minutos. O corte inteiro se dissolverá caso seja mantido assim por muito tempo. Após a imersão no hipoclorito de sódio, os cortes são inteiramente lavados em água. Tome cuidado para não colocar o pincel no hipoclorito de sódio, pois os pelos do pincel se dissolverão.

Coloração

Se, por um lado, uma observação no estado natural é importante, por outro pode ser difícil para o estudante diferenciar entre tecidos lignificados e não lignificados. Por essa razão, recomendamos a coloração das secções. Diversas combinações de coloração podem enfatizar detalhes dentro das secções. As seções de materiais recém-cortados devem ser lavadas delicadamente para remover restos celulares que irão obscurecer detalhes assim que a secção tenha sido corada.

Dois tipos principais de coloração podem ser usados:

1. as temporárias, cuja coloração desbota ou que danifica gradualmente o corte; e
2. aquelas consideradas permanentes.

Mesmo colorações permanentes podem perder sua coloração caso expostas à luz solar; por isso, tome cuidado e armazene sua coleção no escuro.

Se manuseadas com cuidado, as colorações podem ser selecionadas para fornecer o contraste máximo entre os diversos tipos de células e tecidos nas plantas. Elas podem ser selecionadas para colorir determinadas partes da estrutura da parede da célula e indicar sua composição química. As colorações e o protocolo descrito a seguir são usados diariamente em diversos laboratórios em todo o mundo e não apenas naqueles associados aos autores. Indivíduos que desejarem listas completas de colorações, procedimentos e protocolos, devem consultar os livros de Gurr (1965), Foster (1950) ou Peacock revisados por Bradbury (1973), para mencionar apenas três entre os diversos guias de microtécnicas.

Incluímos outras técnicas úteis para o estudante no CD-ROM. Essas técnicas podem ser acessadas de modo muito simples seguindo os *links* "Técnicas" associados com cada exercício.

Colorações temporárias

1. **Azul de metileno 1% em solução aquosa.** Todas as paredes celulares se tornam azuis, exceto a cutina ou as paredes cutinizadas, que permanecem não coradas; as paredes celulares absorvem um grau de intensidade de azul dependendo de sua composição química e estrutura física; diversas camadas da parede com frequência são coradas diferencialmente. A coloração pode ser misturada com glicerina 50%, na proporção de 10 ml de solução aquosa a 1%, para 90 ml de glicerina a 50%; as secções são preparadas diretamente nesse meio. Essa mistura também é útil para corar tecidos macerados difíceis de manusear. Mistura-se uma gota de macerado lavado em água com uma gota da mistura em uma lâmina e cobre-se com a lamínula.
2. **Solução de cloreto de zinco iodado (CZI, solução de Schulte).** Essa solução consiste em 30 g de cloreto de zinco, 5 g de iodeto de potássio, 1 g de iodo e 140 ml de água destilada. As paredes de celulose ficam azuis, o

amido fica azul-escuro, a lignina e a suberina ficam amarelas, e as paredes moderadamente lignificadas ficam azul-esverdeadas. As secções são colocadas na lâmina, e uma ou duas gotas de CZI são adicionadas. Isso pode ser descartado e trocado por glicerina 50% após 2-4 minutos, mas resultados satisfatórios podem ser obtidos adicionando glicerina 50% e preparando diretamente na mistura. Essas colorações expandem as paredes e por fim as dissolvem. Por conseguinte, deve se tomar cuidado ao descrever a **espessura da parede celular.**

4. **Solução de clorazol preto saturada em 70% de álcool.** Colore as paredes de preto ou cinza e é particularmente boa para mostrar pontuações.
5. **Solução de ácido carbólico saturado.** As secções são preparadas diretamente na solução (que não deve entrar em contato com as mãos). Em geral, os corpos de sílica tornam-se rosados; isso auxilia a distingui-los de cristais (como oxalato de Ca) que permanecem incolores.
6. **Floroglucina/HCl.** A floroglucina é adicionada à secção e depois o HCl diluído. A lignina fica vermelha. **Atenção:** HCl é altamente corrosivo à pele, às roupas e ao microscópio!
7. **Sudão IV.** As secções podem ser preparadas diretamente no corante. Cora gorduras; as cutículas ficam alaranjadas.
8. **Vermelho de rutênio.** A mucilagem e certas gomas se tornam rosadas. As secções podem ser preparadas diretamente no corante.

Coloração dupla simples

Fucsina, azul de anilina e iodeto de potássio em lactofenol (FABIL) é a coloração e preparação mais útil para todos os tipos de materiais de plantas. Embora não seja comercialmente disponível, é facilmente preparada a partir das seguintes matérias-primas: lactofenol:fenol (cristais), glicerol, ácido lático e água destilada em partes iguais por peso.

Azul de anilina, 0,5% em lactofenol.   A
Fucsina básica, 0,5% em lactofenol.   B
Iodeto de potássio, KI, 0,6 g: lactofenol, 1 litro.   C

A coloração é preparada com mistura das matérias-primas nas proporções de A,4:B,6:C,5. Essa solução é deixada incubar durante a noite e, após filtragem, está pronta para o uso e se mantém indefinidamente.

FABIL é superior a outros reagentes temporários comumente utilizados, tais como coloração dupla de anilina, fluoroglucinol ou cloreto de zinco; a vantagem particular é que ele incorpora uma coloração diferencial, um agente clarificador e uma preparação semipermanente. As secções cortadas de material fresco ou armazenado em álcool são transferidas diretamente para a coloração, cobertas por lamínula e logo examinadas. Caso se queira, a coloração pode ser reposta após cerca de 10 minutos por lactofenol puro ou glicerol aquoso 25%, mas isso de forma alguma é essencial. A solução é apenas um pouco volátil, e as preparações podem ser mantidas durante diversos meses sem secar, embora a adição de mais solução de tempos em tempos na borda da lamínula previna a entrada de bolhas de ar. Entretanto, caso seja necessário armazenar as montagens durante um longo período de tempo, a lamínula pode ser selada com cera de abelha dissolvida ou esmalte de unha. Os conteúdos citoplasmáticos celulares, incluindo núcleo e blocos de calose dos tubos crivados, são corados de azul. As paredes de celulose são coradas de um azul mais claro, e os tecidos lignificados tornam-se amarelo brilhante, laranja ou rosa, dependendo da natureza do espécime. A coloração é rápida, mas melhora com o tempo e o excesso de coloração não é possível, mesmo após a imersão durante diversas semanas.

Muito do sucesso desse reagente não se deve unicamente à coloração, mas também ao clareamento diferencial, de modo que na prática os tecidos tornam-se mais distintos do que sugeririam as reações de coloração supramencionadas. Além do mais, devido às excelentes propriedades de transmissão de luz da solução, os detalhes celulares podem ser estudados em cortes espessos. FABIL também pode ser usado para preparações de materiais de fungos ou algas, incluindo algas-marinhas, e causa muito pouca distorção. Alternativamente, a solução A de azul de anilina ou a solução B de fucsina podem ser usadas isoladamente. Com fungos, um aquecimento leve da preparação melhora a absorção da coloração. Safranina (1% em álcool 50%) e hematoxilina Delafield é uma combinação de grande utilidade. A celulose nas paredes celulares se torna azul-escura; a lignina fica vermelha e as paredes de celulose com algumas ligninas ficam violeta.

Prepare uma mistura nova de safranina com hematoxilina de Delafield guardada na proporção de 1:4; filtre. A mistura-estoque pode ser usada por até 1 semana, mas deve ser filtrada antes do uso diário.

As secções devem ser transferidas da água (após remover todo o hipoclorito de sódio por lavagem) para um recipiente adequado contendo a coloração e coberto. A maioria das secções absorve o corante durante 24 horas, outras necessitarão de menos tempo. Os cortes devem então ser transferidos para uma placa de petri com álcool acidificado a 50% (use algumas gotas de HCl concentrado). Essa solução remove a coloração, atuando primeiro na safranina. O objetivo é obter um balanço satisfatório da cor, mas só a experiência dirá quando esse equilíbrio será alcançado.

As secções devem ser removidas quando ainda parecem estar levemente escuras ou excessivamente coradas – as cores parecem menos intensas sob o microscópio. A ação de descoloração é paralisada pela colocação das secções em uma placa de petri contendo álcool 95%. Após cerca de cinco minutos, elas podem ser transferidas para álcool absoluto em uma placa de petri coberta. Cinco minutos depois, elas podem ser transferidas para uma mistura 50-50 de álcool absoluto – xileno em uma placa coberta, ou essa etapa pode ser eliminada e elas podem ser transferidas diretamente para o xileno. **Os vapores de xileno não devem ser inalados;** use uma capela química. Após 10 minutos no xileno, as secções podem ser preparadas em bálsamo-do-canadá na lâmina do microscópio. Qualquer aspecto leitoso nesse estágio significa que ainda há a presença de água; a secção deve retornar para o xileno e então para o álcool absoluto fresco, uma mistura de álcool absoluto-xileno fresca e xileno fresco antes de ser novamente preparada. As secções enrugadas ou enroladas devem ser esticadas em álcool 50%. Quando, progressivamente se desidratam em álcool puro, tornam-se mais quebradiças e não podem ser desenroladas sem serem quebradas. Secções de madeira rugosa podem ser niveladas mergulhando-as na extremidade de uma lâmina parcialmente imersa em álcool 50% (Figura 10.5), processo que necessita de três mãos! Alternativamente, um elevador de corte pode ser usado. Assim que estiverem na lâmina, eles podem ser "ajustados" usando algumas gotas de álcool 95%.

É mais conveniente corar overnight (cerca de 8 horas); a mistura de safranina-hematoxilina pode ser usada nas proporções de 94:6. Embora fast green possa ser usado como contracoloração para safranina, descobrimos que hematoxilina produz uma cor que fotografa melhor em filme pancromático normal. Alcian blue pode ser usado como alternativa para a hematoxilina; uma solução aquosa a 1% é satisfatória. Ela é mais fácil de usar e resulta em cores azuis onde a hematoxilina teria uma coloração violeta.

O fast green pode ser usado sozinho como um corante para material macerado. O macerado é desidratado pela decantação em álcool a 50, 70, 90, 95% e absoluto, no tubo contendo o macerado. É útil ter uma pequena centrífuga manual que possa ser usada para sedimentar as células em cada estágio. Finalmente, as células são transferidas para uma lâmina com 23 gotas de Euparal contendo 23 gotas de fast green por 10 ml. A lamínula é, então, aplicada sobre a secção.

Preparando lâminas permanentes

Cortes à mão livre podem ser transformados em preparações permanentes de um modo bastante simples. Depois de cortar as secções, mantenha-as sem coloração e siga o procedimento detalhado na Tabela 10.3. Se as secções forem suficientemente finas, informações valiosas podem ser obtidas usando essa técnica relativamente simples. **Xileno não deve ser inalado.** É muito mais seguro usar essência de Euparal em seu lugar e preparar a montagem em Euparal em vez de bálsamo-do-canadá.

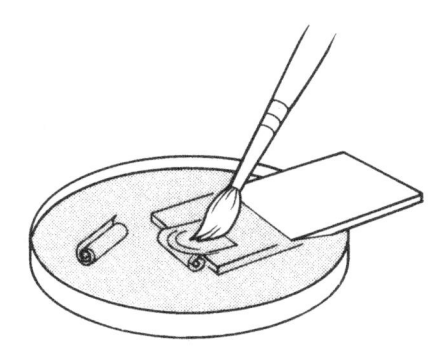

FIGURA 10.5
Transferindo um corte enrolado para uma lâmina de microscopia.

TABELA 10.3
Desidratação de material fresco para uma preparação permanente usando as colorações Safranina e Fast Green

Etapa	Tempo
Corte as secções e coloque-as em vidro de relógio em etanol 40%	30-60 s
Lave com etanol 50%	30-60 s
Faça a imersão em solução de safranina (em etanol 50%)	30-60 s
Lave em etanol 95%	60 s
Faça a imersão em Fast Green (95% alcoólico)	30-60 s
Lave em álcool 95%	30 s
Enxágue em álcool 100%, duas trocas	30-60 s
Faça a imersão em xileno, duas trocas	1 min cada
Monte em DPX, Euparal ou bálsamo-do-canadá	

Fonte: Noronha, 1994.

Meio de montagem

Embora existam diversos meios disponíveis para montagens comerciais, prefere-se o bálsamo-do-canadá neutro, pois ele provavelmente não remove safranina de cortes corados. Alguns substitutos modernos, embora incolores, podem ser muito ácidos; com isso, a safranina pode vazar ou se contrair se estiver muito seca. Porém, com o devido cuidado, eles podem ser preferidos por serem de uso mais seguro.

Euparal é usado quando é indesejável passar secções muito delicadas no xileno após álcool absoluto porque elas podem distorcer, ou quando se for preparar material macerado corado ou por considerações de segurança.

Tão logo o material tenha sido preparado em meio de montagem e as lamínulas tiverem sido colocadas sobre os espécimes, as lâminas devem ser aquecidas para deixar as secções planas, em estufa ajustada para em torno de 58°C durante 10-14 dias, para permitir que o meio de montagem endureça completamente. As secções preparadas em bálsamo-do-canadá são firmemente ajustadas por esse estágio, e as lâminas podem ser armazenadas em pé. As preparações em Euparal podem estar firmes apenas nas bordas da lamínula; por isso, muito cuidado deve ser tomado ao manuseá-las. A permanência só pode ser alcançada por meio de mais aquecimento.

Procedimentos de infiltração

A fim de se obter uma série de secções relativamente finas (1-15 μm), é imperativo que o material a ser secionado seja apoiado por um meio adequado durante o processo de corte. Existem diversos meios alternativos, cada um dos quais tem seus problemas e dificuldades associadas com seus usos. A infiltração em parafina é o método mais fácil. A parafina (conforme detalhado anteriormente) é um meio de fixação comum e relativamente fácil de ser usado. O tecido é infiltrado na mistura de parafina (via uma série de misturas de álcool etilbutírico), parafina líquida e então em parafina pura. Diversas ceras adequadas são comercialmente disponíveis. A tendência atual é usar uma cera monomérica como Paraplast, um composto de parafina purificada e polímeros plásticos, no qual dimetilsulfóxido (DMSO) é incorporado, para promover rápida infiltração no tecido. O material é então cortado com um micrótomo, e as secções são coletadas em lâminas de vidro e continuam a ser processadas. As etapas envolvidas nesse processo são descritas a seguir.

Após a coleta e fixação, o material precisa ser infiltrado por uma série de álcoois – isso envolve o uso de uma série gradual de álcool etílico: no material fixado em FAA, uma sequência usando álcool butírico terciário (TBA) e a substituição de TBA por parafina líquida antes da infiltração final é mais comumente usada. Após o período de infiltração adequado, os espécimes são colocados em moldes, os quais, quando ajustados, são desbastados, orientados e afixados ao micrótomo antes de cortar na espessura necessária.

Desbaste as faces superior e inferior do bloco para que fiquem paralelas entre si e oriente o bloco; assim, quando você cortar o material, uma tira será formada. **Tenha muito cuidado com a lâmina da navalha o tempo todo.**

Operação do micrótomo de rotação

A operação do micrótomo de rotação pode ser melhor aprendida observando os procedimentos adotados por um operador experiente (Tabela 10.4). Isso será demonstrado para você individualmente ou em grupos e quando você estiver pronto para cortar suas primeiras secções.

Se você tiver algum problema, não hesite em pedir ajuda ao instrutor ou demonstrador – eles têm experiência e solucionarão seu problema.

Aplicando secções de parafina à lâmina

Depois de obter as fitas, você necessitará expandi-las em banho-maria ajustado a uma temperatura de 4 -5 °C abaixo do ponto de fusão da cera ou expandi-las diretamente em lâmina úmida em bandeja morna. Com cuidado, corte sua fita em segmentos (suficientemente curtos para se ajustarem sob a lamínula após a expansão); com um pincel de pelos finos de camelo umedecido suavemente coloque-os na superfície da água. Você necessitará praticar essa etapa, para assegurar-se de que as secções não sejam inadvertidamente

TABELA 10.4
Atitudes importantes que se deve e não se deve observar durante a microtomia

Deve-se	Não se deve
Trabalhar com asseio. Limpar após ter finalizado e deixar tudo organizado e guardado – como você esperaria encontrar.	Deixar o aparato desorganizado.
Manusear a navalha com cuidado: acidentes sérios podem ser causados por desatenção.	Esquecer de tomar notas sobre secções que você tenha terminado de cortar e que devem ser encontradas em determinada lâmina.
Identificar todo o material!	

dobradas. Uma vez que as fitas tenham se expandido, mergulhe uma de suas lâminas de microscopia cobertas com adesivo abaixo da fita e delicadamente conduza a tira sob a lâmina do microscópio. Remova a lâmina, assegurando que a tira seja colocada do modo desejado na lâmina, coloque em estufa aquecida (ajustada a temperatura de por volta de 5-10 °C abaixo do ponto de fusão da parafina), permita que as tiras sequem e reserve por 5-7 dias. Quando elas tiverem secado, você pode realizar a coloração das secções.

É importante observar que as secções de parafina, tanto na forma de tira ou de secções simples, devem ser fixadas à lâmina do microscópio com um adesivo antes de serem coradas, caso contrário as secções simplesmente irão cair durante o procedimento de coloração. Quando aplicar o adesivo às lâminas, aplique muito pouco e espalhe-o uniformemente sobre a lâmina. Usar adesivo em excesso resultará em coloração de fundo indesejável e desorganizada que aparecerá após as secções terem sido processadas.

A adesão das secções à lâmina (e, portanto, sua qualidade) é influenciada por diversos fatores, dos quais os mais importantes são:

1. As lâminas devem estar perfeitamente limpas – lave em álcool, seque ao ar livre e limpe com lenço de papel.
2. O adesivo deve ser adequado para o material específico.
3. As secções devem ser niveladas apropriadamente pelo calor.
4. O adesivo deve ser deixado endurecer completamente, tornando-o então insolúvel nos reagentes usados durante o procedimento de coloração.

Corando secções de parafina

Secções de parafina montadas em lâminas são coradas e processadas por meio de imersão em reagentes em frascos de coloração. Para nossos fins, é seguro assumir que a coloração de estruturas celulares baseia-se na afinidade específica entre determinados corantes e estruturas celulares específicas. Assim como durante a microtomia, a coloração requer que você trabalhe de modo limpo e cuidadoso.

Um trabalho desleixado resultará em lâminas pouco coradas, e, ainda mais, em poluição da sequência de colorações para todos aqueles estudantes usando a sequência depois de você. Desse modo, trabalhe com cuidado. A coloração exige que as secções tenham a parafina removida, sejam coradas e montadas como preparações permanentes que possam ser examinadas com microscópio. Todas as sequências a serem feitas durante a coloração dependem muito de tempo e devem ser seguidas cuidadosamente – variar o tempo em determinado estágio do procedimento de coloração acarreta resultados variáveis.

Algumas das colorações botânicas mais comuns e úteis estão listadas na Tabela 10.5. É interessante estudar essas informações antes de tentar montar ou usar um procedimento de coloração existente.

Colorações efetivas são conseguidas usando protocolos e procedimentos estabelecidos ao longo do tempo. Não tente eliminar etapas, não deixe nada de fora. Suas preparações simplesmente serão um enorme fracasso, e haverá

TABELA 10.5
Exemplos de procedimentos de coloração

Materiais e colorações	Solvente
1. Paredes celulares de celulose	
Hematoxilina (do tipo auto-mordente)	ETOH 50%
Fast Green FCF	ETOH 95%
Marrom de Bismarck Y	ETOH 70%
Fucsina Ácida	ETOH 70%
Azul de Astra*	ETOH 70%
2. Paredes celulares lignificadas	
Safronina	ETOH 50%
Cristal Violeta	ETOH 50%
3. Paredes celulares cutinizadas	
Safranina	ETOH 50%
Cristal Violeta	ETOH 50%
Eritrosina	ETOH 95%
4. Citoplasma	
Fast Green FCF	ETOH 70%
Orange G ou Gold Orange	ETOH 100%
Azul de Astra	ETOH 70%

completa perda de tempo, esforços e compostos químicos. Incluímos um procedimento básico de coloração, assim como alternativas para isso na Tabela 10.6a e b.

Diversas variações em relação ao procedimento de coloração na Tabela 10.6A existem. Por exemplo, ele pode ser modificado para um procedimento

TABELA 10.6A
Esquema de coloração de Safranina-Fast Green ou Azul de Astra de secções embebidas em parafina

Etapa	Coloração	Duração
1	Xilol 1	5 min
2	Xilol 2	5 min
3	Xilol/ETOH abs.	3 min
4	ETOH abs.	3 min
5	ETOH 95%	3 min
6	ETOH 70%	2 min
7	Safranina O	Mínimo de 1 hora
8	ETOH 95%	1 min
9	ETOH 95% amoniacal	Mínimo 10 s, máximo 1 min
10	Lavagem em ETOH 70%	30 s
11	Lavagem em ETOH 70%	30 s
12	Fast Green ou Azul de Astra	Máximo 1 min
13	ETOH absoluto	Máximo 1 min
14	Óleo de cravo/xilol (1:1 v/v)	2 min
15	Xileno 3	2 min
16	Xileno 4	2 min
17	Xileno 5	Remova a partir daqui, assim que as lamínulas forem colocadas

---

* N. de R.T. O Azul de Astra, na verdade, cora os componentes pécticos de parede celular e não celulose.

TABELA 10.6B
Modificações para o esquema de coloração 10.6A

Etapa	Coloração	Duração
11a	Cristal Violeta	máximo 1 min
11b	ETOH 70%	enxaguadura 30 s
12	Fast Green	máximo 1 min

Continua na etapa 13 da Tabela 10.6A.

de coloração tripla. A escolha da terceira coloração dependerá da característica da secção que se deseja aumentar ou clarear por meio da utilização de coloração de contraste específica. Por exemplo, pode-se querer usar uma coloração de contraste com violeta cristal. O processo é modificado na etapa 11 (Tabela 10.6b). **Atenção:** Não remova todas as lâminas da última etapa de xilol. Retire só uma por vez, aplique o meio de preparação e lamínula a ela e então coloque a lâmina em um estande seco antes de remover outra lâmina do xilol.

Outro procedimento de coloração de uso comum é um método de coloração tripla: a Coloração Tripla de Flemming, que tem aplicação na pesquisa citológica. Os detalhes desse procedimento são fornecidos na Tabela 10.7. Remova a parafina e desidrate como no esquema de coloração na Tabela 10.6, então siga o procedimento detalhado na Tabela 10.7.

Atenção: Sempre trabalhe com cuidado e ciente de que você está se expondo a vários compostos químicos que podem ser perigosos. Use uma capela química para xileno.

Preparações de superfícies

Diversos métodos de coloração aplicadas às secções histológicas podem ser igualmente usados para preparações de superfícies.

Superfícies foliares

A epiderme da maioria das folhas pode ser prontamente removida pelo método de raspagem. Apenas aquelas folhas com nervuras muito proeminentes ou pelos grandes e numerosos causam problemas, e essas folhas demandarão uma grande quantidade de paciência.

Os materiais podem ser frescos ou lavados após a fixação. Um pedaço adequado é cortado da folha (Figura 10.6). A superfície que você deseja estudar é colocada com a face para baixo sobre uma telha esmaltada ou sobre uma placa de vidro. Ela é molhada com algumas gotas de hipoclorito de sódio. Uma extremidade pode ser mantida presa com uma rolha e a outra extremidade ser raspada levemente com lâmina de barbear. Com prática, uma lâmina de barbear dupla pode ser usada, mas é melhor iniciar usando a lâmina simples. A lâmina é mantida a 90 graus em relação à folha (Figura 10.6), e a raspagem

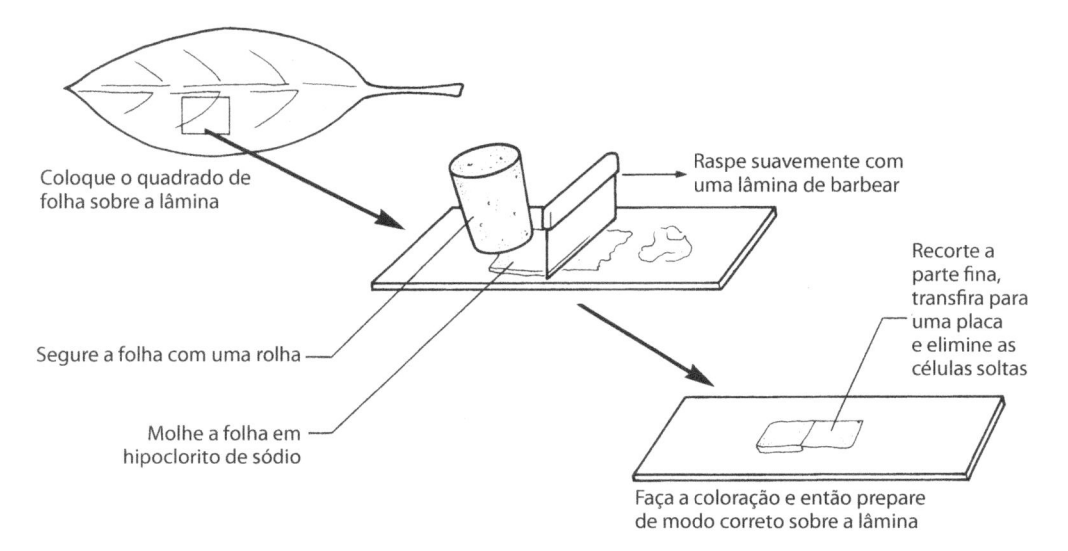

FIGURA 10.6
Preparando a superfície foliar para a microscopia pelo método da raspagem.

Legendas da figura:
- Coloque o quadrado de folha sobre a lâmina
- Raspe suavemente com uma lâmina de barbear
- Segure a folha com uma rolha
- Recorte a parte fina, transfira para uma placa e elimine as células soltas
- Molhe a folha em hipoclorito de sódio
- Faça a coloração e então prepare de modo correto sobre a lâmina

cuidadosa é continuada, adicionando mais hipoclorito de sódio se necessário, mantendo a folha bem molhada. Caso a folha não tenha sido danificada por severa raspagem, você obterá uma área fina e clara, que pode então ser cortada, colocada em um recipiente durante alguns minutos com hipoclorito de sódio e lavada em uma placa de petri contendo água da torneira. Células pouco aderidas podem então ser pinceladas para fora com um pincel fino de pelo de camelo.

TABELA 10.7
Procedimento de coloração tripla de Flemming

Etapa	Coloração e procedimento
1.	Faça a imersão da lâmina em água corrente durante 5 min
2.	Coloração: solução aquosa de Cristal Violeta 0,25%
3.	Lave em água corrente durante 30 s
4.	Coloração: iodeto de potássio 1% + KI 1% em ETOH 70% durante 30 s
5.	ETOH 50% máximo 30 s
6.	ETOH 70% máximo 30 s
7.	Ácido pícrico 1% em ETOH 70%
8.	ETOH 95% amoniacal durante poucos segundos
9.	ETOH absoluto durante poucos segundos
10.	Orange G 1% em Óleo de Cravo durante poucos segundo
11.	Óleo de Cravo durante poucos segundos
12.	Xileno 3 – enxágue (caso fique muito vermelho, retorne para o ETOH absoluto e continue; caso fique muito violeta, retorne para o Óleo de Cravo e continue)
13.	Xileno 4
14.	Xileno 5: remova daqui e monte sob lamínulas.

A preparação pode então ser visualizada na água sob o microscópio. É fácil de ver se suficiente material foi raspado para fora. Após obter experiência, logo você será capaz de julgar quando parar a raspagem. Certifique-se de que a superfície seja colocada de modo correto antes da montagem final.

Com alguns materiais é desnecessário raspar a folha, desde que a epiderme possa ser removida pela sua retirada a partir da folha fresca. Isso é feito dobrando a folha para quebrar a superfície, tanto raspando diretamente, puxando uma parte da folha para baixo, quanto mantendo-a como uma camada da superfície, tão fina quanto possível, com o uso de uma pinça e a retirando.

Superfícies do caule

Uma faixa fina da superfície do caule pode ser obtida fazendo o primeiro corte longitudinal no micrótomo apenas passando através das camadas superficiais. Isso requer ajuste cuidadoso do micrótomo, mas é bastante satisfatório.

Réplicas de superfície

Às vezes não é possível nem desejável remover a própria epiderme – uma planta pode ser rara ou pode existir pouco material prontamente disponível. Uma boa impressão da superfície pode ser obtida com um filme de acetato de celulose (esmalte de unha). Pode ser necessário tratar a superfície foliar com acetona para limpá-la. Então um esmalte de unha claro é passado sobre ela. Mais que uma camada pode ser necessária, e é desejável preparar camadas individuais bastante finas. Uma vez seco, o esmalte de unha pode ser removido como filme e então preparado sob lamínula, preferivelmente em um meio com diferentes índices refrativos (óleo de imersão funcionará bem) ou será pouco visto.

Embora as réplicas possam ser facilitadas utilizando uma variedade de materiais (látex, por exemplo), a própria epiderme é a escolha mais útil para determinar a forma da epiderme e suas células subsidiárias e células-guarda associadas a ela. Réplicas podem nos contar pouco sobre os conteúdos celulares.

Preparações cuticulares

Diversos tratamentos químicos podem ser usados para separar a cutícula da folha. A cutícula é, em diversos aspectos, melhor que a réplica, mas pode ser muito delicada.

Um método é digerir os tecidos foliares usando **ácido nítrico** (**cuidado!**). Com frequência, as cutículas flutuarão na superfície ou, quando a folha tiver sido totalmente lavada, poderão ser destacadas dos tecidos em dissolução.

Clareamento do material

Folhas finas inteiras, caules ou flores podem ficar transparentes com sua imersão em cloral hidratado, lavando e submergindo o material em solução de hidróxido de sódio, alternadamente, diversas trocas, com várias horas em cada etapa.

Após a lavagem final, o órgão pode ser cuidadosamente corado em safranina (1% em álcool 50%), desidratado através de uma série muito gradual e montado. Nervuras e esclereídes aparecem bem.

Alternativamente, a preparação pode ser deixada aguardando exame por meio de diversos métodos ópticos.

Níveis-padrão

Quando as plantas estiverem sendo examinadas para propósitos comparativos, tanto para identificação quanto por razões taxonômicas, é importante que partes similares dos órgãos sejam verificadas. A folha, por exemplo, é normalmente visualizada em secção transversal na região mais larga, ou na metade ao longo do comprimento da lâmina. A margem também pode ser examinada.

Os pecíolos devem ser examinados em secções transversais exatamente onde o limbo se inicia, na metade inferior de seu comprimento e também próximo da base. Caules são normalmente secionados no meio do entrenó, ou adicionalmente, no nó (Figura 10.7).

As raízes são normalmente cortadas em nível conveniente, já que posições corretamente definidas são mais difíceis de serem delimitadas. Para estudos muito detalhados, é claro, os cortes em diversos outros níveis são necessários, bem como às vezes cortes em série. Essas séries são particularmente úteis no exame de nós e ápices foliares.

MICROSCOPIA

Microscopia eletrônica

Este livro não é direcionado para pessoas que operam microscópios eletrônicos, mas um pouco de espaço deve ser reservado para uma breve descrição de seu uso. Existem dois tipos principais de microscópio eletrônico: o microscópio de transmissão (MET) e o microscópio eletrônico de varredura (MEV). Sem dúvida, hoje em dia o MET e o MEV são considerados ferramentas-padrão do laboratório e complementos essenciais ao microscópio óptico em diversas investigações anatômicas.

Secções finas são examinadas ao MET, ou réplicas de carbono produzidas de espécimes podem ser usadas onde caracteres da superfície sejam estudados. Elétrons são passados como feixes de luz focalizados através da secção. Certas partes do espécime são eletrodensas ou são preparadas por contrasta-

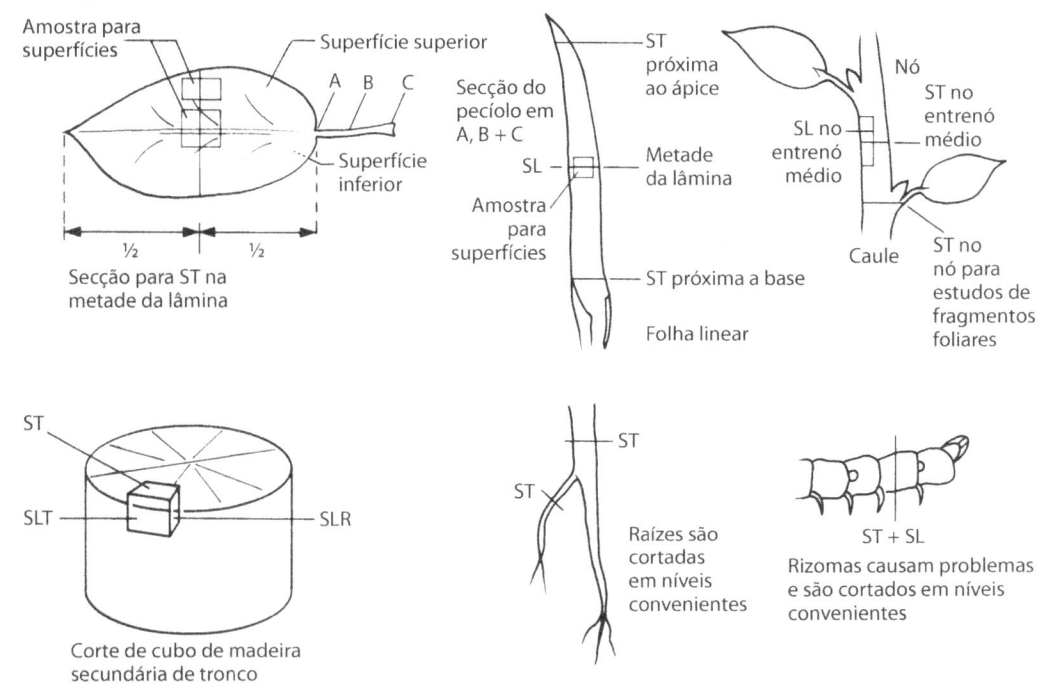

Níveis padronizados

FIGURA 10.7
Seleção de níveis padronizados para trabalho comparativo. Para madeira, um cubo é preparado a fim de permitir o trabalho em faces transversais, longitudinais tangenciais e longitudinais radiais; ST, secção transversal; SL, secção longitudinal; SLT, secção longitudinal tangencial; SLR, secção longitudinal radial.

dores e fixadores para se tornarem eletrodensas, enquanto outras partes são eletrotransparentes, permitindo os elétrons passarem e formarem uma imagem tanto em uma tela especial fluorescente ou diretamente em placa fotográfica. O MET usa lentes eletromagnéticas para focalizar o feixe de elétrons, que possui poder de resolução muito maior que um feixe de luz. Ou seja, ele pode produzir pontos distintos muito próximos uns dos outros no objeto. Os maiores microscópios geralmente disponíveis podem ter resolução entre pontos que ficam por volta de 20 nm de distância entre si e têm a habilidade de aumentar acima de 500.000x. Naturalmente, nessas ampliações tão grandes, apenas áreas muito pequenas podem ser vistas a cada vez. Como comparação, o melhor microscópio óptico usando luz verde pode fornecer aumento real máximo de aproximadamente 1.200x. Usando luz ultravioleta, aumentos levemente maiores podem ser obtidos.

Métodos de preparação do espécime para MET podem ser complexos ou fáceis, dependendo do que o investigador deseja obter do instrumento. Entretanto, precisa-se de um operador muito bem treinado para que bons resultados sejam produzidos. A fixação do espécime é crucial, por exemplo.

O MEV é usado mais comumente para examinar a superfície dos espécimes. Certos espécimes podem ser examinados frescos por um período de tempo curto, mas a maioria é cuidadosamente desidratada para minimizar o encolhimento e a distorção. Então, eles são cobertos com uma camada muito fina de metal, em geral uma liga de ouro/paládio. Isso fornece uma melhor imagem e previne a contaminação do microscópio pela água.

Devido à relativa facilidade de uso, e porque desde aumentos bastante baixos (10x) até aumentos de mais de 180.000x podem ser obtidos nele, o MEV tem uso muito amplo na anatomia vegetal aplicada. Atualmente, resoluções melhores de 700 nm podem ser obtidas rotineiramente.

O espécime é bombardeado com um raio focalizado de elétrons. Os elétrons são produzidos para incidirem em linhas paralelas sobre uma área retangular. Elétrons secundários são emitidos pelo objeto e coletados por uma série de instrumentos eletrônicos; uma imagem sincronizada é mostrada em um tubo de raios catódicos pequenos. A maioria dos tubos possui aproximadamente 10 cm quadrados e 1.000 linhas. A própria tela é fotografada para produzir um registro permanente. Desde que o espécime coberto seja mantido limpo e seco, ele pode ser usado diversas vezes.

Uma grande profundidade de campo pode ser obtida com esse instrumento, cerca de 500 vezes àquela do microscópio óptico. Diversos padrões da superfície das folhas, sementes e frutos, esporos, etc., estão sendo vistos e compreendidos apropriadamente pela primeira vez. O custo inviabiliza que muitas pessoas adquiram ou até mesmo usem o MEV, mas alguns caracteres podem ser vistos e ilustrados ou descritos usando outros métodos; é impressionante o quanto pode ser visualizado com um bom campo escuro, iluminando o microscópio óptico, por exemplo. Apenas espécimes que precisam ser aumentados acima de 1.200x não podem ser interpretados com o microscópio óptico convencional.

Ampliando o uso do microscópio do estudante

É raro que o estudante tenha acesso a um microscópio óptico de grande qualidade.

Um modo simples para tornar o microscópio mais versátil é produzir acessórios de *Polaroid*. Um disco de material de *Polaroid* montado sobre a ocular, somado a outro ajustado no disco do filtro ou no suporte entre o espelho (ou fonte luz) e a lâmina do microscópio, permitirá que o instrumento seja transformado em um microscópio de polarização simples. Os cristais logo se tornam mais discerníveis, como grãos de amido e detalhes da estrutura da parede celular (Figura 8.5 mostra parte de uma secção do caule em luz polarizada).

Uma camada de celofane fino colocada sobre a parte inferior de uma folha de Polaroid (o analisador) tornará o feixe de luz elipticamente polarizado. Esse fenômeno fornece um fundo colorido contra os quais cristais, etc, aparecerão com cor diferente. A rotação do disco polarizado sobre a ocular (polarizador) causará alterações nas cores. Essa técnica é útil para examinar material macerado não corado, escleréides em material clarificado bem como para verificar pelos ou detalhes de superfícies em preparações onde a coloração tornaria o objeto muito denso.

Outras técnicas ópticas

Outras técnicas ópticas de maior resolução compreendem contraste de fase, contraste anotral (ver Figura 6.4), campo escuro, fluorescência, interferência e, cada vez mais, microscopia confocal de varredura a laser.

O uso de secções muito finas (ultramicrótomo) permite que o microscopista óptico observe detalhes de paredes celulares que de outro modo seriam obscurecidos, e o estudo da estrutura da parede celular de células de transferência é um caso em que este tipo de secção permite observação de detalhes muito finos.

Apêndice 1
CONTEÚDO SELECIONADO PARA ESTUDO

INTRODUÇÃO

A maioria dos textos disponíveis sobre anatomia de plantas foi originalmente escrita para leitores do Hemisfério Norte; foram usados principalmente exemplos de plantas do Hemisfério Norte ou regiões de clima mediterrâneo. A maioria dessas espécies não cresce nos trópicos ou em outras partes do mundo. Em consequência disso, muitas pessoas poderiam ter problemas para conseguir espécimes de plantas para estudo. Isso é particularmente verdadeiro para pessoas de áreas tropicais e temperadas do Hemisfério Sul. Mesmo se as espécies pudessem ser obtidas, vários excelentes exemplos de suas redondezas teriam sido muito mais apropriados para estudo.

Neste livro, o problema é abordado pela inclusão das listas e notas a seguir. Elas são organizadas como listas de famílias mostrando caracteres anatômicos interessantes em folhas e caules, seguidas de relatos sucintos. Então o xilema secundário é coberto, primeiro com uma lista de caracteres anatômicos encontrados em determinadas madeiras de gimnospermas e, por fim, relatos sucintos sobre madeiras de angiospermas.

Nem todos os membros das famílias listadas mostram necessariamente as características mencionadas, mas as características ocorrem regularmente onde indicadas. Claro, em muitos outros exemplos de famílias, as características nestas listas também ocorrem. Tentamos incluir famílias com membros amplamente cultivados, a fim de preparar uma lista mais útil para qualquer continente. Você também encontrará diversos outros exemplos no CD da Planta Virtual.

Jardins botânicos locais lhe auxiliarão a localizar membros das famílias listadas; assim você poderá ver se determinadas espécies crescem próximas a você.

FOLHA

- **Células contendo látex:** Apocynaceae, Convolvulaceae, Papaveraceae.
- **Epiderme mucilaginosa:** Elaeocarpaceae, Malvaceae, Rhammaceae, Salicaceae.
- **Epiderme papilosa na face abaxial:** Berberidaceae, Lauraceae, Papilionaceae, Rhamnaceae.
- **Epiderme papilosa na face adaxial:** Begoniaceae, Melastomataceae.
- **Escamas:** Bromeliaceae.

- **Esclereídes:** Margraviaceae, Oleaceae, Theaceae, Trochodendraceae.
- **Estômatos anisocíticos:** Brassicaceae, Plumbaginaceae.
- **Estômatos anomocíticos:** Berberidaceae, Capparaceae, Liliaceae, Polygonaceae, Ranunculaceae.
- **Estômatos diacíticos:** Acanthaceae, Caryophyllaceae.
- **Estômatos paracíticos:** Juncaceae, Magnoliaceae, Poaceae, Rubiaceae.
- **Glândulas de sal:** Frankeniaceae, Tamaricaceae.
- **Hidatódios:** Campanulaceae, Piperaceae, Primulaceae.
- **Hipoderme:** Lauraceae, Monimiaceae, Piperaceae.
- **Laticíferos, articulados:** Papaveraceae, *Hevea* e outras Euphorbiaceae.
- **Laticíferos, não articulados:** Apocynaceae, Asclepiadaceae.
- **Pelos calcificados:** Boraginaceae, Loasaceae.
- **Pelos com sílica:** Poaceae.
- **Pelos de tipos variados:** Asteraceae, Lamiaceae, Polygonaceae. Observação: nem todos os membros das famílias nomeadas acima Malvaceae, Solanaceae. Pelos funcionando como hidatódios: *Hygrophylla*. Pelos glandulares, secretando mucilagem: *Drosera, Drosophyllum*.
- **Pelos em forma de T:** Malpighiaceae, Sapotaceae, Zamiaceae.
- **Pelos em tufos:** Bixaceae, Fagaceae, Hamamelidaceae.
- **Pelos peltados:** Bombacaceae, Elaeagnaceae, Oleaceae.
- **Pelos pontiagudos:** Euphorbiaceae, Loasaceae, Urticaceae.
- **Pelos ramificados ou dendríticos:** Zamiaceae, Melastomataceae, Solanaceae, Piperaceae.
- **Tricomas glandulares capitados:** Convolvulaceae, Lamiaceae, Sapindaceae.

CAULE

- **Cistólitos:** Cannabinaceae, Moraceae, Urticaceae.
- **Cortiça profunda:** Bignoniaceae, Casuarinaceae, Hypericaceae, Rosaceae, Theaceae.
- **Cristais solitários:** Flacourtiaceae, Mimosaceae, Papilionaceae, Rutaceae, Tamaricaceae.
- **Drusas:** Bombacaceae, Cactaceae, Chenopodiaceae, Malvaceae, Rutaceae, Tiliaceae, Urticaceae.
- **Espessamento secundário a partir de câmbios múltiplos:** Amaranthaceae, Chenopodiaceae, Menispermaceae, Nyctaginaceae.
- **Feixes corticais:** Araliaceae, Cactaceae, Cucurbitaceae, Melastomataceae, Proteaceae.
- **Feixes medulares:** Apiaceae, Begoniaceae, Asteraceae, Nyctaginaceae, Papilionaceae, Piperaceae, Saxifragaceae.
- **Floema intraxilemático:** Apocynaceae, Asclepiadaceae, Convolvulaceae, Cucurbitaceae, Lythraceae.
- **Periderme superficial:** Apiaceae, Asteraceae, Corylaceae, Fagaceae, Labiatae, Meliaceae, Proteaceae.
- **Ráfides:** Balsaminaceae, Dilleniaceae, Liliaceae, Margraviaceae, Rubiaceae.

- **Raios medulares primários, estreitos:** Asclepiadaceae, Brassicaceae, Ericaceae, Meliaceae, Oliniaceae, Rubiaceae, Sapotaceae.
- **Raios medulares primários, largos:** Asteraceae, Begoniaceae, Cucurbitaceae, Ficoideae, Nyctaginaceae, Papilionaceae.

ALGUNS EXEMPLOS

As notas curtas a seguir apenas mencionam alguns dos caracteres interessantes que podem ser vistos em cada espécie.

- *Abrus precatorious* (Papillonaceae) – Caule: periderme superficial, fibras no córtex e floema, cristais rômbicos, floema largo, com raios inflados, intrusões amplas de floema no xilema, vasos solitários largos e longas cadeias radiais, vasos estreitos e traqueídes em agrupamentos, raios heterocelulares com largura de dezesseis células, parênquima do xilema aliforme e em bandas tangenciais, medula esclerificada.
- *Aerva lanata* (Amaranthaceae) – Folha: pelos de diversos tipos, estômatos anomocíticos em ambas as superfícies, cristais na forma de drusas. Caules: fibras do floema, células cristalíferas grandes no córtex, tecido vascular anômalo com sucessão de feixes vasculares de tecido cambial, elementos de vaso com placas de perfuração simples e pontoações intervasculares alternadas.
- *Aesculus hippocastanum* (Hippocastanaceae) – Folha: pelos unicelulares e unisseriados curtos com paredes verrugosas, estômatos anomocíticos, vascularização dos pecíolos composta de cilindros encobrindo feixes anfivasais, células taminíferas, drusas.
- *Ageratum conyzoides* (Asteraceae) – Caule: pelos, células arredondadas do clorênquima, bainha endodermoide, feixes de fibras nos polos do floema; vasos estreitos em raios múltiplos com placas de perfuração simples.
- *Arburutus unedo* (Ericaceae) – Folha: cutícula espessa, estômato anomocítico, parênquima paliçádico do clorênquima adaxial e abaxial, esclerênquima encobrindo feixes vasculares, cristais rômbicos e outros, taninos em algumas células epidérmicas.
- *Averrhoa carambola* (Oxalidaceae) – Caule: Pelos de parede espessa, unicelulares; epiderme e hipoderme de parede espessa, fibras corticais, placas de perfuração dos elementos do vaso simples e oblíquas, taninos abundantes, cristais cúbicos e rômbicos abundantes no floema, xilema e córtex.
- *Bidens pilosa* (Asteraceae) – Caule: poligonal em secção transversal, pelos, bainha endodermoide bem desenvolvida, fibras encobrindo os polos do floema, vasos estreitos, em múltiplos radiais, placas de perfuração simples.
- *Bougainvillae* sp. (Nyctaginaceae) – Caule: pelos pequenos e unisseriados, hipoderme, fibras na separação do floema e córtex, sistema vascular anômalo, feixes externos embebidos em tecido prosenquimático de parede espessa, feixes internos no parênquima, ráfides no córtex e na medula.
- *Briza maxima* (Poaceae) – Folha: pelos afiados, corpos de sílica retangulares nas células da epiderme com paredes sinuosas, estômatos paracíticos, extensões de bainha opostas aos feixes vasculares, abaxialmente quanto

adaxialmente, bainha de feixe esclerenquimática (interna) e parenquimática (externa), clorênquima radial.
- *Catalpa bignonioides* (Bignoniaceae) – Folha: pelos peltados e unisseriados, estômatos anomocíticos e superficiais, células epidérmicas com paredes sinuosas.
- *Cistus salviiifolius* (Cistaceae) – Folha: pelos não glandulares em tufos e salientes em agrupamentos, glandulares capitados, estômatos anomocíticos e drusas.
- *Coffea arabica* (Rubiaceae) – Folha: fibras do floema, vasos solitários com placas de perfuração simples, raios estreitos, cristais rômbicos e areias cristalinas.
- *Coldenia procumbens* (Boraginaceae) – Folha: pelos verrugosos com roseta de células basais, estômatos anomocíticos, parênquima paliçádico adaxial, drusas. Caule: córtex externo colenquimático, vasos com placas de perfuração simples, raios estreitos, medula de células parenquimáticas com pontoações visíveis.
- *Cyperus papyrus* (Cyperaceae) – Caule: silhueta triangular, estômatos paracíticos, corpos de sílica cônicos nas células da epiderme acima dos feixes de fibras da hipoderme, rede de parênquima com grandes espaços de ar, feixes vasculares espalhados no parênquima.
- *Elaeis guineensis* (Arecaceae) – Roque: feixes vasculares em camadas de feixes esclerenquimáticos envoltos na matriz parenquimática. Limbo: pelos, células em expansão acima e abaixo da nervura central, hipoderme, corpos de sílica esféricos.
- *Epaeris impressa* (Epacridaceae) – Folha: células da epiderme alongadas axialmente com paredes anticlinais sinuosas, estômatos anomocíticos e superficiais apenas na face abaxial, feixes vasculares com coberturas de esclerênquima no polo do floema.
- *Euphorbia hirta* (Euphorbiaceae) – Folha: pelos, células da epiderme abaxial papilosas, estômatos anisocíticos ou anomocíticos, laticíferos, bainhas dos feixes com conteúdo avermelhado (qdo corado com safranina), células braciformes do parênquima esponjoso claramente visíveis em preparações parodérmicas. Caule: vasos solitários ou em múltiplos raios, placas de perfuração simples.
- *Fagus sylvatica* (Fagaceae) – Folha: cutícula fina exceto sobre o pecíolo, células da epiderme com paredes anticlinais sinuosas, pelos, estômatos anomocíticos e superficiais na superfície abaxial, bainhas dos feixes com cristais pareados, taninos abundantes nas células do pecíolo. Caule: periderme surgindo acima do córtex externo, fibras do floema, vasos difusos porosos e solitários ou em pares, placas de perfuração simples (escalariforme em alguns elementos rasos), raios unisseriados ou até multisseriados e heterocelulares, parênquima do xilema difuso.
- *Gloriosa superba* (Colchicaceae) – Folha: células da epiderme sobre nervuras alongadas com paredes anticlinas retas, células da epiderme entre as nervuras com paredes sinuosas, estômatos anomocíticos abaxiais, bainhas dos feixes vasculares parenquimática, parênquima esponjoso composto por células braciformes.

- *Hamamelis mollis* (Hamamelidaceae) – Folha: pelos em tufos consistindo em 48 células pontiagudas radiais de parede espessa, algumas vezes salientes, em agrupamentos, estômatos superficiais e anomocíticos ou com tendência a paracíticos, esclereídes no mesofilo, em grandes células de mucilagem, drusas, cristais rômbicos, células de taninos.
- *Heteropogon contortus* (Poaceae) – Folha: células da epiderme adaxial maiores que as abaxiais, estômatos paracíticos, pelos afiados, corpos de sílica quadrados, oblongos ou até em formato de sela, esclerênquima nas margens e extensões de bainha abaxiais e adaxiais até os feixes vasculares principais, bainha dos feixes vasculares parenquimática, clorênquima radial. Caule: hipoderme esclerificada, cilindro de fibras no lado interno do córtex.
- *Hyphaene sp.* (Arecaceae) – Folha: estômatos aparentemente paracíticos, hipoderme, extensões de bainha esclerenquimáticas, feixes de fibras.
- *Lantana camara* (Verbenaceae) – Caule: tanto pelos glandulares quanto não glandulares, fibras do floema, vasos com placas de perfuração simples, pontoações intervasculares alternadas, raios estreitos e heterocelulares, abundante parênquima do xilema.
- *Mangifera indica* (Anarcadiaceae) – Caule: cutícula espessa, córtex com cristais rômbicos, prismáticos e drusas, células de tanino e células com inclusões granulares, fibras do floema, vasos angulares e de parede fina, ambos solitários e em múltiplos radiais curtos, placas de perfuração simples ou algumas pontoações grandes escalariformes intervasculares e alternadas, raios de uma ou duas células de largura e heterocelulares, dutos secretores axiais alinhados com células da epiderme de parede fina no floema e na medula.
- *Nerium oleander* (Apocynaceae) – Folha: cutícula espessa, estômatos e pelos em depressões na superfície abaxial, hipoderme, drusas e cristais prismáticos, canais laticíferos próximos das nervuras. Caules: floema interno e externo.
- *Oxalis corniculata* (Oxalidaceae) – Caule: algumas células da epiderme contendo tanino, cilindro completo de fibras corticais, elementos do vaso com placas de perfuração simples.
- *Pittosporum crassifolium* (Pittosporaceae) – Folha: cutícula muito espessa, pelos, estômatos paracíticos com grande borda cuticular afundada, hipoderme abaxial e adaxial, polos do floema com feixes desproporcionalmente grandes, canais secretores de diversos diâmetros, drusas.
- *Plantago media* (Plantaginaceae) – Folha: pelos unisseriados e curtos, com cabeça bicelular, estômatos anomocíticos e superficiais, células da epiderme com paredes anticlinais sinuosas.
- *Plumbago zeylanica* (Plumbaginaceae) – Folha: pelos glandulares, estômatos anisocíticos, traqueídes alargadas nos terminais das nervuras.
- *Polemonium coeruleum* (Polemoniaceae) – Caules: pelos, estômatos levemente salientes, córtex externo com células do clorênquima arredondadas, córtex interno clorenquimático, floema com placas crivadas transversais, vasos solitários, pareados, difusos e angulares, placas de perfuração simples e oblíqua, pontoações intervasculares finas e arredondadas, raios estreitos.

- *Rubus* sp. (Rosaceae) – Caule: periderme surgindo no córtex intermediário, camadas suberizadas alternando com camadas não suberizadas, fibras do floema, raios primários amplos, raios secundários de 12 células, largos e heterocelulares, vasos largos, em múltiplos radiais ou tangenciais, placas de perfuração simples, pontoações intervasculares alternadas, medula composta de células grandes e pequenas do parênquima, drusas ou cristais rômbicos presentes no córtex e medula.
- *Salvadora persica* (Salvadoraceae) – Caule: células da epiderme de alturas desiguais e algumas salientes em agrupamentos, fibras do floema, xilema com floema incluso, elementos de vaso com placas de perfuração simples, pontoações intervasculares alternadas.
- *Sphenoclea zeylanica* (Sphenocleaceae) – Folha: células da epiderme papiladas, clorênquima paliçádico adaxial, camadas de feixes parenquimáticos, drusas. Caule: córtex com espaços de ar, fibras do floema, elementos do vaso com placas de perfuração simples, pontoações intervasculares alternadas.
- *Tamarix gallica* (Tamaricaceae) – Caule: piderme superficial com grandes células, fibras de floema, vasos solitários ou em pequenos múltiplos radiais, placas de perfuração simples, raios 13 seriados e conspícuos, compostos de células largas, areias cristalinas e abundantes cristais irregulares.
- *Tecoma capensis* (Bignoniaceae) – Caule: cutícula espessa, pelos unicelulares, periderme superficial e no lado externo do clorênquima, coberturas de fibras corticais e feixes de fibras do floema alternando com tecido macio, fibras mais internas formando anéis interrompidos, floema em diversos andares, xilema com vasos estreitos em múltiplos solitários ou radiais curtos, paredes dos vasos espessa, placas de perfuração simples e oblíquas, pontoações intervasculares grosseiras e alternadas.
- *Theobroma cacao* (Sterculiaceae) – Caule: pelos unicelulares e de paredes espessas, cavidades (canais) de mucilagem no córtex, fibras do floema, elementos do vaso com placas de perfuração simples, pontoações intervasculares e alternadas.

ALGUMAS MADEIRAS MACIAS (GIMNOSPERMAS) NAS QUAIS CARACTERÍSTICAS PARTICULARES PODEM SER ENCONTRADAS

- Barras de Sânio: *Sequoia sempervirens*, *Podocarpa*, *Taxus*.
- Dutos de resina (axilar): *Picea*, *Pinus*.
- Dutos de resina (radial): *Picea*, *Pseudotsuga*.
- Espessamento helicoidal nas traqueídes maduras: *Juniperus*, *Taxus*.
- Parênquima axilar: *Sequoia*, *Taxodium*.
- Pontoações (de traqueídes a paredes de traqueídes): bisseriadas alternadas – *Agathis palmerstonii*; multisseriadas – *Taxodium distichum*; multisseriadas alternadas – *Araucaria angustifolia*; bisseriadas opostas – *Sequoia sempervirens*.
- Pontoações fenestriforme: Pinus sylvestris.
- Raios de traqueídes: *Picea*, *Pinus*, *Larix*.

- Raios, altos (aproximadamente 30 células): *Abies alba*.
- Raios, baixos (a maioria menos de 10 células): *Juniperus*.
- Toro com margo (irregular): *Tsuga heterophylla*.
- Toro com margo (recortada): *Cedrus*.

ALGUMAS CARACTERÍSTICAS DO XILEMA SECUNDÁRIO DE MADEIRAS DURAS SELECIONADAS

As descrições fornecidas aqui suplementam o texto principal e fornecem exemplos de algumas características antes mencionadas. Não se pretende que elas estejam completas.

- *Azadirachta indica*, Meliaceae: Vasos solitários e em múltiplos radiais, placas de perfurações simples, pontoações intervasculares finas, raios de 1-4 células de largura, heterocelulares; parênquima vasicêntrico e em bandas tangenciais estreitas; cristais rômbicos, abundantes; gomas em alguns vasos.
- *Buxus sempervirens*, Buxaceae: Vasos estreitos, a maioria solitária, placas de perfuração escalariforme com muitas barras, oblíquas; raios de 1-2 células de largura, heterocelular, células eretas marginais, células centrais procumbentes; parênquima difuso.
- *Ceiba pentandra*, Bombacaceae: A maioria de vasos solitários, placas de perfuração simples; raios de até 8-15 células de largura, heterocelulares; parênquima vasicêntrico em bandas tangenciais estreitas alternando com bandas estreitas de fibras; taninos ou resinas em diversas células, cristais presentes.
- *Dipterocarpus alatus*, Dipterocarpaceae: Vasos largos, a maioria solitária, placas de perfuração simples, transversas; tiloses presentes; raios de 1-4 ou 5 células de largura, heterocelulares; parênquima vasicêntrico e apotraqueais, espalhado e em bandas tangenciais; fibras de parede espessa; canais verticais com células epiteliais de parede fina colocados em bandas amplas do parênquima tangencial.
- *Dombeya mastersii*, Sterculiaceae: Vasos solitários e em múltiplos radiais curtos, placas de perfuração simples, pontoações alternadas intervasculares, aberturas circulares; raios de 1-4 células de largura, heterocelulares; parênquima aliforme a cliforme confluente; fibras de parede espessa.
- *Eucalyptus marginata*, Myrtaceae: Vasos solitários e em múltiplos radiais ou oblíquos, placas de perfuração simples, tiloses presentes; raios de 1-2 células de largura, heterocelulares; a maior parte do parênquima anfivasal, fibras de paredes espessas, densas, septadas.
- *Liriodendron tulipifera*, Magnoliaceae: Vasos amplos, paredes finas, em múltiplos radiais, tangenciais ou oblíquos, ocupando a maioria do volume da madeira, placas de perfuração escalariforme, oblíqua, pontoações intervasculares amplas, opostas; tiloses presentes; maioria dos raios de 2-3 células, expandidos nos anéis de crescimento, heterocelulares.

- *Pistacia lentiscus*, Anacardiaceae: Vasos em múltiplos radiais longos, alguns elementos muito mais largos que outros, placas de perfuração simples; tiloses presentes; maioria de raios de 1-2 seriados, heterocelulares, alguns com canais secretores, algumas fibras septadas.
- *Pittosporum rhombifolium*, Pittosporaceae: Vasos arredondados, angulares, solitários ou em grupos radiais até oblíquos, placas de perfuração simples, vasos com pontas e espessamentos helicoidais muito finos; raios com principalmente 3-4 células de largura, heterocelulares, algumas com apenas 1 célula.
- *Rhododendron* sp., Ericaceae: Vasos angulares, solitários ou em pequenos grupos, placas de perfuração escalariforme, com muitas barras, alguns espirais presentes; raios de 1-4 células de largura, algumas com apenas 1 célula.
- *Robinia pseudacacia*, Papilionaceae: Anéis porosos; vasos largos solitários ou em pequenos múltiplos radiais, vasos estreitos em agrupamentos, placas de perfuração simples, transversas, pontoações intervasculares revestidas; tiloses presentes; raios sobrepostos, a maioria de 4-5 células de largura, mais ou menos homocelulares; parênquima aliforme confluente, sobrepostos.
- *Sparmannia africana*, Bignoniaceae: Vasos angulares solitários ou em múltiplos curtos ou agrupamentos, placas de perfuração transversas, simples, grandes pontoações intervasculares, com bordas estreitas; raios de 1-8 ou mais células de largura, compostas de células largas, heterocelulares; raios perfazendo até grandes proporções de madeira; fibras esparsas.
- *Tectona grandis*, Verbenaceae: Anéis de crescimento conspícuos; vasos solitários, em pares ou múltiplos radiais, placas de perfuração simples, pontoações vasculares simples, alternadas; tiloses; maioria de raios com 1-3 células de largura, heterocelulares; parênquima inicial e um pouco vasicêntrico; fibras separadas; depósitos em alguns vasos.

Apêndice 2
EXERCÍCIOS PRÁTICOS

INTRODUÇÃO

A anatomia vegetal prática não apresenta muitos problemas para grandes departamentos de ciências de plantas. Entretanto, a tendência é se adotar cada vez menos práticas "clássicas". Isso está, segundo acreditamos, levando a uma situação onde poucos biólogos de plantas são capazes de reconhecer facilmente os tipos de células e tecidos no córtex ou estelo do caule de uma planta como o feijão comum, *Phaseolus vulgaris*, ou até mesmo reconhecer a diferença entre córtex e estelo. Acreditamos que a identificação dos componentes estruturais do caule, raiz e folha é crucial para várias disciplinas relacionadas com as ciências de plantas. Para ultrapassar a resistência que a aquisição de microscópios caros sempre parece gerar devido à tendência de eles serem subutilizados nos departamentos, desenvolvemos uma série de práticas virtuais que, junto com outros materiais de ensino e aprendizagem, são fornecidos no CD-ROM que acompanha este livro: *A Planta Virtual*.

Estamos convencidos de que a anatomia teórica permanece inútil a menos que exista uma estratégia fundamentada na qual um componente prático bem estruturado seja usado na sequência de leituras. Infelizmente, a tendência atual é menos enfática na observação ao microscópio e, quando esta é realizada, muitas vezes instrutores pouco qualificados a executam. A habilidade em ver, observar, comparar, fornecer referências e analisar a estrutura que fundamenta o conhecimento teórico faz muito sentido. Acreditamos que a combinação do livro com o CD-ROM alcança esse desiderato. *Anatomia vegetal: uma abordagem aplicada* junto com *A Planta Virtual* constituem uma poderosa ferramenta de ensino e aprendizagem. Em *A Planta Virtual*, apresentamos uma série de exercícios autoexplicativos virtuais de laboratório, os quais, se usados em conjunto com as informações teóricas adicionais fornecidas neste texto, permitem ao estudante compreender a estrutura das plantas mais facilmente do que no ambiente normal do laboratório. Esses exercícios são introduzidos aqui, e a frustração em usar cópia impressa no lugar de meio eletrônico interativo se tornará imediatamente aparente.

Portanto, neste apêndice daremos uma breve ideia dos conteúdos das práticas interativas. Necessariamente repetimos informações fornecidas nos capítulos anteriores deste livro (assim, você não necessita voltar aos capítulos relevantes para acompanhar o que está no CD); entretanto, também existem informações adicionais. A intenção é que o que vem a seguir simplesmente forneça uma ideia do modo no qual o CD amplifica o conteúdo do livro e vai consideravelmente além dele. No CD, você pode clicar nos termos com os quais você não esteja familiarizado e ser remetido ao glossário embutido. Aqui, naturalmente você terá que procurar no glossário. No CD, você pode se mover rapidamente das práticas para o corpo principal do texto, se achar necessário.

No Apêndice 1, existem exemplos de famílias e plantas com determinados caracteres anatômicos. Aqui, você encontrará outros exemplos. Além disso, existem exemplos de samambaias e cicadáceas.

A Figura A2.1 mostra uma impressão de tela ilustrando a página de conteúdos de *A Planta Virtual*. Dez tópicos abarcam o uso do microscópio, introduzem o estudante à estrutura do caule, folha e raiz, antes de destacar exemplos sobre anatomia que ilustram a evolução do sistema vascular, a estrutura secundária da madeira, finalizando com uma breve introdução à adaptabilidade estrutural.

O CD-ROM *A Planta Virtual* é ricamente ilustrado com material englobando mais de 215 documentos. As informações bem ilustradas no CD-ROM

FIGURA A2.1
Tela mostrando os conteúdos da página de *A Planta Virtual*. Observe os *links* para os Arquivos de Apresentação, Anatomia Digital da Planta e Arquivos de Informação.

excedem 550 Mb de capacidade. Elas incluem um glossário em tempo real, que contém mais de 500 definições, muitas vezes ilustrado com uma imagem que torna o significado da definição bastante clara para o leitor. Essas definições são apresentadas como janelas de "abertura rápida" dentro dos exercícios, mas podem ser acessadas como um glossário independente do menu, simplesmente acessando o **Glossário ilustrado** na página introdutória. *A Planta Virtual* é um auxiliar utilíssimo ao laboratório. Às vezes, os estudantes não são capazes de ver apropriadamente as estruturas na montagem do laboratório, seja porque existem preparações insuficientes disponíveis ou pela falta de microscópios para uso. Acreditamos que a maior vantagem de *A Planta Virtual* seja o fato de que os exercícios e as informações podem ser acessados em qualquer ordem – não existe necessidade de trabalhar com todos eles desde o início a fim de compreender o que está sendo apresentado. O material que escolhemos é aquele tipicamente usado no ensino normal em ambiente de laboratório. Selecionamos diversos exemplos de plantas, muitas das quais se tornaram "plantas-padrão", mas também introduzimos espécies menos familiares que podem ser usadas com a mesma eficiência e podem estar mais prontamente disponíveis. Mais importante ainda, a informação e as fotomicrografias que acompanham as sessões práticas assegurarão que os estudantes de instituições menos equipadas possam, com a ajuda de *A Planta Virtual*, ter tantas vantagens em suas práticas quanto aquelas desfrutadas pelos estudantes de ambientes acadêmicos melhor equipados.

A Planta Virtual contém 11 apresentações de PowerPoint, que acreditamos serem pontos de partida úteis para os instrutores que desejam apresentar uma visão geral das sessões práticas, usando diversas espécimes que utilizamos para ilustrar *A Planta Virtual*. Essas apresentações de PowerPoint são fornecidas "em estado bruto" – elas podem ser aprimoradas quando necessário para permitir que o instrutor faça o melhor uso do material para a preparação das sessões práticas. Essas apresentações também podem ser usadas amplamente como sessões pré-práticas, durante as quais os estudantes são introduzidos a algum material e conceitos no entendimento da anatomia e da identificação de células e tecidos.

Além das apresentações de PowerPoint, incluímos diversas imagens digitais de grande resolução, que podem ser livremente usadas para ilustrar e reforçar o processo de aprendizagem. Nenhuma informação adicional é fornecida com essas imagens além do nome das espécies, bem como se a imagem pertence a células de raiz, caule ou folha.

O conteúdo dos exercícios virtuais é detalhado a seguir, utilizando extratos das imagens e textos dos próprios exercícios.

EXERCÍCIO 1: MICROSCOPIA E INTERPRETAÇÃO DAS ESTRUTURAS CELULARES

Nesta breve sessão, focalizamos o uso de um típico microscópio de estudante. Acreditamos ser imperativa a adoção de procedimentos corretos desde o início do uso do microscópio, senão os estudantes ficarão frustrados por causa de sua inabilidade em observar os pequenos objetos e detalhes. Tenha atenção particular no foco e no uso do diafragma do condensador, o qual alinha e focaliza o feixe de luz através da objetiva, clareando assim detalhes estruturais, incluindo os detalhes de estruturas celulares finas.

As tarefas aqui apresentadas foram incluídas para auxiliar o desenvolvimento das habilidades básicas necessárias para tornar o uso de um microscópio correto e eficaz. O uso correto do microscópio levará à menor frustração durante as sessões práticas. Isso resultará em uma experiência de aprendizagem mais estimulante, pois você usará seu microscópio para descobrir mais sobre a estrutura microscópica das células das plantas e suas inter-relações.

Caso um microscópio esteja disponível, tiramos sua capa de proteção e o examinamos sobre a bancada, identificando seus componentes. Ilustramos um microscópio Zeiss Standard para os propósitos desse exercício. Movendo o *mouse* sobre a imagem do microscópio – por exemplo, sobre as oculares – cada clique mostrará uma nova imagem, detalhando as oculares e fornecendo também informações adicionais ao leitor. Em diversos casos, adotamos a técnica de pedir ao estudante que clique em alguma coisa – parte de uma imagem, ou em um acesso, para obter novas informações mais relevantes, quando isso for apropriado para o módulo de aprendizagem.

A estrutura é melhor demonstrada pelo uso de exemplos simples. Escolhemos começar com grãos de pólen. Os grãos de pólen são pequenos e não terão detalhes visíveis da sua superfície a olho nu. Entretanto, colocando-os na água sobre uma lâmina e sob uma lamínula, podemos ver bem uma estrutura superficial inigualável. Escolhemos usar o pólen de *Hibiscus* neste exercício. Os grãos de pólen amarelo brilhantes de *Hibiscus* são fáceis de se ver e se espalham na lâmina do microscópio. Esses grãos de pólen têm alguns detalhes superficiais interessantes mais fáceis de serem vistos com o microscópio.

A determinação da escala e do tamanho relativo causa muita dificuldade no ambiente de laboratório. Esse exercício pode exigir muita explicação, pois muitas vezes é bastante difícil para o estudante entender a diferença entre tamanho **real** e **virtual**. Na realidade, qual o tamanho do objeto que está sendo visualizado ao microscópio? Desenvolvemos um método relativamente simples para determinar o tamanho, fazendo uso de uma lâmina micrometrada simples que pode ser construída usando uma tela para espécimes para microscópio eletrônico, a qual é montada em uma lâmina. Fornecida a espessura conhecida das barras e o tamanho aproximado (comprimento de uma barra para a próxima em micrômetros), uma pessoa é capaz de executar medidas úteis, como diâmetro do campo de visão e a área do campo de visão vistos através da ocular e usando todas as objetivas disponíveis. Então, o conceito de aumento virtual é mais fácil de ser compreendido como um resultado deste exercício.

Escolhemos usar grãos de amido de batata, já esses grânulos possuem uma subestrutura visível com a maioria dos microscópios regulares de estudantes. Tentar visualizar a subestrutura é um exercício útil, uma vez que isso demonstrará aos estudantes como o **diafragma-íris** exatamente posicionado no **condensador** afeta a imagem que é vista. A adição de iodo como um corante introduz o conceito de **histoquímica celular**, assim como um estágio inicial durante a experiência de aprendizagem. As colorações histoquímicas são muito importantes, pois elas fornecem cor aos espécimes, e a cor visualizada não só auxilia na identificação das estruturas, mas também na determinação da composição da própria parede (Figura A2.2).

Com o uso de estruturas simples, o exercício de microscopia auxiliará o estudante a: observar com facilidade, compreender o tamanho, executar o procedimento de coloração, proceder ao processo de limpeza do espécime, bem como montar um espécime na lâmina sob uma lamínula.

EXERCÍCIO 2: INTRODUÇÃO À ESTRUTURA DO CAULE

Todos os caules necessitam de certa sustentação mecânica, a qual varia de planta para planta. As modificações estruturais também podem variar dependendo do ambiente ao qual a planta seja exposta. Diversos caules são divididos em córtex e estelo, com a divisão ocorrendo logo fora dos feixes vasculares. Corando uma secção fresca em iodeto de potássio, por exemplo, podemos revelar uma elevada proporção de amido na camada divisória, apropriadamente denominada de bainha amilífera.

O exercício introduz o estudante à estrutura primária do caule nos principais grupos de plantas superiores – monocotiledôneas, dicotiledôneas e gimnospermas. Introduzimos o conceito de tecidos estruturais (mecânicos) e funcionais (transporte de água, translocação de carboidratos), além das células que compreendem esses tecidos complexos.

O caule possui estrutura mais complexa do que a raiz. Em primeiro lugar, ele representa a parte aérea da planta, que possui folhas, e é dividido em nós e entrenós. Em consequência disso, a forma do ápice caulinar é modificada para acomodar a produção de novas folhas e novo tecido do caule, porque o desenvolvimento do ápice foliar está intimamente ligado à formação do primórdio foliar.

Até mesmo caules simples podem ter estrutura complicada. Por exemplo, devido à presença de um suprimento da ramificação vascular para as folhas, a estrutura interna do nó torna-se mais complicada do que aquela do entrenó, que em geral não possui apêndices. Outro exemplo é que o córtex do caule costuma conter mais tipos de tecidos do que a região correspondente

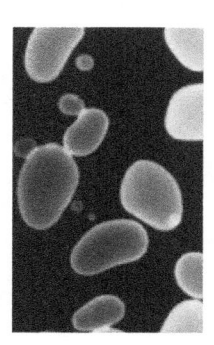

FIGURA A2.2
Grãos de amido em imagem negativa obtida a partir de uma preparação em iodina-iodeto de potássio (IKI).

na raiz, característica que pode ser relacionada ao hábito aéreo do caule e à sua capacidade fotossintética, assim como à função mecânica. Portanto, podemos encontrar estômatos na epiderme e cloroplastos no parênquima cortical. Exploramos a distribuição e a estrutura dos tecidos mecânicos como colênquima e esclerênquima, em geral abundante nos caules.

Nem todos os caules jovens são iguais, ainda que apresentem características comuns em suas estruturas. Um objetivo principal deste exercício é demonstrar características comuns e distintivas dos caules em plantas vasculares em geral.

O exercício inicia com um "guia" para os espécimes selecionados como espécimes potenciais para serem examinados no estudo (Figura A2.3). Neste exercício, escolhemos diversas espécies que acreditamos ser representativas e universalmente disponíveis.

A secção longitudinal do ápice caulinar do *Coleus* serve como boa introdução à estrutura do ápice caulinar. Esta secção e as imagens detalhadas associadas a ela servem para ilustrar, por um lado, a relativa simplicidade, e, por outro, a complexidade de uma estrutura como o ápice caulinar. Um objetivo central da imagem e da leitura associada é auxiliar os estudantes a reconhecer os principais componentes do ápice caulinar.

O ápice caulinar é uma estrutura complexa. À primeira vista, o sistema parece conter células muito semelhantes a outras regiões da planta. Entretanto, as zonas realmente envolvidas na divisão celular são muito limitadas. A mais

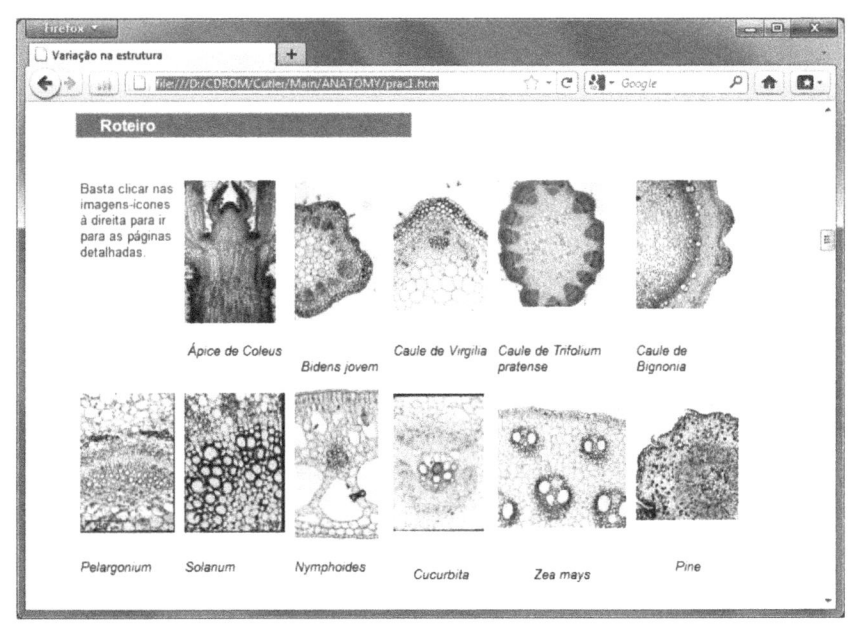

FIGURA A2.3
Guia típico de *A Planta Virtual*, em que os elementos deste exercício podem ser selecionados em qualquer ordem. Ele ilustra os espécimes que foram incluídos neste exercício. Clicar neles é um atalho para o leitor até a espécie em questão. Então, se você quiser olhar o caule de *Trifolium*, simplesmente clique duas vezes na imagem. Todas as imagens a cores são mostradas com qualidade de 24 bits para visualização na web.

importante pode ser verificada no domo apical, entre os dois primórdios foliares em desenvolvimento juvenil no ápice caulinar de *Coleus* aqui mostrado. Em geral, a zona meristemática está dividida em duas camadas: uma camada externa, responsável pela formação de regiões externas da planta, incluindo a camada protetora primeiramente formada, denominada protoderme; e, abaixo desta, uma região de parede fina de células, que forma o córtex. Observe com cuidado e você deve ser capaz de reconhecer a região do tecido meristemático denominado procâmbio, que consiste em um grupo de células estreitas, alongadas e de citoplasma denso. O procâmbio é responsável pela formação dos primeiros tecidos vasculares – o protoxilema e o protofloema – que ocupam a região interna desse tecido jovem em desenvolvimento. Essa região é denominada de estelo, o qual forma o núcleo central do caule. Desse modo, enquanto o ápice caulinar aparenta em visão preliminar ser uma estrutura simples, consiste na verdade em uma parte funcional muito complexa e importante da planta, responsável pela formação de diversos tipos de células encontradas nas partes aéreas da planta.

A anatomia de caules jovens é ilustrada usando dez exemplos de plantas de dicotiledôneas, monocotiledôneas e gimnospermas. *Bidens pilosa* foi incluída como um exemplo de espécie com crescimento secundário limitado e, portanto, essa espécie é ideal para demonstrar todos os estágios de diferenciação primária e secundária. Isso é limitado apenas aos feixes vasculares. Ela também é um exemplo adequado para demonstrar o desenvolvimento e a diferenciação dos tecidos de sustentação mecânica associados ao córtex, assim como os feixes vasculares.

O caule de cucurbitáceas é um exemplo de dicotiledônea herbácea, mas a estrutura do caule difere em diversos aspectos daquele de *Bidens*. Algumas características são típicas de plantas trepadeiras, por exemplo, os vasos de diâmetro mais largo e as amplas regiões interfasciculares. *Cucurbita* é uma planta herbácea de crescimento rápido, que possui **caules e pecíolos ocos**; desse modo, não é grande o recurso de carbono alocado para a produção de tecido mecânico lignificado. Cucurbitáceas também são bons exemplos de plantas com feixes vasculares bicolaterais, com floema tanto no lado de fora (externo) quanto no lado de dentro (interno) em relação ao tecido do xilema. Observe os tubos crivados dentro do floema, assim como os agregados de proteínas (proteína P) associadas com as placas crivadas.

Zea mays é uma importante planta cultivada, e sua estrutura é muito estudada. O milho é uma planta monocotiledônea e lembra outras gramíneas na organização dos tecidos do caule, folha e raiz. Em geral, os caules de monocotiledôneas são caracterizados por terem um anel simples de feixes vasculares imediatamente abaixo da epiderme, sob a qual ocorre uma série de feixes vasculares espiralados. Os feixes vasculares periféricos são aqueles que se ligam imediatamente aos traços foliares; desse modo, quaisquer diferenças na estrutura dos feixes vasculares superficiais aos feixes profundos poderiam mostrar alguns dos componentes estruturais conhecidos associados com os feixes vasculares da folha. Os feixes vasculares são muito semelhantes uns aos outros e são representativos da "típica" construção dentro de monocotiledôneas. O floema consiste em tubos crivados de diâmetro largo e pequenas células companheiras. O parênquima do floema, comumente encontrado na periferia do floema, também é localizado entre os grandes vasos de metaxilema (**MX**), por sua vez conectados a diversos traqueídes. O protoxilema em monocotiledôneas é limitado a um ou dois vasos do protoxilema, os quais podem ser destruídos, deixando uma lacuna do protoxilema para trás, durante o rápido crescimento por alongamento em geral associado com as monocotiledôneas.

Nymphaea petiole é uma planta de contrastes. O sistema radicular e os pecíolos são submersos e as folhas funcionais flutuam na superfície da água. A superfície adaxial da folha está exposta à luz solar e, como a superfície abaxial da folha está em contato direto com a água, é pouco provável que as temperaturas das folhas inteiras se tornem fonte de estresse. Devido à exposição contínua à luz solar direta, essa hidrófita possivelmente terá alta taxa de fotossíntese.

A vascularização é "típica" de uma hidrófita, no sentido de que o xilema é muito reduzido e permanece funcional para transportar a água da transpiração assim como nutrientes. O floema, por outro lado, ocupa uma proporção significativa da área na secção transversal do sistema vascular e contém tubos crivados muito grandes e células companheiras associadas. *Nimphaea* ilustra diversas estruturas essenciais comumente associadas com plantas aquáticas submersas. Por exemplo, grandes espaços intercelulares são encontrados no pecíolo. Esses têm um papel significativo nas trocas gasosas e fornece uma via interna para esse processo. Esses espaços de ar são circundados e delineados por colunas de células do parênquima similares a "dedos longos". As células colunares contêm cloroplastos e possivelmente são fotossintéticas. Do mesmo modo, os estômatos ficam na superfície foliar superior para facilitar as trocas gasosas com a atmosfera. Em diversos casos, o tecido de suporte mecânico limitado é evidente; por exemplo, grandes astroescleréides com frequência encontram-se associadas com as células parenquimáticas que delimitam os espaços de ar, adicionando certa força mecânica à estrutura que de outra forma seria bastante frágil.

Caule de *Pelargonium*: *Pelargonium* é um exemplo de planta herbácea que demonstra crescimento secundário dentro do caule. Portanto, ela produz uma planta de estudo ideal, porque muitas características, como desenvolvimento de periderme, fibras vasculares e interfasciculares, assim como atividade cambial fascicular, podem ser demonstradas usando espécies de *Pelargonium*. A micrografia que ilustra a estrutura do caule mostra uma secção transversal de um caule que completou a fase de crescimento primário e está em desenvolvimento secundário.

Caule de *Solanum* (batata): A batata (*Solanum tuberosum*) é membro de uma das poucas famílias com floema localizado, como normalmente ocorre, externo ao metaxilema (e ao câmbio fascicular quando este estiver formado), assim como interno ao lado interno do protoxilema. Se você não observar com cuidado, talvez não veja o floema, que se separa do protoxilema por poucas colunas de parênquima. O floema interno é formado pelos feixes procambiais, embora não esteja claro se esses feixes são remanescentes de feixes procambiais que teriam se diferenciado em componentes colaterais mais "normais" desse feixe vascular ou se eles foram reformulados antes da diferenciação do floema interno.

Caule de *Pinus* (o pinheiro): As gimnospermas são um importante grupo de estudo, pois são de grande importância econômica. Do ponto de vista estrutural, os caules das gimnospermas diferem dos exemplos de dicotiledôneas e monocotiledôneas mostradas anteriormente: não possuem tubos crivados nem células companheiras, e as células crivadas mais primitivas são responsáveis pelo transporte de carboidratos. As células crivadas são acompanhadas pelas células albuminosas e células associadas ao parênquima. Ao contrário das dicotiledôneas, gimnospermas lenhosas contêm traqueídes e não vasos. Todas as gimnospermas contêm resinas de algum tipo, as quais são transportadas em dutos de resina ou canais de resina comumente associados aos tecidos corticais no caule.

EXERCÍCIO 3: INTRODUÇÃO À ESTRUTURA DA FOLHA

Este exercício cobre uma vasta gama de folhas. Outra vez, selecionamos o que acreditamos ser exemplos úteis a fim de promover conhecimento e compreensão da estrutura da folha de modo mais claro e interessante.

As folhas são os principais locais de fotossíntese nas plantas. A luz solar é utilizada pelos cloroplastos dentro das células do mesofilo dentro das folhas, e o dióxido de carbono se torna incorporado dentro de complexas moléculas de carboidrato. As folhas também são o principal local de perda de água, por meio do processo denominado de transpiração, durante o qual o vapor de água é perdido para a atmosfera pelos estômatos. A perda de água por evapotranspiração pode auxiliar a baixar a temperatura diversos graus abaixo da temperatura do ar do ambiente. Os "sistemas de condicionadores de ar" da natureza possuem uma função importante não apenas para a regulação de temperatura, mas também para assegurar uma "retirada" de água constante do solo pelas raízes para as folhas, assegurando assim um suprimento contínuo de nutrientes durante esse processo.

No estudo da anatomia dos diversos órgãos é importante lembrar as funções desses órgãos. Isso tem particular importância no caso da folha. Uma compreensão da anatomia da folha é impossível a não ser que ela esteja correlacionada com algum conhecimento da função da folha. Por exemplo, as principais funções da folha são a fotossíntese e a transpiração, duas funções que envolvem trocas gasosas entre as células vivas e a atmosfera. Portanto, é necessário considerar características como:

1. A superfície total de absorção, tanto para troca de gases como para a utilização da luz solar.
2. A permeabilidade da epiderme para gases.
3. A extensão do espaço intercelular total.
4. A natureza e a distribuição de tecidos vasculares.
5. Clima e hábitat.

Espécimes sugeridos

Sugerimos espécimes que também podem estar disponíveis no campo, de modo que você possa comparar o material disponível com aquele apresentado em *A Planta Virtual*. Extraímos texto do exercício, a fim de ilustrar como este tópico é trabalhado.

Folha de *Ligustrum*: Um exemplo de folha de dicotiledôneas mesomórficas. As nervuras centrais contêm uma única nervura colateral grande. Aqui e no limbo, a epiderme superior possui uma cutícula espessa, enquanto a epiderme superior tem uma cutícula muito fina. Nessa folha mesomórfica, o mesofilo é organizado em zona fotossintética paliçádica (superior) e esponjosa (inferior). As células do parênquima paliçádico são organizadas verticalmente, com pequenos espaços entre elas, enquanto o mesofilo esponjoso é organizado de modo muito mais solto e aleatório, a fim de permitir uma rápida e eficiente troca gasosa. Os espaços intercelulares ocorrem abaixo do estômato. Devido à organização vertical das células paliçádicas, muitos dos cloroplastos dentro das células do mesofilo são sombreados da luz solar direta – reduzindo assim o número de fótons que as atinge, limitando o dano causado pela luz à sensível engrenagem fotossintética dentro dos próprios cloroplastos. As duas nervuras que você enxerga nesta micrografia estão embebidas entre o parênquima paliçádico e o esponjoso. Portanto, elas são classificadas como nervuras secundárias.

A nervura central de *Ligustrum* contém uma única e grande nervura colateral. A grande nervura é completamente circundada pelas células do parênquima, que formam a bainha do feixe que separa o tecido vascular do tecido não vascular. Um câmbio bem desenvolvido muitas vezes pode ser visto separando o xilema (adaxial) do floema inferior (abaxial). A maioria do xilema e floema é primária. Parte das células do parênquima acima da epiderme é colenquimática e espessada. A nervura central de *Ligustrum* contém uma única nervura colateral. Aqui e no limbo a epiderme superior possui uma cutícula espessa. A nervura larga é completamente circundada pelas células do parênquima, que formam uma bainha do feixe. A lâmina ou limbo da folha contém diversas nervuras de ordens diferentes. Tente reconhecer o maior número delas que você puder. Caso seja fornecido, observe na superfície foliar inferior o padrão de venação reticulada ou em forma de teia típico das folhas da maioria das dicotiledôneas.

Folha de *Amaranthus*: Em uma primeira observação, existem diversas semelhanças entre a folha de *Amaranthus* e a de *Zea mays*. O que enxergamos primeiro? Ninguém deixa de perceber as grandes células da bainha do feixe que contêm grandes e conspícuos cloroplastos. Observe o mesofilo circundante. Descrito como radial, ele é chamado de mesofilo Kranz. Essas células Kranz contêm cloroplastos menores do que os cloroplastos das células da bainha do feixe. *Amaranthus* é um exemplo de planta dicotiledônea C_4. A célula do mesofilo e estômatos (**S**) ocorrem nas superfícies foliares adaxiais e abaxiais. Observe cuidadosamente *Zea mays* e compare as estruturas. O que você observa como similar compreende arranjos de bainhas do feixe e seu mesofilo radial circundante, assim como o dimorfismo dos cloroplastos com maiores cloroplastos nas células da bainha do feixe e menores no mesofilo Kranz.

Folha de *Nerium oleander*: *Nerium* é um exemplo de folha xeromórfica. Caso você examinasse a folha da espirradeira usando uma lupa, você seria capaz de ver diversas manchas na superfície foliar. Em um aumento maior, você seria capaz de ver que essas não são manchas, mas orifícios na superfície foliar e que os orifícios contêm diversos pelos. Examina a secção foliar ao microscópio revelaria mais claramente o detalhe estrutural. Existem diversas invaginações na epiderme inferior. Essas invaginações da epiderme formam criptas, que contêm diversos tricomas e grande número de estômatos. Observe a distribuição e o tamanho das nervuras. O exame deve usar o microscópio e lupa quando apropriado.

Folha de *Nimphaea*: A folha flutuante do lírio-d'água é um exemplo excelente de folha hidromórfica. *Nimphaea* mostra a redução do tecido do floema, mas não do tecido do floema comum em hidrófitas. As esclereídes estão dispersas através do parênquima cortical – essas oferecem algum suporte mecânico. A superfície foliar abaxial não possui cutícula, e os estômatos são encontrados na superfície adaxial. Os vasos do metaxilema são grandes e em pequeno número. Os elementos do protoxilema de diâmetro mais estreito associados são muito menores em diâmetro. Os elementos crivados contêm material de coloração escura (proteína P). Os espaços intercelulares abaixo do parênquima paliçádico são sustentados pelas células colunares do parênquima (todas com cloroplastos e, portanto, supostamente fotossintéticas). Os feixes vasculares ocorrem centralmente na lâmina e são suportados pelo parênquima paliçádico adaxial e mesofilo esponjoso abaxial. Os espaços intercelulares associados com o lado abaxial da folha são grandes e, novamente, o suporte é mantido com a ajuda das células **colunares** do mesofilo entremeadas com esclereídes. O mesofilo esponjoso não ocorre na folha, uma vez que não há necessidade direta para esse tecido devido à presença de grandes espaços intercelulares.

As duas imagens nas Figuras A2.4 e A2.5 ilustram o princípio de "detalhamento" empregado para fornecer o acesso mais fácil a informações em unidades menores do que aquelas comumente encontradas nos textos.

Na maioria dos casos, cada imagem é ligada a diversas páginas onde informações adicionais podem ser obtidas. No caso do lírio-d'água na Figura A2.4, clicar na imagem dá acesso a uma página de atividade que apresenta uma micrografia de grande resolução mostrando mais detalhes dessa folha. Esse conceito de "detalhamento" é usado ao longo de *A Planta Virtual*, quando apropriado.

Canna é um exemplo de planta monocotiledônea (Figura A2.6). É um gênero de ampla distribuição, com frequência crescendo em banhados onde pode acabar entupindo canais de água. É popular devido às flores vistosas, e existem diversos híbridos. O pecíolo de *Canna* contém grandes e conspícuos espaços de ar, demarcados pelas células do aerênquima com projeções finas similares a dedos que tocam as células vizinhas com que dividem uma parede comum. Nesses exemplos, temos secções cortadas em toda a região do pecíolo de *Canna* para mostrar as células do aerênquima, que perfazem grande parte do mesofilo associado com a região da nervura central. Essas células têm paredes finas e translúcidas (incolores). Essas células possuem diversos braços (células braciformes), ou projeções, que efetivamente formam uma grande rede tridimensional de espaços intercelulares dentro da folha. Esses espaços de ar facilitam a flutuação assim como as trocas gasosas.

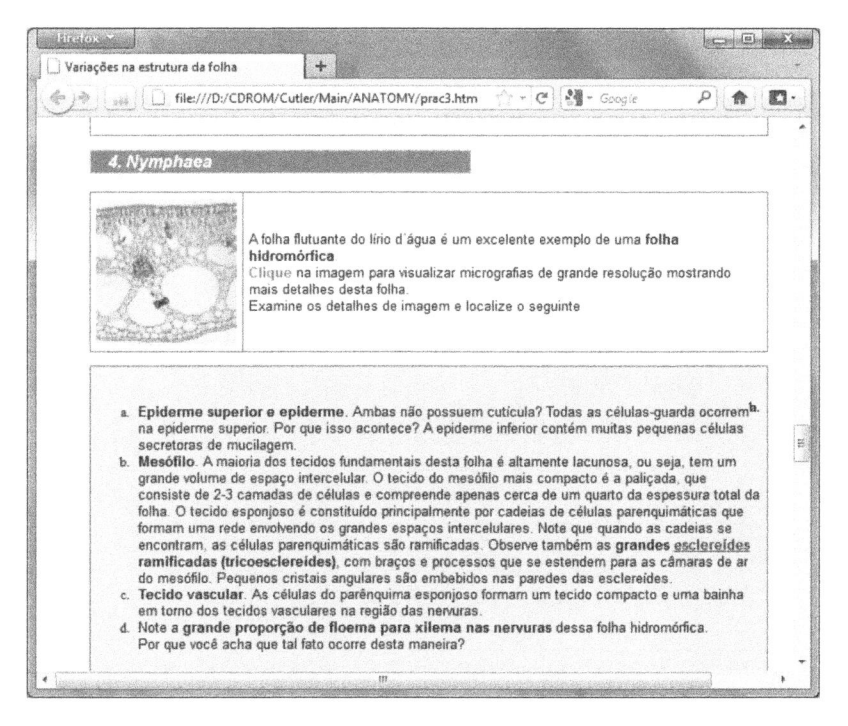

FIGURA A2.4
Tela do exercício de *Nymphaea*.

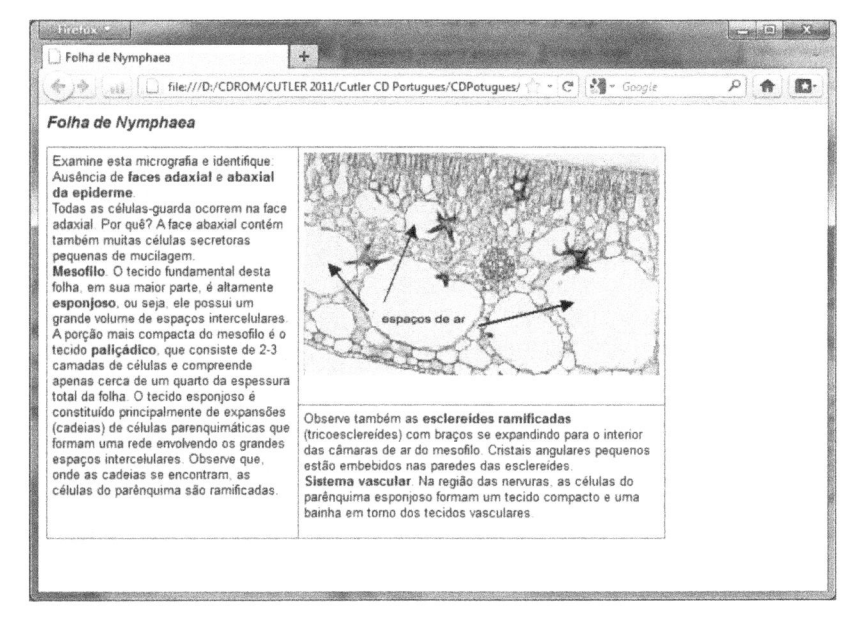

FIGURA A2.5
Tela do exercício de *Nymphaea*, detalhando a anatomia do lírio-d´água.

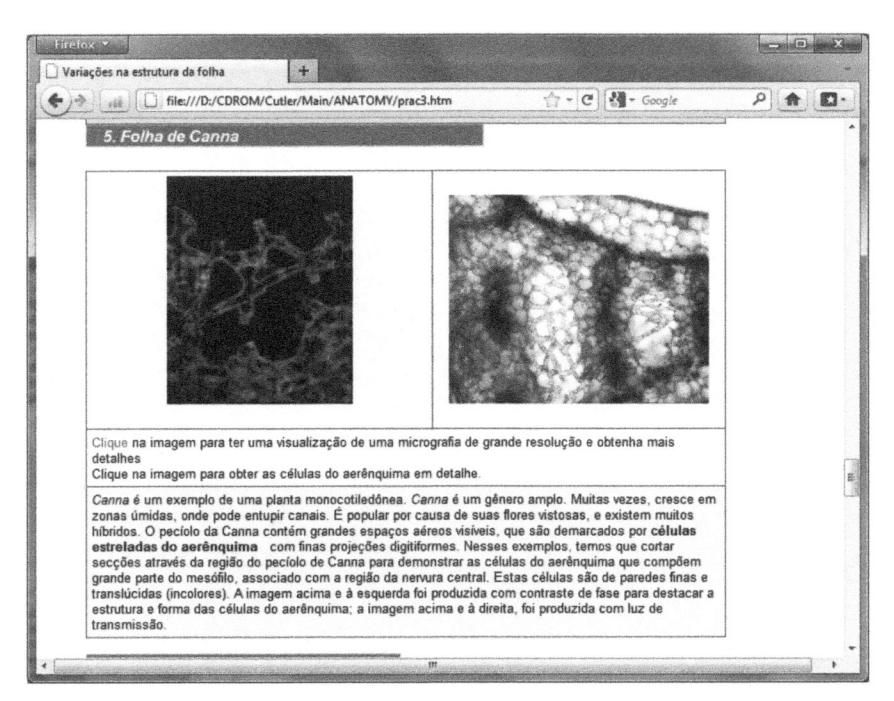

FIGURA A2.6
Tela do exercício de *Canna*.

Zea é um exemplo de planta C$_4$. Diversas características anatômicas são comumente usadas para distinguir plantas C$_4$ de C$_3$. A mais notável é a presença de uma bainha do feixe circundando as nervuras na folha, que em geral contém grandes e conspícuos cloroplastos. Observe que o mesofilo irradia-se da bainha do feixe – tem a aparência de uma grinalda, daí seu nome de origem alemã, o mesofilo Kranz. Outra característica diagnóstica que pode ser usada para separar as folhas de monocotiledôneas de dicotiledôneas é o fato de que quando as folhas de monocotiledôneas são vistas em secções transversais (isto é, a secção que você pode ver nas secções apresentadas neste exercício), todas as nervuras são secionadas no plano transversal, enquanto as típicas secções transversais de dicotiledôneas terão nervuras que na sua maioria são oblíquas. Diversas folhas de monocotiledôneas xerófitas têm grupos de grandes células epidérmicas intumescidas, entremeadas com pequenas células da epiderme. Essas grandes células são chamadas de células buliformes. As células buliformes têm papel significativo na vida da planta, pois, em tempos de estresse hídrico, a folha é capaz de se enrolar devido à rápida perda de água do citoplasma das células buliformes. Isso resulta em reduzida exposição das folhas à atmosfera e, por isso, em menor perda de água devido à transpiração ou evapotranspiração.

Phormium (*Agavaceae*), ou linho-da-nova-zelândia, é cultivado de forma extensa em diversos países como fonte de fibra de alta qualidade. Observe uma secção transversal da folha e identifique características que confirmam essa planta como outro exemplo de folha de mocotiledôneas. Calotas de fibras são conspícuas e ocorrem em associação com os feixes vasculares. As fibras são esclerenquimáticas e longas. Essas fibras conferem grande resistência mecânica à folha e tem obviamente interesse comercial. O linho-da-nova-zelândia foi usado no passado de modo bastante amplo para propósitos médicos. A seiva, muito pegajosa, é considerada um desinfectante moderado, assim como a seiva das raízes. Hoje, tem uso na indústria de sabonetes e cosméticos.

A folha de *Pinus* é um exemplo de conífera (Gymnosperma). Folhas de coníferas variam desde acículas até estruturas meio achatadas. A folha de pinheiro, é, claro, um exemplo de folha acicular. As células da epiderme têm paredes muito grossas e cutícula proeminente. As células-guarda são afundadas e ligadas a células subsidiárias salientes. As células externas do tecido fundamental são diferenciadas em hipoderme e esclerenquimáticas. Diversas células remanescentes (o mesofilo) do tecido fundamental possuem sulcos internos que se projetam para o interior da luz celular. Nas secções transversais, o mesofilo aparece compacto, mas secções longitudinais revelam a presença de espaços intercelulares. A maioria das folhas de pinheiros contém dois ou mais dutos de resinas, e a folha que você estiver examinando contém diversos desses dutos. A folha de pinheiro contém dois feixes vasculares circundados pelo tecido de transfusão. O tecido de transfusão é composto de traqueídes e células do parênquima. Por sua vez, o tecido de transfusão é envolto por uma endoderme conspícua, a camada mais interna do tecido fundamental. As células da endoderme podem ter paredes um pouco engrossadas, em especial a parede tangencial externa, que contém pontoações simples e conspícuas. As células endodérmicas podem conter uma estria de Caspary bem desenvolvida. Cada feixe vascular contém um câmbio vascular. As micrografias mostram que essas acículas podem, portanto, produzir xilema secundário e floema secundário.

EXERCÍCIO 4: INTRODUÇÃO À ESTRUTURA DA RAIZ

As raízes exercem duas funções importantes – a primeira é puramente mecânica, uma vez que elas são responsáveis por ancorar a planta firmemente ao solo. A segunda função importante é assegurar que um fornecimento adequado de água e nutrientes alcance as partes aéreas da planta, por meio do xilema. As raízes também contêm o tecido do floema, via pela qual os carboidratos assimilados se movem dos pontos da síntese (fonte) para os sítios de armazenagem (drenos).

A raíz de *Ranunculus* é com frequência usada, pois contém um periciclo muito proeminente. As células do periciclo são lignificadas e têm paredes radiais e tangenciais internas destacadamente espessas. O periciclo contém poucas células de passagem de paredes finas, que, como seu nome sugere, permitem a passagem da água e nutrientes do córtex para o xilema dentro do estelo. As células de passagem também são a rota utilizada pelos carboidratos para as células vivas dentro do córtex.

Durante este exercício, você poderá olhar de perto e estudar a estrutura das raízes.

As raízes de *Ranunculus* servem para ilustrar a estrutura relativamente simples de uma jovem raiz de dicotiledônea. A principal razão para a simplicidade relativa na anatomia da raiz é o fato de não existirem folhas (e, portanto, não haver traços foliares associados penetrando o sistema vascular da raiz). O núcleo vascular primário (estelo) permanece relativamente não perturbado e torna-se mais complexo com a introdução de tecidos vasculares secundários encontrados apenas nas raízes de dicotiledôneas e gimnospermas. O córtex não possui tecido secundário – modificado ou lignificado – de suporte mecânico. Por quê? Obviamente, a estrutura é sustentada pelo solo dentro do qual ela cresce. A raiz tem uma estrutura bastante simples. A epiderme possui uma cutícula bastante espessa, com pelos epidérmicos numerosos (tricomas) que são extensões dessas células. A **exoderme** é formada na camada mais externa das células corticais e consiste em uma camada de células do parênquima que assume a função da epiderme quando esta é danificada. O córtex é composto de parênquima. Você pode ver grandes espaços de ar no córtex, circundados pelas células do parênquima organizadas em placas radiais. Essa condição é geralmente encontrada no solo alagado. Por outro lado, o parênquima cortical é associado com pequenos espaços intercelulares. As células corticais contêm grãos de amido. O xilema é visto em secções transversais como uma "estrela lignificada" de quatro ou cinco pontas. As pontas das estrelas são o protoxilema, e o resto é o metaxilema, que se torna diferenciado desde a parte externa em direção ao interior da raiz (ou seja, ele se diferencia de modo centrípeto). Este xilema primário é composto de vasos do xilema, o último formado e o mais largo dos quais se localiza no centro do estelo. Diz-se que a organização do xilema com vasos de protoxilema de diâmetro estreito localizado em direção ao exterior apresenta condição exarca. O floema ocupa manchas e é composto de pequenas células, com conteúdos densos, localizados entre os pontos do protoxilema. O floema é composto de tubos crivados e células companheiras. As células companheiras são células com diâmetro muito mais estreito do que os tubos crivados. O xilema e o floema se alternam um com o outro, com o protoxilema ocorrendo logo abaixo do periciclo.

Raízes de *Zea mays*: A raiz da monocotiledônea *Z. mays* também se divide em zona cortical e estelar. Assim como todas as raízes primárias, uma endoderme forma a divisão entre o córtex e o estelo. O periciclo é localizado sob a endoderme e é a camada mais externa do estelo. Observe outra vez a alternância regular de xilema e floema, como as raízes de *Ranunculus*. Entretanto, as raízes de monocotiledôneas contêm muito mais zonas de xilema e floema do que em raízes de dicotiledôneas ou gimnospermas.

Raiz de *Iris*, secção transversal: Novamente, este é outro exemplo de raiz de monocotiledônea, mas desta vez com endoderme proeminente – vista aqui como a camada de células com espessamento saliente de paredes radiais e tangenciais internas. A endoderme é a camada mais interna do córtex. O espessamento da parede força água e outras moléculas a tomarem uma rota simplástica do córtex para o estelo, e vice-versa, através das células de passagem não espessadas.

Raiz de *Helianthus*: O exemplo que escolhemos para realçar é o de uma raiz madura, que ilustra o amplo crescimento secundário que ocorre em girassol durante uma estação de crescimento. As raízes secundárias de *Helianthus* podem conter grandes vasos secundários do xilema organizados radialmente em linhas, geralmente sobrepostos a vasos mais estreitos e traqueídes. Raios do parênquima com espessura variável separam o xilema.

EXERCÍCIO 5: CRESCIMENTO SECUNDÁRIO NAS PLANTAS

Comumente, o crescimento secundário é mais aparente nos sistemas caulinares e radiculares de plantas dicotiledôneas e gimnospermas. Caracteriza-se pelo desenvolvimento de tecidos secundários que incluem novos tecidos condutores do xilema e floema (dentro do sistema axial), assim como pelo desenvolvimento de outros tecidos secundários, incluindo tanto fibras quanto novas camadas protetoras, denominada periderme, que substitui a epiderme primária uma vez que o tecido torna-se danificado durante o crescimento do caule secundário e do crescimento radicular. O crescimento secundário começa no interior dos feixes vasculares e se dirige para a região interfascicular entre os feixes. Em algumas plantas, como o caule de *Helianthus*, o crescimento secundário é limitado, mas resulta na formação de um anel de xilema e floema secundário, que preencherá as regiões interfasciculares entre os feixes vasculares.

Existem três fases envolvidas no desenvolvimento da planta – a embriônica, a primária e a secundária. O corpo primário da planta é composto de produtos da divisão e diferenciação dos meristemas apicais. Isso inclui o pró-câmbio, que se diferencia para formar o tecido vascular primário. O corpo secundário da planta é formado por componentes de divisão e diferenciação do câmbio fascicular e interfascicular. Neste exercício, exploramos os diversos estágios do desenvolvimento do corpo da planta, lançando mão de diversos exemplos diferentes, cada um dos quais ilustra diversos aspectos do desenvolvimento do corpo primário e secundário da planta.

Bidens pilosa é uma espécie invasora. Desse modo, objetivos básicos para essa espécie são crescimento rápido, ocupação de nicho e florescimento. Para esses fins, alguma energia tem que ser gasta nas estruturas de suporte mecânico para que a planta seja capaz de invadir com sucesso e ocupar um nicho. Como é típico de muitas espécies daninhas, isso significa que a planta não investe muito em tecido lignificado, mas usa outras estratégias (tais como apenas a lignificação parcial e caules ocos) para fornecer suficiente suporte mecânico. Dê uma olhada nas ilustrações de *Bidens*, a qual tem anatomia em diversos aspectos "típica" de um caule jovem de dicotiledôneas. A atividade cambial se difunde lateralmente além dos limites do feixe vascular, de modo que o câmbio fascicular (dentro do câmbio) e o interfascicular (entre os feixes) se unem para formar o câmbio vascular.

O girassol também sofre crescimento secundário limitado, mas, como em *Bidens*, o crescimento secundário dentro do caule é confinado aos feixes vasculares. Em outras palavras, o câmbio interfascicular não se desenvolve muito além da produção de alguns poucos elementos do floema secundário.

Chrysanthemum é outro exemplo de caule de dicotiledônea em que ocorre crescimento secundário. Embora a zona cambial seja completa, a região interfascicular também não produz tecido vascular secundário significante nesta espécie.

Quercus, o carvalho, é um gênero de árvore que demonstra crescimento secundário considerável. As camadas externas no exemplo foram substituídas por uma periderme, e um anel de fibras vasculares esclerenquimática de parede espessa sobrepostas com esclereídes tem posição exarca em relação ao floema secundário. Imagens detalhadas mostram que a zona cambial (mostrado no ícone de acesso mais à esquerda para fins de orientação) consiste em diversas camadas de células, indicando que as secções foram feitas de material em crescimento ativo. Clique na imagem à esquerda acima para ver detalhes do crescimento secundário ou à direita da imagem para ver um detalhe da lenticela envolvida na troca de gases.

Em geral, as espécies de *Prunus* passam por crescimento secundário considerável. Assim, anéis de crescimento são evidentes no xilema, e a periderme será continuamente substituída, comumente a partir das células parenquimáticas do interior do floema secundário que formam um novo câmbio cortical em períodos regulares (sazonais).

Desenvolvimento das raízes secundárias de *Helianthus*: Quando vistas em secções transversais, as raízes de dicotiledôneas que passaram por crescimento secundário têm anatomia um pouco confusa. Examinando com cuidado a região central de uma raiz velha, talvez se consiga distinguir o xilema primário do secundário inicial. Deve ser possível determinar quantos arcos de xilema primário ocorreram nas raízes jovens de plântulas. As micrografias neste exercício mostram que existiram quatro arcos de xilema primário na secção transversal dessa raiz.

A raiz de beterraba (*Beta vulgaris*) exibe certa evidência de padrões de crescimento secundário anômalo. Isso se evidencia pela formação de câmbios sucessivos, cada um dos quais origina anéis de feixes vasculares e amplas zonas de tecido parenquimáticos entre esses feixes. Observe que os feixes sucessivos são organizados mais ou menos ao longo do mesmo raio do que precedentes.

O caule herbáceo da ervilha é semelhante ao caule de qualquer outra dicotiledônea herbácea, no sentido de que seus feixes vasculares mostram crescimento secundário limitado, com certa evidência de um câmbio fascicular formando uma quantidade limitada de xilema secundário e floema secundário. Assim como outras plantas herbáceas, a ervilha gasta pouca energia na produção de xilema secundário lignificado, e o suporte mecânico para esse caule é fornecido pelas fibras do floema primário assim como pelos elementos do xilema funcional.

EXERCÍCIO 6: CRESCIMENTO ANÔMALO

A palavra anômalo significa desviar do tipo ou ordem geral ou comum. Então, o termo crescimento anômalo reflete uma condição de crescimento não comumente vista e representada em um número limitado de famílias ou gêneros. Este exercício explora alguns exemplos de crescimento anômalo, mas lembre-se que existem muitos para escolher! Os exemplos que escolhemos ilustram aspectos comuns – e incluem diversos câmbios, feixes vasculares e cilindros vasculares. Este exercício ilustra que o desenvolvimento de caule, raiz ou folha de plantas superiores nem sempre segue um padrão reconhecível em todos os casos. Esse floema é parte do feixe primário embebido no xilema. A parte do xilema do feixe primário está a uma certa distância. Em *Boungainvillea*, o caule também produz **tecido do floema incluso**, o qual está incrustado nos dois lados do xilema secundário. Na beterraba açucareira, **câmbios supernumerários** podem ser produzidos, os quais resultam no aumento significativo no tecido vascular secundário.

Na batata-doce, o câmbio adicional produz alguns elementos traqueais, assim como poucos elementos do floema. A maioria desses câmbios secundários produz armazenamento adicional de parênquima **exarco** (em direção à periferia da estrutura) e **endarco** (em direção ao centro) no tubérculo.

Desse modo, o crescimento anômalo pode ser definido como a forma de crescimento que não segue os padrões de ocorrência comum na maioria das plantas vasculares. Neste exercício, exploramos várias plantas que exibem diversos graus de estruturas de crescimento anômalo. Em todos os casos, se alguém consegue aprender a reconhecer os tecidos formados, então consegue entender as relações dos tecidos entre si.

A raiz de *Beta* mostra padrões de crescimento secundário anômalo. Isso é mostrado pela formação de **câmbios supernumerários** sucessivos, cada qual originando um anel de feixes vasculares e zonas amplas de tecido parenquimáticos entre os feixes. As ilustrações mostram que os feixes sucessivos são organizados mais ou menos ao longo do mesmo raio do que os precedentes.

As raízes da cenoura sofrem espessamento secundário limitado. Conforme pode ser visto nas fotomicrografias, esse crescimento secundário é improvável de ser visto no crescimento secundário típico (normal) nas raízes. A cenoura, assim como a raiz de beterraba, forma **câmbios sucessivos** e **anéis múltiplos** de feixes vasculares.

Dracaena é um exemplo de árvore similar a uma palmeira. Certas monocotiledôneas alcançam bastante altura e espessura; por outro lado, não possuem crescimento secundário "normal". *Dracaena* não é uma palmeira verdadeira; em comum com *Cordyline* ela apresenta **meristema de espessamento secundário periférico**, estrutura ausente nas palmeiras verdadeiras. O meristema produz tanto novos feixes vasculares quanto tecido fundamental (parênquima). *Dracaena* é uma planta rara, no sentido de que os feixes vasculares são circundados por **feixes de fibras salientes**. Nesse sentido, *Dracaena* não é anômala. Entretanto, os caules passam por crescimento secundário especializado que se manifesta na produção de elementos parenquimáticos adicionais. Seu padrão de crescimento tardio é denominado **crescimento secundário difuso** e consiste na maior parte em uma proliferação de células do parênquima fundamental e feixes vasculares adicionais próximos da periferia.

Boungainvillea, membro de Nyctaginaceae, é exemplo do caule de dicotiledôneas com **crescimento secundário anômalo**. Na secção transversal, próximo ao centro do caule, você verá alguns **feixes vasculares embebidos** no parênquima da medula lignificada. Mova a lâmina no sentido das regiões externas e verifique a existência de uma produção um tanto extensa do tecido vascular secundário. Procure o **câmbio vascular**. O floema secundário e xilema secundário se localizam em ambos os lados dele. O xilema secundário é composto de **traqueídes, fibras** e **vasos de diâmetros estreitos**. Sobrepostos ao xilema secundário, você deve reconhecer pequenos bolsões de floema, o que se parece com vasos de **metaxilema** de diâmetro estreito. Esses vasos são reminiscentes dos feixes primários na direção do centro do caule. São, na verdade, feixes vasculares primários incluídos dentro do xilema secundário, daí o uso do termo **crescimento anômalo** nesta instância. O floema é descrito como **floema incluso**, que por definição é um tecido do floema que ocorre entre as regiões de xilema secundário. Enquanto a vantagem fisiológica da formação de floema incluso ainda não foi estudada, poderia se especular que, neste exemplo, o floema incluso seria bem protegido de predadores e pragas e, naturalmente, bem suprido com água e nutrientes. O crescimento anômalo resulta da atividade cambial diferencial. Devido ao câmbio vascular recém-produzido, a camada externa do meristema se torna quiescente, e esse câmbio retorna à atividade apenas quando o câmbio vascular interno (que produz os feixes embebidos individuais) torna-se menos ativo. Câmbios vasculares são considerados não produtores de raios em Nyctaginaceae (meristemas laterais o fazem), mas produzem vasos e parênquima axial associado e algumas vezes fibras para o interior e floema secundário variável para o exterior.

O caule de *Beta*, a beterraba, é anômalo por apresentar diversas camadas de **feixes vasculares primários** visíveis a partir do centro do caule. Um **câmbio vascular** ativo é coberto por **feixes do floema secundário** sobrepostas com alguns poucos elementos do floema secundário, derivados do anel cambial.

Campsis radicans (Bignoniaceae) foi incluída no exercício de crescimento anômalo, já que é uma trepadeira. À primeira vista, esse caule se parece com o caule de uma dicotiledônea típica passando por crescimento secundário. A ilustração deste exercício mostra uma ampla banda de xilema secundário no xilema primário externo. Um câmbio vascular formou algum floema secundário. Feixes de fibras do floema primário estão presentes. Então, o que é diferente aqui? Isso se parece exatamente com um típico caule lenhoso jovem. Nem tanto. Observe com atenção o tecido próximo do centro do caule interno ao protoxilema. Uma zona cambial é evidente, e o floema interno se desenvolveu. Esse câmbio interno em Bignoniaceae forma o que se denomina de feixes medulares invertidos.

Boerhaavia, membro de Nyctaginaceae, foi descrita como possuidora de fisiologia e anatomia mista C_4 e C_3, com algumas espécies mostrando anatomia e fisiologia relacionada tipo C_4 e outras C_3. O caule em *Boerhaavia* sofre crescimento anômalo bem definido, caracterizado pela presença de anéis sucessivos de xilema e floema. O câmbio é composto apenas de iniciais fusiformes, que originam tecidos vasculares secundários sem raios. O câmbio é descrito como sobreposto quando a divisão celular cessa. Cada anel sucessivo de câmbio origina-se do floema mais externo das células do parênquima.

O anel cambial é funcionalmente segmentado em regiões fasciculares e interfasciculares, as quais produzem a maioria dos elementos condutores do xilema e do floema com algum parênquima, o último para células do parênquima. As células do parênquima do xilema se desenvolvem no tecido conjuntivo, seguindo o espessamento e a lignificação das paredes celulares. Bandas alternadas lignificadas e parenquimáticas são distintas do caule.

Dicranopteris é uma pteridófita (samambaia). A estrutura do tecido vascular ou estelo nos rizomas muitas vezes tem sido usada para separar determinados grupos de pteridófitas. A forma mais simples da estrutura vascular é o protostelo, no qual existe um núcleo vascular sólido ou faixa de tecido que consiste em xilema em direção ao centro do estelo e em feixe do floema em direção ao exterior. Em outros casos, o protostelo central pode conter células do parênquima não vascular, e essa condição é denominada de protostelo medular ou sifonostelo ectofloico. Nessa definição, um sifonostelo é qualquer estelo não interrompido com centro indiferenciado. Onde floema externo e interno coexistem, a estrutura é conhecida como sifonostelo anfifloico ou, às vezes, de modo equivalente, solenostelo.

Dicranopteris é conhecida por conter vasos do xilema em que as paredes terminais são claramente perfuradas, comparados com as pontoações de paredes laterais associadas com uma membrana da pontoações.

Caule de *Serjania*: A liana *Serjania* é um membro de Sapindaceae. O caule é anômalo porque consiste em diversos cilindros vasculares contidos em uma periderme comum. Cada feixe tem uma medula separada. Metcalfe e Chalk descrevem isso como massa de xilema composto, e a estrutura também é chamada de feixes extraestelares. O espessamento secundário se desenvolve a partir de um anel cambial convencional, ou pode ser anômalo como neste caso, uma vez que ele forma câmbios concêntricos. Essas características são comuns em Sapindaceae.

EXERCÍCIO 7: EVOLUÇÃO DOS SISTEMAS VASCULARES

Este exercício aborda o processo de vascularização nas plantas. Embora pudéssemos ter escolhido diversos espécimes, nos concentramos deliberadamente naqueles que, ao nosso ver, ilustram e tornam compreensível o processo de evolução vascular e que encorajam aprofundamento do estudo. A vascularização das plantas superiores dependem da necessidade de oferta de água, minerais e outros nutrientes através dos condutores do xilema, assim como da necessidade de fornecer uma via eficiente pela qual os carboidratos assimilados possam ser transportados. Nos caules primários, assim como nas folhas, esses tecidos sempre ocorrem no mesmo raio em feixes vasculares, enquanto na raiz não seguem esse padrão.

A vascularização foi uma etapa essencial na migração para a terra, assim como para o desenvolvimento de plantas mais eficientes (mas não necessariamente maiores). Este exercício examina alguns aspectos da evolução e do desenvolvimento dos sistemas vasculares das plantas. Observaremos alguns exemplos de hidrófitas, assim como de plantas terrestres "típicas", que mostram características estruturais variáveis. Plantas aquáticas (hidrófitas) em geral possuem estrutura muito diferente daquelas que ocupam o nicho terrestre. Por exemplo, hidrófitas não necessitam (nem têm) muitos tecidos de suporte mecânico. Hidrófitas também têm oferta vascular reduzida – isso se evidencia na redução dos tecidos condutores de água dentro do xilema. Xerófitas, por outro lado, possuem diâmetro das traqueídes e vasos muito reduzido, além de menos espaços intercelulares; xerófitas podem ter outras importantes estruturas fisiológicas para regular o transporte de água e assimilados. Os vasos do xilema e traqueídes se conectam aos elementos parenquimáticos com a ajuda de membranas de pontoações, assegurando assim uma via de passagem para água e outras substâncias orgânicas e inorgânicas dissolvidas que precisam ser transportadas pelo corpo da planta.

Nosso primeiro exemplo é *Lycopodium*. As Lycopodiales compreendem os gêneros existentes – *Lycopodium s.l.* e *Phyloglossum*. Existe um grande número de membros fósseis, que alcançaram sua maior diversidade durante o Devoniano e o Carbonífero (aproximadamente 408-360 milhões de anos atrás). Essas plantas são comumente conhecidas como musgos claviformes. O mais interessante a respeito do transporte de água e carboidratos é a imensa variabilidade que podemos encontrar na organização de tecidos vasculares nos caules. *Lycopodium claviatum* mostra um exemplo de um protostelo dissecado. Esse é considerado primitivo. *Lycopodium saururus* contém um plectostelo cujas feixes de xilema similares a placas são sobrepostas ao xilema. O floema consiste em células crivadas e células albuminosas. É interessante notar que o plectostelo é ainda encontrado nos dias de hoje em todas as raízes jovens de dicotiledôneas e monocotiledôneas.

Selaginella é nossa próxima escolha. Existem cerca de 700 espécies dentro do gênero *Selaginella*. O esporófito herbáceo de *Selaginella* é morfologicamente muito similar a *Lycopodium*, mas a anatomia do caule difere de modo marcante nesses gêneros. Essa micrografia mostra o tecido vascular suspenso centralmente dentro do caule oco pelas células corticais alongadas denominadas trabéculas.

Rumohra é uma samambaia bastante comum, com frequência encontrada em jardins botânicos. A raque mostra tecido vascular reduzido, composto por uma placa do xilema central dorsiventralmente achatada, com o tecido do floema em cada lado dela. O cilindro vascular é separado da região cortical por uma endoderme bem definida e um periciclo.

Encephalartos pertence a Cycadophyta dentro das gimnospermas. Existem plantas similares a palmeiras que apareceram por volta de 285 milhões de anos atrás, perto do início do período Permiano, durante a era dos dinossauros. Elas são verdadeiramente fósseis vivos. Onze gêneros contêm aproximadamente 300 espécies ao todo. O pecíolo é fotossintético e contém diversos estômatos em depressões. O pecíolo e a folha são muito fibrosos, com grandes feixes de fibras de parede espessas logo abaixo da epiderme. Os feixes vasculares contêm elementos do xilema grandes e pequenos, separados uns dos outros pela endoderme. As cicadáceas exibem crescimento secundário geralmente descrito como de muito lento a "preguiçoso". O xilema consiste em traqueídes e fibrotraqueídes, e o floema em células crivadas, células albuminosas e células do parênquima.

Araucaria é uma gimnosperma. A madeira, parecida com a de *Podocarpus*, é composta inteiramente de traqueídes longas e finas (os grupos de células rosa-avermelhadas de diâmetro estreito) sobrepostas com raios parenquimáticos. O floema (não mostrado nesta imagem) é composto de células crivadas e células albuminosas. O floema não se organiza em conduintes longitudinais como nas angiospermas. A micrografia mostra diversos raios primários, que atravessam o xilema secundário iniciando na medula para a esquerda e percorrendo todo o caminho até o floema secundário.

Nossa próxima escolha é *Cucurbita*, exemplo de dicotiledônea herbácea. Essa planta pertence a Cucurbitaceae, família quase toda explorada pelo homem como fonte de alimento. As abóboras têm anatomia interessante, uma vez que a maioria de seus caules é quase oca e os feixes vasculares contêm dois grupos distintos de floema. O floema interno é encontrado no interior do xilema de condução de água. Ele é destacado em azul na micrografia à direita. Já o floema externo é encontrado no exterior do xilema. Ele é destacado em vermelho na micrografia. O xilema é composto de traqueídes estreitos e vasos de diâmetro amplo. O floema dentro da família das abóboras é composto de células companheiras e tubos crivados, que contêm placas crivadas.

As monocotiledôneas são um grupo bem-representado de plantas. *Zea mays*, membro das gramíneas, é um cultivo alimentar importante em todo o mundo. Essa planta monocotiledônea contém feixes vasculares classificados como atactostélicos. O atactostelo é considerado o feixe vascular mais evoluído em plantas vasculares. O sistema vascular é composto de feixes primários individuais, separados por zonas amplas de tecido parenquimático. Em geral, o xilema é reduzido em cada feixe a dois vasos grandes de metaxilema, e os feixes maiores têm elementos de protoxilema comumente de vida curta e destruídos durante o alongamento do caule. O floema é reduzido a poucos tubos crivados de diâmetro largo circundados de células companheiras e células de parênquima vascular associadas. Existem diversos feixes vasculares no caule "típico" de *Z. mays*, quase todos são circundados por células do parênquima.

Nosso próximo espécime é *Nymphoides* (lírio-d'água), uma hidrófita – muitas características distintas apontam para o ambiente aquático dessa planta. O pecíolo não tem camada cuticular visível; o córtex é muito reduzido, imediatamente abaixo do qual vêm os feixes vasculares, que contêm xilema reduzido. Grande parte da região central dessa planta é composta de espaços de ar, que contêm faixas unicelulares finas de parênquima especializado, denominadas de aerênquima, separando os espaços individuais dentro do caule. Tecidos vasculares ocupam a região central desse espécime. Observe que existem geralmente dois feixes vasculares visíveis. O curioso é que o floema se apresenta oposto ao protoxilema. O tecido vascular é circundado por uma endoderme (estrias de Caspary são claramente visíveis usando objetiva de 40x). Imediatamente abaixo desta vem o periciclo. Assim, o espécime possui muitas características de uma raiz "normal".

As folhas mostram tendências importantes de vascularização. A folha de *Ligustrum* (ligustro) é um bom exemplo. A folha pode ser descrita como "típica" folha mesomórfica. A imagem ilustra a divisão do tecido fotossintético em uma parte superior que contém longas células paliçádicas colunares e uma parte inferior (abaxial), que contém mais mesofilo esponjoso arredondado. O tecido vascular que forma feixes vasculares para muitas partes localiza-se na região mediana, em cima do mesofilo esponjoso. Portanto, os feixes menores encontram-se inseridos no mesofilo, mas cada um é circundado por uma bainha do feixe. Observe a posição do xilema e floema dentro do feixe. Alguns desses feixes são vistos em secções transversais, outros em secções longitudinais e ainda outros, oblíquos – por que isso acontece?

Entre as gimnospermas, os pinheiros são um grupo bem estudado, principalmente devido à sua importância econômica. *Pinus* é um exemplo de uma folha de conífera (Gymnosperma). Folhas de coníferas variam desde estruturas aciculares até estruturas bastante achatadas. As folhas de pinheiro formam parte de um fascículo acicular, no qual a base das agulhas é protegida por escamas. Morfologicamente, os fascículos são caules curtos dentro das quais o desenvolvimento apical foi interrompido (paralisado) –, portanto são caules de crescimento determinado ou restrito. As fibras de parede espessa ocorrem imediatamente sob a epiderme. Essa camada é denominada de hipoderme. O mesofilo é composto de células parenquimáticas com silhueta irregular. O mesofilo é separado dos feixes vasculares por uma endoderme conspícua. Abaixo da endoderme, os feixes vasculares (dois neste caso) são circundados por tecido de transfusão envolvido no transporte de água das traqueídes nos feixes para o mesofilo, além de executar importante papel na via de absorção de assimilados do mesofilo para as células crivadas dentro do floema.

As folhas de monocotiledôneas são muito diferentes das folhas de dicotiledôneas e de gimnospermas. Nossa próxima escolha, a folha de *Zea mays*, ilustra os tecidos essenciais da anatomia foliar que, na condição de espécie C_4, é dominada por sua engrenagem fotossintética compartimentalizada. Uma característica óbvia da folha de monocotiledônea são os feixes vasculares. Existem três tamanhos ou ordens de feixes vasculares na folha de milho – feixes grandes, intermediários e pequenos ocorrem dentro da lâmina (limbo) da folha. Isso é típico de diversas monocotiledôneas. Observe que o mesofilo contém pequenos objetos de coloração vermelha. Esses objetos são cloroplastos que conduzem os primeiros estágios da fotossíntese. O dióxido de carbono é capturado pelo ácido málico dentro do mesofilo Kranz e transferido para a bainha do feixe via plasmodesmos, onde o malato é liberado e colocado no ciclo de Calvin, onde o CO_2 é incorporado aos açúcares. Esse ciclo é denominado fotossíntese C_4 porque o primeiro produto formado durante a fotossíntese é um ácido C_4. A fotossíntese C_4 é muito mais eficiente do que a fotossíntese C_3. Diversas características anatômicas são comumente utilizadas para distinguir plantas C_4 de C_3. A mais notável dessas características é a presença de bainha do feixe ao redor de nervuras da folha, que costumam ter cloroplastos grandes e visíveis. Observe que o mesofilo irradia-se ao redor da bainha do feixe – parece uma guirlanda, o que explica a origem de seu nome alemão: mesofilo Kranz.

EXERCÍCIO 8: ESTRUTURA SECUNDÁRIA DA MADEIRA

É consenso que o xilema secundário sofreu uma longa história evolutiva. As principais tendências podem ser vistas porque os diversos estágios são com frequência relacionados a outros caracteres "marcadores" nas flores e frutos das plantas envolvidas. Em certos casos, os hábitats aparentemente reverteram algumas dessas tendências em diversas espécies, mas acima de tudo, sua "direção" pode ser definida com relativa segurança.

Considerando sua forma mais simples, as evidências disponíveis indicam que a traqueíde é uma célula de duplo propósito, combinando tanto propriedades de sustentação mecânica quanto de condução de água em grupos de plantas em evolução, que originaram fibras com função mecânica simples e células perfuradas, os elementos de vasos envolvidos com a condução de água e sais dissolvidos. A divisão do trabalho é vista como especialização ou avanço.

O elemento de vaso primitivo mostra muita semelhança com as traqueídes, uma vez que se alonga em relação ao eixo, com terminações com paredes oblíquas com perfurações agrupadas perfazendo placas de perfuração escalariformes, reticuladas ou até compostas. As paredes laterais possuem pontoações em sua volta, com frequência em organização oposta. O elemento vascular avançado é visto como uma célula curta e larga com placas de perfuração simples organizadas de forma transversal em cada terminação, além de pontoações areoladas alternadas nas paredes laterais. Existe uma variedade de formas entre esses extremos. Neste exercício, focalizaremos a estrutura da madeira em caules que sofreram crescimento secundário. Ilustramos o exercício com exemplos de origem tropical e subtropical, ressaltando as características fundamentais nestes exemplos.

Poucas espécies são ilustradas aqui. Não é possível nem desejável incluir muitos exemplos. Novamente, o princípio aplicado neste exercício é ilustrar exemplos diferentes e, quem sabe, estimular aqueles que tenham interesse na anatomia da madeira a realizar pesquisas mais aprofundadas. Entretanto, as ilustrações escolhidas cumprem bem o seu objetivo, bem como ilustram a estrutura do xilema secundário em secções transversais, longitudinais radiais e longitudinais tangenciais. Todos três planos são necessários quando estivermos pesquisando madeira ou, a propósito, a estrutura do câmbio ou do floema, não apenas a secção transversal. Incluímos dicotiledôneas assim como gimnospermas neste exercício.

A Figura A2.7 mostra como escolhemos ilustrar a estrutura secundária da madeira neste exercício de *A Planta Virtual*. As imagens mostram secções transversais, longitudinais radiais e tangenciais da madeira de *Alnus nepalensis*. Observe os vasos de grande diâmetro, entremeados com traqueídes estreitas e elementos parenquimáticos. Os raios são curtos, com duas ou quatro células de largura.

A anatomia da madeira é melhor estudada usando secções transversais, radiais e tangenciais. Assim, uma ideia de como a madeira realmente se parece pode ser construída. Uma reconstrução a partir de uma imagem em perspectiva nos auxilia a compreender exatamente como vasos, traqueídes, fibras e parênquima se sobrepõem para formarem a madeira secundária. Em

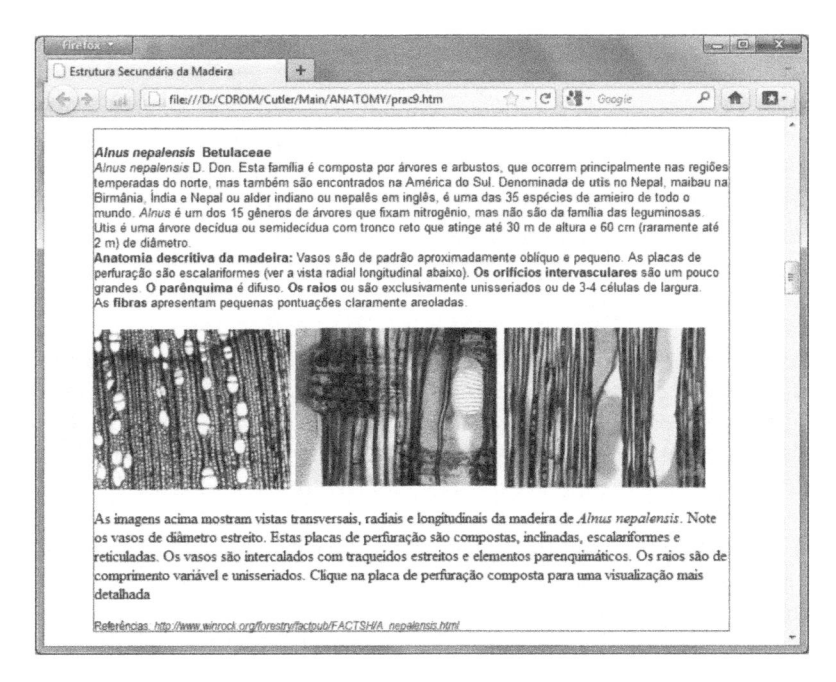

FIGURA A2.7
Ilustração da estrutura secundária da madeira neste exercício de *A Planta Virtual*.

diversos casos, informações detalhadas da imagem de acesso estão disponíveis onde acreditamos que elas forneçam informações adicionais úteis, conforme ilustrado na Figura A2.8.

A Figura A2.9 mostra uma reconstrução 3-D em perspectiva com um ponto de fuga. A reconstrução não é inteiramente fiel, já que não foi feita a partir de secções concordantes de *Swietenia mahogani*. Desenhar um esquema em 3-D não significa tentar representar todas as células possíveis de serem observadas, mas sim produzir uma imagem que mostre a relação entre os três planos de corte utilizados para compreender e explorar a estrutura da madeira.

O exercício faz referências cruzadas, quando apropriado, para o glossário ilustrado, lidando com as definições específicas da madeira. Somos particularmente gratos ao Dr. Peter Gasson do Royal Botanic Gardens, por gentil e generosamente fornecer as imagens básicas que usamos neste exercício.

EXERCÍCIO 9: ADAPTAÇÕES ESTRUTURAIS

Incluímos uma parte sobre adaptações ao ambiente, pois acreditamos que o ambiente onde a planta cresce forçará, com o tempo, alterações tanto na morfologia externa quanto na anatomia interna. É bastante claro que a habilidade de se adaptar ao ambiente foi um fator essencial na sobrevivência das plantas, assim como na dispersão das plantas terrestres em áreas mais inóspi-

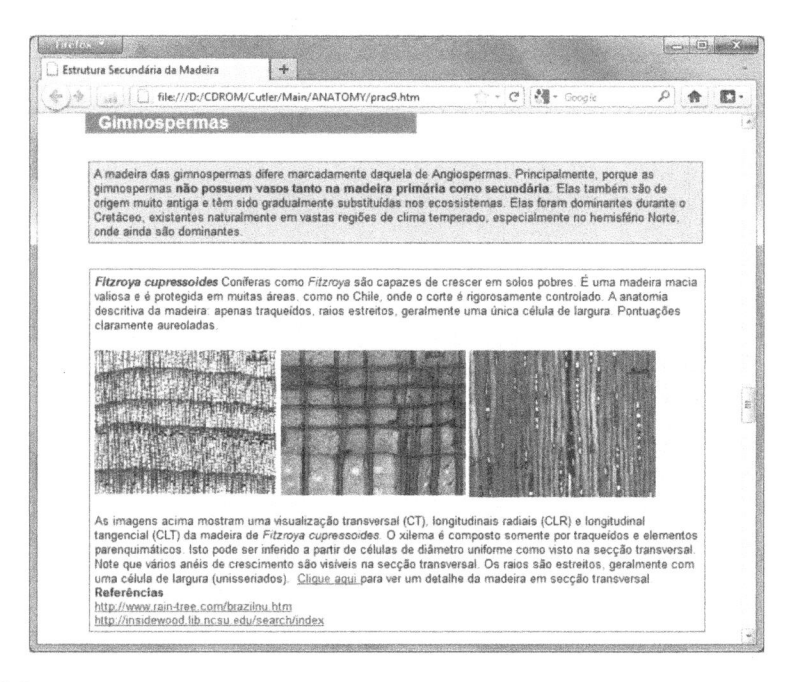

FIGURA A2.8
Página detalhada com informação relacionada a uma secção transversal da madeira da conífera *Fitzroya cupressoides*.

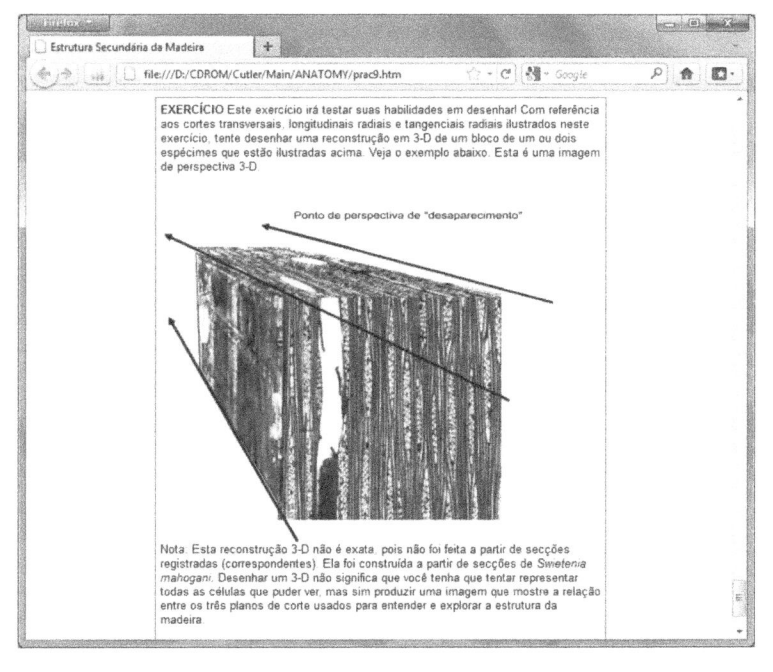

FIGURA A2.9
Reconstrução 3-D em perspectiva com um ponto de fuga.

tas. Exploramos e destacamos alguns desses fatores e ilustramos exemplos de algumas vias simples e complexas pelas quais as plantas teriam se adaptado com sucesso a seus ambientes. Incluímos diversas verificações de conceitos, que apontarão tópicos relevantes de pesquisa relacionados a adaptações das plantas. Utilize-as para fornecer um guia sólido para estudar sozinho.

Diversas características adaptativas importantes necessitam ser consideradas aqui. Para os propósitos dessa discussão, elas estão divididas em categorias neste exercício, cujo foco será:

1. Adaptação a condições ambientais imediatas (disponibilidade de água, intensidade luminosa e temperatura).
2. Competitividade (trepadeiras, sistemas radiculares e armazenamento).

Ao procurar adaptações, você vai precisar ter algum conhecimento sobre o que está procurando. Por exemplo, plantas crescendo sob condições de seca podem ter diversas modificações estruturais direcionadas principalmente a reduzir a perda de água e amenizar a elevada radiação solar e os efeitos associados da temperatura (Figura A2.9). Diversas dessas adaptações são visíveis nas folhas, por isso devemos ser capazes de:

1. Distinguir entre folhas simples e compostas.
2. Determinar onde e como as folhas são produzidas.
3. Ter algum conhecimento sobre o formato da folha e controle do tamanho.
4. Compreender que folhas expostas ao sol e à sombra possuem anatomias diferentes.
5. Perceber que as folhas à sombra tendem a ser mais finas do que as folhas ao sol.

A Figura A2.10 mostra parte da região apical de *Oldenburgia grandis*. Essa planta é endêmica às regiões do Cabo Oeste e Leste, onde ocorrem chuvas no inverno.

A fim de prevenir a dessecação, as folhas produzidas mais recentemente são cobertas por um denso emaranhado de pelos sedosos e finos, que cobre tanto a superfície foliar abaxial quanto a adaxial. Esta imagem à direita é uma visão aproximada da epiderme na face inferior de uma folha jovem e mostra parte da nervura central e da lâmina coberta por pelos finos e sedosos. Esses pelos servem para diversas funções importantes:

1. Redução da luz direta e refletida que atinge essas folhas jovens.
2. Os pelos podem refletir alguma luz, reduzindo assim o estresse por luminosidade.
3. Diminuição na taxa de transpiração está associada à pilosidade.
4. Os pelos podem manter uma temperatura foliar mais ideal.
5. Os pelos podem induzir menores níveis de estresse hídrico.

Os princípios básicos da construção variam de planta para planta. Todas as folhas contêm tecido fotossintético, licalizado no mesofilo. O mesofilo é simples em diversas espécies, mas em dicotiledôneas pode ser dividido em camadas de parênquima paliçádico e esponjoso. A maioria das folhas é nitidamente bifacial, enquanto outras são unifaciais. Todas as folhas são providas de sistema vascular – o qual pode ser muito variado, mas sempre contém xilema e floema. Um exemplo de variação extrema pode ser encontrado em hidrófitas – plantas que vivem em nicho aquático. Nas hidrófitas, os problemas mais relevantes que as plantas enfrentam, obter água e luz solar, à primeira vista não diferem daqueles que as plantas terrestres têm que enfrentar. Porém, hidrófitas estão simplesmente rodeadas e apoiadas pela água e, se elas tiverem folhas flutuantes, essas folhas precisam desenvolver mecanismos para lidar com a luz excessiva e para estabelecer um eficiente sistema de transpiração--trocas gasosas.

O exercício sobre adaptabilidade da planta ilustra como as plantas tornam-se modificadas para se adaptar a ambientes secos e de alta luminosidade (Figuras A2.11, A2.12, A2.13).

A micrografia na Figura A2.11 mostra um feixe vascular no pecíolo de *Nymphaea*, o lírio-d'água. Observe como o xilema (tecido condutor de água) é reduzido a dois elementos do xilema, ambos lignificados. O menor é um elemento do protoxilema e o maior é um elemento do metaxilema. Grandes tubos crivados e células companheiras menores são visíveis acima do xilema. Esse é um bom exemplo de planta que reduziu a capacidade do xilema. A transpiração é necessária, mas outra função não pode ser negligenciada: a absorção passiva e a redistribuição de íons do sistema radicular.

A anatomia foliar mostrada na Figura A2.12 fornece grande quantidade de informações sobre o hábitat ocupado pelas espécies em questão. A função principal da folha é a fotossíntese, realizada pelos cloroplastos dentro das células do mesofilo da folha. A proteção ao ambiente é atribuída às modificações da epiderme, como cutículas espessadas e estômatos em depressões.

Em *Crassula* (Fig. A2.13), quando as grandes células da epiderme estão totalmente hidratadas, existem espaços entre elas que permitem as trocas gasosas. Quando desidratadas, as células entram em colapso fechando as vias aéreas para os estômatos.

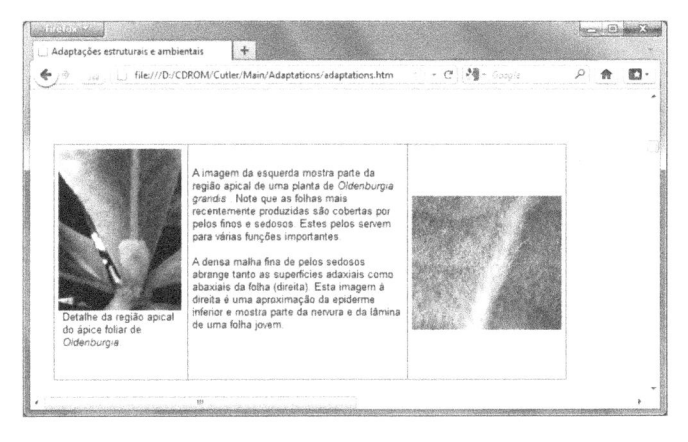

FIGURA A2.10
Tela do exercício de *Oldenburgia*.

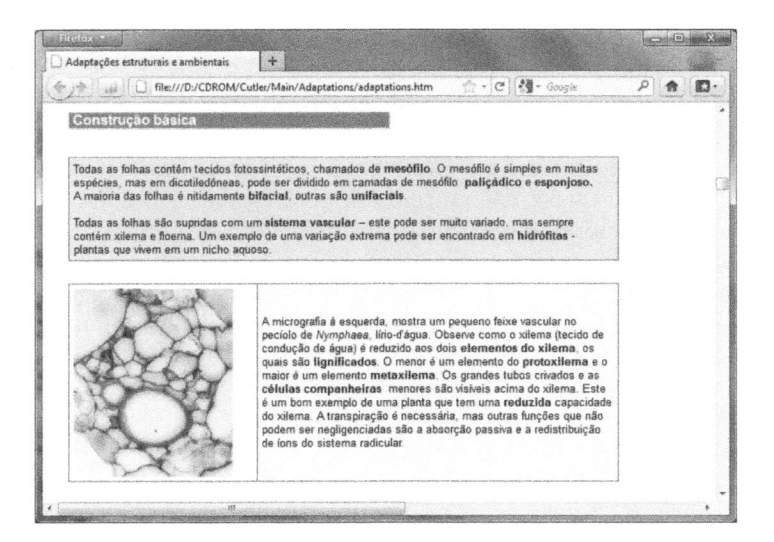

FIGURA A2.11
Tela sobre a adaptabilidade do feixe vascular e *Nymphaea*.

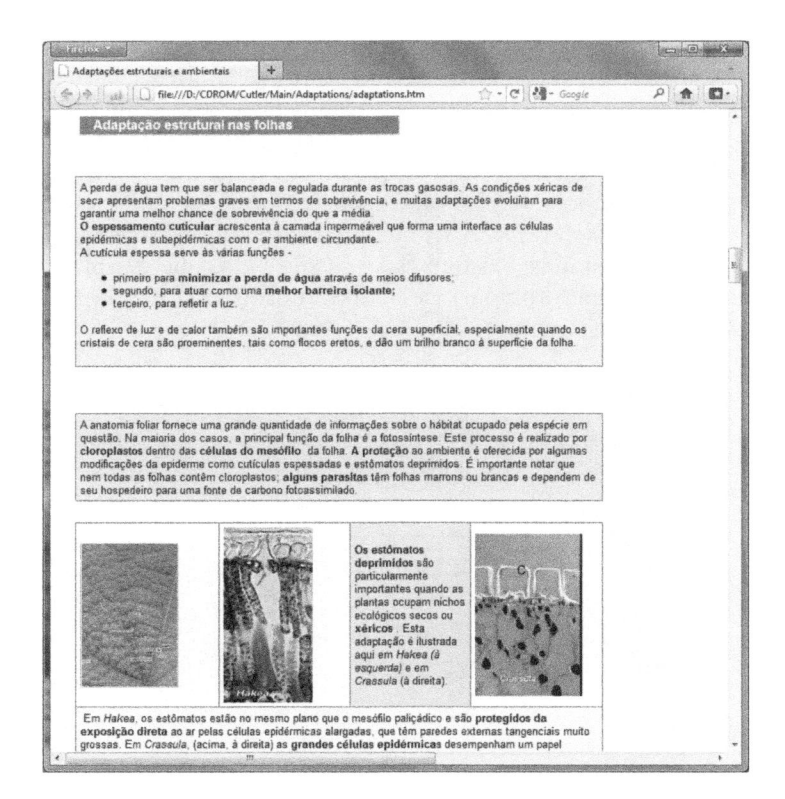

FIGURA A2.12
Tela do exercício sobre adaptabilidade das plantas, na secção de anatomia foliar.

Apêndice 2 **243**

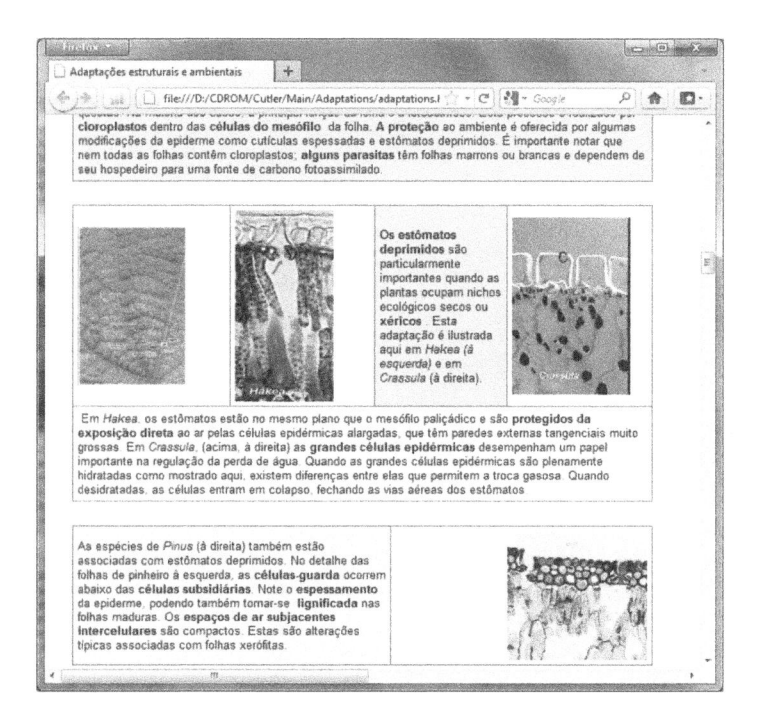

FIGURA A2.13
Tela do exercício sobre adaptabilidade das plantas, em *Crassula*.

GLOSSÁRIO ILUSTRADO

Um dos principais elementos de *A Planta Virtual* é seu glossário na forma de um hipertexto ilustrado, que na maioria das vezes segue as informações apresentadas dentro do texto deste livro (Figura A2.14). O glossário contém mais de 500 definições explicativas, frequentemente associadas com uma imagem colorida de 24 bits, que ajuda a esclarecer a definição. O que torna o glossário especial é que ele pode ser acessado durante os exercícios ou independentemente deles.

MATERIAL DIDÁTICO, IMAGENS DIGITAIS

A Planta Virtual contém uma grande coleção de imagens fornecidas para o uso tanto de instrutores como de estudantes. Elas são fornecidas livres de restrições, mas não podem ser incorporadas em qualquer outra publicação sem a autorização formal por parte da editora. As imagens são catalogadas livremente sob os títulos **células, raízes, caules** e **folhas**. Elas podem ser acessadas utilizando a internet.

Clicar nos *links* permitirá ao usuário navegar em páginas que ilustram os tipos celulares, a estrutura da folha ou do caule (Figura A2.15). Existem cerca de 250 imagens, com mais de 225 MBytes de dados.

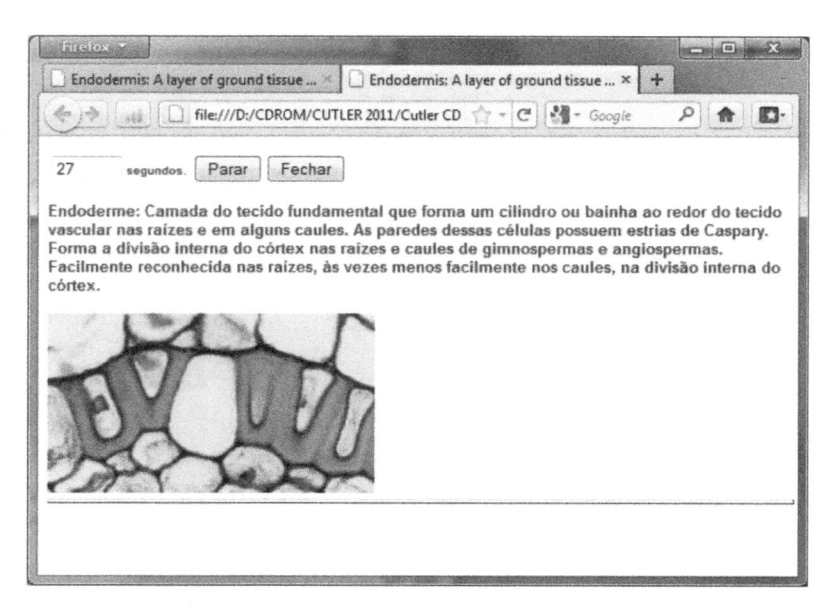

FIGURA A2.14
Tela típica do Glossário, mostrando a definição para a endoderme.

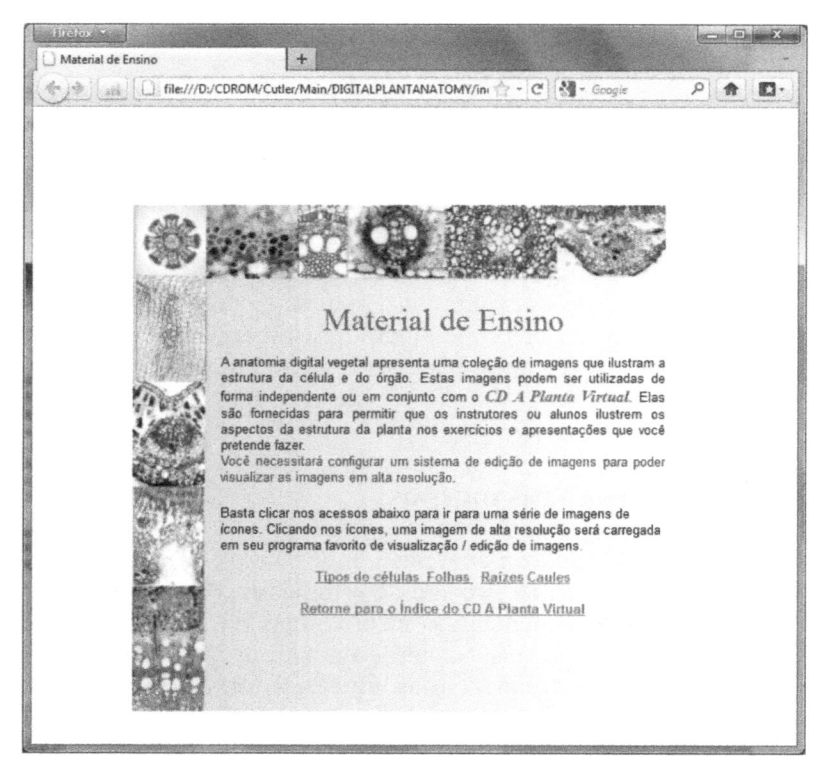

FIGURA A2.15
Tela de uma página da Anatomia Digital das Plantas.

Ao clicar no *link*, o usuário poderá abrir a imagem correspondente na resolução de 300 pixels por polegada, suficiente para ser útil no formato eletrônico (Figura A2.16). Nenhuma informação adicional é fornecida com as imagens.

MATERIAIS DIDÁTICOS, ARQUIVOS POWERPOINT

Incluímos diversos Arquivos PowerPoint, os quais podem ter alguma utilidade tanto para os estudantes como para os professores (Figura A2.17). As apresentações em PowerPoint têm tamanho variável e naturalmente podem ser modificadas conforme desejado. Elas foram testadas usando o Keynote e podem ser abertas em computadores Mac da Apple, usando este pacote de apresentação tão facilmente quanto utilizando o PowerPoint. Os arquivos de apresentação foram otimizados para projeção. Clicando nestes arquivos, eles serão carregados. Os usuários de Mac que não tenham PowerPoint instalado terão que associar os arquivos com o Keynote.

MATERIAIS DIDÁTICOS: OS ARQUIVOS DE INFORMAÇÃO

Os 11 Arquivos de Informação são introduzidos suscintamente abaixo, e esperamos que forneçam um entendimento mais claro dos tópicos que abordamos. Com a exceção do 10 e 11, que tratam das informações básicas sobre fixação e histoquímica, os outros nove englobam desenvolvimento, crescimento e transporte em plantas.

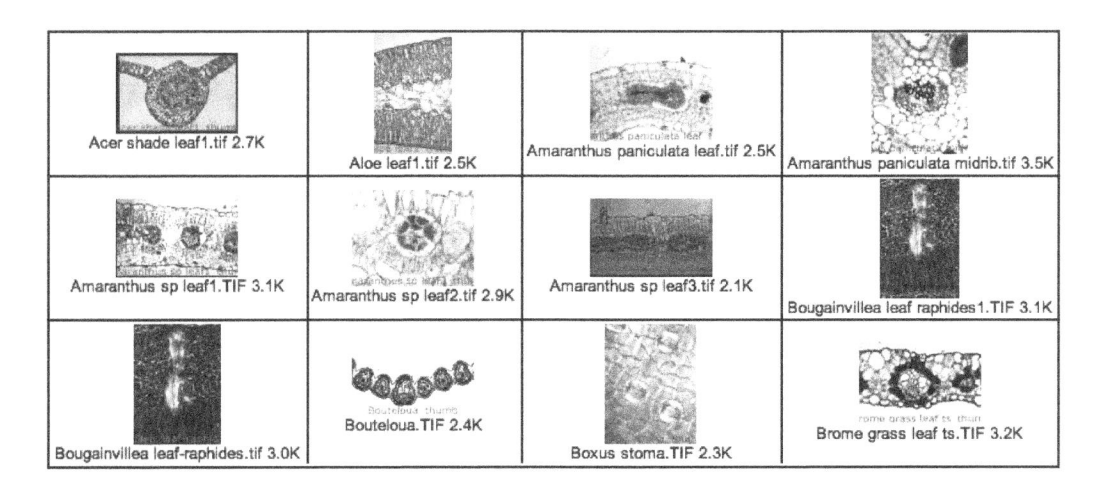

FIGURA A2.16
Tela de uma página da Anatomia Digital das Plantas, mostrando 12 ícones para acesso a imagens foliares.

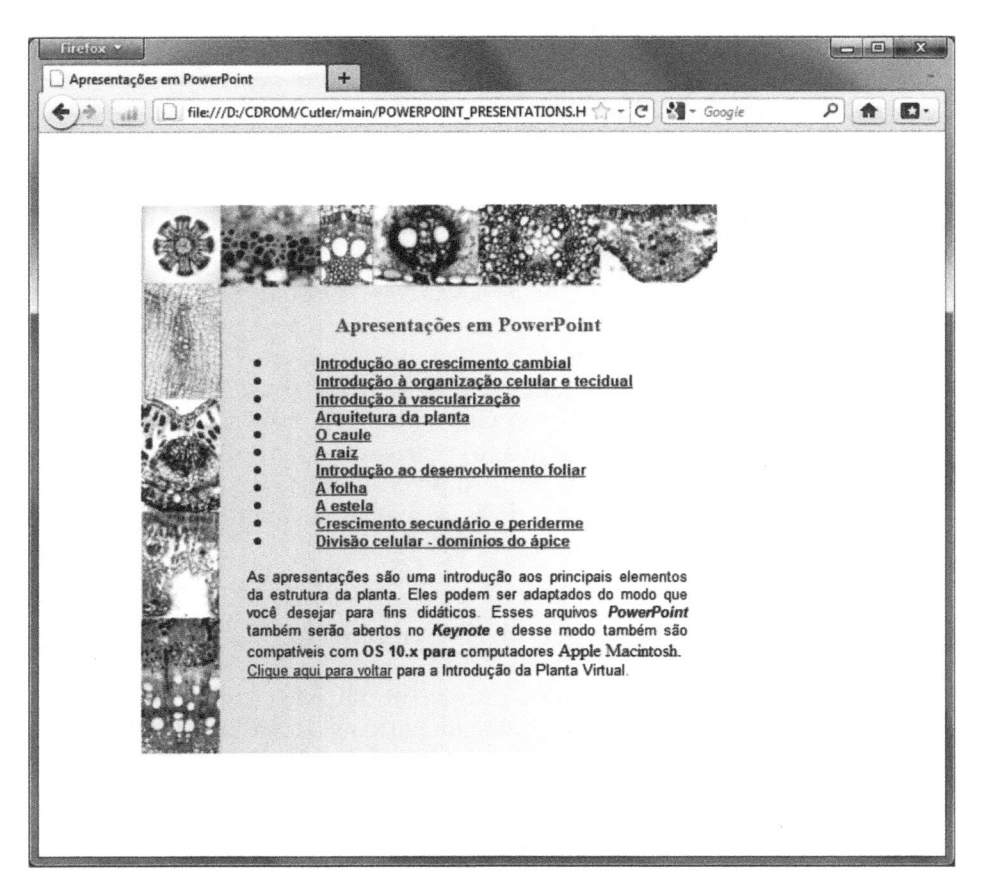

FIGURA A2.17
Tela do índice de Apresentações de PowerPoint.

Divisão celular nos ápices radiculares e caulinares

Os ápices radiculares e caulinares são duas regiões da planta responsáveis pela produção de novo crescimento vegetativo radicular e caulinar. Ultimamente, muito tem sido escrito sobre determinados sistemas gênicos envolvidos no processo de divisão, e este ensaio não tem a intenção de mencionar esses sistemas gênicos, mas, em vez disso, leva em consideração pontos da pesquisa conduzida por Rinne e van der Schooot, em 1998. Eles relataram que os campos simplásmicos na túnica do meristema apical caulinar coordenam os eventos morfogenéticos. Esses autores demonstraram, por meio de microinjeção, como regiões dentro dos domínios apicais poderiam ser isoladas, sugerindo que diversos dos eventos de divisões celulares sincronizados e não sincronizados que ocorrem no ápice caulinar necessitam de transporte via plasmodesmas e de divisões celulares não sincronizadas dentro das regiões isoladas ou domínios de sinais. Além disso, em outros estágios, demonstraram como o fechamento dos plasmodesmas resultaria no isolamento de domínios.

A apresentação de PowerPoint "Divisão Celular – domínios no ápice" ilustra uma reinterpretação de dados essenciais com base em descobertas apresentadas por Rinne e van der Schoot.

A folha: relações funcionais

Não importa se a folha é de gimnospermas ou angiospermas, sequências relacionadas ao desenvolvimento nestes grupos parecem similares. A diferenciação das folhas é comandada por uma série rigorosa, controlada e contínua de eventos, com iniciais e derivadas marginais, submarginais e procambiais formando o sistema dérmico, o mesofilo e o sistema vascular dentro da folha. Este ensaio trata de diversos assuntos relacionados à maturação da nervura dentro da própria folha bem como da sequência de maturação que governa as fases de crescimento e a transição de dreno à fonte.

A folha: relações estrutura-função

Este Arquivo de Informação trata da folha, um apêndice lateral principal da parte aérea vegetativa. Ele introduz rapidamente o conceito de heteroblastia e homoblastia; isto é, como às vezes a morfologia e a anatomia das folhas po-

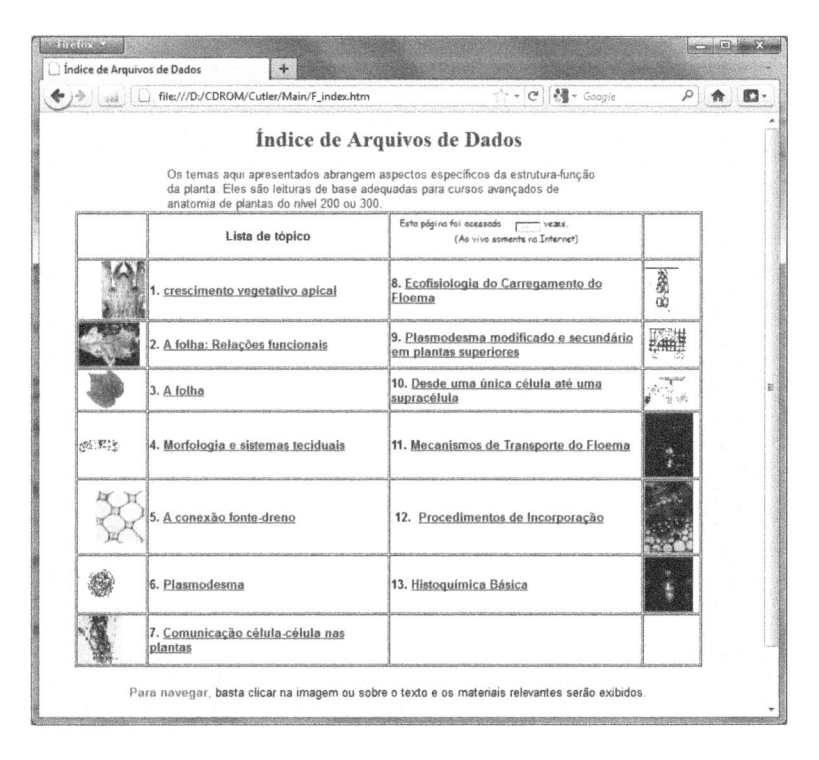

FIGURA A2.18
Tela do índice do Arquivo de Informação.

dem se alterar à medida que elas amadurecem. Também introduz o conceito de microfilo e megafilo para o leitor. Fotossíntese, translocação e transpiração são definidas e introduzidas como os três processos-chave pelos quais as folhas das plantas são responsáveis. As influências que as adaptações aos ambientes diferentes e os tipos de fisiologia fotossintética têm na estrutura da folha de gimnospermas, dicotiledôneas e monocotiledôneas são introduzidas, e o leitor é remetido de volta aos critérios de diagnóstico introduzidos em *A Planta Virtual* usados para distinguir esses três tipos diferentes de plantas.

Sistemas morfológicos e teciduais: a planta integrada

Este Arquivo de Informação é incluído para reforçar os arranjos básicos dos sistemas teciduais em plantas vasculares.

Dois problemas, suporte mecânico e movimento de água e minerais, necessitam de soluções a fim de que as plantas tenham uma competição bem-sucedida em seus ambientes. Resumidamente, estas são:

1. **Sustentação mecânica**, isto é, o desenvolvimento de sistemas de sustentação para permitir exposição à luz solar de área superficial adequada com células contendo cloroplastos, com o objetivo de interceptar e fixar a energia solar.
2. **Movimento de água e minerais** do solo, desde as raízes até regiões onde podem ser combinados com outros materiais para construir o corpo da planta, e o movimento de material nutritivo sintetizado do local de síntese para locais de crescimento e armazenagem, e dos locais de armazenagem para células em crescimento.

Este Arquivo de Informação ilustra exemplos de diferentes sistemas de sustentação mecânica e, quando possível, os integra com o sistema de transporte.

A conexão fonte-dreno

A conexão fonte-dreno nas plantas se relaciona com a conectividade entre a fonte de material assimilado e a via seguida por esse material para um dreno, que pode ser definido como região (local) onde o material a base de carbono é metabolizado e a energia (geralmente na forma de ATP) é sintetizada. O material assimilado é produzido por uma série de reações bioquímicas complexas e se acumula comumente em quantidades suficientes, de modo que o material começa a se movimentar e segue uma via de difusão da região de alta concentração para uma região de menor concentração, tanto próxima, quanto a certa distância da região de origem (fonte) ou local da produção. A difusão continua a ser a força propulsora, desde que um gradiente de concentração seja mantido. Entretanto, existem poucas vias difusoras nas plantas verdadeiramente capazes de fornecer ou manter as taxas de fluxo de difusão para satisfazer as demandas exigidas pelo crescimento geral e o metabolismo da planta. Daí se conclui que, a fim de crescimento sustentado seja satisfeito e alcançado, torna-se necessário um caminho melhor para a mobilização do material assimilado. Claramente, esses sistemas evoluíram ao longo do tempo no reino vegetal e o auge dessas etapas evolucionárias ocorre nas plantas superiores.

Plasmodesmos

Os plasmodesmos são filamentos estreitos de citoplasma que conectam células vegetais vizinhas através da parede celular primária, delimitada pelo plasmalema. Eles formam assim pontes citoplasmáticas interconectantes, com cerca de 50-120 nm de diâmetro, através das quais os materiais podem ser transportados intercelularmente. Este Arquivo de Informação trata da formação e função de sinais e o conjunto do fluxo de assimilados e outras micro e macromoléculas. Também trata da regulação ou "comutação" (abertura ou fechamento) dessas estruturas, que podem então regular tanto o fluxo entre as células quanto das células mais distantes para o tecido do floema nas folhas. A origem, a classificação e as funções de transporte dos plasmodesmos também são discutidas. O Arquivo de Informação é ricamente ilustrado com eletromicrografias e esquemas, que auxiliam a ilustrar sua estrutura e função variada e incomparável.

Plasmodesmos modificados e secundários

O Arquivo de Informação aborda a forma e a função dos plasmodesmos. Discutimos a formação do plasmodesmo durante a divisão celular pelo aprisionamento do retículo endoplasmático na placa celular, assim como modificações que incluem a ramificação como um resultado do aumento da espessura da parede celular. Discutimos as diferenças entre plasmodesmos primários, secundários e secundariamente modificados. Uma lista de referências úteis está incluída.

De célula única para supracélula

O Arquivo de Informação explora o desenvolvimento de células, a organização em sistemas multicelulares e, por fim, o que hoje se aceita como sistema "supracelular" comum a plantas superiores. Resumimos os sistemas básicos necessários a fim de sustentar a vida da planta – núcleo, retículo endoplasmático, dictiossomos, mitocôndrias, plastídios e vacúolos, em autótrofos e heterótrofos.

Mecanismos de transporte do floema: considerações básicas

O Arquivo de Informação serve de introdução ao transporte do floema nas plantas e às necessidades para o transporte ativo ou passivo dentro do floema. Introduzimos o leitor aos dois principais mecanismos de transporte – um necessitando de gradientes de potencial osmótico e o outro da transformação de energia no movimento de assimilados da fonte para o dreno. Diversos artigos-chave de "leitura obrigatória" estão incluídos.

Procedimentos de fixação

Os estudos sobre as estruturas das plantas e a observação das relações celulares necessitam que os tecidos das plantas (raiz, caule, folha, flor e fruto) sejam fixados e secionados. Este Arquivo de Informação conduz o leitor através das técnicas de fixação básicas para o preparo de micrografias ópticas, usando técnicas testadas e confiáveis de formalina – ácido acético – álcool e discute a inclusão em parafina para secionamento. Este Arquivo de Informação não é de modo algum definitivo e indicamos ao leitor um artigo de Feder e O´Brien (1968), que descreve técnicas mais avançadas usando acroleína (difícil de manusear) e glutaraldeído, já que essas técnicas produzem resultados muito superiores.

Histoquímica básica

Este Arquivo de Informação foi incluído para reforçar a necessidade de usar alguma histoquímica básica ao examinar as células vegetais. A preservação de detalhes estruturais das células e tecidos é influenciada pela condição do material no momento da coleta e pelas etapas preparatórias posteriores aplicadas para matar e fixar o material. Em outras palavras, caso você deseje preparar cortes em que os detalhes estruturais estejam bem preservados, materiais sadios de plantas devem ser escolhidos. Exceções a essa regra se aplicam apenas quando o pesquisador estiver interessado em observar efeitos de doenças, infecção fúngica, dano por insetos, etc. na estrutura normal do material das plantas a ser examinada. Defendemos com ênfase o uso de material vivo e cortes à mão livre para descobrir a complexidade estrutural e a variação dos componentes da parede. As distribuições da celulose, lignina e pectina são muito úteis para determinar a estrutura, e o amido é o indicador de atividade fotossintética e armazenamento de carboidratos de maior utilidade, por exemplo. Os leitores são alertados de que os diversos compostos químicos e procedimentos aqui mencionados são potencialmente perigosos. Exercite o hábito de ter cuidado no manuseio de produtos químicos no ambiente do laboratório.

GLOSSÁRIO

Incluímos este glossário como um instrumento de apoio e aprendizado para aqueles que usam o livro como fonte para estudo. Evitamos incluir uma lista extensa de palavras, termos e frases, que podem ser encontrados na maioria dos livros-texto. Na verdade, fomos seletivos a ponto de apenas incluir material de referência que acreditamos ser relevantes para o texto e conteúdos que sejam úteis para o leitor que queira procurar pelo significado de uma palavra ou frase.

Abaxial: A superfície direcionada para fora do eixo. Normalmente usada para se referir à face inferior da folha dorsiventral, mas também pode ser usada para descrever a localização de determinados tipos de células, tecidos ou estruturas, por exemplo, esclerênquimas abaxiais; estômatos abaxiais; tricomas abaxiais. (Antônimo: adaxial).

Abertura (do grão de pólen): Área de formato característico em que a exina é completamente ausente ou apenas a nexina está presente; um tubo polínico emerge por essa área. (Do estômato): o ostíolo entre um par de células-guarda.

Acrópeto: Termo usado para descrever tanto a posição relativa a um órgão ou estrutura em relação aos meristemas apicais ou radiculares, ou direção do crescimento. Também: procedendo em direção ao ápice (como, por exemplo, no desenvolvimento).

Actinostelo: Protostelo com o xilema em forma de estrela, em seção transversal.

Adaxial: A superfície direcionada em direção ao eixo nas folhas dorsiventrais. Também usada para descrever a localização das células, tecidos e estruturas.

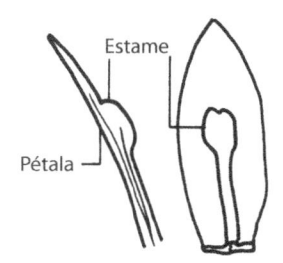

Adnação: Fusão de órgãos ou tecidos de diferentes tipos, por exemplo, estame com pétala ou folha com caule.

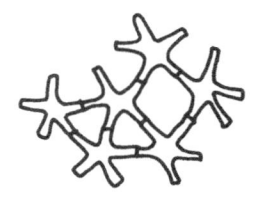

Aerênquima: Tecido parenquimático caracterizado pela presença de grandes espaços intercelulares. As funções principais são auxiliar a troca de gases em raízes e caules submersos e aumentar a flutuabilidade; também encontradas nas folhas hidrofíticas e em muitas folhas mesofíticas. As células podem ter diversas formas, mas em geral são caracterizadas por evaginações de paredes ou grandes espaços intercelulares.

Alburno: Parte externa do xilema secundário de uma árvore ou arbusto contendo células vivas, materais de reserva e água.

Amido: Carboidrato insolúvel que atua como um dos produtos de reserva de plantas mais comuns, composto de resíduos de glicose anidro.

Amiloplasto, amiloplastídio: Leucoplasto especializado em armazenar amido.

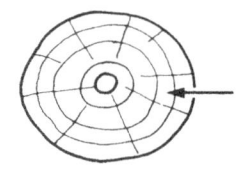

Anel de crescimento: Incremento do xilema secundário, costuma indicar – padrões de crescimento sazonal; já que mais de um anel pode ocorrer no período de um ano, o termo "anel anual" deve ser usado com cautela.

Anficrival: *Ver* Feixe vascular.

Anfivasal: *Ver* Feixe vascular.

Anticlinal: Superfícies, ou paredes celulares, perpendiculares à superfície de um órgão. Também usado para descrever planos de divisão celular.

Ápice: Porção distal de um órgão, por exemplo, raízes ou parte aérea (ou folha).

Apoplasto, apoplástico: Contínuo composto de paredes celulares e espaços intercelulares de planta ou órgão; descrição do movimento de substâncias através das paredes celulares. Inclui o lume de elementos traqueais.

Área crivada: Área da parede de um elemento crivado que contém uma concentração de poros, cada um revestido de calose e localizado em volta de um "fio" de protoplasma que conecta o protoplasto de um elemento crivado ao protoplasto do próximo.

Asseptado: Termo usado para descrever uma célula que não possui um septo interno, por exemplo, uma fibra asseptada.

Astroesclereíde: Elesclereíde ramificada, em forma de estrela.

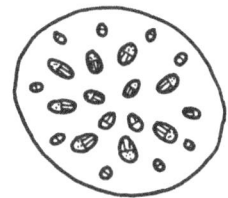

Atactostelo: Estelo no qual, em secção transversal, os feixes vasculares primários aparecem espalhados em todo o tecido fundamental, por exemplo, na maioria dos caules de monocotiledôneas. O arranjo é, de fato, organizado.

Bainha da folha: A parte inferior da folha, que envolve quase completamente o caule.

Bainha amilífera: Nome dado à camada mais interna do córtex caso ele seja especializado em armazenar amido; provavelmente homólogo à endoderme.

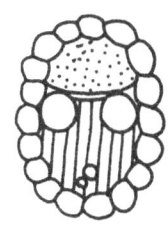

Bainha do feixe: Camada ou camadas de células ao redor de um feixe vascular de folhas e alguns caules. Pode ter significância ecofisiológica na prevenção da perda de água, se as lamelas suberizadas estiverem presentes nas paredes tangenciais e/ou radiais dessas células. Atua como a camada divisória entre o mesofilo e os tecidos vasculares. Pode ser parenquimática em órgão jovens ou lignificada em órgãos maduros mais envelhecidos. Frequentemente associada com cloroplastos especializados nas plantas Kranz (C_4).

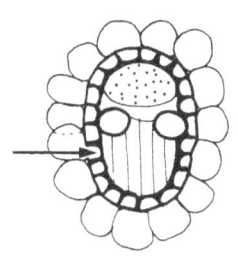

Bainha mestomática: Bainha celular que envolve um feixe vascular, a mais interna das duas bainhas nas folhas de Poaceae (gramíneas). Frequentemente lignificada.

Barras de Sânio: *Ver* Crássulas.

Basal: Na base de um órgão ou na direção desta.

Basípeto: Procedendo em direção à base (comum no desenvolvimento); em direção à base de um órgão (por exemplo, em direção à extremidade da raiz).

Bráctea: Folha reduzida em uma inflorescência.

Braquiesclereíde, célula pétreas: Esclereíde curta, mais ou menos isodiamétrica.

Calaza: Região do óvulo onde tegumentos e nucelo se conectam com o funículo.

Caliptrogênio: No meristema apical de algumas raízes, células meristemáticas que originam a coifa da raiz; distintas de outras células meristemáticas apicais que formam o restante da raiz.

Calo: Tecido de células parenquimáticas formadas como consequência de ferimento ou tecido em desenvolvimento durante a cultura de tecidos.

Calose: Polissacarídio presente nas áreas crivadas. A presença de calose em geral indica a perda da pressão dentro do tubo crivado (dano ou injúria) ou no floema dormente. Também forma-se como resposta de rejeição quando o pólen de uma espécie diferente é recebido pelas superfícies do estigma. Durante a hidrólise, produz glicose.

Calota da bainha: Esclerênquima ou camada de parênquima de parede espessa ou camadas de células no polos do floema e/ou xilema dos feixes vasculares.

Camada de separação: A camada ou camadas de células que se desintegram na zona de abscisão.

Camada endodermoide: Camada de células ao redor do cilindro vascular central do caule, na posição da endoderme, mas na qual as estrias de Caspary não são distinguíveis. (A distinção entre endoderme e camada endodermoide não é sempre reconhecida; pode ser chamada de bainha amilífera).

Camada superficial, meristema superficial: Zona histológica no ápice de gimnospermas.

Câmbio não estratificado: *Ver* Câmbio.

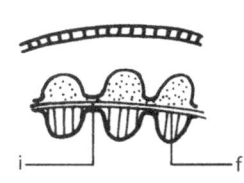

Câmbio vascular: Meristema lateral que forma tecidos vasculares secundários, os quais são organizados em um sistema axial e radial: fascicular (f), o câmbio formado dentro do feixe vascular; interfascicular (i), o câmbio entre os feixes vasculares.

Câmbio: (Relacionado ao câmbio vascular) (i) Não estratificado, composto de iniciais fusiformes, que, como visto em secção longitudinal tangencial, se sobrepõem parcialmente uns aos outros de modo aleatório e não formam faixas horizontais; (ii) estratificado, composto de iniciais fusiformes, que, conforme visto em seção longitudinal tangencial, são organizados em faixas horizontais. Iniciais dos raios cambiais também podem ser dispostas desta forma. Raios resultantes aparecerão organizados aleatoriamente (não estratificado) ou em fileiras distinguíveis (estratificado) em secções longitudinais tangenciais do xilema secundário.

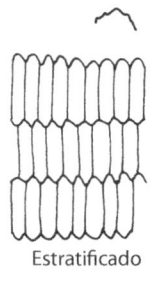

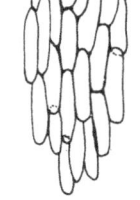

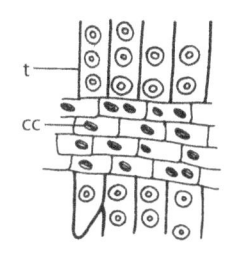

Campo cruzado: Área formada pelas paredes de uma célula do raio e uma traqueíde axial, conforme vistas em secção longitudinal radial; termo usado principalmente na descrição de madeiras de coníferas. cc = abertura do campo cruzado, t = traqueíde.

Campo primário de pontoação: Área fina da parede primária com concentração de plasmodesmos.

Carúncula: Crescimento suculento dos tegumentos da região micropilar de uma semente.

Casca: Termo não técnico que descreve os tecidos que ocorrem fora do (exarcos ao) tecido do câmbio em caules e raízes com crescimento secundário.

Cavidade secretora: Cavidade repleta de produtos de secreção das células que formaram a cavidade.

Célula acessória: *Ver* Célula subsidiária.

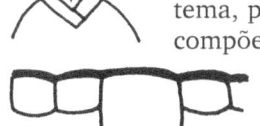

Célula apical ou inicial apical: Célula inicial que permanece no meristema, perpetuando-se enquanto se divide para formar novas células que compõem o corpo da planta (nas plantas inferiores).

Célula buliforme: Célula aumentada da epiderme, comum nas folhas de Gramineae e na maioria das monocotiledôneas xerofíticas (como nas linhas de células longitudinais); às vezes denominadas "células de expansão", quando consideradas responsáveis pelo desenrolamento de uma folha em desenvolvimento ou de "células motoras", caso estejam envolvidas com o enrolamento ou desenrolamento das folhas em resposta ao estado hídrico das folhas. As células buliformes perdem a turgescência sob condições de estresse hídrico, facilitando o enrolamento foliar e, consequentemente, reduzindo a perda de água por transpiração através dos estômatos.

Célula crivada: Elemento crivado com áreas crivadas relativamente não diferenciadas; tem poros estreitos e uniformes na estrutura de todas as paredes e cordões citoplasmáticos conectores; encontrado em gimnospermas e plantas vasculares inferiores.

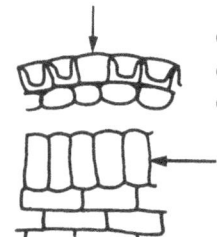

Célula de passagem: Célula de parede fina na raiz, endoderme ou exoderme do caule, conspícua devido às paredes espessas de outras células endodérmicas; faixas de Caspary presentes nas paredes no caso da endoderme.

Célula de raio ereto: Células do raio de tecidos vasculares secundários; mais compridos axial do que radialmente.

Célula de sílica: (i) Célula contendo um ou mais corpos de sílica; (ii) célula da epiderme contendo um corpo de sílica.

Célula de transferência: Célula parenquimática com pequenas protuberâncias na parede celular; relacionada com o movimento de materiais; p. ex., em plântulas.

Célula de expansão: Célula buliforme.

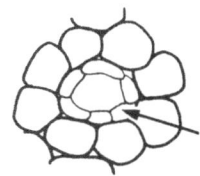

Célula epitelial: Célula cobrindo uma cavidade ou canal. Geralmente com função secretora.

Célula meristemática: Célula constituinte de um meristema; formato, grau de espessamento da parede e extensão da vacuolização varia nas células encontradas em diferentes regiões meristemáticas.

Célula motora: *Ver* Célula buliforme.

Célula mucilaginosa: Célula contendo uma mucilagem, goma ou materiais similares a base de carboidratos.

Célula pétrea: *Ver* Braquiesclereíde.

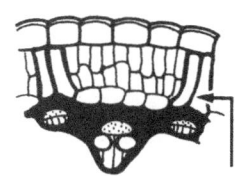

Célula pilar: (i) descrição de esclereídes subepidérmicas na casca da semente de algumas Leguminosae; (ii) em Restionaceae, células lignificadas e especializadas da bainha do parênquima do caule se estendendo para a epiderme e dividindo o clorênquima em canais longitudinais.

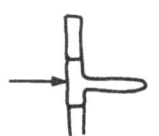

Célula pilífera: Célula, geralmente da epiderme, em forma de pelo ou tricoma.

Célula secretora: Célula viva especializada que secreta ou excreta substâncias.

Célula: A unidade estrutural e funcional de um organismo vivo. Nas plantas, a maioria das células é caracterizada pela presença de parede celular.

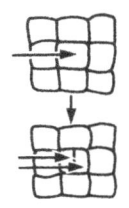

Célula-mãe: Célula que durante a divisão origina outras células e então perde sua identidade; p. ex., uma célula-mãe da célula-guarda.

Células albuminosas: Determinadas células nos raios do floema ou parênquima do floema de gimnospermas, relacionadas fisiologicamente às células crivadas e situadas adjacentes a essas; ao contrário das células companheiras, comumente se originam de células diferentes das células crivadas. Também aplicadas às células em determinadas sementes contendo albúmen.

Células antípodas: Células do gametófito feminino presentes no polo calazal do saco embrionário em angiospermas.

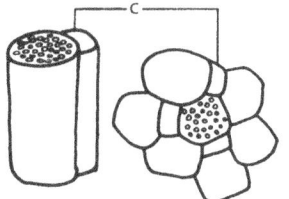

Células companheiras: Células especializadas do parênquima (c) associadas e derivadas da mesma célula-mãe do elemento de tubo crivado. As células companheiras mantêm a continuidade do simplasto com os elementos de tubo crivados através dos plasmodesmas.

Células complementares: Tecido frouxo formado em direção à periferia pelo felogênio da lenticela; as paredes celulares podem ou não ser suberizadas.

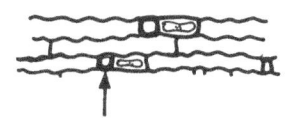

Células de cortiça: (i) Células mortas, que surgem do felogênio cujas paredes estão impregnadas com suberina; geralmente com função protetora; (ii) na epiderme, uma célula curta com paredes suberizadas, como nas gramíneas.

Células laticíferas: Não articuladas ou laticíferos simples.

Células subsidiárias: Células da epiderme que, juntamente com as células-guarda, compõem o complexo estomático. Células subsidiárias são frequentemente distinguíveis de outras células da epiderme pelo formato ou espessura da parede. Ocasionalmente, elas podem apenas serem diferenciadas por estudos ontogenéticos.

Células-guarda: Par de células epidérmicas especializadas que margeiam o ostíolo e constituem um estômato; alterações no formato das células-guarda afetam a abertura ou fechamento do ostíolo através do qual as trocas gasosas ocorrem.

Células-mãe centrais: Zona cito-histológica do ápice foliar na região abaixo das camadas superficiais; termo comumente usado na descrição de ápices de gimnospermas.

Celulose: Carboidrato que consiste em moléculas de cadeias longas que compreendem resíduos de glicose anidro como unidades básicas; principal constituinte das paredes celulares das plantas.

Cenócito: Grupo de unidades protoplásmicas, uma estrutura multinucleada. Em angiospermas, costuma se referir às células multinucleadas, como as do saco embrionário.

Cerne: Parte interna da madeira de um tronco ou ramo que perdeu a habilidade de conduzir a água; geralmente mais escuro que o alburno devido aos materiais nele depositados.

Cicatriz: Marca deixada pela separação de uma parte ou de um órgão de outro; por exemplo, base do pelo nos pelos decíduos.

Ciclocítico: Estômato em que o par de células-guarda está circundado por um ou mais anéis de células subsidiárias.

Cilindro vascular: A região vascular do eixo. Termo usado de modo sinônimo com estelo ou cilindro central; em senso mais estrito, exclui a medula central.

Cilindro, central ou vascular: Aquela parte do eixo de uma planta que consiste no tecido vascular e no tecido fundamental associado. Equivalente ao termo "estelo", mas sem implicações evolutivas.

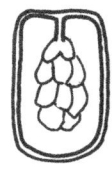

Cistólito: Crescimento específico da parede celular no qual carbonato de cálcio é depositado; característico de determinadas plantas, como *Ficus*, Moraceae. Cistólitos ocorrem em estruturas especializadas, alongadas (células), denominadas litocistos.

Citoquimera: Em determinado órgão da planta, uma combinação de células em que existem diferentes números de cromossomos.

Clorênquima: Células especializadas do parênquima, as quais contêm cloroplastos. Em geral, o clorênquima é encontrado na periferia do córtex de caules e no mesofilo das folhas.

Clorofila: Os pigmentos verdes dos cloroplastos.

Cloroplastos: Organela celular específica na qual acontece a fotossíntese; geralmente em forma de disco.

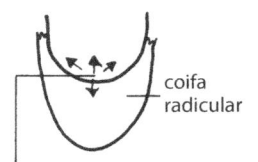

Coifa radicular: Células originadas do caliptrogênio no meristema apical da raiz formando uma cobertura protetora e amortecedora do próprio ápice.

Colateral: *Ver* Feixe vascular.

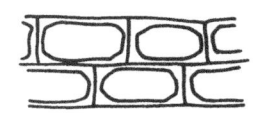

Colênquima: Tecido de sustentação ou mecânico nos órgãos jovens e em determinadas folhas. As paredes são principalmente celulósicas, com espessamento (i) uniforme, (ii) angular, (iii) lamelar, com o espessamento da parede principalmente em paredes celulares anticlinais, ou (iv) lacunar. Nesta última, o tecido do colênquima está associado com espaços intercelulares tipicamente grandes, e o espessamento tende a ser maior em frente aos espaços intercelulares. As paredes contêm uma grande proporção de pectato de cálcio.

Coleóptilo: Bainha ao redor do meristema apical e do primórdio foliar do embrião de gramíneas.

Coleorriza: Bainha ao redor da radícula de um embrião de gramíneas.*

---

* N. de R.T. Uma outra interpretação de coleorriza é que esta é, na verdade, a radícula abortiva das gramíneas, a qual envolve a primeira raiz adventícia.

Coléter: Pelo glandular multicelular com haste e cabeça que possui uma secreção pegajosa.

Columela: (i) Em algumas raízes, a parte central da coifa radicular cujas células são organizadas em linhas longitudinais; (ii) em outro uso, significa um pequeno pilar.

Compostos pécticos: Polímeros de ácido galacturônico e seus derivados; principal constituinte da lamela média e substâncias intercelulares; também um componente de paredes celulares.

Contraste anotrópico: Forma de luz incidente de microscopia de contraste de fase que confere um fundo escuro.

Corpo de sílica: Inclusão de opalina na célula; o formato do corpo de sílica pode ser caracterizado por uma família ou grupo dentro de uma família.

Corpo primário: As partes de uma planta que se desenvolvem de meristemas primários apicais e intercalares.

Corpo secundário: Aquela parte da planta adicionada ao corpo primário devido à atividade dos meristemas laterais, do câmbio vascular e felogênio. As partes de uma planta composta de tecidos vasculares secundários e periderme, adicionadas ao corpo primário pela ação de meristemas laterais, câmbio e felogênio.

Corpo: As células abaixo da(s) camada(s) superficial (ais) (túnica) do ápice caulinar das angiospermas na qual as divisões celulares ocorrem em diversos planos, originando aumento no volume do ápice (teoria da túnica-corpo).

Córtex: região de tecido fundamental entre a epiderme ou a periderme e o cilindro vascular. O córtex pode ser inteiramente parenquimático ou ser composto de clorênquima, colênquima e esclerênquima.

Cortiça: *Ver* Felema.

Costal: *Ver* Intercostal.

Crássulas: Espessamentos orientados transversalmente nas paredes de traqueídes de gimnospermas acompanhando os pares de pontuações e formados pelos materiais intercelulares das paredes primárias. Também chamadas de barras de Sânio.

Crescimento intrusivo: Crescimento especializado, em geral associado com o ápice das células, onde a célula penetra entre as células adjacentes, seguindo uma linha de separação da lamela média. Forma comum de crescimento de algumas fibras.

Crescimento secundário anômalo: Tipo pouco usual de crescimento secundário no espessamento de um órgão.

Crescimento secundário: Em gimnospermas e dicotiledôneas, caracterizado pelo aumento em circunferência ou espessamento do caule e raiz, resultando da formação de tecidos vasculares secundários por conta da atividade do câmbio vascular. Pode ser suplementado pela atividade do felogênio. Em determinadas monocotiledôneas, como *Dracaena*, um meristema periférico leva ao aumento em espessura do caule por meio de divisões até formar novo tecido fundamental e novos feixes vasculares.

Cristal acicular: Cristal em forma de agulha.

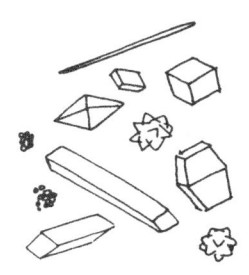

Cristal: Inclusão celular, geralmente de oxalato de cálcio, às vezes de carbonato de cálcio, exibindo diversas formas; às vezes tem significância para taxonomia ou diagnóstico.

Cromoplasto: Plastídio, contendo pigmento (*ver* Plastídio).

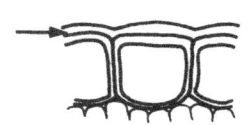

Cutícula: Camada de cutina, uma substância de natureza lipídica quase impermeável à água; presente nas paredes externas das células epidérmicas, algumas vezes se estendendo nas cavidades supra- e subestomáticas na forma de uma cobertura muito fina.

Cutinização: Processo de deposição de cutina nas paredes celulares.

Dermatógeno: Meristema primário que forma a epiderme.

Desdiferenciação: Reversão controlada do processo de diferenciação nas quais as células (normalmente o parênquima) podem se tornar meristemáticas.

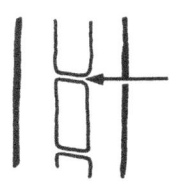

Diafragma: Separação de células em uma cavidade de ar alongada em um órgão; pode ser transversal ou longitudinal.

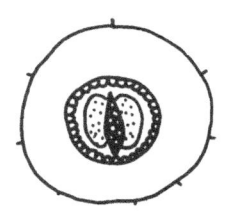

Diarca: Raiz primária com duas faixas de protoxilemas (e polos).

Dictiostelo: Sifonostelo no qual as lacunas foliares são grandes e se sobrepõem parcialmente entre si e dividem o sistema vascular em dois feixes separados, cada um com o floema circundando o xilema. Ocorre amplamente em samambaias.

Drusa: Cristal (composto), de formato similar a uma esfera, com componentes do cristal que se projetam da superfície.

Duto da mucilagem: Duto contendo mucilagem, goma ou materiais semelhantes a carboidratos.

Duto ou canal de resina: Duto esquizógeno contendo resina.

Duto secretor: Duto formado esquizogenamente, muitas vezes revestido por células epiteliais secretoras de parede finas que secretam substâncias no duto.

Duto: Espaço longitudinal formado de modo esquizógeno, lisígeno ou esquizolisígeno. Pode conter secreções ou ar.

Ectocarpo: A camada mais externa do pericarpo (parede do fruto). *Ver* Exocarpo.

Efêmeras: Diz-se de plantas que possuem um ciclo de vida curto, em geral menos do que um ano, ou de partes de plantas; por exemplo, pelos que caem logo após terem sido formados.

Elaioplasto: Leucoplasto produtor e armazenador de óleo.

Elaiossomo: Crescimento em um fruto ou semente que contém grandes células armazenadoras de óleo.

Elemento crivado: Célula do floema envolvida com o transporte longitudinal de carboidratos, classificados em célula crivada e elemento de tubo crivado.

Elemento ou membro do tubo crivado: Um da série de componentes celulares em um tubo crivado. Mostra diferenciação de placas crivadas e áreas crivadas laterais.

Elemento ou membro do vaso: Elemento traqueal de um vaso, com paredes terminais perfuradas (placas de perfuração).

Elementos de vasos traqueoidais: Elemento do vaso perfurado muito alongado, com frequência estreito e semelhante em todos os outros aspectos a um traqueíde.

Elementos do xilema: Células que compõem o tecido do xilema – vasos, traqueídes, escleréides e elementos parenquimáticos.

Elementos traqueais: Elementos do xilema envolvidos no transporte de água; inclui elementos dos vasos, traqueídes e elementos de vasos traqueoidais. Termo útil para descrever tecido condutor de água quando o tipo exato de célula não foi descoberto.

Emergência: Projeção da superfície de um órgão da planta consistindo em células da epiderme e células derivadas de tecidos inferiores.

Endarca: Em direção ao centro do eixo.

Endocarpo: A camada mais interna do pericarpo (parede do fruto).

Endoderme: Camada do tecido fundamental que forma um cilindro ou bainha ao redor do tecido vascular nas raízes e em alguns caules. As paredes dessas células possuem estrias de Caspary. Forma a divisão interna do córtex nas raízes e caules de gimnospermas e angiospermas. Facilmente reconhecida nas raízes, às vezes menos facilmente nos caules, na divisão interna do córtex.

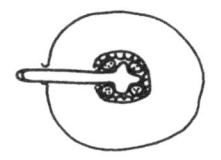

Endógeno: Desenvolvimento vindo do interior, como uma raiz lateral, uma substância (por exemplo, um regulador de crescimento de uma planta) ou alguma outra substância naturalmente sintetizada e produzida por uma planta.

Endosperma: "Tecido nutritivo" formado dentro do saco embrionário de angiospermas resultante da dupla fecundação.*

Endotécio: Camada de células situadas abaixo da epiderme na parede da antera e que possui espessamentos de parede característicos.

Entrenó: A parte do caule entre dois nós.

Enxertia: A união física de indivíduos distintos. *Ver* Enxerto.

Epiblasto: Pequeno crescimento que ocorre oposto ao escutelo no embrião de determinadas gramíneas.

Epiblema: A camada mais externa (epiderme) das raízes primárias.

Epicarpo: *Ver* Exocarpo.

---

* N. de R.T. O endosperma, na verdade, é uma geração acessória dos Angiospermas, muitas vezes triploide (e não simplesmente um tecido).

Epicótilo: O caule verdadeiro de uma plântula em crescimento; desenvolve-se do meristema apical da parte aérea. Ele ocorre acima dos cotilédones.

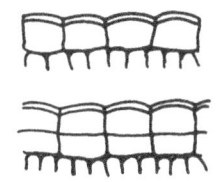

Epiderme: A camada mais externa ou camada de células dos tecidos primários derivados da protoderme. Às vezes compreende mais do que uma camada – epiderme multisseriada ou epiderme múltipla.

Epitema: O tecido entre o fim de uma nervura e o poro secretor de um hidatódio.

Ergástico: Produto não protoplásmico dos processos metabólicos dentro da célula. Substâncias ergásticas habituais compreendem grãos de amido, gotas de óleo e cristais encontrados no citoplasma, vacúolos e paredes celulares.

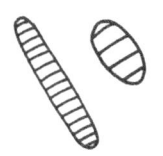

Escalariforme: Tipo "escada"; organização quase paralela de estruturas da parede celular de um elemento; p. ex., um tipo de espessamento da parede celular secundária e placa de perfuração.

Escama: Tipo de tricoma plano ligado ao longo ou próximo de uma extremidade. Não tem vascularização.

Esclereíde: Forma de célula esclerenquimática com paredes lignificadas, em geral relativamente curtas. Existem diversos tipos:
- astroesclereíde, esclereíde ramificado ou dicotômico;
- braquiesclereíde, ou célula pétrea, curta, esclereíde mais ou menos isodiamétrica;
- fibroesclereíde, célula de comprimento intermediário entre fibras e esclereídes;
- macroesclereíde, esclereíde alongada com espessamentos irregulares da parede secundária; quando presente na testa de sementes de leguminosas também denominadas de células malpighianas;
- ostoesclereíde, esclereíde em "forma de osso";
- tricoesclereíde, esclereíde em forma de pelo.

Esclerênquima: Tecido mecânico ou de sustentação formado por células com paredes lignificadas, constituído por fibras, esclereídes e fibroesclereídes.

Esclerificação: O processo de alteração do esclerênquima pela lignificação progressiva das paredes secundárias.

Escutelo: Parte do embrião de Gramineae, correspondendo ao cotilédone.

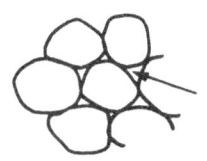

Espaço intercelular: Espaço entre as células de um tecido; pode surgir por (a) separação de células ao longo da lamela média (esquizógeno), pela (b) dissolução das células (lisígeno) ou (c) por separação das células (rexígeno).

Espaço ou lacuna, folha: Região parenquimática em um sifonostelo acima da posição onde um traço foliar se conecta com o cilindro vascular do caule (f).

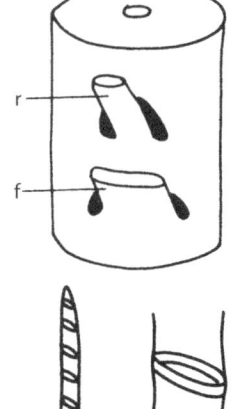

Espaço ou lacuna, ramo: Região parenquimática em um sifonostelo acima da posição onde um traço do ramo se conecta com o cilindro vascular do caule (r).

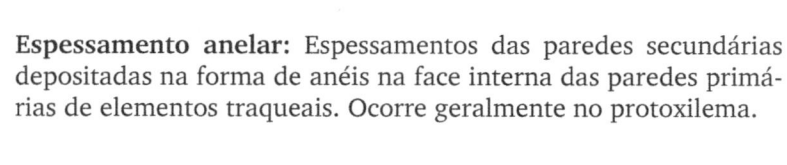

Espessamento anelar: Espessamentos das paredes secundárias depositadas na forma de anéis na face interna das paredes primárias de elementos traqueais. Ocorre geralmente no protoxilema.

Espessamento espiral: *Ver* Espessamento helicoidal.

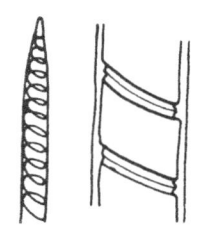

Espessamento helicoidal da parede, espessamento "espiral" da parede: Material secundário ou terciário depositado em uma parede primária ou secundária, respectivamente, em determinados elementos traqueais.

Espessamento reticulado da parede celular: Espessamento da parede secundária em elementos traqueais com aparência de rede.

Esquizógeno: Formado por separação ou repartição; em geral se refere aos espaços intercelulares originados pelas células partindo da lamela média.

Esquizolisígeno: Aplicado ao espaço intercelular originado por uma combinação de dois processos, resultando na separação e na degradação de paredes celulares.

Estelar: Em forma de estrela. *Ver* Aerênquima e Esclereíde.

Estelo, policíclico: Estelo com dois ou mais círculos concêntricos do tecido vascular.

Estelo: A parte do eixo da planta constituída pelo sistema vascular primário e associada com o tecido fundamental.

Estereoma: Todo tecido mecânico da planta.

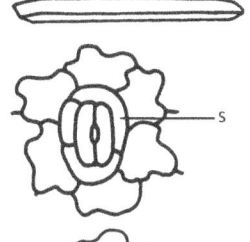

Estiloide: Cristal com forma alongada prismática; possui terminais planos ou pontiagudos.

Estômato anisocítico: Estômato cujo par de células-guarda tem três células subsidiárias (s) adjacentes de tamanho desigual.

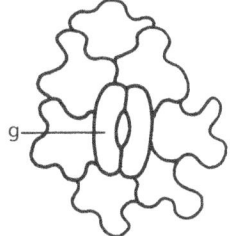

Estômato anomocítico: Estômato cujas células da epiderme ao redor do par das células-guarda (g) não são morfologicamente distintas de outras células da epiderme.

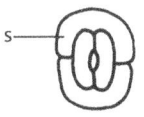

Estômato diacítico: Estômato no qual o par de células-guarda tem uma célula subsidiária em cada polo; as paredes terminais de cada um são transversais ao eixo longitudinal do estômato.

Estômato paracítico: Estômato em que as células-guarda têm uma ou mais células subsidiárias adjacentes e paralelas a elas em ambos os flancos.

Estômato polocítico: Estômato no qual o par de células-guarda situa-se no polo terminal de uma célula subsidiária específica.

Estômato: "Poro" ou abertura na epiderme circundado por duas células-guarda (g); frequentemente usado para descrever tanto a própria abertura como as duas células-guarda ao redor dele, que regulam seu tamanho e, por consequência, a troca de gases. Alguns estômatos têm células adicionais adjacentes às células-guarda, as quais se distinguem das outras células da epiderme quanto ao tamanho ou à espessura da parede. Essas células são chamadas de células subsidiárias. *Ver* Estômato anisocítico e Estômato paracítico, por exemplo.

Estroma: O arcabouço estrutural de um plastídio.

Eustelo: É considerado em termos filogenéticos o tipo mais avançado de estelo. O tecido vascular forma feixes ao redor da medula ou (crescimento após o secundário) um cilindro oco, composto de feixes colaterais ou bicolaterais.

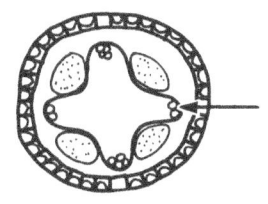

Exarca: A localização de tipos de células e tecidos distantes do centro do eixo.

Exina: A parede externa do grão de pólen maduro.

Exocarpo, epicarpo: A camada mais externa do pericarpo (parede do fruto).

Exoderme: Presente em algumas raízes na forma de camada modificada ou camadas de células no córtex externo. As paredes dessas células são espessadas em maior ou menor extensão e contêm uma lamela de suberina nas paredes periclinais.

Exógeno: Desenvolvimento de tecidos externos, p. ex., uma gema lateral.

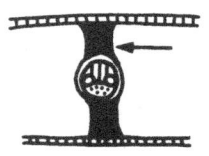

Extensão da bainha do feixe: Faixa de tecido fundamental entre os feixes vasculares e epiderme ou hipoderme na folha na posição adaxial, abaxial ou em ambas; consiste em parênquima ou esclerênquima. Com frequência, mostra silhueta característica em secção transversal para um determinado gênero ou espécie.

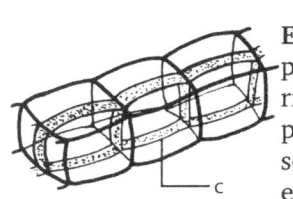

Estria de Caspary, faixa: Estrutura tipo estria (c) na parede primária contendo lignina e suberina. Particularmente característica das células da endoderme das raízes, onde a estria está presente nas paredes anticlinais radiais e transversais. Células semelhantes são às vezes observadas nos caules, entre o córtex e o estelo, também nas células da endoderme de algumas raízes. Nas samambaias, feixes vasculares individuais podem ser cobertos assim como a endoderme. Pelos nas folhas e hastes em algumas xerófitas podem ter essas estrias. Considera-se que ela tenha significância fisiológica, controlando o transporte apoplástico de água e outros solutos, incluindo íons na solução ao longo da endoderme ou reduzindo a perda de água pela parede celular dos pelos. *Ver* Célula de passagem.

Fascicular: Parte de um feixe vascular, ou células situadas dentro de um feixe vascular; p. ex., câmbio fascicular.

Feixe medular: Feixe vascular localizado dentro da medula ou do tecido fundamental de um caule.

Feixe medular: *Ver* Raio, medula.

Feixe provascular: Feixes procambial. *Ver* Procâmbio.

Feixe vascular bicolateral: Feixe vascular primário, onde o floema ocorre em cada um dos lados do xilema. O floema ocorre externamente ao metaxilema e também internamente aos elementos do protoxilema nesse tipo de feixe nos caules. Nas folhas, as porções de floema ocorrem em ambos os lados do xilema (faces adaxial e abaxial do feixe) nas nervuras principais em algumas famílias.

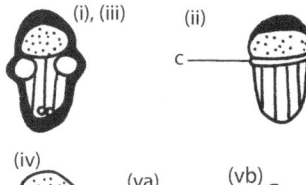

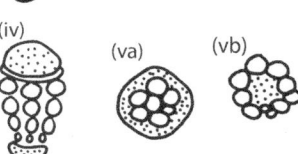

Feixe vascular: Organização de tecido vascular composto de xilema e floema e, na maioria dos caules de dicotiledôneas, câmbio: (i) fechado sem câmbio, como em monocotiledôneas; (ii) aberto com câmbio (c); (iii) colateral com um polo do floema e xilema; (iv) bicolateral com dois polos de floema, um em cada extremidade do polo do xilema, mas com apenas uma zona cambial; (va) concêntrico anficrival, xilema circundado pelo floema e (vb) concêntrico anfivasal, floema circundado pelo xilema.

Felema: Paredes celulares suberizadas de células mortas, protetoras. Formado de modo centrífugo pelo felogênio.

Feloderma: Camada ou camadas de células parenquimáticas produzidas de modo centrípeto pelo felogênio.

Felogênio: Câmbio cortical, um meristema lateral secundário, produzindo feloderma internamente e felema externamente; pode ser superficial (surgindo na epiderme ou próximo a esta) ou profundo (surgindo nas camadas corticais ou floema).

Fibra do floema secundário: Fibra localizada no sistema axial do floema secundário.

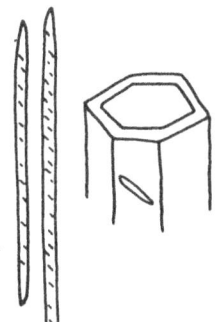

Fibra: Célula alongada, esclerenquimática, com extremidades afiladas. As paredes tornam-se lignificadas durante a maturação. As células podem ou não ter um citoplasma durante a maturação e podem ou não ter um protoplasto vivo durante a maturação.

Fibras assumem as seguintes formas:

- **gelatinosa:** Camadas internas de parede secundária podem inchar durante a absorção de água.
- **libriforme:** No xilema secundário com poucas pontoações simples.
- **pericíclica:** Exarca às regiões externas do sistema vascular, ou associada com o floema (fibra do floema primário ou secundário). 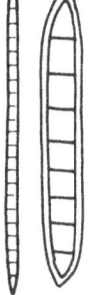
- **septada:** Com septos finos e transversais formados após a deposição da parede secundária.

Fibras do floema primário: Fibras (em geral, lignificadas, mas nem sempre) localizadas na periferia externa do floema. Originadas no floema primário, geralmente no meio do protofloema. Muitas vezes erroneamente chamadas de fibras pericíclicas.

Fibras do xilema: Duas espécies de fibras são verificadas no xilema: (i) fibrotraqueídes, com pontuações ereoladas; e (ii) fibras libriformes, com pontuações sem aréola e abertura do tipo fenda na face externa. Existem tipos de células intermediárias entre os dois.

Fibroesclereíde: Células com paredes intermediárias características entre aquelas associadas com fibras ou esclereídes, ou se a fibroesclereíde se desenvolve de um parênquima em um floema não funcional.

Fibrotraqueíde: Célula do xilema secundário com características intermediárias entre fibras e traqueídes, com terminais em forma de ponta; pontuações areoladas, com aberturas similares a fendas.

Filotaxia: O modo de organização das folhas no eixo de um caule.

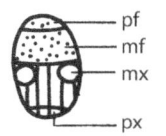

Floema primário: Tecido do floema que se diferencia do pró-câmbio durante o crescimento primário e a diferenciação em uma planta vascular. Dividido inicialmente em protofloema (pf) e posteriormente em metafloema (mf). Forma o eixo principal de sistema condutor de carboidratos em plantas vasculares. mx, metaxilema; px, protoxilema.

Floema secundário: Tecido do floema formado pela atividade do câmbio vascular durante o crescimento secundário.

Floema: Tecido principal que transloca produtos assimilados em plantas vasculares; composto principalmente por elementos crivados e células companheiras (ou células albuminosas), parênquima, fibras e esclereídes. Floema, incluso ou intercalar; floema secundário inserido no xilema secundário de algumas dicotiledôneas. Floema, interno (intraxilemático): floema primário presente no lado interno do xilema primário.

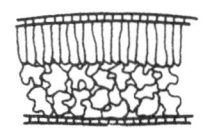

Folha bifacial: (Dorsiventral) Descreve uma folha com o parênquima paliçádico presente abaixo da epiderme na face adaxial e o parênquima esponjoso abaixo da outra face foliar; possui superfícies dorsais e ventrais distintas.

Folha dorsiventral: *Ver* Bifacial.

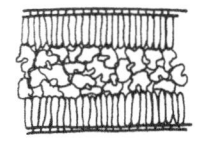

Folha isobilateral: Folha na qual o parênquima paliçádico ocorre tanto adaxial quanto abaxialmente sob a epiderme da folha.

Folha unifacial: Folha que se desenvolve a partir de um lado do primórdio foliar e, por conseguinte, tem apenas uma epiderme adaxial ou abaxial envolvente (pode ser secundariamente achatada e parecer dorsiventral).

Funículo: "Haste" que liga o óvulo à placenta.

Fusiforme: Célula alongada que se estreita gradualmente nas extremidades. *Ver* Câmbio.

Garfo ou enxerto: A parte da planta inserida para formar uma enxertia com outra parte de uma planta diferente que forma o porta-enxerto (a parte enraizada).

Gavinha: Folha ou caule modificado; estrutura delgada e helicoidal que funciona no apoio dos caules de plantas trepadeiras.

Goma: Termo não técnico aplicado a alguns materiais que surgem da quebra de determinados componentes das células das plantas.

Grão de amido: Inclusão celular composta de amido; com frequência tem formato característico para determinada espécie ou grupo de espécies. A estrutura de cadeia radial dos resíduos cristalinos produz uma característica "cruz-de-malta" quando o grão é visualizado entre polarizadores cruzados no microscópio (de luz polarizada).

Grãos de aleurona: Grãos de proteínas de reserva, presentes em diversas sementes.

Haplostelo: Prostelo com secção transversal do xilema aproximadamente circular.

Hidatódio: Modificação estrutural de tecidos vasculares e fundamentais, em geral presente nas folhas, que permite a liberação de água líquida através de um poro na epiderme. Os hidatódios podem ter função secretora; acredita-se tratarem-se de estômatos modificados.

Hilo: (i) A cicatriz do funículo na semente; (ii) a parte do grão de amido que age como núcleo ao redor do qual as camadas são depositadas.

Hipoderme: Camada ou camadas imediatamente inferiores à epiderme não derivadas das mesmas iniciais que a epiderme (conforme pode ser visualizado pela ausência de coincidência de paredes anticlinais da epiderme e hipoderme), diferindo em aparência dos tecidos abaixo delas. Alguns botânicos consideram qualquer camada de célula imediatamente abaixo da epiderme como hipoderme, mas pode ser mais útil restringir o termo para uma camada ou camadas de célula(s) distinta das células corticais mais internas. A endoderme da raiz é uma hipoderme especializada.

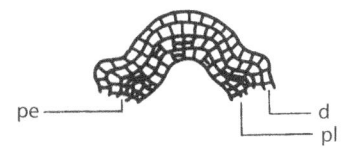

Histógeno: No meristema apical, camada ou camadas de células que desenvolvem um dos três sistemas do órgão: dermatógeno (d) → epiderme; periblema (pe) → córtex; pleroma (pl) → sistema vascular. O número de camadas de células em cada sistema pode variar de espécie para espécie e até mesmo dentro de uma única espécie e estes podem ter dois ou quatro histógenos em algumas plantas.

Idioblasto: Célula facilmente distinguível de outras no tecido em que ela se insere, em tamanho, estrutura ou conteúdo; p. ex., esclereíde ou idioblasto tanífero, ou células contendo cristal.

Inicial: Célula meristemática que origina duas células: uma das quais se diferencia em alguns tipos de células distintas e a outra remanescente permanece como inicial dentro do meristema.

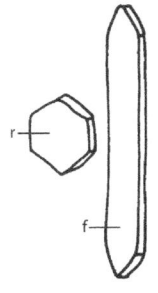

Iniciais câmbiais: Células autoperpetuadas no câmbio vascular. Formam células derivadas por divisão periclinal, sendo, assim, adicionadas ao xilema secundário e ao floema secundário ou aumentam em número por divisões anticlinais, para formar um raio adicional (r) ou fusiforme (f) de células. *Ver* Fusiforme, Iniciais radiais.

Inicial radial: Célula meristemática produtora de raio dentro do câmbio vascular.

Intercalar: Crescimento meristemático não associado a ápices – geralmente ocorre nos entrenós e em folhas em desenvolvimento.

Intercostal: Tecido entre nervuras nas folhas; o tecido acima e abaixo das nervuras é denominado costal.

Interfascicular: Tecidos que ocorrem entre os feixes vasculares no caule primário (raios medulares primários).

Interxilemático: No interior do xilema ou circundado pelo xilema; p. ex., camada cortical interxilemática (camada cortical que se desenvolve entre os elementos do tecido do xilema) ou floema interxilemático.

Intina: A parede interna de um grão de pólen maduro.

Intraxilemático: No lado interno do xilema.

Lactífero, não articulado: Células individuais que podem ser cenocíticas e ramificadas, mas não são ligadas para formar tubos longos.

Lacuna do protoxilema: Espaço circundado pelas células do parênquima no protoxilema de um feixe vascular. Aparece em algumas plantas após o protoxilema parar de funcionar e após seus elementos constituintes terem sido esticados e danificados, formando assim a cavidade.

Lacuna: Espaço entre tecidos, geralmente cheio de ar. *Ver* Espaço intercelular.

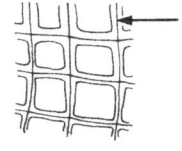

Lamela média: Camada de material intercelular, principalmente de substâncias pécticas; as substâncias que cimentam o espaço entre as células.

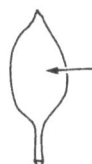

Lâmina: Aquela parte da folha distal (distante de) em relação à bainha e à lígula nas monocotiledôneas; distal ao pecíolo ou à base foliar nas dicotiledôneas; limbo, ou parte expandida da folha.

Laticífero: Célula ou séries de células contendo látex fluido característico, geralmente de formato tubular, ramificado ou não ramificado.

Laticífero, articulado: Laticífero composto, formado de séries longitudinais de células, com paredes íntegras ou perfuradas entre as células.

Lenticela: Parte da periderme, distinta do próprio felema por ter espaços intercelulares; os tecidos podem ou não ser suberizados. As lenticelas têm um papel na troca de gases nos caules assim que a periderme tenha se formado e a epiderme, que possuía estômatos, tenha sido perdida.

Leucoplasto: Plastídio incolor.

Lignificação: Processo que ocorre durante o crescimento secundário das paredes celulares da planta. O termo se refere especificamente a células cujas paredes tenham se impregnado com lignina.

Lignina: Complexo orgânico contendo substâncias ricas em carbono, distintas de carboidratos; presente na matriz de paredes celulares de muitas células.

Lisígeno: Referente ao espaço intercelular, que se origina pela dissolução enzimática das células. *Ver* Esquizógeno.

Litocisto: Célula contendo um cistólito.

Lume: O espaço interno cercado pela parede celular em uma célula vegetal.

Maceração: A separação artificial das células, causando a separação das células na lamela média.

Macroesclereíde: Esclereíde alongada com espessamentos da parede secundária distribuídos de modo não uniforme.

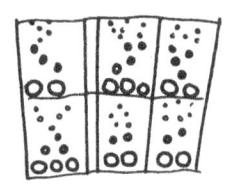

Madeira com anéis porosos: Xilema secundário cujos vasos do lenho primaveril são distintamente mais largos do que aqueles do lenho tardio, formando uma zona bem definida ou anel conforme visto em secção transversal da madeira.

Madeira de compressão: Madeira de reação em coníferas formada no lado abaxial dos ramos, etc.; densa em estrutura com forte lignificação das paredes das traqueídes.

Madeira de reação: Madeira com determinadas características que se formam em ramos e galhos inclinados ou deformados; denominada de madeira de tensão em angiospermas e madeira de compressão em coníferas.

Madeira de tensão: Madeira de reação formada no lado superior de ramos ou em caules inclinados ou vergados de dicotiledôneas; tem fibras caracteristicamente gelatinosas e pouco lignificadas.

Madeira dura: Termo geral para o xilema secundário das angiospermas.

Madeira macia: Nome comum para madeira de gimnospermas, em particular aquela das coníferas. Na verdade, algumas madeiras de gimnospermas podem ser muito duras.

Madeira porosa e difusa: Xilema secundário em que existe redução gradual no diâmetro entre os vasos do xilema formados no início e no final da estação de crescimento.

Madeira porosa: Xilema secundário que contém vasos. (Madeira não porosa não possui vasos).

Marginal: Localizado na margem de uma estrutura – p. ex., um meristema marginal se localiza na margem de um primórdio foliar em desenvolvimento.

Medula*: Tecido fundamental central do caule e da raiz; com frequência parenquimática, algumas vezes esclerótica ou contendo eclereídes ou outros tipos de células.

Meristelo: Um dos feixes de um dictiostelo. *Ver* Feixe vascular.

Meristema: Tecido que por divisão produz novas células que sofrem diferenciação para formarem tecido maduro e, ao mesmo tempo, se autoperpetuarem.

Meristema adaxial: Tecido meristemático presente adaxialmente na folha. A divisão celular nesse meristema contribui para o espessamento da folha, principalmente do pecíolo e da nervura mediana.

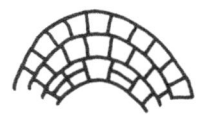

Meristema apical: Célula única ou diferentes camadas de células apicais que se autoperpetuam e se dividem em determinados planos produzindo os precursores dos diversos tecidos da planta; meristema no ápice da parte aérea ou raiz que por divisão fornece as células que formam os tecidos primários do caule, folha ou da raiz.

Meristema axilar: Meristema localizado na axila da folha; capaz de originar gemas axilares.

Meristema de espessamento primário: Meristema lateral derivado do meristema apical e responsável pelo aumento primário em largura do eixo caulinar, comumente encontrado em monocotiledôneas.

Meristema fundamental: Tecido meristemático originado no meristema apical, produzindo tecidos diferentes da epiderme e tecidos vasculares.

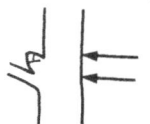

Meristema intercalar: Tecido meristemático derivado do meristema apical que durante o curso do desenvolvimento da planta separa-se dele pelas regiões de tecidos mais ou menos maduros.

Meristema lateral: Meristema paralelo à circunferência do órgão da planta em que ele ocorre; p. ex., câmbio vascular, felogênio.

---

* N. de R.T. A medula, de fato, não é um tecido, mas uma região central em orgãos cilíndricos, como o caule e a raiz.

Meristema marginal: Meristema localizado ao longo da margem do primórdio foliar; forma a lâmina foliar.

Meristema, massa: Células meristemáticas que se dividem em diversos planos e contribuem para aumentar o volume do tecido.

Meristema, nervura: (i) Uma das regiões do ápice da parte aérea; (ii) meristema composto de uma série paralela de células em que divisões transversais tipicamente ocorrem.

Meristema, placa: Meristema de camadas paralelas com planos de divisão celular em cada camada perpendicular à superfície do órgão, que em geral é plana.

Meristemoides: Célula, ou grupo de células, constituindo um local ativo de atividade meristemática, geralmente um tecido um pouco mais velho.

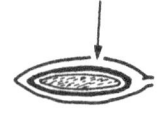

Mesocarpo: A região central da parede de um fruto (pericarpo).

Mesocótilo: Região internodal entre o nó escutelar e o coleóptilo no embrião e na plântula de uma gramínea.

Mesofilo celular plicado: Mesofilo celular com dobraduras ou ranhuras de parede celular se projetando para dentro da célula, células do mesofilo compactas cujas paredes celulares têm projeções dobradas ou plicadas.

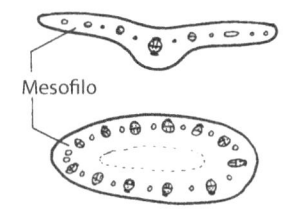

Mesofilo: Tecidos (clorenquimáticos e parenquimáticos) da lâmina foliar contidos entre as camadas da epiderme.

Mesófita: Planta que exige um ambiente nem muito úmido, nem muito seco.

Mesomórfico: Refere-se a características estruturais normalmente encontradas nas plantas adaptadas ao crescimento em condições adequadas de água no solo e atmosfera com boa umidade (mesófitas).

Metafloema: Floema primário que se desenvolve após a formação do protofloema e antes do floema secundário (caso este também se desenvolva).

Metaxilema: Xilema primário que se desenvolve após a formação do protoxilema e antes do xilema secundário (caso este também se desenvolva).

Microfibrila: Componentes celulósicos submicroscópicos das paredes celulares da planta geralmente em forma de cordão.

Micrópila: Pequena abertura entre os tegumentos no ápice livre de um óvulo.

Micrósporo: Esporo "masculino" do qual se desenvolve o gametófito masculino.

Microsporócito: Célula que origina um micrósporo.

Mitocôndria: Pequenas organelas citoplasmáticas, contendo enzimas respiratórias (também chamadas de condriossomo na literatura antiga).

Multisseriado: Consistindo de diversas camadas de células; p. ex., raios.

Não perfurado: Diz-se da parede celular intacta, não perfurada. Termo muitas vezes usado para descrever as áreas pontoadas em traqueídes.

Nectário: Estrutura glandular e multicelular capaz de secretar uma solução açucarada. Nectários florais ocorrem nas flores; nectários extraflorais ocorrem em outros órgãos das plantas.

Nervura: Feixe vascular ou grupo de feixes intimamente paralelos em uma folha, bráctea, sépala, pétala ou caule achatado.

Nexina: A camada mais interna da exina de um grão de pólen.

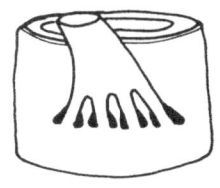

Nó, multilacunar: Nó com mais do que uma lacuna foliar em relação a cada folha (geralmente usado quando quatro ou mais espaços estão presentes).

Nó, unilacunar: Nó com uma lacuna foliar em relação a cada folha.

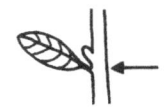

Nó: Aquela parte do caule onde uma ou mais folhas estão ligadas. O nó não é precisamente delimitado em termos anatômicos.

Nucelo: "Tecido" dentro do óvulo no qual o gametófito feminino se desenvolve.*

Ontogenia: O desenvolvimento de células, tecidos ou órgãos desde a origem até a maturação.

Órgão adventício: Órgão desenvolvendo-se em posição não usual, como raízes em nós de um caule ou gemas em estacas de raízes.

---

* N. de R.T. O nucelo é o megasporângio, e não um mero tecido do óvulo.

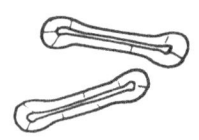

Osteoscleréide: Escleréide "em forma de osso".

Parede celular primária: Parede celular formada durante a diferenciação da célula, quando as microfibrilas de celulose têm várias orientações (aleatórias). Nas fibras com crescimento intrusivo apical, áreas de espessamento da parede secundária são depositadas antes das células terem completado seu crescimento em tamanho.

Parede celular secundária: Parede celular depositada em algumas células abaixo da parede primária, após a parede primária cessar de crescer em área superficial. A parede celular secundária mostra uma orientação paralela definida das microfibrilas de celulose ao microscópio eletrônico de transmissão.

Parede nacarada: Parede celular com espessamento não lignificado; muitas vezes associada com elementos crivados – podem ter espessamento considerável. Sua designação baseia-se na aparência lustrosa; o colênquima e alguns elementos crivados nas samambaias se espessam de modo nacarado.

Parede terciária: Espessamento da parede no lado interno da parede secundária; camada de material espessante ao lado interno da parede secundária; p. ex., espessamento da parede espiral terciária.

Parênquima: Células vivas, com frequência de paredes finas, mas, às vezes, em particular no xilema, com paredes espessadas, lignificadas e de formato variável.

Parênquima axial: *Ver* Parênquima do xilema.

Parênquima paratraqueal aliforme: *Ver* Parênquima.

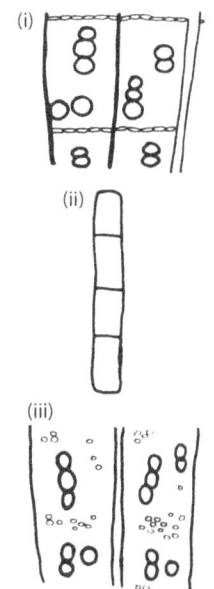

Parênquima apotraqueal: Parênquima axial do xilema secundário, tipicamente não associado com vasos: (i) anelar, bandas concêntricas uni ou multisseriadas; às vezes anéis completos quando visualizados em secção transversal; (ii) difusa, células isoladas como visualizadas em secção transversal, distribuídas irregularmente entre as fibras (geralmente em cadeias axiais de quatro células); (iii) difuso em agregados; (iv) inicial, bandas produzidas no começo do crescimento do anel; (v) terminal, bandas produzidas no fim do crescimento (iv e v não mostrados).

Parênquima paliçádico: Parênquima do mesofilo foliar (clorênquima) caracterizado por formato alongado da célula, com seus eixos maiores organizados perpendicularmente à superfície da folha.

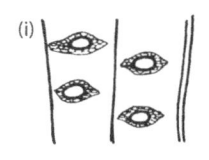

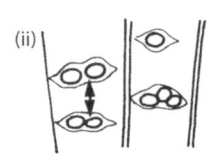

Parênquima paratraqueal: Parênquima axial do xilema secundário associado com vasos ou traqueídes: (i) aliforme; (ii) confluente; (iii) vaso arredondado com bainha incompletas e esparsas; (iv) vasos individuais arredondados, ou grupos de vasos, com bainhas completas vasicêntricas de larguras variáveis.

Parênquima do xilema: Parênquima que ocorre no xilema secundário: (i) axilar; (ii) radial (de raios).

Parte aérea: O caule e seus apêndices.

Partenocarpia: Desenvolvimento de um fruto sem fecundação (p. ex., bananas cultivadas).

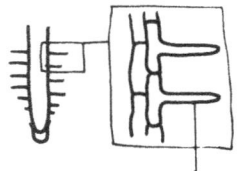

Pelo radicular: Tipo de tricoma unicelular desenvolvido a partir de uma célula da epiderme da raiz. Pode ter vida curta; absorve soluções do solo.

Periblema: O meristema formador do córtex, de acordo com o sistema Hanstein.

Pericarpo: Parede do fruto desenvolvida a partir da parede do ovário.

Periciclo: Tecido fundamental do estelo localizado entre o floema e a endoderme. Regularmente presente nas raízes, presente em poucos caules.*

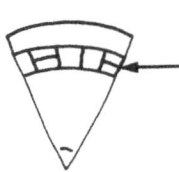

Periclinal: Parede celular ou plano da divisão paralelo com a circunferência ou a superfície mais próxima de um órgão. *Ver* Anticlinal e Tangencial.

Periderme: Tecido secundário que repõe a epiderme nos caules e nas raízes que exibem crescimento secundário em espessamento: consiste em felogênio produzindo por, divisão periclinal, o felema (cortiça) para o exterior e feloderme para o interior.

---

* N. de R.T. Na verdade, o periciclo faz parte do sistema vascular e delimita o estelo.

Perisperma: Tecido de reserva presente em algumas sementes; originado do nucelo.

Placa celular: Parede celular que se desenvolve centrifugamente entre os dois núcleos irmãos durante a telófase da divisão celular.

Placa crivada: Parte celular transversal comum entre os elementos crivados concomitantes contendo uma ou mais áreas crivadas altamente diferenciadas, encontradas tipicamente em angiospermas.

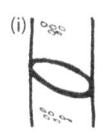

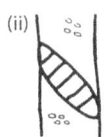

Placa de perfuração: Paredes terminal perfurada de um elemento do vaso: (i) simples, circundados pela borda; (ii) escalariforme, poucos até muitas perfurações alongadas com barras entre elas (tipo escada); (iii) reticulada, em forma de rede; (iv) foraminada, perfurações numerosas mais ou menos circulares, cada um com uma borda.

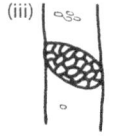

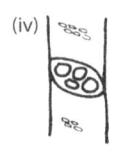

Placenta: Região de ligação dos óvulos à parede carpelar.

Placentação: Posição da placenta no ovário.

Plasmalema: Membrana delimitando o citoplasma e ocorrendo próxima à parede celular. Também denominada membrana plasmática.

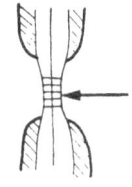

Plasmodesmo: Canais de diâmetro estreito (30–100 nm), alinhados ao plasmalema em paredes celulares, os quais conectam protoplastos entre células adjacentes. Principal via simplástica entre as células vivas.

Plastídio: Organela citoplástica separada do citoplasma por um sistema de membranas duplas.

Plastocrono: Período de tempo entre o início de dois fenômenos repetitivos e sucessivos; p. ex., entre o início de dois primórdios foliares.

Plectostelo: Protostelo no qual o xilema se organiza em planos longitudinais que podem ser interconectados.

Pleroma: Células meristemáticas de um ápice responsáveis pela formação do sistema vascular primário, seu parênquima e medula (caso presente), de acordo com a teoria de Hanstein.

Plúmula: Gema ou ápice da parte aérea do embrião.

Pneumatódio: Grupo de células presentes em um velame, com espessamento da parede secundária helicoidal; termo também pode ser usado para outro tecido de aeração.

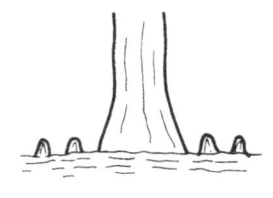

Pneumatóforo: Projeção aérea da raiz, negativamente geotrópica, formada em determinadas espécies crescendo em terreno pantanoso, como *Taxodium*; serve para trocas gasosas.

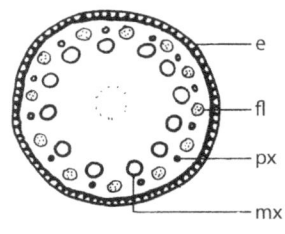

Poliarca: Xilema primário da raiz com um grande número de faixas de protoxilema; e = endoderme, fl = floema, px = protoxilema, mx = metaxilema.

Poliderme: Tecido protetor consistindo em bandas alternadas de células similares à endoderme e células do parênquima não suberizadas.

Polínia: Massa coesa de grãos de pólen que forma grumos em geral dispersos como uma unidade.

Polos do protofloema: Termo usado para descrever a localização dos elementos do floema que amadurecem primeiro nos órgãos da planta.

Pontoação: Área delgada de uma parede celular secundariamente espessada consistindo apenas de lamela média e parede primária.

Pontoação intervascular: Pontoação entre os elementos traqueais.

Pontoação ramificada: Pontoação simples cujos canais são coalescentes.

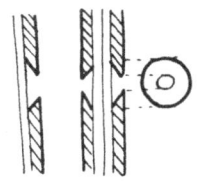

Pontoação areolada: Pontoação em que a abertura é menor que a membrana da pontoação e na qual a parede secundária forma um arco sobre a membrana e a cavidade da pontoação.

Pontoação semiareolada: Um par de pontoações em que a abertura é areolada em um lado da lamela média e não areolada no outro lado.

Pontoação revestida: Pontoação areolada com projeções, tanto simples como ramificadas; em paredes secundárias, forma a borda da câmara ou da pontoação.

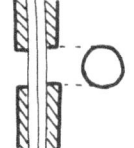

Pontoação simples: Pontoação na qual a abertura e sua membrana são semelhantes em tamanho.

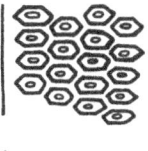

Pontoações alternadas: Nos elementos traqueais, as pontoações organizadas em filas diagonais, conforme visualizadas em secção longitudinal tangencial e radial.

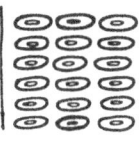

Pontoações opostas: Nos elementos traqueais, pontoações organizadas em pares horizontais ou pequenas linhas horizontais conforme vistas em secção longitudinal tangencial e radial.

Poro: Na madeira, termo não científico para os elementos de vaso vistos em secção transversal.

Primórdio: Estágio inicial de diferenciação de um órgão, grupo de células ou célula específica; p. ex., um primórdio radicular.

Procâmbio: Meristema primário que se diferencia para formar os tecidos vasculares primários.

Proembrião: Estágio inicial do desenvolvimento embrionário, antes do início da diferenciação de órgãos.

Profilo: Uma das primeiras folhas de um ramo lateral.

Projeção ou saliência foliar: Estágio inicial do desenvolvimento de uma folha, origina o primórdio foliar.

Promeristema: Em um meristema apical, as células iniciais e suas derivadas imediatas.

Proplastídio: Plastídio em seus estágios iniciais do desenvolvimento.

Prosênquima: Células alongadas do parênquima com paredes espessadas e lignificadas; frequentemente similar a fibras.

Protoderme: Meristema primário ou tecido meristemático que origina a epiderme.

Protofloema: Os elementos do floema primário que se desenvolvem primeiro.

Protoplasto: Uma unidade celular viva.

Protostelo: O tipo mais simples de estelo, no qual uma coluna sólida de tecido vascular ocupa a região central do órgão. O floema é periférico ao xilema.

Protoxilema: Os elementos do xilema primário que se desenvolvem primeiro.

Pseudocarpo: Fruto falso no qual órgãos florais distintos de carpelos participam na formação da parede do fruto. p. ex., maçã.

Pulvino: Engrossamento na base do pecíolo foliar ou peciólulo do folíolo.

Quimera: Combinação em um único órgão vegetal de células ou tecidos de diferentes composições genéticas; p. ex., a margem amarela das folhas de *Sanseveria*.

Radícula: Raiz embrionária.

Rafe: Sulco na semente formado pela parte do funículo fusionada ao óvulo.

Ráfide: Cristal de oxalato de cálcio em forma de agulha; geralmente um de vários cristais organizados paralelamente no saco mucilaginoso ou saco da ráfide.

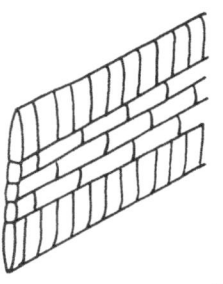

Raio heterocelular: Raio em tecidos vasculares secundários compostos por mais do que uma forma de célula. Nas dicotiledôneas, todas são células parenquimáticas; nas gimnospermas, traqueídes ou canais de resinas radiais podem estar presentes com as células parenquimáticas; canais radiais também ocorrem em algumas angiospermas.

Raio homocelular: Raio no tecido vas'cular secundário composto por apenas uma forma de célula (parenquimática).

Raio unisseriados: Nos tecidos vasculares secundários, o raio que tem uma célula de largura.

Raio medular: Região interfascicular parenquimática do caule.

Raio multisseriado: Raio do tecido vascular secundário com duas ou diversas células de largura, conforme visto em secção longitudinal tangencial.

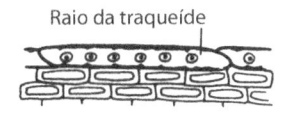

Raio, traqueíde: Traqueíde que ocorre no sistema radial da madeira de algumas coníferas, geralmente nas margens do raio.

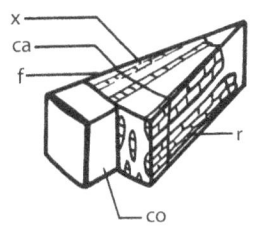

Raio vascular: Sistema tecidual orientado radialmente através do xilema secundário (raio do xilema) e floema secundário (raio do floema) e derivado das iniciais radiais cambiais; ca = câmbio, co = córtex, f = floema, r = raio, x = xilema.

Raios agregados: Grupos de pequenos raios do tecido vascular secundário separados por fibras do parênquima axial, conferindo superficialmente a aparência de um raio muito maior.

Raios heterogêneos: Raios de dois tipos que ocorrem juntos, p. ex., unisseriados e multisseriados, sem intermediários. Não usar este termo para descrever raios heterocelulares.

Raios homogêneos: Raios de apenas um tipo presentes na madeira. Não usar este termo para descrever raios homocelulares.

Raiz escora: Raiz formada e localizada acima do nível do solo. Em geral, tem uma origem adventícia.

Raiz principal: A primeira raiz ou raiz primária que forma uma continuidade direta com a radícula do embrião.

Raiz contrátil: Raiz especializada capaz de contração; auxilia a manter uma planta ou parte de uma planta na profundidade adequada no solo.

Rexígeno: Formado pela separação das células. *Ver* Espaço intercelular.

Ribossomo: Pequenas organelas protoplásmicas contendo RNA mensageiro; relacionado com a síntese de proteínas.

Ritidoma: A parte materna da casca, composta da periderme e todos os tecidos externos a ela.

Rizoderme: Nome dado à epiderme de uma raiz.

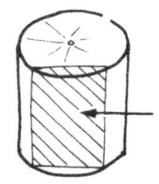

Secção longitudinal tangencial (SLT): Secção feita em uma tangente e paralela ao eixo longitudinal de um órgão cilíndrico.

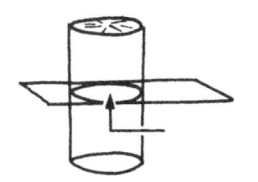

Secção transversal (ST): Secção perpendicular ao eixo de um órgão.

Semente exalbuminosa: Semente que não possui endosperma quando madura.

Sexina: A camada externa da exina do grão de pólen, frequentemente ornamentada.

Sifonostelo: Estelo composto de um cilindro oco de tecido vascular com medula central: i) anfifloico – floema tanto em posição interna como externa ao xilema; (ii) ectofloico – floema externo ao cilindro do xilema.

Sincarpia: Fusão de carpelos no ovário de uma flor.

Sinérgides: Células do saco embrionário maduro presentes junto à oosfera.

Sistema axial: (i) Todas as células derivadas das iniciais fusiformes do câmbio em tecidos vasculares secundários; (ii) células alongadas paralelas ao eixo longitudinal de um órgão.

Sistema radial: (i) Todas as células derivadas das iniciais radiais do câmbio em tecidos vasculares secundários; (ii) células organizadas radialmente em relação ao eixo.

Solenostelo: Sifonostelo anfifloico no qual espaços sucessivos de folhas são bem separados uns dos outros.

Suberina: Substância de natureza lipídica, similar em natureza à cutina, nas paredes celulares do felema, na estria de Caspary da endoderme e no interior das células da bainha do feixe das folhas de Poaceae.

Suberização: O processo de deposição de suberina nas paredes celulares.

Suspensor: A conexão entre a parte principal do embrião e a célula basal; pode exercer função na nutrição de um embrião.

Tangencial: Em ângulos retos em relação ao raio de caules ou raízes ou em ângulos retos em relação aos raios em tecidos vasculares secundários. Paredes celulares tangencialmente orientadas também são frequentemente periclinais.

Tanino: Termo coletivo usado para uma gama de substâncias polifenólicas depositadas em determinadas células das plantas; comum, por exemplo, na casca, da qual o tanino é extraído para curtimento.

Tapete: A camada mais interna de células da parede da antera; seus conteúdos nutrem o desenvolvimento de grãos de pólen e também fornecem parte da proteína envolvida nos sistemas de reconhecimento entre o pólen e estigma: (i) ameboide, tapete no qual os protoplastos de suas células penetram entre as células-mãe de pólen; (ii) glandular, tapete no qual as células se desintegram em sua posição original.

Tecido acessório de transfusão: Tecido de transfusão do mesofilo de algumas folhas de gimnospermas, não relacionado aos feixes vasculares.

Tecido de expansão: Tecido intercalar na parte mais externa do interior da casca, formado principalmente pelos raios do floema, os quais permitem que a casca se expanda sem se romper.

Tecido de transfusão: Tecido que circunda ou está associado com os feixes vasculares nas folhas de gimnospermas, composto de traqueídes e várias partes de células do parênquima. Considera-se que esteja envolvido na transferência de solutos para e desde o tecido vascular.

Tecido dérmico: Epiderme ou periderme.

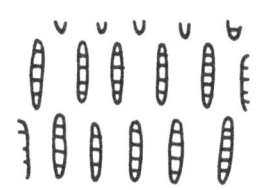

Tecido estratificado (ou ordenado): Tecido no qual as células são organizadas em estratos horizontais, como vistos em secções longitudinais tangenciais e radiais; p. ex., câmbio estratificado, que origina o xilema e o floema estratificados; os raios estratificados podem ser aparentes mesmo quando outros tecidos tenham perdido sua organização regular durante os ajustes do crescimento. Produz ondulações na madeira.

Tecido mecânico: Células com paredes mais ou menos espessadas, como o colênquima do crescimento primário e o esclerênquima do crescimento primário e secundário. Também chamado de tecido de sustentação. Tecido composto de células de apoio; p. ex., esclerênquima e colênquima.

Tecido traumático: Tecido de ferimento; p. ex., calo ou cavidades cheias de resinas de um duto de resina traumático.

Tecido conjuntivo: (i) Tipo especial de parênquima associado com o floema incluído em dicotiledôneas com espessamento secundário anômalo; (ii) parênquima presente entre os feixes vasculares secundários em monocotiledôneas com espessamento secundário.

Tecido fundamental: Tecidos no caule ou raiz derivados de meristemas fundamentais. Geralmente compostos de parênquima, colênquima ou esclerênquima; todos os tecidos de plantas maduras à exceção da epiderme, da periderme e dos tecidos vasculares.

Tecidos primários: Tecidos derivados do embrião e de meristemas apicais.

Tegumento: Camada que envolve o nucelo.

Tépala: Parte do perianto em flores que não possuem distinção entre pétalas e sépalas, como a *Tulipa*.

Testa: A casca da semente.

Tetrarca: Xilema primário de raízes com quatro faixas de protoxilema ou polos.

Tilose: Intrusão de um raio ou eixo da célula do parênquima no lume do elemento do vaso pela perfuração de uma membrana pontoada; pode ou não ser lignificada; raramente ocorre nas traqueídes.

Tilosoide: Célula epitelial que prolifera em cavidades intercelulares como dutos de resina.

Tonoplasto: Membrana biológica que delimita um vacúolo.

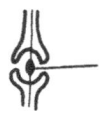

Toro: Espessamento central da membrana de pontoações areoladas de determinadas gimnospermas e algumas angiospermas; constituído de lamela média e material da parede primária.

Trabécula: Projeção similar a uma barra da parede celular cruzando um lúmen celular.

Traço (ou rastro): (i) Sistema vascular ramificado ligando o caule principal e o suprimento vascular de um ramo; (ii) sistema vascular foliar ligando o caule principal ao sistema vascular foliar.

Traqueíde: Elemento traqueal não perfurado, isto é, com uma membrana da pontoação intacta entre ela e elementos adjacentes.

Triarca: Xilema primário da raiz com três polos de protoxilema.

Tricoblasto: Células especializadas na epiderme da raiz que origina um pelo radicular.

Tricoesclereíde: Tipo de esclereíde ramificada, com ramos similares a pelos que se estendem para dentro dos espaços intercelulares.

Tricoma: Apêndice epidérmico, engloba pelos, escamas e papilas; pode ser glandular ou não glandular.

Tubo crivado: Série de elementos ou membros de tubo crivado ligados entre si de ponta a ponta.

Tubo polínico: Projeção da célula vegetativa do grão de pólen, ocorrendo na germinação do grão, coberto apenas pela intina.

Túnica: Camada ou camadas de células mais externas do meristema apical caulinar de angiospermas nas quais a maioria das divisões celulares são anticlinais; no corpo, as divisões celulares são anticlinais, periclinais e também em outros planos.

Unisseriada: Células em uma camada; p. ex., raios unisseriados.

Vacuolação: Formação de vacúolo.

Vacúolo: Compartimento celular envolto pelo citoplasma e separado deste pelo tonoplasto; contém reservas celulares.

Vascular: Refere-se a tecidos do xilema ou floema ou ambos.

Vaso: Série de elementos de vasos com paredes terminais comuns perfuradas; semelhante a um tubo.

Vasos laticíferos: Laticíferos articulados com paredes entre células adjacentes perfuradas.

Velame: Epiderme multisseriada; tecido característico de diversas raízes aéreas em Orichidaceae e Araceae; pode ocorrer em algumas raízes terrestres.

Venação reticulada: Nervuras da lâmina foliar formando um sistema tipo rede anastomosante.

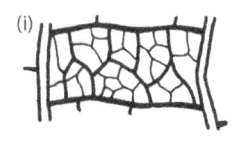

Venação: A organização das nervuras em um órgão; (i) terminais de nervuras fechadas que sofrem anastomose em uma lâmina foliar; (ii) nervuras abertas livres, ou seja, que não sofrem anastomose em uma lâmina foliar.

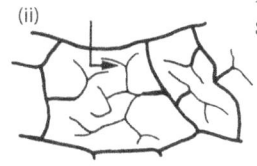

Verruga: Protrusões granulares finas na superfície interna de uma parede secundária de traqueídes, fibras e vasos.

Xerófita: Planta adaptada a condições de seca.

Xeromórfico: Refere-se a adaptações de estruturas especializadas e características de plantas adaptadas à vida em lugares secos (xerófitas).

Xilema: O principal tecido relacionado com a condução de água em plantas vasculares, caracterizado pela presença de elementos traqueais.

Xilema endarco: Porção do xilema primário no qual os primeiros elementos formados estão próximos ao centro do eixo (desenv. centrífugo), como na parte aérea da maioria das espermatófitas.

Xilema exarco: Porção do xilema primário em que os primeiros elementos formados são os mais distantes do centro do eixo (desenv. centrípeto), como nas raízes de espermatófitas.

Xilema mesarco: Condição na qual o protoxilema se desenvolve primeiramente no centro do feixe e continua a se desenvolver tanto de modo centrífugo como centrípeto. Exemplo: parte aérea das samambaias.

Xilema primário: Tecido do xilema que se diferencia do procâmbio durante o crescimento primário das plantas vasculares, formando o principal sistema condutor axial de água em monocotiledôneas e durante a fase de crescimento primário em dicotiledôneas. O protoxilema se forma primeiramente (px) e após o metaxilema (mx). Raios do xilema são ausentes no xilema primário.

Xilema secundário: Tecido do xilema formado pela atividade do câmbio vascular durante o crescimento secundário.

Zona de abscisão: Zona especializada formada após a ocorrência de alterações fisiológicas e estruturais no interior de um órgão, que resultam na perda do órgão. Por exemplo, a camada de abscisão pode ser formada nos pecíolos (*Gossypium*), na parte distal da lâmina foliar (*Streptocarpus*) ou nas hastes de frutos ou flores.

Zona de transição tipo cambial: Zona cito-histológica visível em alguns ápices foliares.

REFERÊNCIAS

CAPÍTULO 6

Goggin, F. L., Medville, R. & Turgeon, R., 2001 Phloem loading in the tulip tree. mechanisms and evolutionary implications. *Plant Physiol.* **125**(2), 891-899.

Gottwald, J. R., Krysan, P. J., Young, J. C., Evert, R. F. & Sussman, M. R., 2000. Genetic evidence for the in planta role of phloem-specific plasma membrane sucrose transporters. *Proc. Nat lAcad. Sci. USA* **97**,13979-13984.

Hoffmann-Thoma, G., van Bel, A.J. & Ehlers, K., 2001. Ultrastructure of minor-vein phloem and assimilate export in summer and winter leaves of the symplasmically loading evergreens *Ajuga reptans* L., *Aucuba japonica* Thunb., and *Hedera helix* L. *Planta* **212**(2), 231-242.

Komor, E., Orlich, G., Weig, A. & Kockenberger, W., Phloem loading-not metaphysical, only complex: towards a unified model of phloem loading. *J. Exp. Bot.* **47**, 1155-1164.

Ma, F. & Peterson, C. A., 2001. Frequencies of plasmodesmata in *Allium cepa* L. roots: implications for solute transport pathways. *J. Exp. Bot.* **52**(358),1051-1061.

Oparka, K. & Turgeon, R, 1999. Sieve elements and companion cells -traffic control centres of the phloem. *Plant Cell* **11**, 739-750.

Patrick, J. W. & Offler, C. E., 2001. Compartmentation of transport and transfer events in developing seeds. *J. Exp. Bot.* **52**(356), 551-564.

Soros, C. & Dengler, N., 1998. Quantitative leaf anatomy of C3 and C4 Cyperaceae and comparisons with the Poaceae. *Int. J. Plant Sci.* **159**, 480-491.

Taiz, L. & Zeiger, E., 2002. *Plant Physiology,* 3rd edn. Sinauer Associates, New York. Turgeon, R., 2000. Plasmodesmata and solute exchange in the phloem. *Australian J. Plant Physiol.* **27**(6), 521-529.

CAPÍTULO 8

Haberlandt, G. 1918. *Physiologische Pflanzenanatomie,* 5th edn. Engelmann, Leipzig.

CAPÍTULO 10

Feder, N. & O'Brien, T.P, 1968. Plant microtechnique. Some principles and new methods. *Am. J. Bot.* **55**, 123-142.

Foster, A. S., 1950. *Practical Plant Anatomy,* 2nd edn. Van Nostrand, New York.

Gurr, E., 1965. *The Rational Use of Dyes in Biology.* Leonard Hill, London.

APÊNDICE 2

Feder, N. & O'Brien, T.P, 1968. Plant microtechnique. Some principles and new methods. *Am. J. Bot.* **55**, 123-142.

Rinne, P.L.H. & van der Schoot, C., 1998. Symplasmic fields in the tunica of the shoot apical meristem coordinate morphogenetic events. *Development* **144**, 1477-1485.

LEITURA SUGERIDA

GERAL

Cutler, D. F. & Gregory, M., 1998. *Anatomy of the Dicotyledons,* vol. IV; *Saxifragales,* 2nd edn. Oxford Scientific Publications.

Evert, R.F., 2006, *Esau's Plant Anatomy,* 3rd edn. *Meristems, cells and tissues of the plant body-their structure .function and development.* Wiley-Interscience, New Jersey.

Metcalfe, C. R. & Chalk, L., 1979. *Anatomy of the Dicotyledons,* vol I, *Systematic Anatomy of Leaf and Stem,* 2nd edn. Clarendon Press, Oxford.

Metcalfe, C. R. & Chalk, L., 1983. *Anatomy of the Dicotyledons,* vol II, *Wood Structure and Conclusion of the General Introduction,* 2nd edn. Clarendon Press, Oxford.

Metcalfe, C. R., 1987. *Anatomy of the Dicotyledons,* vol. III, *Magnoliales, Illiciales and Laurales,* 2nd edn. Oxford Science Publications.

CAPÍTULO 1

Cutter, E. G., 1969. *Plant Anatomy: experiment and interpretation. Part I Cells and Tissues.* Edward Arnold, London.

Cutter, E. G., 1970. *Plant Anatomy: experiment and interpretation. Part 2 Organs.* Edward Arnold, London.

Dickison, W., 2000. *Integrative PlantAnatomy.* Academic Press, San Diego.

Esau, K., 1965. *Plant Anatomy,* 2nd edn. John Wiley, New York.

Esau, K., 1977. *Anatomy of Seed Plants.* John Wiley, NewYork.

Fahn, A., 1974. *Plant Anatomy,* 2nd edn. Pergamon Press, London.

Gifford, E. M. & Foster, A.S., 1974. *Morphology and Evolution of Vascular Plants,* 3rd edn. W. H. Freeman, San Francisco.

Meylan, B. A. & Butterfield, B. G., 1972. *Three Dimensional Structure of Wood.* Chapman & Hall, London.

Troughton, J. H. & Donaldson, L,A., 1972. *Probing Plant Structure.* Chapman & Hall, London.

Troughton, J. H. & Sampson, F. B., 1973. *Plants, a scanning electron microscope survey.* John Wiley, Australasia Pty Ltd, Sydney.

CAPÍTULO 2

Cutter, E. G., 1965. Recent experimental studies of the shoot apex and shoot morphogenesis. *Botanical Review,* **31**, 71-113.

Rinne, P. L. H. & van der Schoot, C., 1998. Symplastic fields in the tunica of the shoot apical meristem coordinate morphogenetic events. *Development* **144**, 1477-1485.

Steeves, T. & Sussex, I., 1989. *Patterns in Plant Development.* Cambridge University Press.

Wardlaw, C. W., 1968. *Morphogenesis in Plants. A contemporary study.* Methuen, London.

Williams, R. F., 1975. *The Shoot Apex and Leaf Growth.* Cambridge University Press.

CAPÍTULO 3

Brazier, J. D. & Franklin, G. L., 1961. *Identification of Hardwoods. A Microscopic Key.* Forest Products Research Bulletin, No.46. HMSO, London.

British Standards 881 and 589, 1974. *Nomenclature of Commercial Timbers, Including Sources of Supply.* British Standards Institution.

Carlquist, S., 1988. *Comparative Wood Anatomy: systematic, ecological, and evolutionary aspects of dicotyledon wood.* Springer-Verlag, Berlin.

Cutler, D.F., Rudall, P.J., Gasson, P.E. & Gale, R.M.O., 1987. *Root Identification Manual of Trees and Shrubs.* Chapman & Hall, London.

Esau, K., 1969. *The Phloem. Handbuch der Pflanzenanatomie.* Gebruder Borntraeger, Berlin.

Gale, R. & Cutler, D. F. 2000. *Plants in Archaeology: identification manual of vegetative plant materials used in Europe and the Southern Mediterranean to c. 1500.* Royal Botanic Gardens, Kew.

Gregory, M., 1994. Bibliography of systematic wood anatomy of dicotyledons. *IAWA Journal Supplement* 1, 265 pp. Published for the IAWA by the National Herbarium of the Netherlands, Leiden.

IAWA Committee (Wheeler, E.A., Baas, E.A. & Gasson, P., eds.), 1989. IAWA list of microscopic features for hardwood identification. Repr. from *IAWA Journal* 10, 219-332. Published for the IAWA by the National Herbarium of the Netherlands, Leiden.

IAWA Committee (Richter, H. G., Grosser, D., Heinz, I. & Gasson, P. E., eds.), 2004. IAWA list of microscopic features for softwood identification. Repr. from *IAWA Journal* 25, 1-70, illust. Published for the IAWA by the National Herbarium of the Netherlands, Leiden.

Jane, F. W., revised by Wilson, K. & White, D.J. B., 1970. *The Structure of Wood,* 2nd edn, A. & C. Black, London.

Kribs, D. A., 1959. *Commercial Foreign Woods on the American Market.* Pennsylvania State University Press.

Metcalfe, C.R. & Chalk, L., 1983. *Anatomy of the Dicotyledons,* Vol. II. Clarendon Press, Oxford.

Phillips, E. W. J., 1948. *The Identification of Coniferous Woods by their Microscopic Structure.* Forest Products Research Bulletin. No.22. HMSO. London.

CAPÍTULO 4

Carlquist, S., 1961. *Comparative Plant Anatomy.* Holt, Rinehart and Winston, New York.

Metcalfe, C. R. (ed.) *Anatomy of the Monocotyledons – Gramineae,* 1960 (Metcalfe, C. R.); *Palmae,* 1961 (Tomlinson, P. B.); *Commelinales Zingiberales,* 1968 (Tomlinson, P. B.);

Juncales, 1968 (Cutler, D. F.); *Cyperaceae,* 1971 (Metcalfe, C. R.); *Dioscoreaceae* 1971 (Ayensu, E. S.); Alismatidae, 1982 (Tomlinson, P. B.); Fridaceae, 1995 (Rudall, P.J.); Araceae and Acoraceae, 2002 (Keeting, R. C.).

Metcalfe, C. R. & Chalk, L., 1950. *Anatomy of the Dicotyledons,* Vols I & II. Clarendon Press. Oxford.

CAPÍTULO 5

Carlquist, S., 1992. Wood anatomy and stem of *Chloranthus* – summary of wood anatomy of Chloranthaceae, with comments on relationships, vessellessness, and the origin of monocotyledons. *IAWA Bull.* **13**, 3-16.

Carlquist, S., Dauer, K. & Nishimura, S. Y., 1995. Wood and stem anatomy of Saururaceae with reference to ecology, phylogeny, and origin of the monocotyledons. *IAWAJ.* **16**(2), 133-150.

Fisher, J. B., 1975. Eccentric secondary growth in cordyline and other Agavaceae (Monocotyledonae) and its correlation with auxin distribution. *Amer. J. Bot.* **62**(3), 292-302.

Rudall, P.J., 1991. Lateral meristems and stem thickening growth in monocotyledons. *Bot. Rev.* **57**,150-163.

Tomlinson, P. B. & Zimmermann, M. H., 1969. Vascular anatomy of monocotyledons with secondary growth – an introduction. *J. Arnold Arbor.* **50**(2), 159-179.

CAPÍTULO 6

Hickey, L.J., 1973. Classification of the architecture of dicotyledonous leaves. *Amer. J. Bot.* **60**(1), 17-33.

Öpik, H. & Rolfe, S., 2005. *The Physiology of Flowering Plants,* 4th edn. Cambridge University Press.

Ruiz-Medrano, R., Xoconostle-Cazares, B. & Lucas, W.J., 2001. The phloem as a conduit for inter-organ communication. *Curr: Opin. Plant Biol.* **4**(3),202-209.

Turgeon, R.,Medville, R. & Nixon, K. C., 2001. The evolution of minor vein phloem and phloem loading. *Am. J. Bot.* **88**(8), 1331-1339.

CAPÍTULO 7

Baskin, C. & Baskin, J., 1998. *Seeds: ecology, biogeography, and evolution of dormancy and germination.* Academic Press, San Diego.

Corner, E..J.H., 1976. *The Seeds of Dicotyledons.* Cambridge University Press.

Davis, G..L., 1966. *Systematic Embryology of the Angiosperms.* John Wiley, New York.

Endress, P. K.., 1996. *Diversity and Evolutionary Biology of Tropical Flowers.* Cambridge University Press, Cambridge.

Erdtman, G. (Gunnar), 1897. *Uniform ti Handbook of Palynology (Erdtman's Handbook of Palynology),* 2nd edn (Nilsson, S. & Praglowski, J., eds, with contributions by Arremo, Y. et al.). Imprint Munksgaard, Copenhagen, 1969, 1992.

Jansonius, J. & McGregor, D. C. (eds), 1996. *Palynology, Principles and Applications.* American Association of Stratigraphic Palynologists Foundation, College Station, Texas.

Johri, B. M., 1992. *Comparative Embryology of Angiosperms,* Vol. 2. Springer-Verlag, Berlin

Martin, A. C. & Barkley, W. D., 1961. *Seed Identification Manual.* University of California Press.

Punt, W., Blackmore, S., Nilsson, S. & Le Thomas, A., et al., 1994. *Glossary of Pollen and Spore Terminology.* LPP Foundation, Laboratory of Palaeobotany and Palynology, University of Utrecht, Utrecht.

Roth, I.,1977. *Fruits of Angiosperms. Handbuch der Pflanzenanatomie,* Bd. 10, T. 1. Gebr. Borntraeger, Berlin.

Rudall, P. J., 1992. *Anatomy of Flowering Plants: an introduction to structure and development,* 2nd edn. Cambridge University Press.

Vaughan, J. G., 1970. *The Structure and Utilization of Oil Seeds.* Chapman & Hall, London.

CAPÍTULO 8

Benzing, D., 1980. *The Biology of the Bromeliads.* Mad River Press, Eureka.

Carlquist, S., 1975. *Ecological Strategies of Xylem Evolution.* University of California Press, Berkeley.

Fahn, A. & Cutler, D., 1992. *Xerophytes. Handbuch der Pfianzenanatomie,* Bd. 13(3). Borntraeger, Berlin.

Gibson, A., 1996. *Structure-function Relations of Warm Desert Plants.* Springer, New York.

Gibson, A. & Nobel, P., 1986. *The Cactus Primer.* Harvard University Press, Cambridge.

Haberlandt, G., 1918. *Physiologische Pfianzenanatomie,* 5th edn. Engelman, Leipzig.

Roth, I., 1981. *Structural Patterns of Tropical Barks.* Borntraeger, Berlin.

Sculthorpe, C. D., 1985. *The Biology of Aquatic Vascular Plants.* Koeltz Scientific Books, Konigstein.

Tomlinson, P., 1986. *The Botany of Mangroves.* Cambridge University Press.

Tomlinson, P., 1990. *The Structural Biology of Palms.* Oxford University Press.

CAPÍTULO 9

Cutler, D. F., Rudall, P.J., Gasson, P.E. & Gale, R.M.O., 1987. *Root Identification Manual of Trees and Shrubs.* Chapman & Hall, London.

Gale, R. & Cutler, D., 2000. *Plants in Archaeology. Identification manual of artefacts of plant origin from Europe and the Mediterranean.* Westbury and Royal Botanic Gardens, Kew.

Hayward, H. E., 1938. *The Structure of Economic Plants.* Macmillan, New York.

Jackson, B. P. & Snowdon, D. W., 1968. *Powdered Vegetable Drugs.* J. & A. Churchill, London.

Parry, J.W., 1962. *Spices. Their morphology, histology and chemistry.* Chemical Publishing Company, New York.

Seiderman, J., 1966. *Starke Atlas.* Paul Pary, Berlin.

Trease, G. E. & Evans, W. C., 1972. *Pharmacognosy,* 10 th edn. Bailliere Tindall, London.

Wallace, T. E., 1967. *Textbook of Pharmacognosy,* 5th edn. J. & A. Churchill, London.

Winton, A. L., Moeller, J. & Winton, K. B., 1916. *The Microscopy of Vegetable Foods.* John Wiley, New York.

CAPÍTULO 10

Bradbury, S., 1973. *Peacock's Elementary Microtechnique,* 4th edn, revised. Edward Arnold, London.

Jensen, W. A., 1962. *Botanical Histochemistry.* W.H. Freeman, San Franciscoo.

Purvis, M. J., Collier, D. C. & Walls, D., 1964. *Laboratory Techniques in Botany.* Butterworths, London.

Ruzin, S. E., 1999. *Plant Microtechniques and Microscopy.* Oxford University Press, New York.

ÍNDICE

Os números das páginas em *itálico* se referem às Figuras;
aqueles em **negrito** se referem às Tabelas.

A

abeto-vermelho (*Picea*) *48*, 54-56
Abies **48**
Acacia alata 95-96, *99-100, 112-113*
Acer 175-176
Acer pseudoplatanus 176-178
acessórios do microscópio 204-205
ácido clorídrico 191-192
ácido cromoacético 185
ácido fluorídrico 188, 189-190
ácido nítrico 202
Acmopyle pancheri 80-81
acroleína 183-185
    procedimento de fixação 185-187
acumulação de metais pesados 151-152
adaptações 21-23, 148, 165
    aspectos práticos 164-165
    ecológicas **88**, 90-91, 150-152
    hidrófitas 162-165
    mecânicas 148-151
    mesófitas 159-160, 162-163
    xerófitas *ver* xerófitas
adaptações a hábitats áridos *ver* xerófitas
adaptações à seca 88
    ver também xerófitas
adaptações aos ambientes de baixa iluminação 161-162
adaptações ecológicas 150-152
    folhas **88**
        cutícula 90-91
    hidrófitas 162-165
    mesófitas 159-163
    xerófitas *ver* xerófitas
adaptações para captura da luz 161-162
Aegilopsis crassa 110, *113-114, 116-117*
Aerva lanata 95-96
Aesculus hippocastanum 142
Aesculus pavia 59-60
Agave **25**, 90-91
Agave franzonsinii 110, *116-117*

Agrostis 113-114, 151-152
Agrostis stolonifera 113-114
Ailanthus 170-171
Ajuga reptans var. *atropurpurescens 124-125*
Albuca **88**
alface d'água (*Pistia*) *163-164*
algas 21
Algodão (*Gossypium*) *60-61*, 103-104
Alismatales 82-83
Allium 34-35, *125-126*
Alnus glutinosa 44, 45, **53**, 176, *178-179*
Alnus nepalensis 45
Aloe **24**, 90-93, 152-153
aloé 28-29, *90-91*, 93, 100-101, 154-155, 168-169
Aloe lateritia var. *kitaliensis 91-94*
Aloe somaliensis 153
ambiente montanhoso 158-159
ambientes salinos 158-160
    adaptações foliares 90-91
ameixa 93-94
Ammophila 152-155
Ammophila arenaria (grama-das-dunas) *96-97,*
    105-106, 154
Anacardiaceae *100-101*, 152-153
Anarthria 167-168
Anarthriaceae 167-168
anatomia vascular endarca 68
anatomia vascular exarca 68
anéis de madeira porosa 49-50, 54-56
angiospermas 19, **22**, **25**
    floema *80-81*, 122-123
    secundário 59-61
    madeira (xilema secundário) 46-47, **52**
        anéis de crescimento 49, *51*, 54-56
        anéis porosos 49-50, 54-56
        raios *51-52*
        sistema axial 49
    taxonomia 167
    vascularização das partes florais 135-137
animais pragas 171-175
Annonaceae 143-144

Anthemis 141-142
Anthemis arvensis 141-*144*
Anthemis perigina 141-*144*
Anthobryum triandrum 158-159
antocianinas 161-162
anuais 22, 23, 72
Aphelia cyperoides 102
Apiaceae 141-142
aplicações forenses 171-174, 179-181
Apocynaceae 119-120
aquênios 141-142
Arabidopsis 125-126
Araceae 161-162
Araucaria 88
Arbutus unedo 160-161
áreas crivadas 59, 59-60, 80-81
aroides 64-65, 149
Artemesia vulgaris 104-106
Arundo donax 95
árvores decíduas 159-160
Asclepidiaceae 119-120, 152-153
Asimina triloba 145-146
Asparagales 112-114
aspectos econômicos 166, 180-181
aspectos evolutivos
    elementos do vaso 69, 81
    floema 80-81
    folhas 85-87
    partes florais 137
        vascularização 135-136
    secundário 59
    xilema secundário (madeira) 53-55
Asteraceae 141-142
Ato de Descrições Comerciais 170-171, 174-175
Aucuba japônica Thumb. 124-125
avelã (*Corylus*) 42-43, *102-104*, 170-174, 178-179
Avena 170-171
Azorella compacta 158-159
azul de metileno 191-192
azul-da-alsácia 193

B

bainha amilífera 72-73, 77
bainha endodermoide 72-73, 78-79
bainha mestomática 128, 130-132
bainhas do feixe 25, 26, 131-132, 148
    esclerenquimáticas 130
    parenquimática 113-114, 130
    plantas C4 125-127, *127*, 128, 131
balsa (*Ochroma lagopus*) 49
bálsamo-do-canadá **194**, 195-196
bambu 96-97, 105-106, 113-114
Bambus vulgaris 113-114
barras de Sânio 46-47
batata 38, 119-120
begônia 161-162
Betula 59

bienais 22, 23
Bignoniaceae 160-161
Boehmeria 77
Bombax (capucho) 103-104
Borassus 88, 113-114, *179-180*
Brassica (repolho) 90-91
Brassicaceae 98-99
Briza maxima 127
Bromeliaceae 161-163
Bromus unioloides 132
Bryonia 119-120
bulbos 152-153
Bulnesia sarmienti 54-56

C

Cactaceae *82-83*, 137, 152-153
cactos, colunares nervurados 159-160
caliptra (coifa da raiz) 33-35, 69
caliptrogênio 33-35
calos 30
    cultura 38
        produção de plantas cito-híbridas 41-42
    técnicas de enxertia 38-42
câmbio 27, 30, 35-36, 44, 54-56, 78-79
    aplicações na horticultura 38-39, 42-43
    fascicular 27
    iniciais fusiformes 35-36, *37*, 44, 48
    iniciais radiais 40-41
    interfascicular 27, 78-79
    ver também câmbio cortical
câmbio da casca (felogênio) 30, 35-36
    aplicações comerciais 38-39, *38-39*
câmbio vascular *ver* câmbio
Camellia 88
Camellia japonica 111-112
Camellia sinensis 49
canais secretores 49
Cannabis sativa 179-180
Cannomois 69
cantiléveres (vigas em balanço) 149
capela química (exaustor de vapores) 182-186
capucho (*Bombax*) 103-104
Carex 74, 98-99, 113-114
Cariniana legalis 144-146, 147
carpelos, vascularização 136
Carpinus betulus 56-58
carvalho (*Quercus*) 51, 54-56, 59, 88, 171-176, 178-179
carvão
    espécimes arqueológicos 176, *178-179*
    materiais fossilizados 180-181
Carya (nogueira) 54-56
Caryophyllaceae 158-159
casca 56-61
    extrações de medicamentos 169-171
Cassia angustifolia 95-96
Catanea 51

Cattleya granulosa 65-66
caules 22-23, 72, *75-76*
    córtex 77
    endoderme 77-79
    epiderme 75-76
    espessamento secundário 72
    estômato 76-77
    hidrófitas 162-163
    hipoderme *76-77*
    meristema apical 32-*35*
    níveis padronizados de exame 202, *203*
    preparações clarificadas 202
    preparações da superfície 200-201
    processos de corte 188-190
    sistema vascular 26-27, 72-74, 78-80
    tecido de transporte 26-27, 81-83
        floema 79-81
    tecido fundamental central (medula) 82-84
    tecidos de apoio mecânico 25, 73, 78-80, 150-151
    xerófitas 152-153, 155-157
Cedrus 46-47, 48, 88
células albuminosas 56-60, 80-81, 122-123
células braciformes 107-*109*
células buliformes 95-97, *105-106*
células companheiras 59-60, 62, 80-81, 122-126, 129
    especialização 123-126
células crivadas 56-59, 61-62, 80-81, 122-123
células de armazenamento de água 111-112, 154-*157*
células de mucilagem 66
células de passagem 67
células de tanino 66, 82-83, 112-113
células de transferência 27, 123-124
células estelares 64-65, 74, 82-83, 163-164
células intermediárias 123-124
células laticíferas 82-83, *112-113*
células motoras 95-97, *105-106*
    plantas insetívoras 164-165
células paliçádicas 85-86, 88-89, 107-108, 160-161
células pegajosas 141-142
células-guarda 72, 76-77, 97-98
centro quiescente 32-34
Centrolepidaceae 67, 102, 102, 115-116
Centrolepsis exserta 102
Cephaelis acuminata 169-171
Cephaelis ipecacuanha 169-171
Cephalotaxus 46-47
cera 90-*94*, 152-153, 155-157
cereais 83-84, 113-114, 141
Chenopodiaceae 119-120
Chondropetalum marlothii 79-80
Chrysanthemum leucanthemum 99-100
cicadáceas 97-98
cicatrização de ferimentos 35-38
    práticas florestais 38-*40*
    técnicas de enxertia 39-40
Cicer areitinum 142
Cinchona 42-43
Cinnamomum camphora 54-56

ciperáceas 61-62, 74, 113-114, 126-127, 129-130
cistólitos 112-114
Cistus 172
Cistus salviifolius 97-98, 102-104
classificação 166-169
Clematis 150-151
Clintonia uniflora 95, 107-108, 109
cloral hidratado 202
clorênquima 23, 77, 85-86, 107-108
    plantas do sub-bosque 161-163
    xerófitas 154-155
clorofila 22, 90-91, 161-162
cloroplastos 23-24, 72, 85-86, 107-109
    caule 77
    mesofilo de monocotiledôneas 126-127, 130
Código Farmacêutico Britânico 169-171
Codonanthe 32-34, 162-163
Coffea 88
coifa radicular (caliptra) 33-35, 69
Cola acuminata 142
Coldenia procumbens 104-106
colênquima 22, 24, 148
    caule 77
    folhas 116-117
Coleus 34-35, 122-123
Coleus barbatus 144-146
colmos 152-153
coloração 189-194
    cortes de parafina **197-199**
coloração 189-194, **197-199**
coloração tripla de Flemming 198-199, **200-201**
colorações
    permanente 193-194
    temporário 191-193
Commelinaceae 162-163
Compositae 82-83
compostos cobertos de prata 102-104
coníferas 88, 159-160
    adaptações xéricas 152-153
    dutos de resinas 133
    madeira 45-46-46-47
considerações de segurança 182
Convallariaceae 112-114
Convolvulus 98-99
Convolvulus arvensis 99-100
Convolvulus floridus 104-106
coqueiro 150-151
Cordyline 27, 31, 41-42
corpos de sílica 76-77, *113-114*, 116-117, 171-175, 191-192
    corte do tecido 189-190
córtex 24, 25
    caule 72, 77
    raiz 64-66
Corylus (avelã) 42-43, *102-104*, 170-174, 178-179
Corylus avellana 160-161
Couratari asterotrichia 144-147
Crassula 24, *155-157*

crássulas 154-155
cravo 38
crescimento 30
crescimento secundário 23, 27, 30, 84
    caules 72
    folhas 88
criptas estomáticas 98-99
cristais 66, 82-83
    córtex do caule 77
    mesofilo *112-113*, 114
cristais de carbonato de cálcio 112-113
cristais de oxalato de cálcio 112-113
cristal violeta 198-199
Crocus 88, 152-153
Crocus michelsonii 139
Crocus vallicola 139
Cucurbita 27
Cucurbita maxima (melão-d'água) 39-40, 59
Cucurbita pepo 79-80, 142
Cucurbitaceae 78-79, 81, 119-120, 176, 178
cultivo de embriões 141
Cupressasseae 46-47, 48
cutícula 22-24, 88-91, 96-97
    hidrófitas 163-164
    mesófitas 160-161
    padrões/modelagem 75-76, 90-*93*, 118-119
    preparações de superfícies 200-202
    xerófitas 152-153
cutina 90-91
Cymophyllus fraseri 113-114, 127
Cyperaceae 113-114, 117-118
    bainhas endodermoides 132
    feixes foliares 130-*131*
Cyperus diffusus 113-114
Cyperus papyrus 178-180
Cytisus 40-41

D

danos às raízes das árvores 175-178
decotamento 42-43
Delphinium staphisagria 142
descarte de lixo 182, 185-186
desdiferenciação 30
desenvolvimento endógeno 34-35, 71
desenvolvimento exógeno 34-35, 72
deserto, adaptações das folhas 88
desidratação 185
    para preparação permanente 193, **194**
    usando álcool butírico terciário 185-186, **186**, 195-196
diafragmas 74, 82-*84*
Dianthus 98-99
dicotiledôneas 19-*20*, 24
    caules 72, 74, 83-84
        sistema vascular 73-74, 78-79
    floema 59-60
    folhas 30, 88-*89*, 107-108

    características da superfície *95-96*
    crescimento secundário 88
    diferenciação das nervuras 121-122
    venação 118-120, 148
    madeira ou lenho (xilema secundário) 46-47, 52
    raízes 64-65, 68-69
    sistema de transporte 26-27
    taxonomia 167
    tecidos mecânicos 24, 25
Dielsia cygnorum 97-98
Digitalis lanata 170-171
Digitalis purpurea 169-171
Dionaea 164-165
dobramento noturno 96-97, 105-106, 149
dormência 22
Dracaena 27, 31
Drimys 54-55
Drosera 102-104, 164-165
drusas 77
dutos de resinas 46-47, 133, 158-159
dutos traumáticos 46-47

E

Ecballium 27
Ecdeiocolea 154-155, *157-158*, 167-168
Ecdeiocoleaceae 167-168
Echinodorus cordifolius 68
efêmeros 22, 72, 151-152
eixos de inflorescências, feixes vasculares 78-79
Elegia 88, 153
Elegia parviflolia 97-98
elementos crivados 61-62, 122-124, 129
    carregamento simplástico/apoplástico 123-124
elementos do vaso 25, 48, 49-50, 53-55, 68-69, 81
    aspectos evolutivos 53-55, 69, 81
    placas de perfuração 48-*49*, 53-54, 81
    pontuações da parede 48-*49*, 53-54, 81
Eleocharis 132
Eleutharrhena 168-169
Eleutharrhena macrocarpa 168-169
Elodea 33-34
embriologia 141
endocarpo 141-142
    pétreo 141-142, *145-146*
endoderme 34-35, *66-67*
    caule 73, 77-79
    folhas 132
endosperma 143-*146*
endosperma ruminado 143-*146*
endotesta 143-144
enxertia 35-36, 3842
    gema 39-41
    interfamília 40-41
    monocotiledôneas 41-42
    ponte 40-*42*
    raiz 40-41
enxerto 39-42

enxertos de fragmentos de gemas 39, *40-41*
enxertos de gema 39-*41*
enxertos de ponte 40-42
epiderme 22-24
    caule 72, 75-76
    células buliformes 95-97, *105-106*
    células pegajosas 141
    corpos de sílica *113-114*, 116-117
    desenvolvimento 32-33
    folha 85, 88-*89*, 90-91, 107-108, 118-119
        dicotiledôneas *95-96*
        monocotiledôneas 93-96
    mesófitas 160-161
    pericarpo 141-142
    raízes (rizoderme) 63-65
    taninos 116-117
    xerófitas 152-153
epífitas 23, 154-155-157, 161-165
    pelos 104-106
    raízes aéreas 64-65
Equisetum 31
Erica 154-155
Ericaceae 137
escamas 76-77, 105-106
    absorção de água 162-163
    ver também tricomas
escamas das gemas 159-160
esclereídes 22, 59-60, 66, 69, 73-74, 77, 81-83, 141-142, 160-161
    folhas 109, *111-112*
esclerênquima 22, 78-79
    folhas 116-117, 126-127
    pericarpo 141-142
espaços de ar
    hidrófitas 162-163
    mesofilo 88-89, 111-112, 126-127
        xerófitas 158-159
espaços ou lacunas foliares 74
espécimes arqueológicos
    fragmentos de madeira 176, 178-179
    produtos da madeira 178-180
espinhos 159-160
esquema de coloração de Safranina – FastGreen **198-201**
estacas livre de vírus, cultivo de meristemas 38
estames, vascularização 136
estegmata 113-116
estelo 73
estômatos 22-24, 61-62, 88-89, 97-102, 118-119, 171-174
    actinocíticos 98-99
    adornado de cera 91-92
    afundados 97-99
    anfistomáticos 97-98
    anisocíticos 98-*100*
    anomocíticos 98-*100*
    caule 76-77
    células subsidiárias 98-101

    ciclocíticos 98-99
    desenvolvimentos *100*-101
    diacíticos 98-*100*
    exsudação de gotas de água 100-102
    hidrófitas 163-164
    hiperestomáticos 97-98
    hipostomáticos 97-98
    mesocíticos 99-100
    mesófitas 160-161
    paracíticos 98-101
    polocíticos 99-100
    tetracíticos 98-99
    tipos 98-*100*
    xerófitas 152-153, 155-159
estria 75-76
estria de Caspary 67, 77, 132
estruturas ou vigas de suporte 150-151
estruturas secretoras
    externa 132-133
    folhas 132-133
    interna 133
estufa de inclusão 185-186
eucalipto 152-153
Euparal 194-196
Euphorbia splendens 49
Euphorbiaceae 82-83, 152-153
Evandra montana 113-114
exocarpo 141-142, *143-144*
exoderme 64-65, 72
exotesta 143-146

F

Fagaceae *57*
Fagus 51
Fagus sylvatica 142
Farmacopeia Britânica 169-171
Farmacopeia Europeia 169-171
Fast Green 193, 194
fecundação 21
feixes vasculares 25-27, 61-62, 78-79
    anficrivais 78-79
    anfivasais 78-*80*
    bicolaterais 78-*80*, 119-120
    colaterais 78-*80*, 119-120
    desenvolvimento 26, 32-33
    folhas 85-*87*, 117-120
    monocotiledôneas 78-79
        gramíneas 126-127
    nervura central 88-*89*
    vias em partes florais 135-137
        fusões 136
    caule 78-*81*
felema 35-36
feloderme 35-36
felogênio ver câmbio da casca
fibras 21, 22, 24, 66
    aspectos evolutivos 53-55

caule 73, 77, 81
extraxilemática 25
floema secundário 56-60
folhas 148-151
xilema secundário (madeira) 46-49, *53-54*, 56
fibrotraqueídes 48
Ficus 88
Ficus elastica 112-114
filogenia
    ver também aspectos evolutivos
    xilema secundário (madeira) 54-55
filotaxia 21, 32-33, 85
Fimbristylis 130, 132
fita de enxertia 39-40
fixador de Flemming 185
fixadores 183-185
    não coagulantes 183-185
fixadores à base de álcool 183-184
fixadores baseados em formaldeído 183-184
fixadores não coagulantes 183-185
flavonoides 90-91
floema 21, 23, 25-26, 44
    angiospermas 59-*61*, 80-81, 122-123
    aspectos evolutivos 59, 80-81
    carregamento 80-81, 122-123
        célula companheira
            função 123-126
    caule 73, 81-83
    descarregamento 125-126
    desenvolvimento 26, 32-33, 35-36
    folha 117-120, 122-126
        nervura central 85
        monocotiledôneas 129
    gimnospermas 56-58, 77, 122-123
    raiz 68, 69
    relações estrutura-função 60-62
    samambaias 122-123
    secundária 27, 54-*61*
        raios 56-60
    transporte 79-81
flores 135-141
    adaptações a polinizadores 136
    microscopia eletrônica de varredura 137-138
    preparações clarificadas 202
    vascularização 135-*137*
        fusões de feixes 136
floresta tropical úmida 160-162
floroglucina/ácido clorídrico 191-192
folhas 21, 22, 85-134
    adaptações ecológicas 88
    adaptações para captura da luz 22-23, 161-162
    adulterante alimentares/identificação de contaminante 170-172
    árvores de florestas tropicais 160-161
    aspectos evolutivos 85-*87*
    células buliformes 95-97, *105-106*
    corpos de sílica *113*-117
    crescimento 30-31
    cutícula 90-92
    desenvolvimento 85-86
    endoderme 132
    epiderme 85, 90-91, *95-98*, 107-108, 118-119
    esculpindo a superfície 91-94
    estômato 97-102
    estrutura 88-*89*
    estruturas secretoras 132-133
    extração de medicamentos 169-171
    hidrófitas 162-165
    hipoderme 88-89, 105-108
    maturação (transição dreno para fonte) 85
    mesofilo 85-86, 107-108, 116-117
    monocotiledôneas 93-96, 125-132
    movimentos 96-97, 105-106, 152-153
    nervura central 85
    nervuras 85, 148-149
    níveis padronizados de exame 202-*203*
    plantas do solo da floresta 161-162
    plantas insetívoras 164-165
    preparações clarificadas 202
    preparações da superfície *200*-201
    procâmbio 85
    processos de corte 189-*191*
    queda/período de vida 88, 159-160
    redução 88, 158-159
    taninos 116-117
    tecidos de sustentação mecânica 25, *110*, 116-118, 148-151
    tricomas 101-106
    sistema vascular 61-62, 85-89, 117-126
        desenvolvimento 121-122
        floema 122-126
    venação 118-120
        sistema de classificação *120*
    xerófitas 152-158
fonte de identificação de drogas
    investigações forenses 179-181
    plantas medicinais 169-171
forças de torsão, adaptações do pecíolo 149
formalina-ácido acético-álcool (FAA) 183-**184**, 185, 195-196
formalina-ácido propiônico-álcool etílico (FPA) 185
fotossíntese 22, 85-86, 90-91
framboesa 38
Fraxinus (freixo) 54-56, 79-80
freixo (*Fraxinus*) 54-56, 175-176
fruto 135
    histologia 141-146
fucsina, azul-de-anilina, coloração dupla de iodo em lactofenol (FABIL) 192-193
fumo (*Nicotiana*) 171-174
fusão de protoplastos 41-42

G

Gahnia 154-155
Gaimardia 102

gametas 21-22
Gasteria 20, 24
Gasteria retata 97-98
Gaylussacia frondosa 137
gemas 21, 85
    axilares 72, 74
    mesófitas 159-160
    adventícios 21, 27, 30, 42-43
gemas axilares 72, 74
germinação 146
Gesneriaceae 161-163
gimnospermas 19, 22, 25
    caules 72, 83-84
        sistema vascular 73
    floema 80-81, 122-123
        secundário 56-58
    folhas 88, 107-109, 111
    madeira (xilema secundário) 45-47
        pontoações de campo cruzado 46-*48*
        sistema radial 46-47
    taxonomia 167
girassol (*Helianthus*) 77, 133
Gladiolus 88
glândulas de sal *101-102*
glicometacrilato 183-185
gloquídios 171-174
Gloriosa superba 95, 97-98, 127
Gossypium (algodão) *60-61*, 103-104
grama-das-dunas (*Ammophila arenaria*) 96-97, 105-106, *154*
gramas 27, 61-62, 74, 88, 93-97, 103-104, 111-114
    Panicoide 126-*128*
    Pooide 126-*128*
    sistema vascular 126-131
    venação 148-149
grãos de aleurona 116-117
grãos de amido 26, 111-112, 169-171, *161*
Guaiacum officinale (madeira-da-vida) 49, *51*
Guarea 169-171
Gunnera 149

H

hábitat pantanoso e ácido 164-165
hábito "almofada" 158-159
Haemanthus 152-153
Hakea 119-120, 154-155
Hakea scoparia 156-158
halófitas 90-91, 158-160
Haworthia 152-155
Haworthia greenii 153
Hedera belix (hera) 124-125, *145-146*, 171-174
Helianthus (girassol) 77, 133
hematoxilina de Delafield 193
hera (*Hedera helix*) 124-125, *145-146*, 171-174
Hevea brasiliensis 82-83
hibernação 90-91

hidatódios 101-102, 132
hidrófitas 162-165
    auxiliares de flutuação 163-164
    caules 77
    cavidades de ar 162-164
    estômatos 98-99
    folhas 162-165
    mesofilo 88-89
    pelos 163-164
    períodos de hibernação 88
    plantas de pântanos ácidos 164-165
    tecido vascular 163-164
hipocótilo 21, 27, 68
hipoderme 72, *76-77*
    folha 88-89, 105-79
    pericarpo 141-142
    xerófitas 157-158
Hippophae 52
Hypolaena 158-159

I

identificação da fonte de materiais 166, 167-169
    aplicações forenses 179-181
    cultivos devorados por pragas animais 171-175
    madeiras 174-176
    plantas medicinais 169-171
idioblastos 113-114, 116-117, 141-142
    floema secundário 59-60
Ilex 88
Ilex aquifolium 88-89
infiltração 185
    parafina 195-196
    paraplasto 185-187, 195-196
    por meio da série de álcool butírico terciário **185**-186
    preparação de lâminas permanentes 195-196
infiltração em cera de poliéster 185
infiltração em parafina 185, 195-196
infiltração em paraplasto 185-187, 195-196
interações estigma-pólen 137-141
Ionidium 169-171
ipecacuanha 169-171
Iridaceae 113-114
Iris 70, 152-153

J

Juglans (noz) 83-84, 176, 178
Juncaceae 112-116, 153
Juncales 113-114
junco (*Typha*) 163-164
Juncus 27-29, 77, 83-84, 98-99, 152-153
Juncus acutiflorus 65-66, 68
Juncus acutus 79-80
Juncus glauca 39-40
Juniperus virginiana 39-40
Justicia 98-99, *103-106*
Justicia cydonifolia 99-100

K

Klattia 31
Kniphofia macowanii 95
Krugiodendron ferreum (madeira de lei negra) 49

L

Labiateae 74
Laburnum 40-41
lacuna 64-65, 81, 126-127
Lamiaceae 141-142
lâmina 25, 26
Laminaria 21
Landolphia 82-83
Larix 48
látex 133
Lathyrus 74
laticíferos 59-60, 82-83, 133
Laurus nobilis 59
Lavendula spica 144-146
Laxmannia 133, 158-159
Lecythidaceae 144-147
Leguminosae 52, 54-55, 113-114
lenticelas 35-36, 61-62
Leptocarpus 28-29, 102, 154-155
Leptocarpus tenax 102, 156-158
Lepyrodia scariosa 76-77
lianas 59
Liliaceae *112-113*
Limonium obtusifolium 163-164
Limonium vulgare 101-102
Linho (*Linum*) 59-60, 77
Linum (linho) 59-60, 77
Liriodendron tulipifera 49, 124-125
Liriope 134
Lithocarpus 51
Lithocarpus conocarpa 57
Lithops 24, 116-117, 154-155
Loxocarya pubescens 102

M

maçã 90-91
madeira
    angiospermas 46-47, *52*, 54-56
    aspectos práticos 174-180
    gimnospermas 45-47
    identificação de materiais fonte 174-176
        amostras arqueológicas 176, 178-180
        danificando raízes de árvores 175-176, 178
        materiais de construção modernos 179-180
    preservação 175-176
    processo de secionamento 187-*188*
    ver também xilema, secundário
madeira da vida (*Guaiacum officinale*) 49, *51*
Magnoliales 54-55
Maighiaceae 103-104
Malvaceae 59-60

Malvaviscus arboreus 60-61
manga 141-142
manjerona (*Origanum vulgare*) *102-104*, 172
Marantaceae 162-163
materiais de plantas 182-183
material clarificado 202
material seco de planta 183
Matricaria lamellata 143-144
Medicago 170-171
medula 69, 82-84
Meeboldina 102
meio 195-196
meio de preparação de lâminas 195-196
mel, avaliação da pureza 137-138
melancia (*Cucurbita maxima*) 39-40, 59
Melastomataceae 118-119
menta (*Mentha*) 101-102, 170-172
Mentha (menta) 101-102, 170-172
Mentha spicata 102-104
meristemas 21, 30, 42-43
    apical 30-38
    aplicações hortícolas 35-43
    espessamento secundário 31
    folha 85
    intercalares 30, 38, 88
    lateral 30, 35-36, 38-43
meristemas apicais 26, 30, *31*, 35-36
    camadas de células 32-33
    centro quiescente 32-34
    técnica de cultura 36-38
meristemas intercalares 30, 88
    uso na propagação hortícola 38
meristemas laterais 30, 35-36
    aplicações hortícolas 38-43
mesembriântemo 154-155
mesocarpo 141-142
mesofilo 85-86, 88-*89*, 107-108, 116-117
    armazenamento de água 111-112, 154-*157*
    camada esponjosa 88-89, 107-108, 160-161
    camada paliçádica 85-86, 88-89, 107-108, 160-161
    células plicadas 109, 111
    corpos de sílica *113*-117
    cristais *112*-114
    esclereídes 109, 111-*112*
    espaços intercelulares 88-89, 111-112, 126-127
    Kranz 126-127, 130, 132
    mesófitas 160-161
    paravenal 109, 111, 121-122
    substâncias ergásticas 111-113
    xerófitas 154-159
mesofilo esponjoso 88-89, 107-108, 160-161
mesofilo Kranz 126-127, 130, 132
mesófitas 159-163
    folhas 159-*161*
    mesofilo 88-89
mesotesta 143-146
metafloema 26, 62, 81, 121-122, 126-127, 129-130

metaxilema 26, 81, 121-122, 126-127
   raízes 69
Micromorfologia Vegetal
   Bases de Dados Blibliográficos 167
micropapilas 75-76
micropelos 103-104
microscopia eletrônica 202-205
microscopia eletrônica de transmissão 202-204
microscopia eletrônica de varredura 202-204
   características da superfície foliar 168-169
   cascas das sementes 144-146
   espécimes de madeira arqueológica 176, 178
   flores 137-138
microscópio 202205
   técnicas ópticas 204-205
microtécnica prática 182, 204-205
   considerações de segurança 182
   materiais 182-183
   processamento do tecido *ver* processamento de tecidos
micrótomo 187, 195-196
   procedimento de operação **196-197**
monocotiledôneas 19-20, 24
   caules 74, 84
      sistema vascular 73, 78-80
   enxertia 41-43
   espessamento secundário 35-36, 41-42
   feixes vasculares 26-*29*, 80-81
   folhas 88, 107-109, 111-112, 125-126, 132
      anatomia da bainha da lâmina 126-*128*
      bainhas do feixe 130-132
      crescimento 30-31
      epiderme 93-96
      floema 129
      venação 119-120, 126-*129*, 148-149
   meristemas 31, 35-36, 41-42
   raízes 63-65, 68-69
   taxonomia 167
   tecidos de suporte mecânico 24-25, 78-79
   xilema, aspectos evolutivos 54-55
mucuna *(Mucuna)* 102-104, 171-174
Mucuna (mucuna) 102-*104*, 171-174
murcha 24, 97-98, 149
Musanga cecropioides 53
musgos 22
Myristicaceae 143-144
Myrtaceae 152-153

N

Narcissus 88, 152-153
navalha do micrótomo 187
nectários 137
   extrafloral 132
Nerium oleander 98-99, 107-108
nervura central 26, 85, 117-118, 121-122, 148-149
   feixe vascular 88-*89*

nervuras 25, 26, 117-*122*, 148-149
   principal 119-122
   secundária 119-123
      fluxo do floema 124-125
Nestronia umbellulata 137
Nicotiana (tabaco) 171-174
níveis padronizados de exames 202-*203*
Nivenia 31
nogueira (*Carya*) 54-56
nós 27, 28-29, 72, 74
Nothofagus solandri 57
noz (Juglans) 83-84, 176, 178
Nymphae 88, 98-99
Nymphoides 62, 80-81, 120

O

Ochroma lagopus (balsa) 49
Ochroma pyramidalis 49-50
Olea europaea 111-112, 160-161
Olivacea radiata 111-112
Ophiopogon 134
Opuntia 171-174
Orchidaceae 161-162
Origanum vulgare (mangerona) 102-104, 172
Orobanche 77
orquídeas 34-35, 64-65
Oscularia deltoides 112-113
Oxalis exigua 158-159

P

paleobotânica 180-181
palinologia 137-141
palmeiras 28-29, 31, 74, 77, 113-114, 113-114, 149-151
Pandanaceae 80-81
Pandanus 34-35
papila 76-77, 156-159
   ver também tricomas
parênquima 24
   bainha do feixe 113-114, 130
   caule 72-74
   córtex radicular 64-66
   floema secundário 56-60
   mesofilo 107-108
   pulvínulo 149
   tecido fundamental central (medula) 69, 82-83
   xilema secundário 49-51
Pariana bicolor 105-106
Passiflora foetida 112-113
Pattersonia 31
pau-ferro (*Krugiodendron ferreum*) 49
pecíolo 24, 25
   níveis padrão de exames padrão 202-*203*
   tecidos mecânicos 149
   traço 25-26
Pelargonium 25, 73
pelos 76-77, 101-104, 171-175

absorvem água 104-106, 162-163
bandas de suberina 104-106, 154-155
função anti-herbívora 105-106
glandulares 102-*104*, 132, 171-174
   plantas insetívoras 164-165
hidrófita 163-164
irritantes 171-174
não glandulares 102-*104, 106*
ver também tricomas
xerófitas 104-106, 154-159
pelos afiados 103-104
pelos radiculares 63
pera (Pyrus) 54-56
perenes 22, 23, 159-160
   xerófitas 152-153
perenifólias 88, 159-160
   modificações xéricas 152-153
pericarpo 141-*146*
periciclo 34-35, 67, 69, 75-76, 125-126
pêssego 141-142
pétalas, vascularização 136
Phalaris canariensis 95, 110, 116-117, 131
Phoenix 88
Phumbago zelylanicum 95-100, 119-122
Phytolacca americana 83-84
Picea (abeto-vermelho) 46-48, 54-56
Pinaceae 46-47
Pinguicula 102-104, 164-165
Pinus 45-48, 88, 158-159, 170-171
Pinus ponderosa 97-98, 109, 111
Pinus sylvestris 45-46
Piper nigrum 79-80
Piperaceae 74, 79-80
Pistia (alface-d'água) 163-164
placas crivadas 59-*60*, 80-81
plantas "janela" 154-155
plantas alimentícias
   adulterantes/contaminantes
      identificação 170-174
   sementes 141
Plantas aquáticas *ver* hidrófitas
plantas de montanhas
   formas de vida de amortecimento 158-159
   pelos 154-155
   proteção contra luz ultravioleta 157-158
plantas do sub-bosque 161-162
plantas insetívoras 164-165
plantas medicinais 169-171
plasmodesmos 26, 79-80, 108-109
   feixes de lâminas foliares de monocotiledôneas 128
   floema
      carregamento 123-125
      descarregamento 125-126
      periciclo 125-126
Platanus 42-43
Platymitra siamensis 56-58
Plumbago 98-99

Poaceae 108-109, 116-118
poda 42-43
pólen 22, 137-138-141, 139
   cultura, 141
   interações do estigma 137-*141*
polifenois 157-158
Pomoideae 175-176
pontoação areolada 45-46, 81
pontoações de campo cruzado 46-47, *48*
Populus 175-176
porta-enxerto 39-42
Posidonia 164-165
Potamogeton 88
preparação de lâminas 193-*194*, 196-197
preparação de lâminas permanentes 193-**194**, 194-201
preparação de lâminas permanentes 194-201
   aderindo secções na lâmina 196-198
   coloração **197-199**
   procedimentos de infiltração 195-196
preparações da superfície 200-202
   caule 200-201
   cutícula 200-202
   folha *200*-201
   réplicas 200-201
preparações da superfície *200*-202
preservação 183
preservação 183
primórdios foliares 85
prímula, macroestilia/microestilia 141
procâmbio
   feixes 26, 32-33, 121-122
   folha 85
procedimento de clareamento 189-191
procedimento de desidratação do álcool butírico terciário 185-**186**, 195-196
processamento do tecido
   clareamento 189-191, 202
   com álcool butírico terciário 185-**186**, 195-196
      tecidos mortais 183
   desidratação 185, 193, **194**
   fixação 183-185
      procedimento para acroleína 185-187
   infiltração 185, 195-196
      paraplasto 185-187
produtos secundários das plantas 132-133
projeções (saliências) foliares 32-*35*, 85
propagação vegetativa 35-36
   cultivo de calos 38
   cultivo de embriões 141
   cultvo de meristemas 36-38
prosênquima 24
protandria 137-138
proteção contra luz ultravioleta 22, 157-158
   superfícies reflexivas 158-159, 159-160
protoderme 85
protofloema 26, 81, 121-122, 126-127
   caule 72

protoginia 138-140
protoxilema 26, 81, 121-122, 126-127
   caule 72
   raiz 68
Prunoideae 175-176
Prunus 40-41
Pseudolarix 46-47
Pseudotsuga 46-47
pulvino 96-97, 105-106, 149
Pycnarrhena macrocarpa 168-169
Pycnarrhena pleniflora 168-169
Pycnophyllum micronatum 158-159
Pycnophyllum molle 158-159
Pycreus 132
Pyrus (pera) 54-56

Q

Quercus (carvalho) 51, 54-56, 59, 88, 171-176, 178-179
Quercus brandisiana 57
Quercus robur 52, 57
Quercus suber 38-39
Quillaja 42-43

R

rações de animais 170-172
ráfides 77
raios 61-62
   aspectos evolutivos 54-55
   floema secundário 56-60
   madeira de angiospermas 51-*53*
   madeira de gimnospermas 46-47
   primórdios 35-*37*
   traqueídes 46-47
raízes 19, 21-22, 28-29, 63-71, 65-66, 70
   adaptações ecológicas 154-155
   adulterantes/contaminantes de alimentos (ervas) 170-171
   adventícias 21, 28-30, 38
   aérea 64-65, 161-162
   córtex 64-66
   dano para construções 175-176, 178
   endoderme *66*-67
   epiderme (rizoderme) 63-65
   extração de medicamentos 169-171
   lateral 69, 71
      desenvolvimento 34-*35*, 67
   meristema apical 33-36
   níveis padronizados de exames 202-*203*
   periciclo 67
   sistema vascular 61-62, *68-71*
   tecidos de fortalecimento mecânico 25-26
raízes aéreas 64-65, 161-162
raízes laterais 69, 71
Ranunculacae 98-99

Ranunculus 70
Ranunculus acris 68
regulação da perda de água 22-24, 118-119
   adaptações xerofíticas 152-155
   cutícula 90-91
relação da paliçada 107-109
réplicas de acetato de celulose 200-201
repolho (*Brassica*) 90-91
reprodução 21-23
Restio 28-29
Restionaceae 28-29, *102*, *113*-116, 152-153, *167-168*
Rhapis 28-29
Rheum officinale 169-171
Rheum rhaponticum 169-171
Rhododendron 31, 88
Ribes nigrum 38-39
ritidoma (casca) 56-61
rizoderme 63-65
rizomas
   adulterantes/contaminantes de alimentos (ervas) 170-171
   extração de medicamentos 169-171
   feixes vasculares 78-79
   xerófitas 152-153
rododendros 103-104
rosa 40-41
Rosaceae 137, 175-176
ruibarbo 149

S

sabugueiro (*Sambucus*) 83-84
Saccharum officinarum 128-*129*, 132
safranina 193, 195-196, 202
salgueiro-de-bastão-de-críquete (*Salix alba* var. *caerulea*) 54-56
Salicaicae 175-176
Salicornia 24
Salix 42-43, 175-176
Salix alba var. *caerulea* (salgueiro-de-bastão-de-críquete) 54-56
Salix babylonica L. 124-125
Salvadora persica 76-77
Salvia officinalis 103-106
samambaias 22, 105-106, 167
   estômatos 99-100
   floema 122-123
   folhas 107-108
Sambucus (sabugueiro) 83-84
Sambucus nigra 49, 53
Santalaceae 137
saxifragáceas 101-102
Schouwia 88
Scilla 152-153
Scirpodendron chaeri 49

secções (cortes) 187-190
    à mão livre, 187
    caules 188
    espécimes incluídos em parafina 187, 195-197
    folhas 189-*191*
    madeira 187-*188*
    material de apoio de cortiça 188-*191*
    ramos 188
secções *38-39*
secionamento 187-190, 195-196
seiva, adaptações ao hábitat frio 159-160
Selaginella 161-162
sementes 135, 141-146
    aladas 144-*147*
    distribuição de nutrientes para células de armazenamento 125-126
    germinação 146
    histologia 141-146
    xerófitas 152-153
sementes oleaginosas 141
Senecio 24
Senecio scaposus 155-157
sépalas, vascularização 136
Sequoia 46-47
sistema vascular
    caule 72-74
    folha 88-*89*, 117-126
    hidrófitas 163-164
sistema vascular de raiz tetrarca 68
sistema vascular de raízes diarcas *68*, 68
sistema vascular de raízes poliarcas *68*, 68
sistema vascular radicular triarca *68*, 71
sistemas de tecidos 19, 28-29
Smilax 119-120
Smilax hispida 95
Solanaceae 119-120, 171-174
Solanum 40-41
solução de ácido carbônico 191-192
solução de clorazol negro 191-192
solução de cloreto de zinco iodado (CZI; solução de Schulte) 191-192
solução de Schulte (cloreto de zinco iodado; CZI) 191-192
Sorghum 98-99
Stratiotes 64-*66*, 88
suberina 35-36
    bandas 104-106, 154-155
    lamela 128, 131-132
substâncias ergásticas 111-113
suculentas 154-155, 158-159
    halófitas 158-160
    tecido da paliçada isobilateral 88-89
suculentas 90-91, *93*
sudão IV 191-192
Swietenia mahagoni 53
Syringa 31

T

taninos 77, 116-117
Taraxacum 82-83
Taxodiaceae 48
taxonomia 167-169
Taxus 46-48
tecidos de sustentação mecânica 22-26
    características adaptativas 148-151
    caules 73, 78-80, 150-151
    folhas *110*, 116-118, 148-151
        cutícula 90-91
    pecíolos 149
    pericarpo 141-142
    trepadeiras 150-151
    xerófitas 154-155
Tectona grandis 54-56
tegumento da semente *142*, 143-144
    microscopia eletrônica de varredura 144-146
    sementes aladas 144-146, *147*
tetróxido de ósmio 183-184
Thamnochortus argenteus 102
Thamnochortus scabridus 97-98
Theaceae 116-117
Thurnia sphaerocephala 85-87
Tilia (tília) 49, 54-56, 59-61
tília (*Tilia*) 49, 54-56, 59-*61*
Tilia europeae 50
Tillandsia 104-106
tiloses 54-56
tojo (*Ulex*) 154-155
toro 45-47
Torreya 46-47
traços ou rastros foliares 26, 28-29
Tradescantia 98-99
Tradescantia pallida 138-140
translocação 23, 59-62, 85-86, 117-118
    drenos 117-118, 122-123
    fontes 117-118, 122-123
transpiração 23, 118-119
    folhas 85-86
        com modificações xéricas 152-153
transportadores de sacarose 125-126
traqueídes 25, 45-49, *53*-56, 81
    aspectos evolutivos 53-55
    radial (raios) 46-47
    raízes 68, 69
trepadeiras 23, 27, 74
    feixes vasculares 78-79
    tecidos mecânicos 150-151
trevo-vermelho (*Trifolium*) *75-76*
tricomas 76-77, 101-106, 132
    pegajosos 141-*144*
tricomas pegajosos 141-*144*
Trifolium (trevo-vermelho) *75-76*
Trignobalanus verticillata *104-106*

Triticum 38
tubos crivados 61-62, 59-62, 80-81, 129-130
Tulipa 88, 152-153
Typha (junco) 163-164

U

Ulex (tojo) 154-155
Ulmus 51
"umbu" (Phytolacca americana) 83-84
Urtica (urtiga) 102-104
Urtiga (Urtica) 102-104

V

velame 64-65, 161-162
venação 118-120, 148
   dicotiledôneas 118-120
   monocotiledôneas 119-120, 126-*129*
   sistema de classificação *120*
vento
   adaptações de folhas/pecíolos 149
   adaptações xéricas 153-155, 157-158
Verbascum bombiciforme 104-106
vermelho de rutênio 192-193
vestuário de proteção 182
   luvas 183-186
via C3/plantas 108-109, 111, 126-127
   Cyperaceae 130
   gramíneas pooides 128
via C4/plantas 108-109, 111-112
   bainhas do feixe 125-126, *127*, 128, 130
   Cyperaceae 130, 131
   gramíneas panicoides 128
Victoria 98-99
videira (*Vitis vinifera*) 59, 150-151, 170-171
Vitis vinifera (videira) 59, 150-151, 170-171

W

Watsonia 88, 152-153
Winteraceae 54-55
Witsenia 31

X

xerófitas 88, 152-153, 159-160, 164-165
   adaptações ao hábitat frio 158-160
   adaptações aos hábitats salinos 158-160
   adaptações foliares 90-91, 156-158
   armazenamento de água (suculentas) 154-159
   camada divisória 155-158
   camadas hipodérmicas 105-108, 157-158
   cutícula cerosa 91-92, 155-157
   esclerótico 154-155, 158-159
   estômatos 98-99, 155-157, 158-159
   mesofilo 88-89, 111-112, 158-159
   pelos 104-106, 154-155, 156-159
   plantas "janela" 154-155
   plantas que escapam da seca 152-153
   plantas que toleram a seca 152-153
   rugosidade superficial 155-158
xilema 21, 25-26, 44
   desenvolvimento 26, 32-33, 35-36
   estacas radiculares anãs 40-41
   folhas 117-120, 148
      nervura central 85
   raízes 68, 69
   relações estrutura-função 60-62
   secundária 27, 44, 54-*59*
      angiospermas 46-*52*
      evolução 53-56
      gimnospermas 45-47
      raios (sistema radial) 44-47, 51-*53*
      sistema axial 44-49
      usos 52-56
   transporte apoplástico
      processos 117-119
xilopódio 152-153

Z

Zea mays 71, *73*, *113-114*, 131
Zostera 164-165